贵州宽阔水国家级自然保护区
生物多样性保护研究

主　编：喻理飞　陈光平　余登利
副主编：安明态　粟海军　何跃军
　　　　杨　瑞　张明明

U0221795

中国林业出版社

图书在版编目（CIP）数据

贵州宽阔水国家级自然保护区生物多样性保护研究 /喻理飞等主编. —北京：中国林业
出版社，2018.12

ISBN 978 - 7 - 5038 - 9828 - 0

Ⅰ.①贵…　Ⅱ.①喻…　Ⅲ.①自然保护区 - 生物多样性 - 生物资源保护 - 研究 - 贵州
Ⅳ.①S759.992.73②Q16

中国版本图书馆 CIP 数据核字（2018）第 254135 号

出版　中国林业出版社（100009　北京西城区德内大街刘海胡同 7 号）
电话　（010）83143581
发行　中国林业出版社
印刷　北京中科印刷有限公司
版次　2018 年 12 月第 1 版
印次　2018 年 12 月第 1 次
开本　889mm×1194mm　1/16
印张　19.25
印数　1200 册
字数　610 千字

编辑委员会

主　任：缪　杰

副主任：孙吉慧　冉景丞　朱惊毅

顾　问：张华海　谢双喜　李筑眉　魏　刚

主　编：喻理飞　陈光平　余登利

副主编：安明态　粟海军　何跃军　杨　瑞　张明明

编　委（按姓氏拼音排序）

安　苗　安明态　陈光平　陈会明　陈　龙　崔兴勇　邓　伟

高明浪　苟光前　韩　勋　何敏红　何跃军　胡　艳　黄　郎

李光容　李继祥　潘端云　蒲屹芸　粟海军　王利强　谢佩耘

熊源新　徐世鹏　严令斌　杨　瑞　杨昌乾　杨朝辉　杨焱冰

杨　应　姚小刚　叶　超　余登利　喻理飞　张明明　周长威

设　计：喻理飞　安明态　粟海军

统　稿：安明态　粟海军　崔兴勇

图　册：黄　郎　严令斌

校　审：喻理飞　安明态　粟海军　陈光平　余登利

贵州宽阔水国家级自然保护区生物多样性保护研究
科学考察团人员名单

团 长:喻理飞(贵州大学生命科学学院 教授)

副团长:陈光平(贵州宽阔水国家级自然保护区管理局 原局长)

余登利(贵州宽阔水国家级自然保护区管理局 局长)

王利强(贵州宽阔水国家级自然保护区管理局 副局长)

杨昌乾(贵州宽阔水国家级自然保护区管理局 副局长)

景观类型与生态安全组:杨 瑞、杨昌乾、侯双双、严令斌、张东山、周长威、周晨、蔡国俊、舒利贤、皮发剑、杨宝勇、汪 京、涂声蕾、李长进、曾继才、吴丽情、夏正波、魏 泽、仇志浪、阮晓龙、陈仕友、周礼华、胡 艳、瞿 爽、刘 志、朱恕英、赵 庆、刘 娜

亮叶水青冈森林群落研究组:何跃军、谢佩耘、高明浪、侯双双、瞿 爽、柏主循、何贵勇、何敏红、杨 应、韩 勖

珍稀濒危植物组:安明态、林 祁、林 云、李继祥、吴江华、王加国、李晓芳、杨焱冰、聂 跃、徐 建、蒲屹芸、陈 龙、潘端云、徐世鹏、邓 伟、崔兴勇、黄郎、金 勇、叶 超、何腾冲、汪 伟、安青青

珍稀濒危动物组:粟海军、张明明、姚小刚、胡灿实、李光容、张海波、孙喜娇、王娇娇、杨朝辉、蔡延芳、武大伟、方忠艳、王 丞、王元顶、侯祥文、谭淇毓、史国府、赵 婵、黄小龙、杨雄威

生态系统健康评价组:喻理飞、陈光平、余登利、李王刚、王利强、杨昌乾、周长威、侯双双、严令斌、张海波、钟灿辉

生物多样性编目组:喻理飞、安明态、粟海军、熊源新、苟光前、杨 瑞、张明明、胡灿实、赵 财、安 苗、陈会明、王加国、李晓芳、杨焱冰、徐 建、崔兴勇、黄郎、金 勇、叶 超、杨朝辉、毕 兴、付 鑫、岑显超、高明浪、王文芳、姚小刚、胡佳林、杨 雪、张冬山、安青青

前　言

生物多样性是生物及其环境形成的生态复合体，以及与此相关的各种生态过程的总和。它包括数以百万计的植物、动物、微生物和它们所拥有的基因，以及它们与环境相互作用所形成的生态系统和生态过程。人类的生存与发展皆依赖于自然界各种各样的生物。"一粒种子可以改变一个世界，一个品种可以造福一个民族"。生物多样性是人类生存的基础，是一个国家和地区的重要战略资源。生物多样性不但为人类提供基本生计，是食物安全的重要保障，也是传统医药和现代医药的重要来源。人口的增长、工业的发展，伴随着生物多样性丧失问题的日益突出，生物多样性保护受到社会各界的高度关注。

宽阔水国家级自然保护区位于黔北绥阳县境内，总面积 26231hm^2。该自然保护区以"一片林、一群猴、一群鸟"为保护重点，主要保护对象是中亚热带常绿阔叶林森林生态系统、喀斯特台原区亮叶水青冈森林生态系统和珍稀濒危野生动植物，是黔北喀斯特台原区及其周边峡谷区森林生态系统保存最好、生物多样性最丰富的区域之一，也是该地区黑叶猴、红腹锦鸡、珙桐、水青树、鹅掌楸等珍稀濒危野生动植物的集中分布区和重要栖息地，是贵州省鸟类多样性最丰富的林区之一。2015 年 12 月 30 日，该保护区全境被划入国家环境保护部公布的"中国 35 个生物多样性保护优先区域"之第 22 个优先区——"武陵山生物多样性保护优先区"（环保部公告 2015 年第 94 号）的西南境内，是该生物多样性保护优先区向黔北大娄山周边尤其黔中地区连通、过渡的重要生态结点区。

早在 1982 年保护区未成立之时，该区域在原遵义地区科学技术委员会和遵义地区环境保护局组织下，以贵州农学院周政贤教授为团长，开展了为期半个多月的初步科学考察和后期补充调查，于 1985 年出版了《宽阔水林区科学考察集》。1989 年由绥阳县政府批准建立县级自然保护区。通过多年保护，2001 年，省人民政府批准成立省级自然保护区；2003 年，由贵州大学喻理飞教授组织科学考察队进行了深入考察，于 2004 年出版了《宽阔水自然保护区综合科学考察集》。2007 年晋升为国家级自然保护区，并设立贵州宽阔水国家级自然保护区管理局，同年被吸纳为中国人与生物圈保护区网络成员。为弄清保护区保护成效，为保护区进一步优化管理提供科学依据，2014年 9 月，贵州宽阔水国家级自然保护区管理局委托贵州大学喻理飞教授组织团队开展保护区生物多样性保护成效研究。研究组设置了保护区景观类型与生态安全格局、保护区重要群系特征及更新与维持机制研究、珍稀濒危植物种群变化及濒危评价研究与优先保护序列、保护区黑叶猴和雉类多样性及其分布与保护策略、保护区生态系统健康评价与保护对策共 5 个专题，并对保护区生物多样性进行补充编目。整个研究工作于 2017 年 12 月完成，在此基础上编写了《贵州宽阔水国家级自然保护区生物多样性保护研究》。研究表明，保护区建立对该区域生态环境和生物多样性保护成效显著。保护区生态系统稳定，生物多样性丰富，已成为该区域多种珍稀濒危动植物的避难所和重要栖息地。保护区建设对区域生物多样性保护功不可没。该书针对保护区主要保护对象，从保护区生物多样性构成、景观类型、植被类型、特色生态系统(喀斯特台原区亮叶水青冈森林生态系统)、珍稀濒危野生动植物现状与趋势分析等出发，结合保护区与周边环境关系，研究保护区生态安全格局和生态系统健康状况，分析保护成效，提出优先保护的资源及功能区优化策略。

全书由喻理飞教授总体设计，安明态、粟海军和崔兴勇负责具体统稿和校审。各章节具体分工如下：第一章由陈光平、杨昌乾、姚小刚执笔；第二章第一节、第二章第二节由杨瑞、胡艳、杨昌乾执笔；第二章第三节由安明态、粟海军、崔兴勇执笔；第二章第四节由何跃军、杨应、谢佩耘执笔；第三章第一节由安明态、陈光平、杨焱冰、蒲艺芸、陈龙等执笔；第三章第二节由张明明、胡灿实等执笔；第三章第三节由何跃军、谢佩耘等执笔；第四章第一节由喻理飞、严令斌执笔；第四章第二节由喻理飞、严令斌执笔；第四章第三节由喻理飞、夏正波、周晨执笔；第四章第四节由严令斌执笔；第四章第五节由周长威、钟灿辉、喻理飞、严令斌执笔；第五章由喻理飞、余登利、陈光平执笔。附录部分：浮游植物和鱼类名录由安苗执笔；种子植物名录由安明态、徐建、安青青执笔；蕨类植物由苟光前执笔；苔藓植物由熊源新执笔；脊椎动物之兽类名录由粟海军执笔；两栖爬行类由张明明执笔；鸟类名录由胡灿实执笔。附图生物多样性图册由各专题人员提供照片，黄郎设计制图。

本书编写得到了贵州省林业厅、贵州省环境保护厅的大力支持，贵州宽阔水国家级自然保护区管理局高度重视，积极筹措研究经费和专著出版费用，并在人力、物力等方面全力配合，贵州大学也在人力、技术、时间等方面提供大力支持。编写过程中张华海研究员、谢双喜教授、李筑眉研究员、魏刚教授等专家提出宝贵建议。谨此一并感谢。

由于时间仓促，加之编者水平有限，编写过程中难免有疏漏和不足，望广大读者批评指正。

编者

2018 年 9 月 30 日

目 录

第一章 生物多样性环境背景

第一节 保护区沿革和研究简史

"宽阔水山，去响水洞三十里，其山最高，居民茅屋终年住云雾中"，这是清道光二十一年刊本《遵义府志》对宽阔水最早的历史记载。宽阔水，因山而得名，因水而知名，因林而著名。早在清朝，便有了宽阔水的记载。1949 年前，由于土匪活动频繁，危害百姓，加上家族械斗，居民先后迁居他乡，宽阔水遂变为荒无人烟之地。一路走来，宽阔水从 1949 年前的荒芜之地，历经了农场、林场、茶场、保护区以及资源从遭受破坏到切实保护、面积从 1333hm² 至 26231hm² 的艰辛发展历程。数代护林人为资源的保护和保护区的建设不辞辛劳、无私奉献、抛洒青春，谱就了一曲资源保护亘久不变、荡气回肠的赞歌。

1. 保护区沿革

宽阔水自然保护区原为绥阳县国有林区，1956 年，宽阔水林区先后修建了农场、林场、钢厂、烧碱厂，所建场、厂均以木材为原料，大量砍伐林木。

1963 年建立的宽阔水农场，后更名为宽阔水茶场，在林区建立砖瓦厂，燃料、原料来源于林区，先后毁林数千亩，林区一度遭受严重破坏。同年，中国科学院著名植物生态学家、自然保护区和生物多样性专家王献溥研究员考察宽阔水，在《植物生态学报》1965 年第 2 期发表《贵州绥阳县宽阔水林区的植被概况及其合理利用的方向》，这是迄今最早对宽阔水林区进行调查并公开发表的文章。之后中科院土壤研究所、北京自然博物馆、遵义医学院等多家单位亦对相关学科进行调查研究。

特别是 1982 年，遵义地区科委和地区环保局，组织省、地、县三级科研业务部门及大专院校 20 个单位，开展了宽阔水林区科学考察并于 1985 年出版《宽阔水林区科学考察集》，考察集全面收录了林区资源本底，为宽阔水林区全面保护、科学保护奠定基础。

1989 年，绥阳县人民政府批准建立宽阔水自然保护区，1993 年设立宽阔水原始林区管理所，后更名为自然保护区管理所，为绥阳县林业局副科级事业单位，核定编制、配备人员、安排经费、专门开展保护。

2000 年，经遵义市人民政府批准，将宽阔水林区升级为市级自然保护区，并抽调人员筹备申报省级自然保护区。

2001 年，贵州省人民政府第 117 期《省长办公会议纪要》同意成立宽阔水省级自然保护区，设立专门的管理机构宽阔水省级自然保护区管理局。省机构编制委员会办公室批准成立宽阔水省级自然保护区管理局，为副县(处)级事业单位，由贵州省林业厅和绥阳县人民政府双重领导，以贵州省林业厅管理为主(省编办发〔2001〕205 号)。

2003 年，省林业厅组织 60 余位专家对保护区进行综合科学考察，此次考察，是升级后在保护区全境开展的全面科学考察，形成大量调查成果。2004 年，《宽阔水自然保护区综合科学考察集》出版，该成果不仅为保护区保护与管理提供依据，并依此申报国家级自然保护区。

2005 年，省机构编制委员会办公室批准保护区管理局升格为省林业厅正县级事业单位（省编办发〔2005〕249 号）。2006 年，茶场以保护生态整体搬迁的形式全部迁出。

2007 年国务院批准保护区晋升为国家级自然保护区（国办发〔2007〕20 号），省机构编制委员会办公室批准更名为贵州宽阔水国家级自然保护区管理局（省编办发〔2007〕97 号），由林业厅和绥阳县政府共同管理，以林业厅为主，党的组织关系实行属地化管理。管理局内设办公室、林政资源管理科、科研科、社区发展科、财务科、派出所、中心管理站、风水垭口管理站和元生坝管理站 9 个机构。同年被吸纳为中国人与生物圈保护区网络成员。

保护区建立以来，管理局（所）立志保护、矢志不渝，先后实施省级和国家基础设施一期建设、能力建设、生物多样性、国家级自然保护区补贴和社区发展等项目，使区内基础设施极大改善、科研能力显著增强、管理水平明显提升、社区建设富有成效，真正成为资源保护的守护神，全力维护资源安全。

2. 历次科学考察

2.1 第一次（1982 年）科学考察

此次考察，由原遵义地区科学技术委员会和遵义地区环境保护局组织，贵州农学院教授周政贤为团长，省、市、县有关专家学者历时半个月完成。考察行程涉及林区面积 2450hm²，行程 4500km 以上，采集各类标本 3000 多号，调查样地 66 个，测地质、地貌剖面约 5000m，现场绘制和填图 37 张，记录了大量数据，并实拍了部分照片和电视录像。经过标本鉴定、样品分析和资料整理，完成了 23 篇专题考察报告，提出了包括自然地理、生物资源及其评价和意见的综合考察报告并于 1985 年出版了《宽阔水林区科学考察集》（贵州人民出版社）。

2.2 第二次（2003—2004 年）科学考察

此次考察由贵州省林业厅组织，贵州大学林学院喻理飞教授为团长，贵州大学、贵州师范大学、贵州科学院、茂兰国家级自然保护区管理局、贵州省林业学校、海南师范大学等单位的专家学者 60 余人参加了考察，对保护区的自然地理背景、生物资源和社会经济概况进行了较为全面的综合科学性考察。考察涉及 23 个学科，提交了 34 篇科学考察报告，出版了《宽阔水自然保护区综合科学考察集》（2004 年 3 月）。

2.3 第三次（2014—2016 年）科学考察

此次考察由贵州大学生命科学学院喻理飞教授领衔团队，包括贵州大学林学院、贵州大学动物科学院、贵州省生物研究所、贵州师范学院约 50 余人参加了考察。本次以宽阔水国家级自然保护区生物多样性保护研究以及生物多样性本底编目为主要内容，科考设置了保护区景观类型及生态安全格局研究、保护区重要群系类型特征及更新与维持机制研究、保护区珍稀濒危植物种群变化及濒危评价研究与优先保护序列确定、保护区黑叶猴（*Trachypithecus francoisi*）和雉类生物多样性及其分布与保护对策、保护区生态系统健康评价与保护对策共 5 个专题，旨在揭示保护区生物多样性现状、趋势、受威胁状况及保护成效，为保护区进一步管理提供依据。

第二节　保护区的功能和平台

1. 保护功能

1.1 生态系统

保护区位于赤水河、娄山关、大沙河、麻阳河、梵净山以及为数众多的长江天然防护林带区带中心。约 175km² 的原始森林连接各自然保护区，形成一条贯穿黔北地区的大型自然保护区带—黔北自然保护区带。该保护区主要保护黔北自然保护区带的喀斯特台原森林生态系统和典型、大面积的亮叶水青冈（*Fagus lucida*）林。

1.2 珍稀濒危物种

保护区起着保护众多珍稀濒危动植物的作用，其中珍稀濒危植物有珙桐（*Davidia involucrate*）、红豆杉（*Taxus wallichiana* var. *chinensis*）、香果树（*Emmenopterys henryi*）、水青树（*Tetracentron sinense*）、黄杉（*Pseudotsuga sinensis*）等，珍稀濒危动物有黑叶猴（*Trachypithecus francoisi*）、红腹锦鸡（*Chrysolophus pictus*）、红腹角雉（*Tragopan temminckii*）、白颈长尾雉（*Syrmaticus ellioti*）等。

2. 研究功能

保护区保存的黔北喀斯特台原森林生态系统、中亚热带亮叶水青冈林、黑叶猴、珙桐等珍稀濒危动植物等野外生境，为人类提供研究自然生态系统的场所，是天然的实验室，是研究中亚热带亮叶水青冈林生态系统自然过程的基本规律、研究黑叶猴、珙桐等珍稀濒危物种的生态特性的重要基地，具有研究区域性生物多样性特征及规律的功能，也是环境保护工作中观察生态系统动态平衡、取得监测基准和教育实验的好场所。

3. 宣传教育与展示功能

3.1　宣传教育

保护区具有喀斯特台原、亮叶水青冈林、黑叶猴、丰富的鸟类等科普宣传、保护与研究展示、人与自然和谐等的展示、示范等功能。是保存黑叶猴、珙桐等野生生物资源的"孤岛"，是残存的资源保留地，是宣传的天然基地。适当地开展科普宣传、自然体验活动，让社会公众了解野生资源的宝贵价值，发动群众力量对其进行保护，使"专业化"向"社会化"过渡。

保护区以鸟类资源丰富而出名。有 197 种鸟类，是观鸟的天堂，其中雉类、画眉类最具特色。其中有 11 种杜鹃科 Cuculide 鸟类，占我国杜鹃科鸟类物种 64.71%，是杜鹃科鸟类分布种类最多的区域，被授予"中国布谷鸟之乡"，是贵州省三大观鸟基地之一，也是中亚热带山地重要的生物基因库和森林生态系统结构与功能研究的重要基地（黎平，2017）。

3.2　美学价值

该保护区具有连片的亮叶水青冈林和奇特的喀斯特台原景观，美丽的红腹锦鸡等雉类，体色艳丽的赤尾噪鹛、金胸雀鹛等画眉科鸟类，美学价值高，是珍贵的旅游资源。

4. 平台与成果

4.1 研究工作

1989 年保护区建立前，未与有关科研单位开展合作研究工作，但中国科学院西南生物研究所贵阳工作站、贵州农学院林学系等单位先后到保护区采集过大量植物标本。20 世纪 60 年代中期至 80 年代初期，中国科学院南京土壤研究所对保护区土壤进行过调查研究；北京自然博物馆、贵州省博物馆、贵阳师范学院生物系、遵义医学院生物学教研室、贵阳医学院生物学教研室等单位，多次到保护区做过鸟类、兽类、两栖爬行及医学昆虫的调查研究；贵州省林业科学研究所做过珍稀树种调查；遵义地区林业局和绥阳县林业局在保护区做过森林资源清查工作。

2007 年升级为国家级自然保护区以后，保护区先后与海南师范大学、贵州大学、遵义师范学院、贵州科学院建立了良好的科研协作关系，并建立了科研教学合作基地。保护区 2003—2004 年、2004—2016 年的两次综合科学考察均与贵州大学合作完成。此外，依托海南师范大学的技术支撑，保护区荣获"中国布谷鸟之乡"、"中国濒稀雉类研究基地"。海南师范大学通过宽阔水保护区成功培养了 10 名鸟类生态学硕士，4 名鸟类生态学博士。贵州大学生命科学院、贵州大学林学院和遵义师范学院每年均组织本科毕业生到保护区开展野外教学实习工作。

此外，先后有挪威科技大学、中科院动物研究所、中科院植物研究所、中科院微生物研究所、北京师范大学、首都师范大学、河北大学、山东农业大学、江西农业大学等多家单位到宽阔水保护区开展有关研究工作。

保护区管理局与协作单位建立了友好的合作关系，提高了协作方的科研、教学和管理水平，同时保护区管理局部在项目申报、研究、管理实践、人才培养等方面，得到了协作方的有力支持，提高了保护区的科研水平和能力，培养和锻炼了保护区科研与管理队伍。

4.2 重要科研事件和成果

贵州农学院于 1982 年开展宽阔水保护区综合性科学考察工作，1985 年出版《宽阔水林区科学考察集》(贵州人民出版社)；2003 - 2004 年贵州大学、贵州师范大学、贵州科学院、茂兰国家级自然保护区管理局、贵州省林业学校、海南师范大学等单位的专家学者 60 余人对保护区开展了综合性科学考察，出版了《宽阔水自然保护区综合科学考察集》(2004 年 3 月)；2011 年宽阔水保护区景观昆虫考察(专项调查)；保护区管理局和贵州大学合作组织了国内 19 家单位(80 人)于 2010 年 6 月至 8 月完成外业调查，于 2012 年 12 月出版了考察成果——《宽阔水景观昆虫》，记述了宽阔水保护区昆虫(包括部分蛛形纲)21 目、193 科、987 属 1542 种，包括新属 1 个，新种 21 个，中国新记录种 8 个，贵州新记录属 7 个，贵州新记录种 195 个。

2014 年分别与海南师范大学、贵州大学、遵义师范学院签订了教学科研合作协议，建立了科研教学合作基地；2016 年获得中国动物学会鸟类学分会授予的"中国濒危雉类研究基地"荣誉称号。

第三节　保护区位置与生物多样性形成的自然环境背景

宽阔水国家级自然保护区位于贵州省遵义市绥阳县北部，距省会贵阳 251km、名城遵义 91km、绥阳县城 48km，地理坐标为东经 107°02′23″~107°14′09″，北纬 28°06′25″~28°19′25″，东西宽约 19km，南北长约 20km，保护区总面积 26231hm²。东与正安县相邻，西与桐梓县接壤，为三县交界地区(图 1.1)。

从中国生物多样性分布区域看，位于中国武陵山区生物多样性保护优先区域中大娄山脉东部南缘。此保护优先区域生物多样富集区多，宽阔水国家级自然保护区西面有习水国家级自然保护区，北面有道真大沙河国家级自然保护区，东北面有沿河黑叶猴国家级自然保护区，东面有梵净山、佛顶山国家级自然保护区，但南面遵义和贵阳地区缺乏生物多样性富集区。

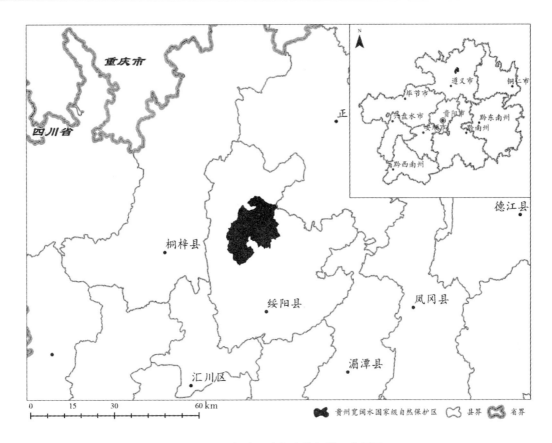

图 1.1 宽阔水国家级自然保护区位置图

1. 保护区区位重要性

宽阔水国家级自然保护区全境处于国家 2015 年 12 月 30 日公布(环保部公告 2015 年第 94 号)的"中国 35 个生物多样性保护优先区域"之第 22 个优先区——武陵山生物多样性保护优先区的西南境内,是黔北大娄山喀斯特台原生物多样性的富集区,也是生物多样性保护优先区向黔中非优先区交接的重要过渡地带,生物多样性区位节点十分重要。该保护区由于生态环境特殊,喀斯特台原隆起,地貌深度发育,生境异质化程度高,加上保护较早,成为该区域很多珍稀濒危野生动植物的最后避难所,从而成为该地区生物多样性十分重要的"汇"、"源"兼具的林区。该地区成片的亮叶水青冈林森林生态系统、国家 I 级保护动物黑叶猴(*Trachypithecus francoisi*)、国家 I 级保护植物伯乐树(*Bretschneidera sinensis*)和珙桐(*Davidia involucrata*)、国家 II 级保护植物水青树(*Tetracentron sinense*)、鹅掌楸(*Liriodendron chinense*)等,基本上仅宽阔水保护区幸存,在周边非保护区和其他林区基本上丧失或极为少见。该地区还有宽阔水碎米荠(*Cardamine kuankuoshuiense*)、绥阳马陆(*Epanerchodus suiyangensis*)、宽阔水拟小鲵(*Pseudohynobius kuankuoshuiensis*)、遵义蚋(*Simulium zunyiense*)、新尖板蚋(*S. neoacontum*)、离板山蚋(*S. separatum*)、绒鼠栉眼蚤(*Ctenophthalmus eothenmus*)、短突栉眼蚤(*C. breviprojiciens*)、洞居盲鼠蚤(*Typhlojmyopsyllus cavaticus*)、诹访泉种蝇(*Pegohylemyia suwai*)等保护区特有种。因此,宽阔水国家级自然保护区不但已成为该地区及周边地区生物多样性的汇集之地,而且也是这些珍稀濒危物种向外扩散的重要种质资源库(图 1.2)。

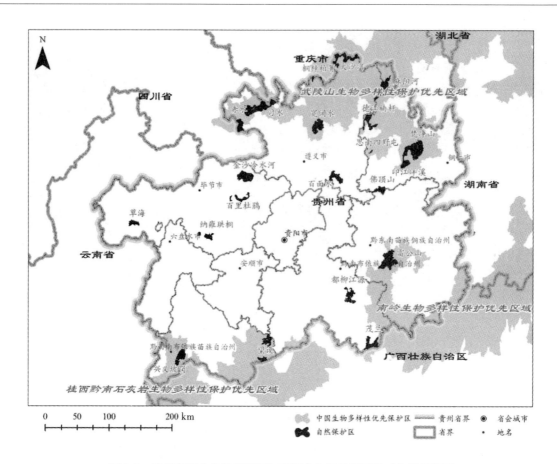

图 1.2　贵州省部分自然保护区与宽阔水自然保护区相对位置示意图

2. 地质基础

宽阔水国家级自然保护区区域在大地构造上属扬子准地台的凤冈北北东向构造变形区西部，新华夏系构造影响强烈。属于黔北沉积区西部，出露地层有早古生界寒武系、奥陶系、志留系，晚古生界二叠系以及新生代第四系地层。以寒武系和奥陶系浅海相碳酸盐岩广泛发育并缺少泥盆系、石炭系，致使二叠系地层超覆于下古生界地层之上为其主要沉积特征，第四系零星分布。岩性主要为碳酸盐岩和碎屑岩，其中以碳酸盐岩分布最广，喀斯特作用强，具有地表、地下立体双层喀斯特地貌结构，发育程度高，类型丰富。碳酸盐岩主要为中寒武系高台组、中上寒武系娄山关组及下奥陶系桐梓组的白云岩和白云质灰岩和下奥陶系红花园组、中奥陶系十字铺组及宝塔组、中志留系石牛栏群及下二叠统的灰岩。碎屑岩主要为下奥陶系湄潭组、上奥陶系和下志留系及中上志留系韩家店群砂页岩及泥岩(喻理飞，2004；李坡，2004a)。

在地质构造上，宽阔水区域主体构造骨架形成于燕山褶皱造山运动之后，所属构造单元为扬子准地台的凤冈北北东向构造变形区西部，主要为黄鱼江复背斜，总体为北北东向，褶皱较开阔，地层缓倾，倾角小于20°。受新华夏系的强烈干扰，次一级褶皱发生剧烈扭动，方向杂乱。铜鼓坪背斜、茅垭向斜、旺草背斜、太阳山背斜、正安背斜、辽远向斜等次一级褶皱形成一个以旺草为中心的近似涡轮状构造。宽阔水自然保护区自西向东有铜鼓坪背斜、茅垭向斜、太阳山背斜(喻理飞，2004；李坡，2004a)。

区内断层不发育，但节理裂隙较发育。受新华夏系构造的强烈影响，区内断层的展布方向主要有北东向和北西向两组，多为走向断层。其主要构造线方向和派生的次级断裂，控制着山体的展布方向及喀斯特发育方向。断层主要有西部边界的红岩断层及位于宽阔水东侧让水坝西部的锅厂梁岗断层；

节理裂隙主要有北北东和北北西两组(喻理飞，2004；李坡，2004a)。

3. 地貌概况

宽阔水国家级自然保护区区域位于黔北山地大娄山山脉东部斜坡地带，地势中部高、四周低，海拔 650～1762m，其中最高峰为海拔 1762m 的太阳山，西北部的塘村河谷底海拔 650m，为全区的最低点。地形切割强烈，相对高差大。地貌类型除中南部的干河沟两侧的碎屑岩区是以中低山谷地为主的侵蚀地貌外，其余多为喀斯特地貌，广泛分布于保护区东部、西部及北部，有喀斯特洼地、漏斗、落水洞、峰丛、喀斯特峡谷、盲谷、地下河、洞穴等地貌形态，主要组合形态有峰丛峡谷、峰丛槽谷及峰丛洼地(喻理飞，2004；李坡，2004b)。

区内喀斯特发育，具四个特征：其一，水平分布特征上，喀斯特多遵循构造发育呈南北向条带状分布，从河谷向分水岭喀斯特发育由强变弱；其二，垂直方向上因第四纪以来的新构造运动，地壳的多次间歇性的抬升运动，喀斯特发育呈多层性，这对区内多层次喀斯特洞穴及多级地貌的形成具有重要意义。其三，喀斯特发育强度受岩性控制，因寒武系娄山关组中夹有石膏岩层，因而成为区内喀斯特强烈发育的层位，许多较大的地下河、洞穴(如大鹰岩洞、小鹰岩洞、石鸡沟洞等)均发育于此层位中。其四，喀斯特发育的继承性，区内峡谷期的喀斯特地貌发育是在山盆期的河谷基础上进一步下切发展而成(喻理飞，2004；李坡，2004b)。

4. 水资源与水文地质

(1)水系较复杂及地表水资源丰富

宽阔水国家级自然保护区区域为长江水系乌江流域的一级支流芙蓉江的主要发源地，地形切割强烈，地表水文网密度大，主要支流有 7 条，以及众多的次一级支流。以太阳山 - 张家帽顶 - 唐家帽顶 - 龙头山一线为分水岭，南部的干沟、罗家沟、宽阔水河、让水河由北向南流；北部的塘村河、漫沿沟、北哨沟由南向北流。其中以西部的塘村河最长，干流长度达 21.8km，支流也最为发育，有羽状水系，有角口河、油筒溪、道角沟、苏家沟、钻子沟、白石溪、白田溪、马家沟、丘田沟等十余条次一级支流，大多数分布于塘村河右岸。各支流最后汇入芙蓉江，芙蓉江干流长 136km，落差达 363.4m。多年水资源量 $12.75 \times 10^8 m^3/a$(喻理飞，2004；李坡，2004c)。

(2)区域内含水岩组类型及其特征

区域内含水岩组类型分为三类。碳酸盐岩裂隙管道水，因溶洞、地下河强烈发育，富水性强；其中以中上寒武系娄山关组分布最广，下奥陶系桐梓 - 红花园组次之，中寒武系高台组和下二叠系在区内零星分布，出露面积极小；中上寒武系娄山关组($\in 2-3ls$)在保护区内东、西部大面积分布，喀斯特极为发育，因有含石膏夹层，溶蚀强烈，有较多洞穴、地下河和喀斯特泉出露，含丰富的喀斯特管道水，多集中排泄；下奥陶系桐梓 - 红花园组(O1t + h)分布面积仅次于娄山关组的碳酸盐岩，喀斯特发育，有洞穴、地下河、洼地、漏斗及落水洞等地貌形态，地下水多为非承压管道流，水量丰富，集中排泄。碎屑岩夹碳酸盐岩管道裂隙水，存于下奥陶系湄潭组至中志留系石牛栏群中，富水性较弱，岩性以砂页岩为主，夹有灰岩。隔水层以韩家店群(S2 - 3hn)，岩性以杂色泥岩为主，夹少量薄层砂岩及灰岩透镜体，主要分布于茅垭向斜核部，分布面积不大(喻理飞，2004；李坡，2004c)。

(3)喀斯特水的埋藏与运移特征

因碳酸盐岩类含水层中的地下水，多沿裂隙、管道组成的复杂地下水系流动，其径流方向具有多向性，但总体上受岩石层面控制，主要的方向为沿地层倾向运移的地下水。区内虽无大型断裂带，但断裂对喀斯特地下水的富集仍起着积极的作用(喻理飞，2004；李坡，2004c)。

(4)喀斯特水的动态特征

喀斯特水的动态因区内的喀斯特水多数为集中径流、排泄的管道水，其动态变化较大。主要影响因素气象因素、地质地貌因素和补给条件。本区地下水位变化与降水时间、降水量直接相关，高峰多出现在 5 月中旬至 7 月中旬。分水岭地带的喀斯特水，因补给面小，喀斯特发育程度低，其水位变化幅度就大，而近河谷区正好相反；构造裂隙不发育的地区，入渗系数小，补给不足，地下水位自然变幅就大，反之，则变幅小；喀斯特水的补给方式是影响喀斯特水动态变化的决定因素，接受注入式补给的地下河、喀斯特泉的变化幅度与规律性，是直接与补给区漏斗、落水洞吸收降水的能力密切相关，与气象因素的变化相适应；接受裂隙渗入式补给的喀斯特水，变化幅度较小（喻理飞，2004；李坡，2004c）。

（5）地下水资源丰富

宽阔水国家级自然保护区地下水总储量为 402854.26m³/d；以峰丛洼地为主区域为富含水区，含水岩组主要为中上寒武统娄山关组和下奥陶统桐梓－红花园组。以峰丛谷地为主区域为富含水区，含水岩组主要为中上寒武统娄山关组和下奥陶统桐梓－红花园组。以中低山谷地为主区域为弱含水区，含水岩组由下奥陶统湄潭组至中志留统石牛栏群组成（喻理飞，2004；李坡，2004c）。

5. 气候条件

宽阔水国家级自然保护区区域处于中亚热带湿润季风气候区内，但因地形处于四周较低中间相对隆起的高地上，气温低，云雾多，日照少，降雨充沛，具有低纬度山地季风湿润气候特点。

太阳辐射是气候形成的主要因子，也是植物进行光合作用的能量源泉。本区域虽纬度较低，太阳高度角较大，但云量多，阴雨天频率大，因此日照较少，年太阳总辐射值仅为 3349 ~ 3767MJ/m²，比同纬度其它地区少，处在全国低值区内（杨建松，2004；李大星，2010）。

本区域年均温 11.7 ~ 15.2℃，气温的年平均垂直递减率为 0.39℃/100m，1 月、4 月、7 月、10 月和分别为 0.39、0.37、0.56、0.34℃/100m；≥0℃积温 3917 ~ 5353℃；稳定通过 10℃ 的持续日数，山麓为 210 ~ 255 天，山顶 178 ~ 215 天；≥10℃积温 3262 ~ 4861℃。山体下部极端最高气温达 34.1℃，山顶的极端最低气温达 -12.9℃（喻理飞，2004；杨建松，2004）。

本区域年降水量 1300 ~ 1350mm，集中于 4 ~ 10 月，占年降水总量的 80% 以上，且降水量有明显的坡向差异，南、东部地区为偏南气流的向风坡，降水量多于北坡。因位于大娄山东南侧，受西南季风和东南季风的影响，孟加拉湾和南海的水汽随季风输送到该区上空，空气潮湿，湿度较大，是全国的高湿区之一。又因东南季风和西南季风常与北方冷空气常在此交汇，加之地处暖湿气流的迎风坡，暖温气流受地形抬升，温度降低，水汽易于凝结成云致雨，而该区森林覆盖率高，林冠蒸腾作用增大了其上空水汽密度，粗糙的森林下垫面，减缓了天气系统的运行，有利降水的形成，既增加露、霜等水平降水，又增加垂直降水，故该区降水丰沛（喻理飞，2004；杨建松，2004）。雾、露等水平降水量较多，空气潮湿，年平均相对湿度超过 82%，多阴雨天气，降水量≥0.1mm 的日数超过 200 天（喻理飞，2004；杨建松，2004）。

6. 土壤条件

（1）因气候、地形、母质、生物、成土时间等条件的差异，保护区土壤可划分为铁铝土、淋溶土、初育土三大土纲，湿暖铁铝土、湿暖淋溶土、土质初育土、石质初育土四个亚纲，黄壤、黄棕壤、石灰土、新积土、石质土和粗骨土七个土类，山地黄壤、山地黄棕壤、冲积土、黄色石灰土、棕色石灰土、酸性紫色土、酸性石质土、钙质石质土、酸性粗骨土九个亚类。在土类中，以黄棕壤面积最大，黄壤次之，石灰土较少，而其他土类则更少。根据中国土壤系统分类（2001）分类标准，7 个土类相应的系统分类名称分别为富铝常湿富铁土等、铁质湿润淋溶土等、紫色土、钙质湿润淋溶土等、冲积新成土、石质正常新成土和石质湿润正常新成土等类型（喻理飞，2004；周运超，2004）。

（2）保护区内规律性土壤（地带性土壤）含黄壤和黄棕壤两大土类，分布在整个保护区的主要区域，其成土母岩为黄色、绿色砂岩、砂页岩、泥岩等；一般地，海拔 1400m 以下为黄壤，主要集中分布于河谷地带；海拔 1400m 以上为黄棕壤，集中分布在保护区的中部区域（喻理飞，2004；周运超，

2004）。

（3）保护区内的非规律性土壤包括石灰土、紫色土、冲积土、石质土和粗骨土五大土类，尽管是由成土母质（岩）发育的幼年土壤，由于其处于一定的生物气候环境条件下，这些土类在发育过程中仍具有向地带性方向发展的过程，故也具有了一定的地带性土壤的特点，区内的黄色石灰土亚类，分布在海拔1400m以下，主要分布区在西部、西南部河谷地区。棕色石灰土则分布在海拔1400m以上的碳酸盐岩石分布区。紫色土集中分布在宽阔水中部地区红砂地附近，分布比较集中且面积较少。新积土主要分布在河流两侧平缓开阔处，如河漫滩地等，表层有明显近期薄层沉积层。粗骨土、石质土分布在相对侵蚀容易的地形部位，如山脊、坡度较大等处（喻理飞，2004；周运超，2004）。

（4）保护区成土特点

①具有较丰富的腐殖质积累。地表枯枝落叶层厚度可达5cm，尤其在亮叶水青冈林下地表枯落物23.30~74.85t/hm^2干物质，使得表土层（即土壤腐殖质层）的土壤厚度7~26cm。表层土壤的有机质含量可高达294.40g/kg，且均较下层土壤高许多，而下层土壤有机质含量平均最低也达到4.45g/kg。

②石灰土具有碳酸钙镁的淋失作用过程。石灰岩、白云岩等碳酸盐岩石所形成的土壤中，普遍具有碳酸钙、镁的淋失特点。土壤各层次钙、镁含量与成土母岩（质）相比，土壤的钙、镁含量远较母岩（质）层低，它们与母岩（质）层的比值，钙含量低的只有1%左右，一般均在34%以下；镁含量低者的不足母岩（质）层的1%，高者在51%以下。

③具富铝化成土过程。区内土壤的各元素含量状况与母质（岩）相应元素含量的比值可知，土壤铝含量是母质（岩）铝含量的1.49~8.26倍（红砂地土壤铝含量低于母质层含量），说明南方湿热条件下的主要成土过程之一的富铝化成土过程在宽阔水土壤中得到一定程度上的体现（喻理飞，2004；周运超，2004）。

（5）保护区土壤理化性质

①土壤物理性质。土壤质地从黏壤土至壤质黏土。以砂岩所形成的土壤质地为黏壤土，以石灰岩、紫色泥页岩发育形成的土壤质地为壤质黏土，砂页岩混杂的岩石形成的土壤质地则大致处于这二者之间，从砂质黏壤土至壤质黏土。土壤机械组成中黏粒含量23.10%~41.48%，而粉砂粒占到13.20%~41.48%，普遍状况下土壤以较细小的颗粒为主。在砂粒中，也是以较细的为主。土壤机械组成以及质地状况显示出其与形成土壤的岩石特性有着极显著的相关性。

土壤的颗粒组成中以细颗粒含量较高，质地偏黏，但由于土壤中普遍含有一定量的石砾，因此，改善了土壤的通透性，这一方面使得土壤的水、肥、气、热的协调性得到调整（喻理飞，2004；周运超，2004）。

②土壤化学性质

土壤酸碱度。区内土壤pH3.14~7.40，即属于强酸性到中性范围。其中以黄色、绿色砂页岩发育的土壤pH3.14~5.64；紫色砂页岩发育的土壤pH为表层较酸，底层为中性；碳酸盐岩发育形成的土壤pH6.64~7.40，表明宽阔水保护区土壤的pH值与成土母岩的特性有关。

土壤N、P、K这三个元素的含量状况，关系到区内生物生长发育的程度和潜力。土壤表土层全N含量0.44~9.32g/kg，太阳山表层最高，红砂地紫色土最低。全P含量表土层在0.60~1.61g/kg，全K在13.11~29.92g/kg，与全国土壤的全N、P、K含量（0.44~7.03g/kg（自然土壤）、0.40~2.50g/kg、15.00~25.00g/kg（耕作土壤））相比，全N除太阳山土壤含量较高外，其余地点土壤全N偏低，全P含量也属中等偏低水平，仅全K的含量与全国平均水平相当。表层土壤的碱解N含量较高，在136.13~389.58mg/kg的范围；速效P、K的含量范围0.35~3.12mg/kg、51.16~128.86mg/kg，速效P含量偏低，而速效K含量相对较高。故区内土壤的三要素含量状况为低N、P，中上K含量水平。

土壤有机质含量的高低是土壤肥力的一项重要标志，在一定的土壤有机质含量范围内，土壤肥力随着有机质含量的升高而提高。区内土壤有机质含量表土层17.29~294.40g/kg，B层土壤有机质含量4.45~23.75g/kg。从森林土壤的角度来看，区内土壤有机质含量属中等偏低水平。太阳山亮叶水青冈林下黄棕壤土壤表层具有特别高的有机质含量 300g/kg，这与植被的有机物质归还有着密不可分的联系，同时也与高海拔条件下的低温导致有机质分解缓慢而积累有关（喻理飞，2004；周运超，2004）。

7. 森林植被

根据宽阔水国家级自然保护区提供 2015 年森林资源调查数据，保护内林业生态建设和生产经营的林业用地中以乔木林地面积最广。乔木林地不同生长发育阶段中，森林资源构成主要以中幼龄林为主。

结合宽阔水自然保护区的遥感影像图，对保护区进行踏查并定点记录分析，调查组踏查 136 个地点，从各类植被群落调查资料中获取植物群落样地点 68 个，生物多样性监测样地 15 个，珍稀植物群落样地 4 个，共计搜集 223 个样点的植被类型信息，统计出宽阔水自然保护区共有 51 种植被类型。通过森林群落样地调查，以调查数据为基础，采取重要值计算作为综合分析指标，分别计算不同森林植被类型内，不同林冠层次的物种组成重要值，结合植被分类系统，将宽阔水自然保护区具体调查的森林植被划分为针叶林、阔叶林、针阔混交林、竹林、灌草丛 5 个植被型组，亚热带山地暖性针叶林、亚热带针阔混交林、中亚热带常绿阔叶林、中亚热带常绿落叶阔叶混交林、中亚热带落叶阔叶林、中山及亚高山竹林、灌丛、灌草坡 8 个植被型，31 个群系，并对不同群系的植被类型组成结构进行了描述。在海拔 1400～1700m 的喀斯特台原上，现存有集中连片、原生性较强，以亮叶水青冈林为主的常绿落叶阔叶林生态系统，其系统外貌、结构典型，类型多样，种群年龄结构多变，是中国保存最完好、最具代表性的亮叶水青冈林。从保护区总体植被类型格局来看，森林植被主要以典型的常绿、落叶阔叶混交林为主，局部也有落叶阔叶树占优势的混交林和常绿阔叶占优势的混交林，宏观上呈镶嵌分布格局，在中亚热带山地森林生态系统中，生物多样性维持的不同植被类型结构功能具有极强的典型性和代表性。

第四节　社会环境与干扰因素

干扰是指可以部分或全部地破坏动植物生命活动产物的现象。干扰可以来自自然界，也可以来自人类活动（于澎涛，2002）。人为干扰活动包括挖药、放牧、旅游，干扰方式、程度和干扰人员随之年度、月份、沟系的不同而发生变化（陈佑平，2003）。长期强烈的人为干扰活动会导致保护区森林景观多样性和异质性降低，并延缓森林植被恢复演替的进程，景观生物量积累少，抗干扰能力弱，生态功能较差（温庆忠，2002）。

1. 2017 年社区人口状况

保护区涉及绥阳县 6 个乡镇、12 个行政村（26 自然村）、134 个村民组。区内现有居住人口 12043 人，共 2723 户，其中男性 6238 人，女性 5805 人，分别占总人数的 51.8% 和 48.2%，平均人口密度 46 人/km²。在总人口中核心区内居住 1749 人、缓冲区内居住 2798 人、实验区内居住有 7496 人。农村劳动力 7346 人，占总人数的 60.1%。

保护区涉及旺草、青杠塘、茅垭、黄杨、宽阔和枧坝镇共 6 个镇。其中，旺草镇涉及 1 个行政村总人口 398 户 1785 人；青杠塘镇涉及 1 个行政村总人口 311 户，1293 人；黄杨镇涉及 1 个行政村总人口 442 户 2097 人；宽阔镇涉及 3 个行政村总人口 1179 户 5246 人；枧坝镇涉及 2 个行政村总人口 26 户 101 人；茅垭镇涉及 3 个行政村总人口 367 户 1521 人。保护区内民族为汉族。

区内长期外出人口 7725 人，人口外出率 64.15%。现有精准扶贫户 341 户，占区内人口户数的 12.52%。

2. 社区经济状况

　　宽阔水国家级自然保护区内经济比较贫困，农业结构简单，为典型的传统农业，粮食作物为水稻、玉米，经济作物有烤烟、辣椒、红薯、土豆、花生等。根据 2016 年统计资料，区内总产值 1795.7 万元，其中第一产值 1248.9 万元、第三产值 546.8 万元。区内水稻产量 84.7 万 kg、玉米产量 77.0 万 kg，共有猪牛羊 9402 头、家禽 8015 只。区内群众经济收入主要靠劳动力外出务工，在整个经济收入中，农业生产约占 20%，养殖约占 20%，外出务工约占 60%。2016 年农民人均纯收入 3356.0 元。

　　保护区辖区内社区基础设施薄弱，教育、医疗等基本社会服务水平较低，社区各项事业发展速度比较缓慢。截至目前，保护区内共有中小学 11 所，教师 146 人，学生人数 2138 人，学生入学率 94.0%；区内共有医务人员 27 人，有医疗床位 18 个，各乡镇均有卫生院，各行政村设有卫生室，但缺乏药品和医疗设备，少数村无专职的卫生员，医疗水平不高；在劳动就业方面，除传统的农业生产外，无其他就业渠道，80% 的劳动力选择到县城周边及广东、海南、福建、浙江等地务工，从事一般的体力劳动。在林区采药材（主要是天麻）、竹笋、猕猴桃、采茶等各种方式增加其经济收入。

　　另外，近几年开发保护区的生态旅游资源，利用其独特的生态环境，丰富的旅游资源吸引着众多旅客到保护区进行旅游观光，休闲避暑，科学考察。主要在宽阔水茶场及周边各村（林岩村、山河村、大湾村、后塘村、让水村），逐渐形成生态旅游产业链并带动相关行业发展。依靠宽阔水茶场的接待设施，带动周边居民提高经济收入。现在每年到宽阔水保护区进行工作，科学考察，旅游观光游客达 12000 人左右，旅游业初具规模，旅游消费逐年增加。旅游业的发展，带动了周边各村、各行业经济的发展，特别是农副产品（猪、羊、鸡、蛋、萝卜、茶叶、笋子、野生天麻等）的发展。

第二章　生物多样性构成

第一节　景观多样性

随着社会经济水平的，人们的日常生活日渐丰富，森林旅游逐渐成为旅游活动的重要部分，自然保护区是人们亲近自然的重要场所，保护与利用矛盾重重。一方面保护区的主要工作是保护，不合理旅游活动会给森林资源与环境带来破坏；另一方面，自然保护区是重要的环保公益事业形式，在保护的基础上进行合理的开发、利用，是自然保护区可持续发展的重要手段。然而不同的保护功能区开发利用限制条件、环境背景不一，规划和建设旅游活动设施必须考虑保护区保护对象和环境分布格局。因此，对森林景观进行科学的、系统的类型划分并研究景观空间格局则成为当今应该研究的重要课题（宇振荣，2008）。

景观格局（Landscape Pattern）是指景观在空间结构上的特征，即组成单元的多样性和组成单元在空间位置上的分布规律和特征，是景观生态学中一个重要的概念（熊斯顿，2008）。其基本理论为"斑块（Patch）－廊道（Corridor）－基底（Matrix）"的构成的景观空间模式（Forman R T，1981）。景观格局是景观异质性的一个具体表现，景观及其单元的拓扑特征是分析景观空间特征首要考虑的要素（马强，2010）。本研究拟利用地形地势作为依据，从看起来杂乱无序的景观空间中提取信息，分析宽阔水国家自然保护区的景观空间格局特征。从复杂的斑块中提取景观空间格局特征是一个非常复杂的过程。随着科学技术日新月异的发展，遥感（Remote Sensing）和地理信息系统（Geographic Information System）在景观空间格局的研究中运用越来越广泛，为景观生态学的研究提供了更加有效的研究方法。而且对于仅局限在二维平面上的景观格局分析逐渐向三维景观格局分析转变提供了技术的支持（高小红，2004）。

宽阔水自然保护区的景观空间格局分析结果可以为相关部门合理、科学的对宽阔水自然保护区生态旅游开发、经济发展、环境保护提供决策支持。使宽阔水自然保护区的森林生态系统、自然环境、珍稀物种、生物的多样性得到有效的保护，保证生物资源的可持续利用和自然生态环境的优良循环，实现森林可持续经营。

1. 研究方法

数据处理主要是基于遥感影像处理软件 ENVI5.1 和 ArcGIS10.0，数据为 GF-1 遥感影像，对遥感图像的几何校正、大气校正、图像拼接，用宽阔水自然保护区的矢量边界 shape 文件进行裁剪。遥感影像西南角不完整，结合 ArcGIS10.0 软件和林相图对遥感图像进行目视解译，结合二类调查数据做分类精度评价。结合 GIS 软件基于 1∶10000 地形图矢量化等高线、坡度、坡向对景观类型叠加分析，宽阔水自然保护区景观格局随地形因子变化的分布特征。运用 ArcGIS 软件的 Patch Analyst 模块选取景观指数作景观格局的分析。

2. 景观类型与构成

保护区的总面积为 26231hm^2，其中自然景观类型占 89.67%，人为景观类型仅占 10.33%。以常绿阔叶林为主要景观类型，其次是常绿落叶阔叶混交林和常绿针叶林。常绿阔叶林面积在整个自然保护区内最大，占研究区域总面积的38.14%，为自然景观类的主体。

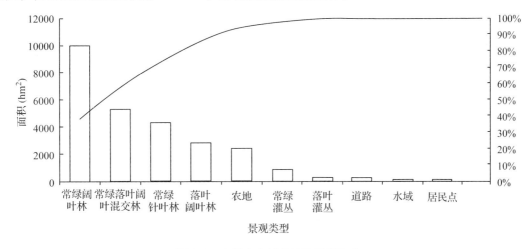

图2.1　宽阔水自然保护区景观构成

统计景观指数（表2.1）发现：常绿阔叶林斑块数量307个，边界密度为35.78m/hm²，在所有景观类型中值最大。说明常绿阔叶林景观连续性最好，有较大的物流强度，能够有利于边缘物种的增加，是整个保护区的优势景观，构成了研究区域的景观基底。道路景观面积小，边界密度高，构成了研究区域的景观廊道。

景观斑块密度（PD）是反映景观中斑块分散程度的一个重要指标（李敏，2012）。由表2.1可知，自然景观类型的斑块密度为3.15个/hm²，斑块密度小，斑块分化程度小；人为景观类型斑块密度达到了11.46个/hm²，是自然景观类型的3倍多，这表明人为景观类型受人类活动的影响，在一定面积上的斑块数量较多，斑块的规模性小，斑块之间连续性低，异质性高，对整个保护区的景观均匀度和破碎度均有影响。

景观边界密度（ED）反映的是景观区域内不同斑块之间的物质及能量交换的强度（华昇，2008）。在自然景观类型中边界密度表示的是每个类型景观在发展过程中的变化趋势，人为景观类型中斑块密度则反映的是景观类型受人为活动的影响程度。自然景观中常绿阔叶林的边界密度最大，说明常绿阔叶林在不断的蔓延，可能会导致周围景观面积缩小；其次是农地景观，农地景观的边界密度值很大并不是在不断蔓延，而是受人为活动的影响，农地分布较破碎所致。常绿针叶林在整个自然保护区内边界密度也较大，是常绿落叶阔叶混交林的几倍，但是景观面积却小于常绿落叶阔叶混交林，表明在保护区中常绿针叶林的分布较常绿落叶阔叶混交林连续性低，较破碎。

平均斑块面积（AMN）能很好地反映景观的破碎程度（王艳霞，2016）。在保护区内平均斑块面积顺序为常绿落叶阔叶混交林＞常绿阔叶林＞落叶阔叶林＞常绿针叶林＞落叶灌丛＞常绿灌丛＞水域＞道路＞农地＞居民点。可以得出自然景观类型的平均斑块面积均大于人为景观类型，说明自然景观类型的破碎度总体要低于人为景观类型。在自然景观类型中常绿落叶阔叶混交的平均面积最大，破碎度最低，其次是常绿阔叶林，人为景观类型中的居民点平均斑块面积最小。

最大斑块指数（LPI）的取值范围为0~100，取值越低说明该景观类型斑块组成越小，相反，若值越高则景观组成斑块较大，连续性较好。从表2.1可知，在整个自然保护区内各景观类型最大斑块指数（LPI）依次为常绿阔叶林＞常绿落叶阔叶混交林＞落叶阔叶林＞常绿针叶林＞常绿灌丛＞道路＞落叶灌丛＞农地＞水域＞居民点。表明该区域内常绿阔叶林的景观组成斑块最大，值为11.98，连续性最好，可以抗干扰能力相对其他景观类型较强；常绿落叶阔叶混交林在整个自然保护区内最大斑块指数（LPI）居第二，值为4.49。总体可以看出自然景观类型的最大斑块指数（LPI）大于人为景观类型，但道路的最大斑块指数（LPI）落叶灌丛，主要因为保护区的开发利用，经济发展，促使了保护区内交通的发展，道路连续性好。

周长面积分维数（PAFRAC），表达了景观斑块的形状的复杂程度，取值范围为1～2。从统计结果看，整个保护区内人为景观类型的周长面积分维数（PAFRAC）均大于人为景观类型。其中，居民点的周长面积分维数（PAFRAC）最大，其值为1.83，其次是道路。周长面积分维数（PAFRAC）最小的是常绿落叶阔叶混交林和落叶阔叶林，值均为1.15。

表2.1　宽阔水自然保护区景观类型指数

景观类型	农地	道路	居民点	水域	常绿阔叶林	落叶阔叶林	常绿灌丛	常绿针叶林	常绿落叶阔叶混交林	落叶灌丛
CA	2432.23	211.68	54.86	78.37	9964.03	2755.15	817.91	4274.62	5279.53	256.17
PLAND	9.31	0.81	0.21	0.3	38.14	10.55	3.13	16.36	20.21	0.98
NP	2171	55	767	18	307	107	96	245	49	27
AMN	1.12	3.85	0.07	4.35	32.46	25.75	8.52	17.45	107.75	9.49
LPI	0.11	0.38	0.01	0.06	11.98	2.7	0.85	2.25	4.49	0.33
PD	8.31	0.21	2.94	0.07	1.18	0.41	0.26	0.94	0.19	0.1
LSI	66.72	78.28	31.56	24.07	26.23	16.32	13.91	30.25	10.82	9.57
PAFRAC	1.2	1.61	1.83	1.46	1.2	1.15	1.18	1.2	1.15	1.14
ED	41.5	17.39	2.39	3.14	42.1	13.12	5.26	30.29	12.04	2.35
IJI	69.8	76.21	86.02	75.81	84.38	82.56	50.59	73.85	78.91	88.87
AI	95.95	86.65	93.2	99.4	99.27	98.69	84.49	98.88	99.66	98.66

注：CA：面积，单位：hm^2；PLAND：面积百分比；NP：斑块数；AMN：平均斑块面积；LPI：最大斑块指数；PD：斑块密度，单位：每$100hm^2$斑块数；LSI：景观形状指数，单位：无；PAFRAC：周长面积分维数，单位：无；ED：景观边缘密度；IJI：散布与并列指数；AI：聚集度指数

散布与并列指数（IJI）反映各个斑块类型间的总体散布与并列状况，IJI取值范围为0～100，IJI值越小，反映斑块类型仅与其他少数几种类型斑块邻接；IJI值越大，表示各斑块间比邻的边长接近均等，从统计结果来看，2015年研究区内各类型斑块在景观中分布呈聚集态势。景观聚集度指数（AI）测度是景观类型在水平距离上的位置特点。表达特定数量的景观要素之间相互的分散性。取值范围为0～100，其可以反映不同景观要素的团聚度，表达了特定数量的景观要素的相互分散性，指数的，统计结果的指数值趋近100，表明该时期整个保护区内的景观聚集度指数都相对较高。自然景观聚集度指数在90以上，说明自然景观类型的连续性较好，分布集中。人为景观聚集度指数低，尤其是道路和居民点，景观聚集度指数仅为86.65和84.49。表明人为景观连续性差，分布随意性强。

3. 景观多样性

整个自然保护区的景观聚集度指数（AI）表达特定数量的景观要素之间相互的分散性（陈传明，2015）。Simpson多样性指数反应的是景观的多样性程度。整个自然保护区景观聚集度指数（AI）= 98.97，景观类型集中程度高，由景观类型水平指数中的各个景观聚集度指数也可看出。研究区内的景观类型有10种，从Simpson多样性指数来看，Simpson多样性指数（SHDI）= 0.59，Simpson多样性指数较高，从自然保护区的景观类型数目也可得出此结论。总体来说研究区域内景观多样性高，但均匀度不高。

4. 景观类型随地形因子的变化及分析

景观格局及其特征受到多种因素的交叉影响，所产生的一定区域的生态环境体系的综合反映，景观斑块类型、形状、数量、大小和空间组合都受到各种外界因素的交叉影响，同时该景观区域的生态过程和边缘效应也受到影响（肖寒，2001）。本研究从宽阔水自然保护区的景观类型随海拔、坡度、坡向的变化进行研究分析。

4.1　景观类型随海拔的变化

海拔对景观类型分布的影响研究主要是基于地形图和宽阔水景观类型图叠加分析得出结果图。对 DEM 做重分类处理，将海拔因子划分为 5 个等级。用研究区域的矢量边界裁剪 DEM，得到研究区域的 DEM 重分类栅格。DEM 重分类图与景观类型图做叠加分析（Insert），分析景观类型随海拔的变化（汤国安，2006）。

为了更好地研究宽阔水自然保护区景观格局随地形的变化特征，结合其植被以原始亮叶水青冈林为主的常绿落叶阔叶混交林集中分布在 1200～1600m 的海拔地区的特征，将高程以 200m 间距划分为 5 个等级。通过 GIS 的空间分析功能，结合 2015 年的景观类型数据与高程等级数据做叠加分析，得到基于海拔等级的宽阔水自然保护区景观类型分布（见图 2.2）。

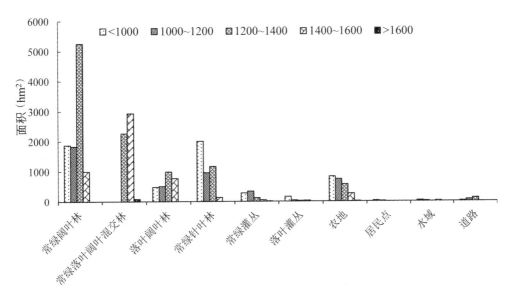

图 2.2　景观格局随海拔段变化

各景观类型集中分布在 1200～1600m 的海拔区域。其景观中常绿阔叶林、落叶阔叶林、常绿落叶阔叶混交林、常绿针叶林、常绿灌丛、落叶灌丛在 1200～1400m 的海拔地区集中分布，面积为 9825.43hm^2，占该区域景观总面积的 93.31%；海拔在 1400～1600m 的分布上，常绿阔叶林、落叶阔叶林、常绿落叶阔叶混交林、常绿针叶林、常绿灌丛、落叶灌丛景观面积为 4920.72hm^2，占其景观面积的 94.33%；海拔在小于 1000m 的区域常绿阔叶林、落叶阔叶林、常绿落叶阔叶混交林、常绿针叶林、常绿灌丛、落叶灌丛景观总面积为 4806.52hm^2，占其总景观面积的 83.94%；海拔 1000～1200m 的区域，该区域常绿阔叶林、落叶阔叶林、常绿落叶阔叶混交林、常绿针叶林、常绿灌丛、落叶灌丛景观面积为 3689.13hm^2，占其景观面积的 81.39%；海拔为 1600～1800m 的高海拔地区仅分布着常绿阔叶林、常绿落叶阔叶混交林两种自然景观，总面积为 120.17hm^2，占其总面积的 88.08%。从单个景观类型来看，以原始亮叶水青冈林为主的常绿落叶阔叶混交林景观集中分布在 1200～1600m 的高海拔地区，其中 1400～1600m 等级上的分布面积最大，为 2931.73hm^2，占常绿落叶阔叶混交林景观的

55.55%；其次是1200～1400m的海拔等级上分布面积为2263.69hm²，占其总面积的42.85%；仅有1.60%分布在1600～1800m区域，在小于1200m的低海拔区域没有分布。常绿阔叶林在研究区域的整个高程范围均匀分布，但在1600～1800m分布较少。其他景观类型农地、水域、道路和居民点大部分都分布在小于1400m的海拔地区，其中在<1000m、1000～1200m、1200～1400m的高程等级上分布较均匀，其他零星的分布在1400～1600m区域，仅有农地分布在1600～1800m高海拔区域。

　　宽阔水自然保护区地处中、高海拔地区，景观类型均匀分布在中海拔地区，高海拔分布较少。由于随海拔的增加气温下降以及雨量和湿度的变化，各自然景观类型(除常绿落叶阔叶混交林)分布面积逐渐减少，而以原始性亮叶水青冈林为主的常绿落叶阔叶混交林在高海拔区域分布集中。农地、居名点、水域和道路四个景观由于受人类选择偏好多样的影响，分布较随机，但都集中分布在小于1600m的区域。

4.2　景观格局随坡度的变化及分析

　　景观格局随坡度的变化是基于高精度的DEM高程模型和景观类型图做叠加分析。矢量化宽阔水地区1∶10000地形图得到数字高程模型(DEM)，参考DEM空间分辨率和等高距之间的关系，保证质量以及充分体现比例尺信息将等高线的矢量数据转化为10m×10m的删格数据(邹爱平，2007)。

　　坡度是影响水分、土壤养分的主要因素。在坡度平缓的地方土壤水土保持良好，水分和矿物质元素不易流失，植被类型丰富。坡度平缓与否直接影响着植物的生长。因此，本研究基于坡度对宽阔水自然保护区的景观格局进行分析。通过GIS的空间分析功能，对宽阔水自然保护区的景观类型矢量数据与坡度分级数据叠加，统计得出不同坡度级区域各林地景观类型的分布面积(见图2.3)。

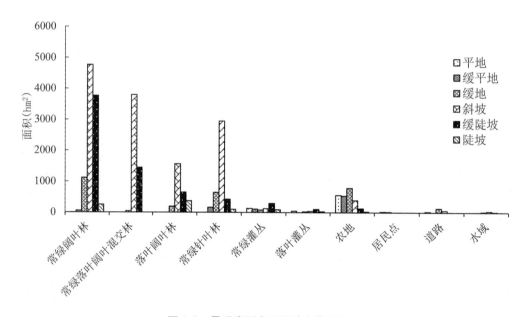

图2.3　景观类型在不同坡度等级分布

　　宽阔水自然保护区的景观类型集中分布在缓地、斜坡和缓陡坡之间。其中常绿阔叶林、常绿落叶阔叶混交林、落叶阔叶林和常绿针叶林在斜坡分布面积最大，分别为4768.86hm²、3797.12hm²、1562.69hm²、2952.05hm²，占其景观类型总面积的47.86%、71.88%、56.11%和68.83%。说明常绿阔叶林、常绿落叶阔叶混交林、落叶阔叶林和常绿针叶林在斜坡上最适宜生长；其次是缓陡坡上，在缓陡坡上常绿阔叶林、常绿落叶阔叶混交林、落叶阔叶林、常绿针叶林分布面积分布为3767.60hm²、1447.37hm²、649.72hm²、429.84hm²。农地景观在缓地上的分布最大，面积790.24hm²，占农地景观面积的32.49%。各景观类型在平地、缓平地和陡坡上的分布较少。在平地上，常绿落叶阔叶混交林和落叶阔叶林均没有分布，其他景观类型分布也较少，其中分布面积最大的为农地，面积为558.83hm²，其次是常绿灌丛；其余景观只是零星分布在平地上。在缓平地上，除常绿落叶阔叶混交林外其他景观类型均有零星的分布。按面积大小依次为农地、常绿针叶林、常绿灌丛、常绿阔叶林、居民点、落叶阔叶林、水域、落叶灌丛、道路。面积依次为534.24hm²、160.37hm²、106.36hm²、54.94hm²、18.55hm²、6.78hm²、6.75hm²、6.11hm²、0.67hm²，说明在缓平地上景观类型分布离散。在陡坡上，仅有常绿阔叶林、落叶阔叶林、常绿针叶林、常绿灌丛、落叶灌丛、农地和居民点少量分布，面积分别为248.51hm²、376.05hm²、97.30hm²、47.37hm²、31.87hm²、26.24hm²以及0.63hm²。

　　从以上统计分析得出：各景观集中分布在缓地、斜坡和缓陡坡上。其中常绿阔叶林、常绿落叶阔叶混交林、落叶阔叶林和常绿针叶林在斜坡和缓陡坡上集中分布，常绿灌丛、落叶灌丛、水域集中分布在缓陡坡上，农地景观集中分布在平地、缓平地和缓地上，道路景观则集中分布在缓地上，居民点则在平地上分布面积最大，由于陡坡的坡度较大，水土流失严重，不适于植被的生长，也不适宜于人类的生存活动，因此在陡坡上景观分布面积较少。

4.3　景观随坡向的变化及分析

　　景观类型随坡向的变化是基于DEM高程模型提取坡向信息，和景观类型图做叠加分析得出变化走势图（陶晶，2012）。利用1∶10000地形图生成栅格表面，即DEM。DEM按照坡向分类要求分为9类，根据坡向分为平地（坡度小于5°的地段）、北坡（方位角338°~23°）、东北坡（方位角23°~67°）、东坡（方位角68°~112°）、东南坡（方位角113°~157°）、南坡（方位角158°~202°）、西南坡（方位角203°~247°）、西坡（方位角248°~292°）、西北坡（方位角293°~337°进行重分类（Reclassify）。根据坡向（Aspect）等级图和景观类型（Landscape Types）图叠加分析的结果图进行统计分析（见图2.4）。

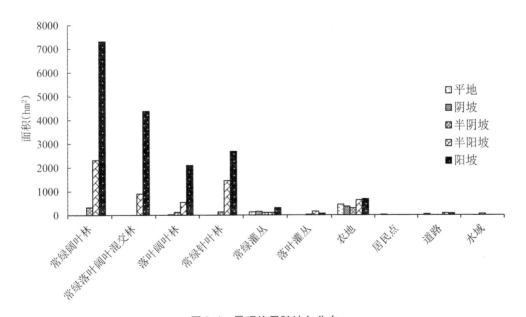

图2.4　景观格局随坡向分布

　　宽阔水自然保护区内阳坡的占比最大67.37%，其次为半阳坡23.75%，半阴坡、阴坡和平地依次为4.18%、2.22%、2.48%。阳坡为植被生长提供了良好的光照条件和丰富土壤养分。从图2.4可知，自然保护区内景观类型大多数集中分布在半阳坡和阳坡上。其中景观常绿阔叶林、常绿落叶阔叶混交林、落叶阔叶林和常绿针叶林在阳坡分布最多，面积分布分别为7312.54hm²、4384.58hm²、2097.52hm²、2682.98hm²，占其总面积的73.39%、83.00%、75.32%、62.56%。在半阳坡上常绿阔叶林和常绿针叶林分布较多，面积分别为2314.18hm²、1458.20hm²，占其面积的23.23%和34.04%。

在阴坡和半阴坡上各森林景观的面积分布都相对较少，农地景观和常绿灌丛景观分布相对较多。而在平地上只有常绿阔叶林、常绿针叶林、常绿灌丛、水域、农地和居民点几类景观类型分布，除常绿灌丛和农地分布面积较多外，其他景观类型零星的分布在整个平地上。

5. 小结

根据对不同层次的景观指数分析，得出保护区总体景观结构特征：常绿阔叶林构成了研究区域的景观基底；道路构成了研究区域的景观廊道；其他的景观类型以斑块形式分布在整个研究区域中。

研究区域内景观类型分为自然景观类型和人为景观类型两大类。自然景观类型连续性好，破碎度低，以常绿阔叶林面积最大，连续性好，是整个研究区内的优势景观；由于受到人为活动因素的影响，人为景观类型在整个研究区域内所占斑块数量大，平均斑块面积小，聚集度低，分布格局随意性强、破碎度高。在一定程度上影响着自然景观类型的破碎度。

由 Simpson 多样性指数(SHDI) = 0.5901，且景观类型包括常绿阔叶林、常绿针叶林、落叶阔叶林等 10 类，得出景观类型多样性程度较高。从占斑块总面积的百分比、景观聚集度指数可得出绝对优势景观突出，不利于整个自然保护区未来景观多样性的发展。要实现宽阔水自然保护区的可持续发展，必须制定合理的经营方案，发展景观类型的多样性，提高景观分布的均匀度。

整个保护区的植被的分布主要以海拔适中、坡度缓、阳光充足的地方为主；坡度平缓海拔低的地方水土流失少，土壤养分充足适合植物生长，宽阔水自然保护区高程差较大而中海拔面积分布多；坡度分布差较大但坡度缓，且阳坡分布较多，为保护区内的植被多样性发展提供了良好的环境，有利于植被的生长。但景观类型在各地形因子上的分布是不平衡的，随着各地形因子的变化存在着差异。而不同景观类型受地形的影响程度不同。

地形因子不仅对植被的分布格局产生影响，同时也对人为景观的分布格局起着决定性的作用。宽阔水森林景观中，以原生性亮叶水青冈为主体的常绿落叶阔叶混交林受地形因子的影响较大，整个自然保护区内常绿落叶阔叶混交林只生存海拔在 1200～1800m、坡度为缓地、斜坡和缓陡坡区域且在阴坡和半阴坡上无分布。而其他景观中居民点受海拔因子影响较大，人为因素主观选择了海拔低、阳光充足的地方居住，对景观格局的分布有相关的影响。植被和人类都选择适地而生存，相关部门在制作相关管理措施时因综合参考常绿落叶阔叶混交林分布特征以及人为因素的选择偏好，使自然保护区内的植被类型多样性均衡发展。

第二节　植被多样性

在自然界中，一般来说生活在地表的植物都很少单株存在，大都是物种聚集成群生长定居，各种植物之间彼此以一定的相互关系聚生在一起组合构成了植被。植被类型中植物之间的组合与配置，构成的相互关系包括其植物个体的生存空间、植物对光能的利用、对水分和养分的利用，植物分泌的各种化学物质彼此相互影响，以及植物之间的附生、共生关系等等。由于地理环境条件的差异，加上各种不同的干扰，如林火、森林的采伐、开垦等各种复杂因素的影响，使地表植物群落呈现出不同的植被类型和分布规律。不同的植被类型都是植物对该地区环境条件长期适应的历史产物，也是植物与该地区环境条件矛盾而又统一的必然结果。植被是自然环境要素之一，植被的存在不仅受自然环境中其他因子(如光照、温度、水分、气候、土壤等)深刻影响，同时又反作用于自然环境。植被像一面镜子，不同植被的分布格局对区域水文特征分布，生态环境变化等具有重要的指导意义，能综合地反映出区域自然环境条件的特点，是地球环境变化的反馈调节器（黄威廉等，1988；于法展等，2015；卢训令等，2013）。人类对植被的利用、干扰和对环境条件持续的变迁以及植物间竞争关系的改变等，使植被处在一个动态特征表型变化当中，其植被不断变化的外貌表现形式是各种复杂干扰因素综合作用的结果。

植物不仅能直接提供食物、药材、原材料等生物产品，而且还具有防风固沙、保持水土、净化空气、涵养水源、固碳释氧等多种间接生态调节功能及生态服务价值，以及为人类提供绿色景观、生态旅游资源、促进文化发展等多种美学文化价值，人类经营活动中开展的苗木培育，林分抚育，分析植被类型多样性、土壤入渗特性、水土保持功能、景观格局特征、时空分布变化动态等一系列活动都与不同植物组合形成的植被类型结构特征息息相关（李晶等，2003；任婕等，2015；朴英超，2016；吕刚等，2013）。研究某一区域的植被，了解植被资源现状分布格局及植被类型的结构特征，对于认识和揭示自然界植被的客观变化规律以及自然资源的综合改造利用，保护生态环境，提高其服务功能等都具有重要的意义。本书在2004年宽阔水自然保护区综合科学考察集（喻理飞等，2004）成果的基础上，结合2014～2016年野外植被类型抽样调查，保护区遥感图像，以及森林资源二类调查小班矢量数据，进一步精细化植被类型及其分布，得到较为完善和准确的植被类型分布，选择具体的不同森林植被类型进行样地调查，分析宽阔水自然保护区的不同植被类型特征。

1. 研究方法

1.1 植被外貌特征调查

根据宽阔水自然保护区的综合状况，对保护区进行踏查和定点记录分析，调查组总共在保护区定点记录136个地点，从各植被群落调查资料中获取植物群落样地点68个、生物多样性监测样地15个、珍稀植物群落样地4个，共计搜集223个样点的植被类型信息。将前期植被类型图、本次植被类型取样点、森林资源二类调查数据、保护区遥感图像标注在同一地图上，有取样点类型的森林小班及周边同名小班根据取样点植被类型命名，有确切物种的小班结合前期植被类型图判读植被类型，信息不全的小班根据遥感图像结合周边已有植被类型信息判断植被类型。

1.2 植被结构调查与分析

为了全面了解宽阔水自然保护区不同植被类型结构组成特征，在保护区内选择典型线路或地段进行踏查，结合植物分布现状，在森林群落内布设样地对植物分布现状及生境特征进行调查。调查样地面积的大小根据森林群落类型而定，其中草本层调查内容有草本植物总盖度、样方盖度、物种名称、平均高、盖度和多度，灌木层调查内容有灌木总盖度、样方盖度、物种名称、株数、平均地径、平均高和盖度，乔木层调查内容有乔木层总盖度、植物名称、胸径、高度和冠幅。植物群落调查样地环境信息调查内容有群落类型、样地面积、调查地点、经纬度、海拔、坡度、坡位、坡向、地貌类型、土壤类型、土层厚度、土壤质地、结构、凋落物厚度、群落郁闭度等。总共调查植物群落样地44个，总面积18030m^2。

对野外调查样地数据进行统计分析，以重要值作为综合分析指标，分别计算不同森林植被类型内，不同林冠层次的物种组成重要值，其计算公式如下：

$$重要值 = 相对密度 + 相对频度 + 相对显著度$$

其中，相对密度＝某一树种的个体数÷所有个体数×100；相对频度＝某一树种的频度÷所有树种的频度之和×100；相对显著度＝某一树种的显著度÷所有树种的显著度之和×100。

根据计算结果，结合物种的数量特征，确定其植物群落结构中不同层次优势种、建群种及其组成物种，以此对宽阔水自然保护区的森林植被特点和群落类型特征进行分析。

2. 结果分析

2.1 保护区森林资源构成特征

森林资源与其所在的环境有着不可分割的联系，二者密切联系又相互制约，构成生物群落复合体，随着时间和空间的不同而发展变化，形成一个有机的、独立的生态系统。根据宽阔水自然保护区管理局提供 2015 年森林资源调查数据，保护区现有林业资源用地总面积为 26196.00hm²，其中用于林业生态建设和生产经营的林业用地面积为 22200.88hm²，在其他各种不同因素的影响下（如耕地丢荒植被自然恢复、退耕还林等）在非林地上形成的森林资源面积 3995.12hm²。用于林业生态建设和生产经营的林业地资源（表 2.2）利用中，乔木林地面积最大，为 20325.76hm²，占林地面积的 91.55%，说明保护区内基本上形成了乔木林，灌木林地为 1784.57hm²，占林地面积的 8.04%，竹林地、未成林造林地、宜林地占林地面积比例均很小。

表 2.2 宽阔水自然保护区林地资源利用情况构成

	乔木林地	竹林地	灌木林地	未成林造林地	宜林地
面积（hm²）	20324.76	8.38	1784.57	1.79	81.38
占有百分比（%）	91.55	0.04	8.04	0.01	0.37

对宽阔水自然保护区林业用地中的乔木林地按照形成起源进一步进行分析，其中由天然下种、人工促进天然更新或萌生所形成的天然林为 18201.51hm²，占乔木林地面积的 89.55%，以人工直播、植苗、分殖或扦插条等造林方式形成的人工林为 2123.25hm²，占乔木林地面积的 10.45%，总体上保护区的乔木林地主要由天然林构成。对森林植被不同生长发育阶段的了解，对森林的经营管理具有重要的指导作用，乔木林的不同龄级构成特征如图 2.5，在面积构成上，中龄林的占地面积最大，为 8744.15hm²，其次是近熟林，过熟林的占地面积最小，仅有 54.84hm²；在森林蓄积量构成中，乔木林的活立木总蓄积量为 165.49 万 m³，其中中龄林的活立木蓄积量最大，为 66.90 万 m³，过熟林的活立木蓄积量最小，仅 0.50 万 m³，总体上看，宽阔水自然保护区的乔木林不同生长发育阶段中，占地面积和活立木蓄积量都是中龄林最大，过熟林最小，主要以中幼林为主，成过熟林所占比重相对较小。

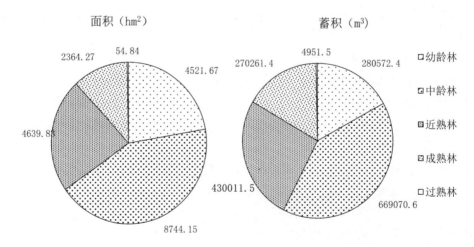

图 2.5 宽阔水自然保护区乔木林不同龄级构成特征

表 2.3　宽阔水国家级自然保护区各功能区主要植被类型

序号	核心区			缓冲区			实验区		
	植被类型	面积(hm²)	比例(%)	植被类型	面积(hm²)	比例(%)	植被类型	面积(hm²)	比例(%)
1	香叶树+马桑群系	2122.95	23.40	云贵鹅耳枥+盐肤木群系	887.59	14.69	杉木+枫香+灯台树群系	2363.35	21.46
2	杉木+马尾松群系	896.68	9.88	灯台树+四照花群系	783.83	12.97	盐肤木+马尾松群系	1085.06	9.85
3	灯台树+四照花群系	793.69	8.75	香叶树+马桑群系	761.95	12.61	杉木+马桑群系	989.16	8.98
4	亮叶水青冈-金佛山方竹群系	676.65	7.46	杉木+枫香+灯台树群系	631.94	10.46	杉木群系	879.06	7.98
5	云贵鹅耳枥+化香群系	672.59	7.41	杉木+马尾松群系	531.65	8.80	马尾松群系	778.65	7.07
6	杉木+马尾松+柏木群系	619.84	6.83	盐肤木+马尾松群系	388.61	6.43	香叶树+马桑群系	743.87	6.75
7	盐肤木+马尾松群系	519.64	5.73	杉木群系	367.05	6.07	杉木+柏木群系	522.27	4.74
8	亮叶水青冈+多脉青冈群系	512.36	5.65	马尾松群系	246.82	4.08	香叶树群系	482.54	4.38
9	杉木+枫香+灯台树群系	418.15	4.61	亮叶水青冈+粗穗石栎群系	192.34	3.18	云贵鹅耳枥+化香群系	377.10	3.42
10	云贵鹅耳枥+盐肤木群系	365.08	4.02	漆树群系	145.35	2.40	华山松群系	327.21	2.97
11	马尾松+柏木群系	363.24	4.00	马尾松+杉木群系	137.14	2.27	盐肤木+光皮桦群系	257.79	2.34
12	亮叶水青冈+粗穗石栎群系	275.22	3.03	丝栗栲+杉木群系	120.90	2.00	黄柏群系	210.47	1.91
13	马尾松群系	218.83	2.41	云贵鹅耳枥+化香群系	112.83	1.87	楤木+光皮桦群系	186.34	1.69
14	火棘+马尾松群系	193.71	2.13	亮叶水青冈-金佛山方竹群系	107.36	1.78	亮叶水青冈+粗穗石栎群系	174.81	1.59
15	杉木群系	176.37	1.94	丝栗栲群系	105.81	1.75	马尾松+杉木群系	171.91	1.56
16	光皮桦+盐肤木群系	140.53	1.55	杜仲群系	102.59	1.70	光皮桦+盐肤木群系	156.60	1.42
17	福建柏+杉木群系	128.78	1.42	马尾松+柏木群系	75.91	1.26	漆树群系	131.49	1.19
18	黑松群系	92.18	1.02	亮叶水青冈+多脉青冈群系	73.00	1.21	柏木群系	107.17	0.97
19	漆树群系	92.10	1.02	杉木+马尾松+柏木群系	71.14	1.18	丝栗栲+杉木群系	87.89	0.80
20	火棘群系	66.73	0.74	柳杉群系	51.63	0.85	灯台树+四照花群系	77.03	0.70

备注:因表格内容过多,此表格未列出植被类型的拉丁文,特此说明。

2.3 具体植被类型及组成特征

根据野外植被群落调查结果，结合前人调查材料，参照《中国植被》（中国植被编辑委员会，1980）、《贵州植被》（黄威廉等，1988）、《贵州森林》（周政贤主编，1992）的植被分类系统和各级分类单位的划分标准，并参考其他资料（吴征镒，1980；邹天才，2001；贵州梵净山科学考察集编辑委员会，1987；贵州省林业厅，2000），将宽阔水自然保护区具体调查的森林植被划分为针叶林、阔叶林、针阔混交林、竹林、灌草丛 5 个植被型组，亚热带山地暖性针叶林、亚热带针阔混交林、中亚热带常绿阔叶林、中亚热带常绿落叶阔叶混交林、中亚热带落叶阔叶林、中山及亚高山竹林、灌丛、灌草坡 8 个植被型，31 个群系（表 2.4）。对不同植被类型及特征描述如下：

表 2.4　宽阔水自然保护区植被分类

植被型组	植被型	群系
针叶林	亚热带山地暖性针叶林	杉木群系（Form. *Cuninghamia lanceolata*）
		柏木群系（Form. *Cupressus funebris*）
		马尾松群系（Form. *Pinus massoniana*）
针阔混交林	亚热带针阔叶混交林	马尾松 + 柏木群系（Form. *Pinus massoniana + Cupressus funebris*）
		马尾松 + 白栎群系（Form. *Pinus massoniana + Quercus fabri*）
		杉木 + 紫荆 + 朴树群系（Form. *Cunninghamia lanceolate + Cercis chinensis + Celtis sinensis*）
		马尾松 + 云贵鹅耳枥 + 化香树群系（Form. *Pinus massoniana + Carpinus pubescens + Platycarya strobilacea*）
		杉木 + 水青冈群系（Form. *Cuninghamia lanceolate + Fagus longipetiolata*）
阔叶林	中亚热带常绿阔叶林	香叶树群系（Form. *Lindera communis*）
		杜英群系（Form. *Elaeocarpus decipiens*）
		丝栗栲群系（Form. *Castanopsis fargesii*）
		丝栗栲 + 光皮桦群系（Form. *Castanopsis fargesii + Betula luminifera*）
		四川大头茶 + 化香树群系（Form. *Polyspora speciose + Platycarya strobilacea*）
	中亚热带常绿落叶阔叶混交林	亮叶水青冈群系（Form. *Fagus lucida*）
		亮叶水青冈 + 长蕊杜鹃群系（Form. *Fagus lucida + Rhododendron stamineum*）
		白栎群系（Form. *Quercus fabri*）
		化香树群系（Form. *Platycarya strobilacea*）
		白栎 + 枫香树 + 云贵鹅耳枥群系（Form. *Quercus fabri + Liquidambar formosana + Carpinus pubescens*）
		漆树群系（Form. *Toxicodendron vernicifluum*）
		盐肤木 + 马桑群系（Form. *Rhus chinensis + Coriaria nepalensis*）
		盐肤木群系（Form. *Rhus chinensis*）
	中亚热带落叶阔叶林	马桑群系（Form. *Coriaria nepalensis*）
		光皮桦 + 云贵鹅耳枥群系（Form. *Betula luminifera + Carpinus pubescens*）
		山鸡椒群系（Form. *Litsea cubeba*）
		白檀 + 马桑群系（Form. *Symplocos paniculate + Coriaria nepalensis*）
		光皮桦 + 猫儿屎群系（Form. *Betula luminifera + Decaisnea insignis*）
		云贵鹅耳枥 + 光皮桦群系（Form. *Carpinus pubescens + Betula luminifera*）

（续）

植被型组	植被型	群系
竹林	中山、亚高山竹林	方竹群系（Form. Chimonobambusa quadrangularis）
	灌丛	金佛山荚蒾群系（Form. Viburnum chinshanense）
灌草丛		茶群系（Form. Camellia sinensis）
	灌草坡	千里光 + 珠光香青群系（Form. senecio scandens + Anaphalis margaritacea）

2.3.1　针叶林

宽阔水自然保护区针叶林的形成，主要是森林植被经过人为破坏砍伐耕种土地后，人为经营利用木材的需要，重新进行人工造林，恢复形成的人工林，这些森林一般位于人为活动较为密集的区域附近。

杉木群系（Form. Cuninghamia lanceolata）　样地位于绥阳县旺草镇拥德村，海拔 1282m，坡中部，林分总盖度 0.80，枯落物厚度 5cm。森林群落中乔木层盖度为 0.60，建群树种为杉木（Cunninghamia lanceolata），伴生阔叶树种有算盘子（Glochidion puberum）、盐肤木（Rhus chinensis）、棕榈（Trachycarpus fortune）、响叶杨（Populus adenopoda）、青荚叶（Helwingia japonica）和云贵鹅耳枥（Carpinus pubescens）等，群落层次明显，密度为 1483 株/hm²（表 2.5）。灌木层盖度为 0.45，物种组成主要有柿（Diospyros kaki）、算盘子（Glochidion puberum）、金佛山荚蒾（Viburnum chinshanense）、白簕（Acanthopanax trifoliatus）、香叶树（Lindera communis）、野鸦椿（Euscaphis japonica）、小叶女贞（Ligustrum quihoui）、铁仔（Myrsine africana）、朴树（Celtis sinensis）、马桑（Coriaria nepalensis）等。草本层盖度 0.70，物种组成包含蕨类（Pteridophyta spp.）、鱼腥草（Houttuynia cordata）、鸢尾（Iris tectorum）、莎草（Cyperus difformis）、求米草（Oplismenus undulatifolius）、三叶地锦（Parthenocissus semicordata）、接骨草（Sambucus javanica Reinw）、龙牙草（Agrimonia pilosa）等。

表 2.5　杉木林乔木层主要物种组成重要值

树种名	株数	相对密度	频度	相对频度	显著度	相对显著度	重要值
杉木（Cunninghamia lanceolata）	54	60.67	1.00	20.00	20.76	86.70	167.38
算盘子（Glochidion puberum）	7	7.87	0.67	13.33	0.38	1.59	22.79
盐肤木（Rhus chinensis）	8	8.99	0.50	10.00	0.64	2.69	21.68
棕榈（Trachycarpus fortune）	3	3.37	0.33	10.00	0.47	1.99	15.36
响叶树（Populus adenopoda）	3	3.37	0.33	6.67	0.40	1.67	11.71
青荚叶（Helwingia japonica）	3	3.37	0.33	6.67	0.21	0.87	10.91
云贵鹅耳枥（Carpinus pubescens）	2	2.25	0.33	6.67	0.31	1.29	10.21
香叶树（Lindera communis）	2	2.25	0.33	6.67	0.09	0.36	9.28
黄心夜合（Michelia martini）	2	2.25	0.17	3.33	0.18	0.43	6.01
马尾松（Pinus massoniana）	1	1.12	0.17	3.33	0.19	0.79	5.24
楠木（Phoebe zhennan）	1	1.12	0.17	3.33	0.10	0.76	5.22
鹅掌柴（Schefflera heptaphylla）	1	1.12	0.17	3.33	0.08	0.33	4.79
四照花（Cornus kousa subsp. chinensis）	1	1.12	0.17	3.33	0.07	0.28	4.74
穗序鹅掌柴（Schefflera delavayi）	1	1.12	0.17	3.33	0.06	0.23	4.69

柏木群系（Form. *Cupressus funebris*） 样地位于绥阳县宽阔镇九龙村附近，海拔631m，坡下部，坡度42°，林分总盖度0.80，森林群落高度13m左右，枯落物厚度5cm。森林群落中乔木层盖度为0.50，建群树种为柏木（*Cupressus funebris*），伴生树种有杉木（*Cunninghamia lanceolata*）和香果树（*Emmenopterys henryi*），密度为400株/hm²（表2.6）。灌木层盖度为0.75，物种组成为香叶树（*Lindera communis*）、鸡仔木（*Sinoadina racemosa*）、西南绣球（*Hydrangea davidii*）、小蜡（*Ligustrum sinense*）、水麻（*Debregeasia orientalis*）、滇鼠刺（*Itea yunnanensis*）、铁仔（*Myrsine africana*）、异叶榕（*Ficus heteromorpha*）、宜昌润楠（*Machilus ichangensis*）、金佛山荚蒾（*Viburnum chinshanense*）、山胡椒（*Lindera glauca*）等。草本层盖度0.60，主要有蕨类（*Pteridophyta* spp.）、丝叶苔草（*Carex capilliformis*）、鸢尾（*Iris tectorum*）、打破碗花花（*Anemone hupehensis*）、求米草（*Oplismenus undulatifolius*）、硬秆子草（*Capillipedium assimile*）、兔耳风（*Gerbera piloselloides*）等。

表2.6 柏木林乔木层主要组成物种重要值

树种名	株数	相对密度	频度	相对频度	显著度	相对显著度	重要值
柏木（*Cupressus funebris*）	20	83.33	1.00	71.43	9.25	89.20	243.96
杉木（*Cunninghamia lanceolata*）	3	12.50	0.30	21.43	0.97	9.31	43.23
香果树（*Emmenopterys henryi*）	1	4.17	0.10	7.14	0.16	1.50	12.81

马尾松群系（Form. *Pinus massoniana*） 马尾松林在宽阔水自然保护区分布较广，本样地位于绥阳县宽阔镇九龙村附近，海拔727m，坡中部，坡度35°，林分总盖度0.85，枯落物厚度2.5cm。森林群落中乔木层盖度为0.30，建群树种为马尾松（*Pinus massoniana*），伴生种有柏木（*Cupressus funebris*）及阔叶树种枫香（*Liquidambar formosana*）、杜英（*Elaeocarpus decipiens*）、香叶树（*Lindera communis*）、化香树（*Platycarya strobilacea*）、海金子（*Pittosporum illicioides*）、枇杷（*Eriobotrya japonica*）、漆树（*Toxicodendron vernicifluum*）和云贵鹅耳枥（*Carpinus pubescens*），密度为1000株/hm²（表2.7）。灌木层盖度为0.80，物种组成丰富，有香叶树（*Lindera communis*）、金佛山荚蒾（*Viburnum chinshanense*）、马尾松（*Pinus massoniana*）、鸡仔木（*Sinoadina racemosa*）、异叶榕（*Ficus heteromorpha*）、崖花海桐（*Pittosporum illicioides*）等。因马尾松（*Pinus massoniana*）林主要为人工栽培形成的人工林，造成草本层稀疏，草本层盖度0.20，物种组成有鸢尾（*Iris tectorum*）、丝叶苔草（*Carex capilliformis*）、蕨类（*Pteridophyta* spp.）、麦冬（*Ophiopogon japonicus*）、腹水草（*Veronicastrum stenostachyum* subsp. *plukenetii*）、沿阶草（*Ophiopogon bodinieri*）、万寿竹（*Disporum cantoniense*）、鼠尾草（*Salvia japonica*）等。

表2.7 马尾松林乔木层主要组成物种重要值

树种名	株数	相对密度	频度	相对频度	显著度	相对显著度	重要值
马尾松（*Pinus massoniana*）	21	52.50	0.70	33.33	4.42	47.85	133.69
柏木（*Cupressus funebris*）	3	7.50	0.30	14.28	3.28	35.47	57.26
枫香树（*Liquidambar formosana*）	4	10.00	0.30	14.29	0.46	4.96	29.24
杜英（*Elaeocarpus decipiens*）	4	10.00	0.10	4.76	0.35	3.83	18.60
香叶树（*Lindera communis*）	2	5.00	0.20	9.52	0.11	1.15	15.67
化香树（*Platycarya strobilacea*）	2	5.00	0.10	4.76	0.14	1.54	11.30
海金子（*Pittosporum illicioides*）	1	2.50	0.10	4.76	0.23	2.52	9.79
枇杷（*Eriobotrya japonica*）	1	2.50	0.10	4.76	0.09	1.01	8.27
漆（*Toxicodendron vernicifluum*）	1	2.50	0.10	4.76	0.08	0.90	8.16
云贵鹅耳枥（*Carpinus pubescens*）	1	2.50	0.10	4.76	0.07	0.76	8.03

马尾松 + 柏木群系(Form. *Pinus massoniana* + *Cupressus funebris*)　这两种树种混交形成的针叶林，在保护区内分布广泛，调查样地位于绥阳县黄杨镇金子村附近，海拔 830m，坡中部，坡度 29°，林分总盖度 0.80，枯落物厚度 2.5cm。森林群落中乔木层盖度为 0.65，建群树种为马尾松(*Pinus massoniana*)，伴生种有柏木(*Cupressus funebris*)和杉木(*Cunninghamia lanceolata*)，密度为 1616 株/hm² (表 2.8)。灌木层盖度为 0.70，物种有刺叶珊瑚冬青(*Ilex corallina* var. *aberrans*)、刺异叶花椒(*Zanthoxylum ovalifolium* var. *spinifolium*)、金佛山荚蒾(*Viburnum chinshanense*)、杉木(*Cunninghamia lanceolata*)、铁仔(*Myrsine africana*)、香叶树(*Lindera communis*)、崖花海桐(*Pittosporum illicioides*)、紫珠(*Callicarpa bodinieri*)、滇鼠刺(*Itea yunnanensis*)、火棘(*Pyracantha fortuneana*)等。草本层盖度 0.50，种类包括芒(*Miscanthus sinensis*)、求米草(*Oplismenus undulatifolius*)、丝叶苔草(*Carex capilliformis*)、天名精(*Carpesium abrotanoide*)、打破碗花花(*Anemone hupehensis*)、万寿竹(*Disporum cantoniense*)、蕨类(*Pteridophyta* spp.)、地瓜藤(*Ficus tikoua*)等。

表 2.8　马尾松 + 柏木林乔木层主要组成物种重要值

树种名	株数	相对密度	频度	相对频度	显著度	相对显著度	重要值
马尾松(*Pinus massoniana*)	75	77.32	1.00	50.00	22.22	90.13	217.45
柏木(*Cupressus funebris*)	19	19.59	0.80	40.00	1.77	7.18	66.76
杉木(*Cunninghamia lanceolata*)	3	3.09	0.20	10.00	0.66	2.69	15.79

2.3.2　针阔混交林

马尾松 + 白栎群系(Form. *Pinus massoniana* + *Quercus fabri*)　样地位于绥阳县宽阔水镇九龙村附近，海拔 1094m，坡中部，坡度 40°，林分总盖度 0.75，枯落物厚度 2.5cm。森林群落中乔木层盖度为 0.62，建群树种为马尾松(*Pinus massoniana*)，伴生种较多，包括阔叶树种白栎(*Quercus fabri*)、麻栎(*Quercus acutissima*)、香叶树(*Lindera communis*)、楝树(*Melia azedarach*)、青冈栎(*Cyclobalanopsis glauca*)、朴树(*Celtis sinensis*)、鼠刺(*Itea yunnanensis*)、冬青(*Ilex chinensis*)等，密度为 1483 株/hm² (表 2.9)。灌木层盖度为 0.30，组成较丰富，主要物种为刺叶珊瑚冬青(*Ilex corallina* var. *aberrans*)、马尾松(*Pinus massoniana*)、铁仔(*Myrsine africana*)、香叶树(*Lindera communis*)、圆果化香(*Platycarya longipes*)、棕榈(*Trachycarpus fortunei*)、菝葜(*Smilax china*)、花椒(*Zanthoxylum ovalifolium* var. *spinifolium*)、金佛山荚蒾(*Viburnum chinshanense*)、中国旌节花(*Stachyurus chinensis*)、漆(*Toxicodendron vernicifluum*)树、盐肤木(*Rhus chinensis*)等。草本层盖度 0.75，物种繁多，物种组成有芒(*Miscanthus sinensis*)、苔草(*Carex doisutepensis*)、紫菀(*Aster tataricus*)、蕨(*Pteridium aquilinum* var. *latiusculum*)、求米草(*Oplismenus undulatifolius*)、莎草(*Cyperus difformis*)、蛇莓(*Duchesnea indica*)、天名精(*Carpesium abrotanoide*)、铁芒箕(*Dicranopteris linearis*)、兔耳风(*Gerbera piloselloides*)等。

表 2.9　马尾松 + 白栎林乔木层主要组成物种重要值

树种名	株数	相对密度	频度	相对频度	显著度	相对显著度	重要值
马尾松(*Pinus massoniana*)	37	41.57	0.70	18.92	6.95	52.47	112.96
白栎(*Quercus fabri*)	16	17.98	0.80	21.62	2.28	17.23	56.83
麻栎(*Quercus acutissima*)	8	8.99	0.50	13.51	1.13	8.52	31.02
香叶树(*Lindera communis*)	8	8.99	0.40	10.81	0.53	4.03	23.83
楝树(*Melia azedarach*)	6	6.74	0.20	5.41	0.72	5.40	17.55

（续）

树种名	株数	相对密度	频度	相对频度	显著度	相对显著度	重要值
杉木（Cunninghamia lanceolata）	1	1.12	0.10	2.70	0.63	4.79	8.61
青冈栎（Cyclobalanopsis glauca）	2	2.25	0.10	5.41	0.11	0.82	8.48
朴树（Celtis sinensis）	2	2.25	0.20	5.41	0.10	0.75	8.40
滇鼠刺（Itea yunnanensis）	3	3.37	0.20	2.70	0.21	1.55	7.62
冬青（Ilex chinensis）	2	2.25	0.10	2.70	0.35	2.60	7.55
刺叶珊瑚冬青（Ilex corallina var. loeseneri）	1	1.12	0.10	2.70	0.13	0.95	4.78
漆（Toxicodendron vernicifluum）	1	1.12	0.10	2.70	0.05	0.38	4.21
火棘（Pyracantha fortuneana）	1	1.12	0.10	2.70	0.04	0.27	4.09
山合欢（Albizia kalkora）	1	1.12	0.10	2.70	0.03	0.25	4.07

杉木 + 紫荆 + 朴树群系（Form. *Cunninghamia lanceolate* + *Cercis chinensis* + *Celtis sinensis*） 样地位于绥阳县茅垭镇拥德村附近，海拔1183m，坡上部，坡度10°，林分总盖度0.85，枯落物厚度35cm。森林群落中乔木层盖度为0.80，建群树种为杉木（*Cunninghamia lanceolata*），伴生阔叶树种有紫荆（*Cercis chinensis*）、朴树（*Celtis sinensis*）、红豆杉（*Taxus chinensis*）、漆（*Toxicodendron vernicifluum*）、枫香树（*Liquidambar formosana*）、南酸枣（*Choerospondias axillaris*）、香叶树（*Lindera communis*）、穗序鹅掌柴（*Schefflera delavayi*）等，密度为1300株/hm²（表2.10）。灌木层盖度为0.50，物种组成有菝葜（*Smilax china*）、梁王茶（*Metapanax delavayi*）、南方红豆杉（*Taxus chinensis* var. *mairei*）、朴树（*Celtis sinensis*）、川黔润楠（*Machilus chuanchienensis*）、穗序鹅掌柴（*Schefflera delavayi*）、香叶树（*Lindera communis*）、异叶榕（*Ficus heteromorpha*）、黄心夜合（*Michelia martini*）等。草本层盖度0.65，物种组成有常春藤（*Hedera nepalensis* var. *sinensis*）、地瓜（*Ficus tikoua*）、吉祥草（*Reineckea carnea*）、蕨类（*Pteridophyta* spp.）、龙牙草（*Agrimonia pilosa*）、求米草（*Oplismenus undulatifolius*）、丝叶苔草（*Carex capilliformis*）、鸢尾（*Iris tectorum*）等。

表 2.10　杉木 + 紫荆 + 朴树林乔木层主要组成物种重要值

树种名	株数	相对密度	频度	相对频度	显著度	相对显著度	重要值
杉木（Cunninghamia lanceolata）	13	25.00	0.90	24.32	13.14	53.49	102.81
紫荆（Cercis chinensis）	7	13.46	0.50	13.51	3.19	12.99	39.97
朴树（Celtis sinensis）	7	13.46	0.40	10.81	1.46	5.96	30.24
红豆杉（Taxus chinensis）	6	11.54	0.50	13.51	1.10	4.45	29.51
漆（Toxicodendron vernicifluum）	5	9.62	0.40	10.81	0.87	3.53	23.96
枫香树（Liquidambar formosana）	2	3.85	0.10	2.70	1.99	8.13	14.68
南酸枣（Choerospondias axillaris）	2	3.85	0.20	5.41	0.95	3.87	13.12
香叶树（Lindera communis）	2	3.85	0.20	5.41	0.32	1.29	10.54
穗序鹅掌柴（Schefflera delavayi）	2	3.85	0.20	5.41	0.25	1.01	10.27
棕榈（Trachycarpus fortunei）	2	3.85	0.10	2.70	0.89	3.62	10.17
香果树（Emmenopterys henryi）	2	3.85	0.10	2.70	0.25	1.00	7.55
川黔润楠（Machilus chuanchienensis）	2	3.85	0.10	2.70	0.16	0.64	7.19

马尾松 + 云贵鹅耳枥 + 化香树群系（Form. *Pinus massoniana + Carpinus pubescens + Platycarya strobilacea*） 样地位于绥阳县宽阔镇九龙村附近，海拔 1304m，坡中部，坡度 20°，林分总盖度 0.85，枯落物厚度 2cm。森林群落中乔木层盖度为 0.80，建群树种为马尾松（*Pinus massoniana*），伴生阔叶树种有云贵鹅耳枥（*Carpinus pubescens*）、化香树（*Platycarya strobilacea*）、响叶杨（*Populus adenopoda*）、榆树（*Ulmus pumila*）、紫薇（*Lagerstroemia indica*）、香叶树（*Lindera communis*）、穗序鹅掌柴（*Schefflera delavayi*）、响叶杨（*Populus adenopoda*）、川钓樟（*Lindera pulcherrima* var. *hemsleyana*）、细齿叶柃木（*Eurya nitida*）等，密度为 1917 株/hm²（表 2.11）。灌木层盖度为 0.35，主要有何首乌（*Fallopia multiflora*）、金丝桃（*Hypericum monogynum*）、菝葜（*Smilax china*）、川莓（*Rubus setchuenensis*）、杜鹃（*Rhododendron simsii*）、化香（*Platycarya strobilacea*）、黄脉莓（*Rubus xanthoneurus*）、金佛山荚蒾（*Viburnum chinshanense*）、香叶树（*Lindera communis*）、竹叶椒（*Zanthoxylum armatum*）等。草本层盖度 0.20，密度稀疏，物种单一，主要为蕨类（*Pteridophyta* spp.）、求米草（*Oplismenus undulatifolius*）、莎草（*Cyperus difformis*）、鱼腥草（*Houttuynia cordata*）等。

表 2.11 马尾松 + 云贵鹅耳枥 + 化香树林乔木层主要物种组成重要值

树种名	株数	相对密度	频度	相对频度	显著度	相对显著度	重要值
马尾松（*Pinus massoniana*）	7	6.09	0.50	6.38	4.37	24.44	36.91
云贵鹅耳枥（*Carpinus pubescens*）	9	7.83	0.33	4.26	2.95	16.50	28.58
化香树（*Platycarya strobilacea*）	5	4.35	0.83	10.64	2.41	13.50	28.48
响叶杨（*Populus adenopoda*）	11	9.57	0.50	6.38	1.81	10.10	26.05
榆树（*Ulmus pumila*）	12	10.43	0.67	8.51	0.79	4.43	23.38
紫薇（*Lagerstroemia indica*）	9	7.83	0.67	8.51	0.49	2.73	19.07
香叶树（*Lindera communis*）	10	8.70	0.50	6.38	0.58	3.26	18.34
穗序鹅掌柴（*Schefflera delavayi*）	7	6.09	0.67	8.51	0.57	3.17	17.77
响叶杨（*Populus adenopoda*）	6	5.22	0.50	6.38	0.91	5.07	16.68
川钓樟（*Lindera pulcherrima* var. *hemsleyana*）	8	6.96	0.33	4.26	0.63	3.51	14.72
细齿叶柃（*Eurya nitida*）	9	7.83	0.17	2.13	0.69	3.85	13.81
五角枫（*Acer pictum* subsp. *mono*）	6	5.22	0.33	4.26	0.38	2.12	11.59
梁王茶（*Metapanax delavayi*）	5	4.35	0.33	4.26	0.36	1.99	10.60
川黔润楠（*Machilus chuanchienensis*）	3	2.61	0.33	4.26	0.23	1.29	8.16
崖樱桃（*Cerasus scopulorum*）	2	1.74	0.17	2.13	0.12	0.65	4.51
含笑花（*Michelia figo*）	1	0.87	0.17	2.13	0.26	1.44	4.43
朴树（*Celtis sinensis*）	1	0.87	0.17	2.13	0.09	0.49	3.49
荚蒾（*Viburnum dilatatum*）	1	0.87	0.17	2.13	0.18	0.47	3.47
油桐（*Vernicia fordii*）	1	0.87	0.17	2.13	0.08	0.45	3.44
光皮桦（*Betula luminifera*）	1	0.87	0.17	2.13	0.06	0.36	3.36
火棘（*Pyracantha fortuneana*）	1	0.87	0.17	2.13	0.04	0.20	3.20

杉木 + 水青冈群系（Form. *Cuninghamia lanceolate + Fagus longipetiolata*） 该类型样地位于宽阔水自然保护区中心站附近往猪包台方向，周边遍布茶场，受人为干扰较为严重，海拔 1611m，坡下部，坡度 32°，林分总盖度 70，枯落物厚度 5cm。森林群落中乔木层盖度为 0.70，建群树种为杉木（*Cunninghamia lanceolata*），伴生树种为水青冈（*Fagus longipetiolata*），密度为 1175 株/hm²（表 2.12）。灌木

层盖度为0.40，物种组成主要有光叶海桐（*Pittosporum glabratum*）、算盘子（*Glochidion puberum*）、中华石楠（*Photinia beauverdiana*）、丝栗栲（*Castanopsis fargesii*）、汤饭子（*Viburnum setigerum*）、中华槭（*Acer sinense*）、野鸦椿（*Euscaphis japonica*）、猕猴桃（*Actinidia chinensis*）、山矾（*Symplocos sumuntia*）、细齿叶枸木（*Eurya nitida*）、茶树（*Camellia sinensis*）等。草本层盖度0.30，种类较少，密度稀疏，物种组成有紫萁（*Osmunda japonica*）、黄金凤（*Impatiens siculifer*）、蕨类（*Pteridophyta* spp.）、求米草（*Oplismenus undulatifolius*）等。

表2.12　杉木+水青冈林乔木层主要组成物种重要值

树种名	株数	相对密度	频度	相对频度	显著度	相对显著度	重要值
杉木（*Cunninghamia lanceolata*）	27	57.45	1.00	55.56	38.41	70.72	183.73
水青冈（*Fagus longipetiolata*）	20	42.55	0.80	44.44	15.90	29.28	116.27

2.3.3　阔叶林

阔叶林在宽阔水自然保护区分布面积最大，物种组成复杂，植被类型丰富，形成因素多样，有的植被类型是保存较好的原生林，有的是通过人工栽培形成的人工林，有的是植被依靠自然力自然恢复形成，有的是人工补植补造，人工促进自然力的作用共同形成。

香叶树群系（Form. *Lindera communis*）　样地位于绥阳县宽阔镇九龙乡篙枝坝附近，海拔696m，坡下部，坡度41°，林分总盖度80，枯落物厚度2cm。森林群落中乔木层盖度为0.55，建群树种为香叶树（*Lindera communis*），伴生种有灯台树（*Cornus controversa*）、化香树（*Platycarya strobilacea*）、川桂（*Cinnamomum wilsonii*）、漆（*Toxicodendron vernicifluum*）、杜英（*Elaeocarpus decipiens*）、黄心夜合（*Michelia martini*）、穗序鹅掌柴（*Schefflera delavayi*），密度为900株/hm^2（表2.13）。灌木层盖度为0.50，物种主要有白栎（*Quercus fabri*）、川桂（*Cinnamomum wilsonii*）、光枝楠（*Phoebe neuranthoides*）、金佛山荚蒾（*Viburnum chinshanense*）、水麻（*Debregeasia orientalis*）、香叶树（*Lindera communis*）、小蜡（*Ligustrum sinense*）、川莓（*Rubus setchuenensis*）等。草本层盖度0.50，物种组成为蕨类（*Pteridophyta* spp.）、冷水花（*Pilea notata*）、龙牙草（*Agrimonia pilosa*）、楼梯草（*Elatostema umbellatum* var. *maius*）、求米草（*Oplismenus undulatifolius*）、丝叶苔草（*Carex capilliformis*）、苔草（*Carex doisutepensis*）、万寿竹（*Disporum cantoniense*）、鸢尾（*Iris tectorum*）等。

表2.13　香叶树林乔木层主要组成物种重要值

树种名	株数	相对密度	频度	相对频度	显著度	相对显著度	重要值
香叶树（*Lindera communis*）	21	58.33	0.90	42.86	3.01	40.54	141.73
灯台树（*Cornus controversa*）	6	16.67	0.30	14.29	1.67	22.46	53.41
化香树（*Platycarya strobilacea*）	3	8.33	0.30	14.29	1.77	23.92	46.54
川桂（*Cinnamomum wilsonii*）	2	5.56	0.20	9.52	0.37	4.94	20.02
漆（*Toxicodendron vernicifluum*）	1	2.78	0.10	4.76	0.31	4.14	11.68
杜英（*Elaeocarpus decipiens*）	1	2.78	0.10	4.76	0.10	1.41	8.95
黄心夜合（*Michelia martinii*）	1	2.78	0.10	4.76	0.10	1.30	8.84
穗序鹅掌柴（*Schefflera delavayi*）	1	2.78	0.10	4.76	0.10	1.30	8.84

杜英群系（Form. *Elaeocarpus decipiens*）　样地位于绥阳县青岗塘镇白哨村附近，海拔726m，坡下部，坡度35°，林分总盖度0.85，枯落物厚度4cm。森林群落中乔木层盖度为0.80，建群树种为杜英

（*Elaeocarpus decipiens*），伴生树种较少，包括合欢（*Albizia julibrissin*）、灯台树（*Cornus controversa*）、化香树（*Platycarya strobilacea*）、云南樟（*Cinnamomum glanduliferum*），密度为 1283 株/hm²（表 2.14）。灌木层盖度为 0.40，由菝葜（*Smilax china*）、光枝楠（*Phoebe neuranthoides*）、黄心夜合（*Michelia martini*）、香叶树（*Lindera communis*）、云贵鹅耳枥（*Carpinus pubescens*）、竹叶榕（*Ficus stenophylla*）等物种组成。草本层盖度 0.50，种类组成有地瓜藤（*Ficus tikoua*）、蕨类（*Pteridophyta* spp.）、冷水花（*Pilea notata*）、楼梯草（*Elatostema umbellatum* var. *maius*）、落地梅（*Lysimachia paridiformis*）、日本蛇根草（*Ophiorrhiza japonica*）、丝叶苔草（*Carex capilliformis*）、万寿竹（*Disporum cantoniense*）、泽泻虾脊兰（*Calanthe alismaefolia*）、棕叶狗尾草（*Setaria palmifolia*）等。

表 2.14　杜英林乔木层主要组成物种重要值

树种名	株数	相对密度	频度	相对频度	显著度	相对显著度	重要值
杜英（*Elaeocarpus decipiens*）	69	89.61	1.00	58.82	32.66	91.62	240.06
合欢（*Albizia julibrissin*）	5	6.49	0.40	23.53	1.91	5.35	35.37
灯台树（*Cornus controversa*）	1	1.30	0.10	5.88	0.53	1.48	8.66
化香树（*Platycarya strobilacea*）	1	1.30	0.10	5.88	0.39	1.10	8.28
云南樟（*Cinnamomum glanduliferum*）	1	1.30	0.10	5.88	0.16	0.44	7.63

丝栗栲群系（Form. *Castanopsis fargesii*）　样地位于宽阔水自然保护区中心站附近往猪包台方向，森林群落的形成是原生植被遭受人为破坏后，依靠天然更新形成，海拔 1604m，坡下部，坡度 32°，林分总盖度 0.80，枯落物厚度 8cm。森林群落中乔木层盖度为 0.50，建群树种为丝栗栲（*Castanopsis fargesii*），伴生树种有杉木（*Cunninghamia lanceolata*）、马桑（*Coriaria nepalensis*）、光皮桦（*Betula luminifera*）、云贵鹅耳枥（*Carpinus pubescens*）、贵州毛枸（*Eurya kueichowensis*）、梾木（*Cornus macrophylla*）、细齿叶枸木（*Eurya nitida*）、灯台树（*Cornus controversa*）、漆（*Toxicodendron vernicifluum*）等，密度为 1062 株/hm²（表 2.15）。灌木层盖度为 0.70，物种主要有猕猴桃（*Actinidia chinensis*）、菝葜（*Smilax china*）、方竹（*Chimonobambusa quadrangularis*）、川莓（*Rubus setchuenensis*）等。草本层盖度极低，主要物种为十字苔草（*Carex cruciata*）、蕨类（*Pteridophyta* spp.）、山莓（*Rubus corchorifolius*）、悬钩子（*Rubus fockeanus*）、折耳根（*Houttuynia cordata*）、紫萁（*Osmunda japonica*）等。

表 2.15　丝栗栲林乔木层主要物种组成重要值

树种名	株数	相对密度	频度	相对频度	显著度	相对显著度	重要值
丝栗栲（*Castanopsis fargesii*）	9	42.86	0.75	25.00	6.14	43.95	111.81
杉木（*Cunninghamia lanceolata*）	2	5.71	0.25	5.00	6.28	25.20	35.92
马桑（*Coriaria nepalensis*）	5	14.29	0.75	15.00	1.13	4.52	33.81
光皮桦（*Betula luminifera*）	2	8.57	0.50	15.00	0.90	4.31	27.88
云贵鹅耳枥（*Carpinus pubescens*）	1	2.86	0.25	5.00	3.34	13.41	21.27
贵州毛枸（*Eurya kueichowensis*）	8	5.71	0.75	10.00	5.32	2.05	17.76
梾木（*Cornus macrophylla*）	3	5.71	0.75	10.00	0.33	0.62	16.34
细齿叶枸木（*Eurya nitida*）	3	8.57	0.25	5.00	0.24	0.97	14.54
漆（*Toxicodendron vernicifluum*）	1	2.86	0.25	5.00	0.84	3.37	11.23
灯台树（*Cornus controversa*）	1	2.86	0.25	5.00	0.40	1.59	9.45

丝栗栲 + 光皮桦群系(Form. *Castanopsis fargesii* + *Betula luminifera*) 样地位于宽阔水自然保护区一线天往中心站方向附近,海拔1528m,坡中部,坡度39°,林分总盖度0.90,枯落物厚度8cm。森林群落中乔木层盖度为0.40,主要物种为丝栗栲(*Castanopsis fargesii*)、光皮桦(*Betula luminifera*)、细齿叶柃木(*Eurya nitida*)、油茶(*Camellia oleifera*)、石灰花楸((*Sorbus folgneri*)、小花八角枫(*Alangium faberi*)、梧桐(*Firmiana simplex*)、野桐(*Mallotus tenuifolius*)、青冈栎(*Cyclobalanopsis glauca*),密度为425株/hm²(表2.16)。灌木层盖度为0.85,优势种为金佛山方竹(*Chimonobambusa utilis*),其他物种有柞木(*Xylosma congesta*)、细齿叶柃木(*Eurya nitida*)、络石(*Trachelospermum jasminoides*)、水红木(*Viburnum cylindricum*)等。由于方竹分布较多,造成草本层稀疏,草本层盖度0.05,物种组成有尼泊尔蓼(*Polygonum nepalense*)、凤仙花(*Impatiens balsamina*)、血水草(*Eomecon chionantha*)等。

表2.16 丝栗栲 + 光皮桦林乔木层主要组成物种重要值

树种名	株数	相对密度	频度	相对频度	显著度	相对显著度	重要值
丝栗栲(*Castanopsis fargesii*)	3	18.75	0.40	16.67	2.80	23.31	58.73
光皮桦(*Betula luminifera*)	1	6.25	0.20	8.33	0.65	32.70	47.28
细齿叶柃(*Eurya nitida*)	3	18.75	0.40	16.67	0.53	4.42	39.84
油茶(*Camellia oleifera*)	2	12.50	0.40	16.67	0.36	3.03	32.20
石灰花楸(*Sorbus folgneri*)	2	12.50	0.20	8.33	1.28	10.63	31.47
小花八角枫(*Alangium faberi*)	2	12.50	0.20	8.33	0.60	4.98	25.82
梧桐(*Firmiana simplex*)	1	6.25	0.20	8.33	1.34	11.15	25.73
野桐(*Mallotus tenuifolius*)	1	6.25	0.20	8.33	0.80	6.68	21.26
青冈栎(*Cyclobalanopsis glauca*)	2	6.25	0.20	8.33	4.29	3.09	17.68

四川大头茶 + 化香树群系(Form. *Polyspora speciose* + *Platycarya strobilacea*) 样地位于绥阳县黄杨镇金子村附近,海拔990m,坡下部,坡度33°,林分总盖度0.85,枯落物厚度2cm。森林群落中乔木层盖度为0.80,建群树种为四川大头茶(*Polyspora speciose*),伴生种有化香树(*Platycarya strobilacea*)、杉木(*Cunninghamia lanceolata*)、香叶树(*Lindera communis*)、白栎(*Quercus fabri*))、枫香树(*Liquidambar formosana*)、杨梅(*Myrica rubra*)、山楂(*Crataegus pinnatifida*)、楝木(*Cornus macrophylla*)等,密度为1483株/hm²(表2.17)。灌木层盖度为0.35,物种有菝葜(*Smilax china*)、白栎(*Quercus fabri*)、刺叶冬青(*Ilex bioritsensis*)、四川大头茶(*Polyspora speciose*)、杜鹃(*Rhododendron simsii*)、枫香(*Liquidambar formosana*)、花椒(*Zanthoxylum ovalifolium var. spinifolium*)、梁王茶(*Metapanax delavayi*)、山矾(*Symplocos sumuntia*)、铁仔(*Myrsine africana*)、细齿叶柃木(*Eurya nitida*)、香叶树(*Lindera communis*)等。草本层盖度0.50,由蕨类(*Pteridophyta* spp.)、花葶苔草(*Carex scaposa*)、求米草(*Oplismenus undulatifolius*)、鼠尾草(*Salvia japonica*)、丝叶苔草(*Carex capilliformis*)、鸢尾(*Iris tectorum*)等组成。

表2.17 四川大头茶 + 化香树林乔木层主要组成物种重要值

树种名	株数	相对密度	频度	相对频度	显著度	相对显著度	重要值
四川大头茶(*Polyspora speciose*)	13	14.61	0.70	12.50	2.20	9.95	37.06
化香树(*Platycarya strobilacea*)	12	13.48	0.70	12.50	2.01	9.11	35.09
杉木(*Cunninghamia lanceolata*)	8	8.99	0.60	10.71	3.34	15.14	34.85
香叶树(*Lindera communis*)	11	12.36	0.60	10.71	0.68	3.08	26.16

（续）

树种名	株数	相对密度	频度	相对频度	显著度	相对显著度	重要值
白栎（*Quercus fabri*）	6	6.74	0.30	5.36	2.41	10.92	23.02
枫香树（*Liquidambar formosana*）	5	5.62	0.10	5.36	0.82	10.50	21.48
杨梅（*Myrica rubra*）	4	4.49	0.30	5.36	2.12	9.62	19.47
山楂（*Crataegus pinnatifida*）	5	5.62	0.30	5.36	1.68	7.64	18.61
梾木（*Cornus macrophylla*）	6	6.74	0.30	5.36	1.40	6.36	18.45
麻栎（*Quercus acutissima*）	3	3.37	0.10	1.79	0.94	4.27	9.43
朴树（*Celtis sinensis*）	3	3.37	0.20	3.57	0.27	1.23	8.17
细齿叶柃木（*Eurya nitida*）	2	2.25	0.20	3.57	0.18	0.84	6.66
枫香树（*Liquidambar formosana*）	1	1.12	0.10	1.79	2.32	3.71	6.62
川桂（*Cinnamomum wilsonii*）	2	2.25	0.20	3.57	0.09	0.43	6.25
黄心夜合（*Michelia martinii*）	2	2.25	0.10	1.79	0.33	1.50	5.54
马尾松（*Pinus massoniana*）	1	1.12	0.10	1.79	0.43	1.95	4.85
柏木（*Cupressus funebris*）	1	1.12	0.10	1.79	0.31	1.43	4.34
云贵鹅耳枥（*Carpinus pubescens*）	1	1.12	0.10	1.79	0.25	1.11	4.02
川黔润楠（*Machilus chuanchienensis*）	1	1.12	0.10	1.79	0.17	0.76	3.67
青榨槭（*Acer davidii*）	1	1.12	0.10	1.79	0.07	0.31	3.22

亮叶水青冈群系（Form. *Fagus lucida*）　　样地位于绥阳县宽阔镇（太阳山）附近，海拔1432m，坡中部，坡度20°，林分总盖度0.75，森林群落高度20m，枯落物厚度5cm。森林群落中乔木层盖度为0.70，建群树种为亮叶水青冈（*Fagus lucida*），伴生种有光叶海桐（*Pittosporum glabratum*）、檫木（*Sassafras tzumu*）、水青冈（*Fagus longipetiolata*）、崖樱桃（*Cerasus pseudocerasus*）、川黔润楠（*Machilus chuanchienensis*）、西南红山茶（*Camellia pitardii var. pitardii*）、青冈栎（*Cyclobalanopsis glauca*）、南方荚蒾（*Viburnum fordiae*）、白檀（*Symplocos paniculata*）等，密度为611株/hm²（表2.18）。灌木层盖度为0.60，优势物种为金佛山方竹（*Chimonobambusa utilis*），其他有少量细齿叶柃木（*Eurya nitida*）、川莓（*Rubus setchuenensis*）。草本层盖度0.02，因方竹密布，草本层稀疏，只含有少量苔草（*Carex doisutepensis*）。

表2.18　亮叶水青冈林乔木层主要组成物种重要值

树种名	株数	相对密度	频度	相对频度	显著度	相对显著度	重要值
亮叶水青冈（*Fagus lucida*）	16	29.09	0.60	22.22	17.40	76.00	127.32
崖花海桐（*Pittosporum truncatum*）	13	23.64	0.40	14.81	0.92	4.03	42.48
檫木（*Sassafras tzumu*）	6	10.91	0.20	7.41	2.62	11.44	29.75
水青冈（*Fagus longipetiolata*）	5	9.09	0.30	11.11	0.62	2.73	22.93
崖樱桃（*Cerasus scopulorum*）	3	5.45	0.20	7.41	0.36	1.56	14.42
川黔润楠（*Machilus chuanchienensis*）	3	5.45	0.20	7.41	0.18	0.80	13.67
西南红山茶（*Camellia pitardii var. pitardii*）	2	3.64	0.20	7.41	0.14	0.63	11.67
青冈栎（*Cyclobalanopsis glauca*）	2	3.64	0.20	7.40	0.13	0.56	11.60

（续）

树种名	株数	相对密度	频度	相对频度	显著度	相对显著度	重要值
南方荚蒾（*Viburnum fordiae*）	2	3.64	0.10	3.70	0.17	0.74	8.08
白檀（*Symplocos paniculata*）	1	1.82	0.10	3.70	0.23	0.99	6.51
山矾（*Symplocos sumuntia*）	1	1.82	0.10	3.70	0.07	0.31	5.83
细齿叶柃木（*Eurya nitida*）	1	1.82	0.10	3.70	0.05	0.22	5.74

亮叶水青冈 + 长蕊杜鹃群系（Form. *Fagus lucida + Rhododendron stamineum*）　样地位于宽阔镇保护区道路旁，海拔1396m，坡中部，坡度30°，林分总盖度0.90，枯落物厚度1cm。森林群落中乔木层盖度为0.55，建群树种为亮叶水青冈（*Fagus lucida*）、长蕊杜鹃（*Rhododendron simsii*），伴生种有算盘子（*Glochidion puberum*）、光皮桦（*Betula luminifera*）、香叶树（*Lindera communis*）、盐肤木（*Rhus chinensis*）密度为1800株/hm²（表2.19）。灌木层盖度为0.35，主要物种为菝葜（*Smilax china*）、倒卵叶旌节花（*Stachyurus obovatus*）、珙桐（*Davidia involucrata*）、光皮桦（*Betula luminifera*）、火棘（*Pyracantha fortuneana*）、漆树（*Toxicodendron vernicifluum*）、算盘子（*Glochidion puberum*）、乌蔹莓（*Vitis leucocarpa*）、亮叶水青冈（*Fagus lucida*）等。草本层盖度0.65，物种组成单一，有蕨类（*Pteridophyta* spp.）、芒（*Miscanthus sinensis*）、求米草（*Oplismenus undulatifolius*）、莎草（*Cyperus difformis*）。

表 2.19　亮叶水青冈 + 长蕊杜鹃林乔木层主要组成物种重要值

树种名	株数	相对密度	频度	相对频度	显著度	相对显著度	重要值
亮叶水青冈（*Fagus lucida*）	28	38.89	0.80	36.36	5.22	50.26	125.52
长蕊杜鹃（*Rhododendron stamineum*）	32	44.44	0.50	22.73	3.85	37.10	104.27
算盘子（*Glochidion puberum*）	4	5.56	0.40	18.18	0.38	3.64	27.38
光皮桦（*Betula luminifera*）	3	4.17	0.30	13.64	0.36	3.52	21.32
香叶树（*Lindera communis*）	4	5.56	0.10	4.55	0.25	2.38	12.48
盐肤木（*Rhus chinensis*）	1	1.39	0.10	4.55	0.32	3.10	9.03

白栎群系（Form. *Quercus fabri*）　样地位于宽阔水自然保护区猪包台方向火丘坪村附近，海拔1381m，坡中部，坡度37°，林分总盖度0.75，枯落物厚度3cm。森林群落中乔木层盖度为0.60，建群树种为白栎（*Quercus fabri*），伴生种有云贵鹅耳枥（*Carpinus pubescens*）、算盘子（*Glochidion puberum*）、杉木（*Cunninghamia lanceolata*）、山胡椒（*Lindera glauca*）、青冈栎（*Cyclobalanopsis glauca*）、细齿叶柃木（*Eurya nitida*），密度为2563株/hm²（表2.20）。灌木层盖度为0.60，物种包括南方荚蒾（*Viburnum fordiae*）、光皮桦（*Betula luminifera*）、尖叶桂樱（*Laurocerasus undulata*）、冬青（*Ilex chinensis*）、汤饭子（*Viburnum setigerum*）、山胡椒（*Lindera glauca*）、鹅耳枥（*Carpinus turczaninowii*）、麻栎（*Quercus acutissima*）、平枝栒子（*Cotoneaster horizontalis*）、杉木（*Cunninghamia lanceolata*）、算盘子（*Glochidion puberum*）、细齿叶柃木（*Eurya nitida*）、盐肤木（*Rhus chinensis*）。草本层盖度0.60，物种有云南兔耳风（*Gerbera piloselloides*）、菝葜（*Smilax china*）、吉祥草（*Reineckea carnea*）、蕨（*Pteridium aquilinum* var. *latiusculum*）、芒（*Miscanthus sinensis*）、求米草（*Oplismenus undulatifolius*）、日本薯蓣（*Dioscorea japonic*）、丝叶苔草（*Carex capilliformis*）、悬钩子（*Rubus fockeanus*）等。

表 2.20 白栎林乔木层主要组成物种重要值

树种名	株数	相对密度	频度	相对频度	显著度	相对显著度	重要值
白栎(*Quercus fabri*)	66	80.49	1.00	33.33	9.50	78.63	192.45
云贵鹅耳枥(*Carpinus pubescens*)	7	8.54	0.50	16.67	1.77	14.68	39.88
算盘子(*Glochidion puberum*)	5	6.10	0.50	16.67	0.41	3.37	26.13
杉木(*Cunninghamia lanceolata*)	1	1.22	0.25	8.33	0.16	1.33	10.89
山胡椒(*Lindera glauca*)	1	1.22	0.25	8.33	0.10	0.81	10.36
青冈栎(*Cyclobalanopsis glauca*)	1	1.22	0.25	8.33	0.07	0.61	10.17
细齿叶柃(*Eurya nitida*)	1	1.22	0.25	8.33	0.07	0.57	10.12

化香群系(Form. *Platycarya strobilacea*) 样地位于绥阳县宽阔镇九龙村附近,海拔 780m,坡上部,坡度 35°,林分总盖度 0.85,枯落物厚度 1cm。森林群落中乔木层盖度为 0.70,建群树种为化香树(*Platycarya strobilacea*),伴生种有四照花(*Cornus kousa* subsp. *chinensis*)、朴树(*Celtis sinensis*)、川桂(*Cinnamomum wilsonii*)、黑壳楠(*Lindera megaphylla*)、南酸枣(*Choerospondias axillaris*)、鹅掌柴(*Schefflera heptaphylla*)、楠木(*Phoebe zhennan*),密度为 1075 株/hm²(表 2.21)。灌木层盖度为 0.50,有菝葜(*Smilax china*)、川桂(*Cinnamomum wilsonii*)、云贵鹅耳枥(*Carpinus pubescens*)、贵州毛柃(*Eurya kueichowensis*)、朴树(*Celtis sinensis*)、山胡椒(*Lindera glauca*)、金佛山方竹(*Chimonobambusa utilis*)。草本层盖度 0.80,有地瓜藤(*Ficus tikoua*)、黄精(*Polygonatum sibiricum*)、蕨类(*Pteridophyta* spp.)、求米草(*Oplismenus undulatifolius*)、莎草(*Cyperus difformis*)、薯蓣(*Dioscorea polystachya*)等。

表 2.21 化香林乔木层主要组成物种重要值

树种名	株数	相对密度	频度	相对频度	显著度	相对显著度	重要值
化香(*Platycarya strobilacea*)	23	53.49	1.00	21.05	6.23	57.97	132.51
四照花(*Cornus kousa* subsp. *chinensis*)	5	11.63	1.00	21.05	0.74	6.88	39.56
朴树(*Celtis sinensis*)	5	11.63	0.75	15.79	0.83	7.74	35.16
川桂(*Cinnamomum wilsonii*)	4	9.30	0.75	15.79	0.44	4.12	29.22
黑壳楠(*Lindera megaphylla*)	3	6.98	0.50	10.53	1.23	11.44	28.95
南酸枣(*Choerospondias axillaris*)	1	2.33	0.25	5.26	0.95	8.84	16.43
鹅掌柴(*Schefflera heptaphylla*)	1	2.33	0.25	5.26	0.20	1.83	9.42
楠木(*Phoebe zhennan*)	1	2.33	0.25	5.26	0.13	1.17	8.76

白栎 + 枫香树 + 云贵鹅耳枥群系(Form. *Quercus fabri* + *Liquidambar formosana* + *Carpinus pubescens*) 样地位于绥阳县黄杨镇金子村附近,海拔 1104m,坡中部,坡度 25°,林分总盖度 0.90,枯落物厚度 2cm。森林群落中乔木层盖度为 0.70,建群树种为白栎(*Quercus fabri*),伴生种有枫香树(*Liquidambar formosana*)、云贵鹅耳枥(*Carpinus pubescens*)、崖樱桃(*Cerasus scopulorum*)、麻栎(*Quercus acutissima*)、川泡桐(*Paulownia fargesii*)、杉木(*Cunninghamia lanceolata*)、油桐(*Vernicia fordii*)、山胡椒(*Lindera glauca*)、合欢(*Albizia julibrissin*)、漆(*Toxicodendron vernicifluum*)等,密度为 1462 株/hm²(表2.22)。灌木层盖度为 0.60,物种丰富,由菝葜(*Smilax china*)、白栎(*Quercus fabri*)、楤木(*Aralia elata*)、云贵鹅耳枥(*Carpinus pubescens*)、鸡仔木(*Sinoadina racemosa*)、金佛山荚蒾(*Viburnum chinshanense*)、李(*Prunus salicina*)、麻栎(*Quercus acutissima*)、女贞(*Ligustrum lucidum*)、山胡椒(*Lin-*

dera glauca)、铁仔(*Myrsine africana*)、竹叶椒(*Zanthoxylum armatum*)等组成。草本层盖度 0.60，物种繁多，主要物种有地瓜(*Ficus tikoua*)、蕨类(*Pteridophyta* spp.)、鸢尾(*Iris tectorum*)、求米草(*Oplismenus undulatifolius*)、莎草(*Cyperus difformis*)、鱼腥草(*Houttuynia cordata*)等。

表 2.22　白栎 + 枫香树 + 云贵鹅耳枥林乔木层主要组成物种重要值

树种名	株数	相对密度	频度	相对频度	显著度	相对显著度	重要值
白栎(*Quercus fabri*)	53	45.30	1.00	20.00	6.50	32.28	97.58
枫香树(*Liquidambar formosana*)	14	11.97	0.63	12.50	5.93	29.41	53.88
云贵鹅耳枥(*Carpinus pubescens*)	18	15.38	0.75	15.00	1.56	7.73	38.12
崖樱桃(*Cerasus scopulorum*)	7	5.98	0.63	12.50	2.45	12.14	30.62
麻栎(*Quercus acutissima*)	4	3.42	0.50	10.00	0.75	3.74	17.16
山胡椒(*Lindera glauca*)	7	5.98	0.13	5.00	0.13	1.89	12.87
泡桐(*Paulownia fargesii*)	2	1.71	0.13	2.50	1.08	5.35	9.56
杉木(*Cunninghamia lanceolata*)	1	0.85	0.13	2.50	0.93	4.59	7.95
油桐(*Vernicia fordii*)	2	1.71	0.25	5.00	0.10	0.50	7.21
合欢(*Albizia julibrissin*)	2	1.71	0.13	2.50	0.16	0.78	4.99
漆(*Toxicodendron vernicifluum*)	2	1.71	0.13	2.50	0.10	0.50	4.71
胡颓子(*Elaeagnus pungens*)	2	1.71	0.13	2.50	0.09	0.44	4.65
黑壳楠(*Lindera megaphylla*)	1	0.85	0.13	2.50	0.06	0.28	3.64
楤木(*Aralia elata*)	1	0.85	0.13	2.50	0.04	0.20	3.55
算盘子(*Glochidion puberum*)	1	0.85	0.13	2.50	0.03	0.16	3.52

漆树群系(Form. *Toxicodendron vernicifluum*)　样地位于绥阳县宽阔镇九龙村附近，海拔 846m，坡下部，坡度 15°，林分总盖度 0.75，枯落物厚度 1cm。森林群落中乔木层盖度为 0.60，建群树种为漆树(*Toxicodendron vernicifluum*)，伴生种有山鸡椒(*Litsea cubeba*)、枇杷(*Eriobotrya japonica*)、金樱子(*Rosa laevigata*)、山胡椒(*Lindera glauca*)、七叶树(*Aesculus chinensis*)、鹅掌楸(*Liriodendron chinens*)、朴树(*Celtis sinensis*)、粗糠柴(*Mallotus philippensis*)、黄心夜合(*Michelia martini*)，密度为 1175 株/hm^2(表 2.23)。灌木层盖度为 0.65，主要为川莓(*Rubus setchuenensis*)、穗序鹅掌柴(*Schefflera delavayi*)、蜡梅(*Chimonanthus praecox*)、朴树(*Celtis sinensis*)、雀梅藤(*Sageretia thea*)、山胡椒(*Lindera glauca*)、蛇葡萄(*Ampelopsis bodinieri*)、十大功劳(*Mahonia fortunei*)、小腊(*Ligustrum sinense*)、乌蔹莓(*Vitis leucocarpa*)等。草本层盖度 0.65，物种组成有吊石苣苔(*Lysiontus pauciflorus*)、蕨类(*Pteridophyta* spp.)、求米草(*Oplismenus undulatifolius*)、莎草(*Cyperus difformis*)、薯蓣(*Dioscorea polystachya*)、香薷(*Elsholtzia ciliata*)等。

表 2.23　漆树林乔木层主要组成物种重要值

树种名	株数	相对密度	频度	相对频度	显著度	相对显著度	重要值
漆(*Toxicodendron vernicifluum*)	23	48.94	0.83	23.81	11.77	64.00	136.75
山鸡椒(*Litsea cubeba*)	9	19.15	0.50	14.29	5.01	27.22	60.65
枇杷(*Eriobotrya japonica*)	4	8.51	0.33	9.52	0.35	1.92	19.95
金樱子(*Rosa laevigata*)	2	4.26	0.33	9.52	0.39	2.13	15.91
山胡椒(*Lindera glauca*)	2	4.26	0.33	9.52	0.37	2.03	15.81

（续）

树种名	株数	相对密度	频度	相对频度	显著度	相对显著度	重要值
七叶树（*Aesculus chinensis*）	2	4.26	0.33	9.52	0.20	1.10	14.88
穗序鹅掌柴（*Schefflera delavayi*）	2	4.26	0.33	9.52	0.12	0.63	14.41
朴树（*Celtis sinensis*）	1	2.13	0.17	4.76	0.07	0.38	7.27
粗糠柴（*Mallotus philippensis*）	1	2.13	0.17	4.76	0.06	0.30	7.19
黄心夜合（*Michelia martini*）	1	2.13	0.17	4.76	0.06	0.30	7.19

盐肤木 + 马桑群系（Form. *Rhus chinensis* + *Coriaria nepalensis*）　　样地位于绥阳县青杠塘镇回龙村附近，海拔1050m，坡中部，坡度25°，林分总盖度0.85，枯落物厚度5cm。森林群落中乔木层盖度为0.60，建群树种为盐肤木（*Rhus chinensis*）、马桑（*Coriaria nepalensis*），伴生种有构树（*Broussonetia papyrifera*）、柳杉（*Cryptomeria japonica* var. *sinensis*）、野鸦椿（*Euscaphis japonica*）、漆树（*Toxicodendron vernicifluum*），密度为1250株/hm²（表2.24）。灌木层盖度为0.40，物种组成丰富，有木通（*Akebia quinata*）、川莓（*Rubus setchuenensis*）、构树（*Broussonetia papyrifera*）、火棘（*Pyracantha fortuneana*）、金佛山荚迷（*Viburnum chinshanense*）、马桑（*Coriaria nepalensis*）、小果蔷薇（*Rosa cymosa Tratt*）、长叶水麻（*Debregeasia longifolia*）等。草本层盖度0.60，主要由芒（*Miscanthus sinensis*）、求米草（*Oplismenus undulatifolius*）、莎草（*Cyperus difformis*）、三脉紫菀（*Aster ageratoides*）、打破碗花花（*Anemone hupehensis*）、地瓜藤（*Ficus tikoua*）、蕨类（*Pteridophyta* spp.）等构成。

表2.24　盐肤木 + 马桑林乔木层主要组成物种重要值

树种名	株数	相对密度	频度	相对频度	显著度	相对显著度	重要值
盐肤木（*Rhus chinensis*）	18	36.00	1.00	26.67	3.31	38.58	101.25
马桑（*Coriaria nepalensis*）	19	38.00	1.00	26.67	2.09	24.42	89.09
构树（*Broussonetia papyrifera*）	7	14.00	0.75	20.00	1.76	20.51	54.51
柳杉（*Cryptomeria japonica* var. *sinensis*）	3	6.00	0.50	13.33	0.48	5.65	24.98
野鸦椿（*Euscaphis japonica*）	2	4.00	0.25	6.67	0.78	9.14	19.81
漆（*Toxicodendron vernicifluum*）	1	2.00	0.25	6.67	0.15	1.69	10.36

盐肤木群系（Form. *Rhus chinensis*）　　样地位于绥阳县青杠塘镇回龙村附近，海拔923m，坡下部，坡度28°，林分总盖度0.90，枯落物厚度2cm。森林群落中乔木层盖度为0.60，建群树种为盐肤木（*Rhus chinensis*），伴生种有马桑（*Coriaria nepalensis*）、乌柿（*Diospyros cathayensis*）、构树（*Broussonetia papyrifera*）、柳杉（*Cryptomeria japonica* var. *sinensis*），密度为1225株/hm²（表2.25）。灌木层盖度为0.10，主要物种有川莓（*Rubus setchuenensis*）、火棘（*Pyracantha fortuneana*）、金佛山荚迷（*Viburnum chinshanense*）、马棘（*Indigofera pseudotinctoria*）、小叶女贞（*Ligustrum quihoui*）、油桐（*Vernicia fordii*）。草本层盖度0.70，物种组成有车前草（*Plantago depressa*）、风轮菜（*Clinopodium chinense*）、蕨类（*Pteridophyta* spp.）、蓼（*Polygonum*）、龙牙草（*Agrimonia pilosa*）、求米草（*Oplismenus undulatifolius*）、莎草（*Cyperus difformis*）、蛇莓（*Duchesnea indica*）、打破碗花花（*Anemone hupehensi*）、鱼腥草（*Houttuynia cordata*）等。

表 2.25　盐肤木林乔木层主要物种组成重要值

树种名	株数	相对密度	频度	相对频度	显著度	相对显著度	重要值
盐肤木(*Rhus chinensis*)	37	75.51	1.00	33.33	5.10	39.84	148.68
马桑(*Coriaria nepalensis*)	3	6.12	0.50	16.67	6.81	53.23	76.02
乌柿(*Diospyros cathayensis*)	2	4.08	0.50	16.67	0.15	1.16	21.91
构树(*Broussonetia papyrifera*)	2	4.08	0.50	16.67	0.13	1.03	21.78
柳杉(*Cryptomeria japonica* var. *sinensis*)	1	2.04	0.25	8.33	0.08	0.59	10.96

马桑群系(Form. *Coriaria nepalensis*)　　样地位于绥阳县保护区核心区太阳山附近,海拔 1560m,坡中部,坡度 8°,林分总盖度 0.90,枯落物厚度 2.5cm。森林群落中乔木层盖度为 0.35,建群树种为马桑(*Coriaria nepalensis*),伴生种有漆树(*Toxicodendron vernicifluum*)、川泡桐(*Paulownia fargesii*)、灯台树(*Cornus controversa*)、五角枫(*Acer pictum* subsp. *mono*),密度为 1600 株/hm²(表 2.26)。灌木层盖度为 0.85,物种由方竹(*Chimonobambusa quadrangularis*)单一构成。由于方竹(*Chimonobambusa quadrangularis*)分布较多,无草本层分布。

表 2.26　马桑林乔木层主要组成物种重要值

树种名	株数	相对密度	频度	相对频度	显著度	相对显著度	重要值
马桑(*Coriaria nepalensis*)	55	85.94	0.90	56.25	11.79	88.22	230.41
漆(*Toxicodendron vernicifluum*)	3	4.69	0.30	18.75	0.31	2.32	25.76
泡桐(*Paulownia fargesii*)	3	4.69	0.20	12.50	0.43	3.21	20.40
灯台树(*Cornus controversa*)	1	1.56	0.10	6.25	0.50	3.76	11.58
五角枫(*Acer pictum* subsp. *mono*)	1	1.56	0.10	6.25	0.33	2.48	10.30

光皮桦 + 云贵鹅耳枥群系(Form. *Betula luminifera* + *Carpinus pubescens*)　　样地位于宽阔水自然保护区一线天往保护区大门方向,海拔 1448m,坡中部,坡度 38°,林分总盖度 85,枯落物厚度 5cm。森林群落中乔木层盖度为 0.65,建群树种为光皮桦(*Betula luminifera*)、云贵鹅耳枥(*Carpinus pubescens*),伴生种种类丰富,有算盘子(*Glochidion puberum*)、灯台树(*Cornus controversa*)、木绣球(*Viburnum macrocephalum*)、四照花(*Cornus kousa* subsp. *chinensis*)、响叶杨(*Populus adenopoda*)、盐肤木(*Rhus chinensis*)、细齿叶柃木(*Eurya nitida*)、香叶树(*Lindera communis*)、日本杜英(*Elaeocarpus japonicus*)、马桑(*Coriaria nepalensis*)、秋枫(*Bischofia javanica*)等,密度为 1750 株/hm²(表 2.27)。灌木层盖度为 0.55,物种结构丰富,主要物种有红泡刺藤(*Rubus niveus Thunb*)、白叶莓(*Rubus innominatus*)、算盘子(*Glochidion puberum*)、野桐(*Mallotus tenuifolius*)、山桐子(*Idesia polycarpa*)、四照花(*Cornus kousa* subsp. *chinensis*)、小果南烛(*Lyonia ovalifolia*)、细齿叶柃木(*Eurya nitida*)、红肤杨(*Rhus punjabensis* var. *sinica*)、云南樟(*Cinnamomum glanduliferum*)、方竹(*Chimonobambusa quadrangularis*)、檵木(*Loropetalum chinense*)、算盘子(*Glochidion puberum*)、盐肤木(*Rhus chinensis*)等。草本层盖度 0.85,密度大,物种组成有蕨(*Pteridium aquilinum* var. *latiusculum*)、芒(*Miscanthus sinensis*)、丝叶苔草(*Carex capilliformis*)、悬钩子(*Rubus fockeanus*)、朝天罐(*Osbeckia opipara*)、龙芽草(*Agrimonia pilosa*)、马兰(*Kalimeris indica*)、十字苔草(*Carex cruciata*)、密毛蕨(*Pteridium revolutum*)、求米草(*Oplismenus undulatifolius*)等。

表 2. 27 光皮桦 + 云贵鹅耳枥林乔木层主要组成物种重要值

树种名	株数	相对密度	频度	相对频度	显著度	相对显著度	重要值
光皮桦(*Betula luminifera*)	9	16. 07	1. 00	21. 43	3. 40	37. 98	75. 48
云贵鹅耳枥(*Carpinus pubescens*)	9	16. 07	0. 50	10. 71	1. 18	13. 19	39. 97
算盘子(*Glochidion puberum*)	6	10. 71	0. 75	14. 29	0. 78	8. 75	33. 75
灯台树(*Cornus controversa*)	7	12. 50	0. 25	7. 14	1. 00	11. 22	30. 87
木绣球(*Viburnum macrocephalum*)	5	8. 93	0. 50	7. 14	0. 60	6. 74	22. 81
四照花(*Cornus kousa* subsp. *chinensis*)	4	7. 14	0. 25	7. 14	0. 46	5. 11	19. 39
响叶杨(*Populus adenopoda*)	4	7. 14	0. 25	3. 57	0. 39	4. 38	15. 10
盐肤木(*Rhus chinensis*)	3	5. 36	0. 25	3. 57	0. 39	4. 35	13. 28
细齿叶柃(*Eurya nitida*)	3	5. 36	0. 25	3. 57	0. 29	3. 27	12. 20
香叶树(*Lindera communis*)	1	1. 79	0. 25	3. 57	0. 11	1. 27	6. 63
日本杜英(*Elaeocarpus japonicus*)	1	1. 79	0. 25	3. 57	0. 09	1. 02	6. 38
马桑(*Coriaria nepalensis*)	1	1. 79	0. 25	3. 57	0. 07	0. 74	6. 10
秋枫(*Bischofia javanica*)	1	1. 79	0. 25	3. 57	0. 06	0. 69	6. 04
齿叶红淡比(*Cleyera lipingensis*)	1	1. 79	0. 25	3. 57	0. 06	0. 69	6. 04
楤木(*Aralia elata*)	1	1. 79	0. 25	3. 57	0. 05	0. 61	5. 96

山鸡椒群系(Form. *Litsea cubeba*) 样地位于宽阔水自然保护区风水垭口保护站往右上坡处,海拔 1337m,坡下部,坡度 41°,林分总盖度 0. 80,枯落物厚度 3cm。森林群落中乔木层盖度为 0. 70,建群树种为山鸡椒(*Litsea cubeba*),伴生种有刺鼠李(*Rhamnus dumetorum*)、山蚂蝗(*Desmodium racemosum*)、瓜木(*Alangium platanifolium*)、异叶梁王茶(*Metapanax davidii*)、算盘子(*Glochidion puberum*),密度为 968 株/hm²(表 2. 28)。灌木层盖度为 0. 40,有山鸡椒(*Litsea cubeba*)、十大功劳(*Mahonia fortunei*)、川桂(*Cinnamomum wilsonii*)、山鸡椒(*Litsea cubeba*)、接骨木(*Sambucus williamsii*)、火棘(*Pyracantha fortuneana*)、李子(*Prunus salicina*)、山胡椒(*Lindera glauca*)、野扇花(*Sarcococca ruscifolia*)。草本层盖度 0. 55,物种组成丰富,包括求米草(*Oplismenus undulatifolius*)、紫苏(*Perilla frutescens*)、蕨(*Pteridium aquilinum* var. *latiusculum*)、唐菖蒲(*Tofieldia thibetica*)、莎草(*Cyperus difformis*)、泽兰(*Aconitum gymnandrum*)、糯米团(*Gonostegia hirta*)、豨莶(*Siegesbeckia orientalis*)、水杨梅(*Antidesma venosum*)、酢浆草(*Oxalis corniculate . var. corniculata*)、鸭儿芹(*Cryptotaenia japonica*)、珍珠菜(*Pogostemon auricularius*)、日本薯蓣(*Dioscorea japonic*)等。

表 2. 28 山鸡椒林乔木层主要组成物种重要值

树种名	株数	相对密度	频度	相对频度	显著度	相对显著度	重要值
山鸡椒(*Litsea cubeba*)	20	64. 52	1. 00	52. 94	5. 21	68. 71	186. 17
刺鼠李(*Rhamnus dumetorum*)	4	12. 90	0. 50	17. 65	0. 82	10. 79	41. 34
山蚂蝗(*Desmodium*)	3	9. 68	0. 25	5. 88	0. 90	11. 79	27. 35
瓜木(*Alangium platanifolium*)	2	6. 45	0. 50	11. 76	0. 26	3. 40	21. 62
异叶梁王茶(*Metapanax davidii*)	1	3. 23	0. 25	5. 88	0. 33	4. 28	13. 39
算盘子(*Glochidion puberum*)	1	3. 23	0. 25	5. 88	0. 08	1. 02	10. 13

白檀+马桑群系(Form. *Symplocos paniculate* + *Coriaria nepalensis*) 样地位于宽阔水自然保护区一线天往中心站方向附近,海拔1586m,坡下部,坡度33°,林分总盖度0.80,枯落物厚度4cm。森林群落中乔木层盖度为0.40,主要物种为白檀(*Symplocos paniculata*)、马桑(*Coriaria nepalensis*)、青冈(*Cyclobalanopsis glauca*)、四照花(*Cornus kousa* subsp. *chinensis*)、山矾(*Symplocos sumuntia*)、川桂(*Cinnamomum wilsonii*)、亮叶水青冈(*Fagus lucida*)、细齿叶柃木(*Eurya nitida*)、柃木(*Eurya japonica*)、猫儿屎(*Decaisnea insignis*),密度为938株/hm²(表2.29)。灌木层盖度为0.75,由方竹(*Chimonobambusa quadrangularis*)、冬青(*Ilex chinensis*)、白檀(*Symplocos paniculata*)构成。草本层盖度0.40,物种主要为柔毛水杨梅(*Antidesma venosum*)、黄泡(*Rubus pectinellus*)、五加(*Acanthopanax gracilistylus*)、山矾(*Symplocos sumuntia*)、汤饭子(*Viburnum setigerum*)、楼梯草(*Elatostema umbellatum* var. *maius*)、紫萁(*Osmunda japonica*)、蕨(*Pteridium aquilinum* var. *latiusculum*)、求米草(*Oplismenus undulatifolius*)、血水草(*Eomecon chionantha*)、紫苏(*Perilla frutescen*)等。

表2.29 白檀+马桑林乔木层主要组成物种重要值

树种名	株数	相对密度	频度	相对频度	显著度	相对显著度	重要值
白檀(*Symplocos paniculata*)	6	0.06	0.75	15.00	1.57	20.98	36.04
马桑(*Coriaria nepalensis*)	6	0.06	0.75	15.00	1.32	17.63	32.70
青冈(*Cyclobalanopsis glauca*)	4	0.04	0.75	15.00	0.54	16.01	31.05
山矾(*Symplocos sumuntia*)	3	0.03	0.50	15.00	0.72	9.59	24.62
四照花(*Cornus kousa* subsp. *chinensis*)	4	0.04	0.50	10.00	0.88	11.77	21.82
川桂(*Cinnamomum wilsonii*)	1	0.01	0.25	5.00	0.90	12.08	17.09
亮叶水青冈(*Fagus lucida*)	2	0.02	0.25	5.00	0.54	7.16	12.18
细齿叶柃(*Eurya nitida*)	2	0.02	0.25	10.00	0.12	1.56	11.58
柃木(*Eurya japonica*)	1	0.01	0.25	5.00	0.14	1.84	6.85
猫儿屎(*Decaisnea insignis*)	1	0.01	0.25	5.00	0.10	1.38	6.39

光皮桦+猫儿屎群系(Form. *Betula luminifera* + *Decaisnea insignis*) 样地位于宽阔水自然保护区一线天往中心站方向,海拔1586m,坡下部,坡度20°,林分总盖度0.90,枯落物厚度4cm。森林群落中乔木层盖度为0.40,物种包括光皮桦(*Betula luminifera*)、猫儿屎(*Decaisnea insignis*)、灯台树(*Cornus controversa*)、亮叶水青冈(*Fagus lucida*)、马桑(*Coriaria nepalensis*),密度为375株/hm²(表2.30)。灌木层盖度为0.75,物种单一为方竹(*Chimonobambusa quadrangularis*)。草本层盖度0.40,组成有柔毛水龙骨(*Polypodiodes amoena*)、黄泡(*Rubus pectinellus*)、鄂赤爬(*Thladiantha oliveri*)、赤胫散(*Polygonum runcinatum* var. *sinense*)、鸭儿芹(*Cryptotaenia japonica*)、紫萁(*Osmunda japonica*)、求米草(*Oplismenus undulatifolius*)、薯蓣(*Dioscorea polystachya*)、血水草(*Eomecon chionantha*)、紫苏(*Perilla frutescen*)。

表2.30 光皮桦+猫儿屎林乔木层主要组成物种重要值

树种名	株数	相对密度	频度	相对频度	显著度	相对显著度	重要值
光皮桦(*Betula luminifera*)	5	41.67	0.25	14.29	2.74	27.06	83.02
猫儿屎(*Decaisnea insignis*)	2	16.67	0.50	28.57	2.81	27.72	72.96
灯台树(*Cornus controversa*)	1	8.33	0.25	14.29	0.74	7.33	29.95
亮叶水青冈(*Fagus lucida*)	1	8.33	0.25	14.29	0.60	5.97	28.59
马桑(*Coriaria nepalensis*)	1	8.33	0.25	14.29	0.13	1.26	23.87

云贵鹅耳枥 + 光皮桦群系(Form. *Carpinus pubescens + Betula luminifera*) 样地位于宽阔水自然保护区一线天往保护区大门方向,海拔1460m,坡下部,坡度32°,林分总盖度0.85,枯落物厚度5cm。森林群落中乔木层盖度为0.65,建群树种为云贵鹅耳枥(*Carpinus pubescens*)、光皮桦(*Betula luminifera*),伴生种有润楠(*Machilus nanmu*)、灯台树(*Cornus controversa*)、黄连木(*Pistacia chinensis*)、算盘子(*Glochidion puberum*)、日本杜英(*Elaeocarpus japonicus*)、响叶杨(*Populus adenopoda*)、四照花(*Cornus kousa* subsp. *chinensis*),密度为1875株/hm²(表2.31)。灌木层盖度为0.50,种类为算盘子(*Glochidion puberum*)、悬钩子(*Rubus* spp)、细枝柃(*Eurya loquaiana*)、木绣球(*Viburnum macrocephalum*)、细齿叶柃木(*Eurya nitida*)、南方荚蒾(*Viburnum fordiae*)、云南樟(*Cinnamomum glanduliferum*)、楤木(*Aralia elata*)、火棘(*Pyracantha fortuneana*)、灯台树(*Cornus controversa*)、金佛山方竹(*Chimonobambusa utilis*)等。草本层盖度0.90,物种包括知风草、金星蕨(*Parathelypteris glanduligera*)、蕨(*Pteridium aquilinum* var. *latiusculum*)、马兰(*Kalimeris indica*)、芒(*Miscanthus sinensis*)等。

表2.31 云贵鹅耳枥 + 光皮桦林乔木层主要组成物种重要值

树种名	株数	相对密度	频度	相对频度	显著度	相对显著度	重要值
云贵鹅耳枥(*Carpinus pubescens*)	29	38.67	1.00	31.25	8.72	23.40	93.31
光皮桦(*Betula luminifera*)	31	41.33	0.80	25.00	4.38	11.75	78.08
川黔润楠(*Machilus chuanchienensis*)	5	6.67	0.20	6.25	0.80	2.14	15.06
灯台树(*Cornus controversa*)	5	6.67	0.20	6.25	0.52	1.39	14.31
黄连木(*Pistacia chinensis*)	1	1.33	0.20	6.25	0.13	0.35	7.94
算盘子(*Glochidion puberum*)	1	1.33	0.20	6.25	0.12	0.31	7.90
日本杜英(*Elaeocarpus japonicus*)	1	1.33	0.20	6.25	0.10	0.27	7.85
响叶杨(*Populus adenopoda*)	1	1.33	0.20	6.25	0.07	0.20	7.78
四照花(*Cornus kousa* subsp. *chinensis*)	1	1.33	0.20	6.25	0.07	0.19	7.77

2.3.4 竹林

金佛山方竹群系(Form. *Chimonobambusa utilis*) 该类型样地位于绥阳县宽阔镇保护区道路旁,海拔1460m,坡下部,坡度0°,林分总盖度0.90,枯落物厚度2.5cm。森林群落中乔木层盖度为0.20,物种有少数几棵灯台树(*Cornus controversa*)、麻栎(*Quercus acutissima*)、朴树(*Celtis sinensis*)、马桑(*Coriaria nepalensis*)。灌木层盖度0.90,物种为金佛山方竹(*Chimonobambusa utilis*)。遭受人为破坏严重。草本层盖度0.01,因方竹分布,草本层物种缺乏,仅有少量丝叶苔草(*Carex capilliformis*)。

2.3.5 灌草丛

宽阔水自然保护区灌草丛存在的地方受到人为干扰因素比较多,如人工采伐开荒烧山等各种破坏,采取人工种植或耕地无人经营后依靠自然力因素形成。

金佛山荚蒾群系(Form. *Viburnum chinshanense*) 该类型样地位于绥阳县宽阔镇白台村,海拔1257m,坡上部,坡度38°,林分总盖度0.85,枯落物厚度1.5cm。森林群落中无乔木层。灌木层盖度为0.65,物种为光皮桦(*Betula luminifera*)、川莓(*Rubus setchuenensis*)、金丝桃(*Hypericum monogynum*)、盐肤木(*Rhus chinensis*)、火棘(*Pyracantha fortuneana*)、菝葜(*Smilax china*)、算盘子(*Glochidion puberum*)、金佛山荚蒾(*Viburnum chinshanense*)。草本层盖度0.55,物种组成丰富,有白茅(*Imperata cylindrica*)、三脉紫菀(*Aster trinervius* subsp. *ageratoides*)、蒿(*Artemisia wurzelli*)、蕨类(*Pteridophyta* spp.)、芒(*Miscanthus sinensis*)、日本蛇根草(*Ophiorrhiza japonica*)、丝叶苔草(*Carex capilliformis*)、铁芒萁(*Dicranopteris linearis*)、硬秆子草(*Capillipedium assimile*)、鸢尾(*Iris tectorum*)、折耳根(*Houttuynia* cordata)等。

茶群系(Form. *Camellia sinensis*) 该类型主要位于宽阔水自然保护区中心站附近,是宽阔水茶场采取人工栽培,抚育经营与管理形成的茶园,现经营管理规范,长期安排工作人员进行经营与管理,茶树大多围绕山地等高线成行排列,茶园内其他植物采取人工或机械抚育经营的方式全部清除,林内无病虫害,茶叶生长旺盛,具有较大的经济效益。

千里光+珠光香青群系(Form. *Semecio scandens + Anaphalis margaritacea*) 该类型主要形成原因是人为皆伐火烧后的山地或开垦经营的农耕地,现人们已放弃对土地的经营管理,依靠各种自然力因素形成,地上生长植物以草本植物为主,盖度达0.70以上,主要物种组成有蛇莓(*Duchesnea indica*)、千里光(*Senecio scandens*)、珠光香青(*Anaphalis margaritacea*)、鱼腥草(*Houttuynia cordata*)、糯米团(*Gonostegia hirta*)、川续断(*Dipsacus asper*)、金星蕨(*Parathelypteris glanduligera*)、白酒草(*Eschenbachia japonica*)、龙芽草(*Agrimonia pilosa*)等,木本植物幼苗有楤木(*Aralia elata*)、马桑(*Coriaria nepalensis*)、杜鹃(*Rhododendron simsii*)、金丝桃(*Hypericum monogynum*)、盐肤木(*Rhus chinensis*)、悬钩子(*Rubus fockeanus*)等。

2.4 保护区总体植被现状格局

2.4.1 植物种类组成丰富,热带、亚热带分布属多,具有较强的过渡性

宽阔水自然保护区内不同植被类型中,物种组成以乔木和灌木为主,表现了森林植物区系的特征。宽阔水保护区科与属的植物区系地理成分都较为复杂,科的成分中包括泛热带、东亚(热带、亚热带)及热带南美间断、广布、北温带和南温带间断分布等,其中以泛热带分布类型为主;属的主要成分为泛热带分布属和热带亚洲分布属为两大主要分布区类型,温带分布属也较多,种的区系以温带成分为主,宽阔水自然保护区科属种地理成分体现了区域的亚热带区系性质,即由热带向温带过渡的区系特征。

2.4.2 保护区内分布有古老、珍稀植物种类,保护植物多

宽阔水自然保护区具有优质的光、热、水、土等自然条件,加之古地质变迁、古植物地理与古气候的相互作用,使得保护区内分布有较多的古老、珍稀植物种类,蕴藏着丰富的植被资源。其主要保护对象为原生性亮叶水青冈林为主体的典型亚热带中山常绿落叶阔叶混交林,复杂多样的森林植被类型中,珍稀保护植物呈不同的分布格局,呈现在宽阔水自然保护保护区内,在不同植被类型群落中汇集生长。

2.4.3 保存有集中连片、典型的原生性亮叶水青冈林

宽阔水自然保护区在海拔1400~1750m的喀斯特台原上,保存有约1300hm²集中连片、原生性较强的亮叶水青冈林生态系统,是我国保存最完好、最具代表性的亮叶水青冈林,林下土壤发育良好,极少遭受到破坏。亮叶水青冈林的原生性集中表现于群落中亮叶水青冈个体数量多,年龄结构多变,具有异龄林结构,同龄林结构以及种结构组合的过渡类型,其形成与群落类型没有相关性,决定于群落的形成条件和各个体的发生历史。森林群落以典型的常绿、落叶阔叶混交林为主,局部也有落叶阔叶树占优势的混交林和常绿阔叶占优势的混交林,宏观上呈镶嵌分布格局,表明其空间分布格局亦有极强的典型性和代表性。宽阔水的亮叶水青冈林类型的分化在东亚亚热带山地有较强的代表性,在同类型地区重现性较高,常绿树种或常绿落叶树种混交的分异性较大,群落类型多样,对于深入研究亮叶水青冈的生物生态学特性,与其他物种的竞争关系,以及对环境条件适应性作用规律等具有重要的价值。

2.4.4 不同恢复演替阶段的森林群落并存

植物群落的演替过程中,其物种结构、物种组成的变化是森林演替的内在动力及外观表现。宽阔水自然保护区内森林群落物种组成复杂多样,按龄组划分可分为幼龄林、中龄林、近熟林、成熟林和过熟林,在喀斯特和非喀斯特地貌上,存在不同恢复演替阶段的森林群落类型,这些群落类型中人工

林、天然林共存。

2.4.5 环境气候条件适宜，植被恢复速度快

复杂的喀斯特山区地形，影响太阳辐射和降水的空间再分配，不同喀斯特地区土壤质地、水分和养分的差异造成植被生境的高度异质性，对植被变化产生重要影响。宽阔水自然保护区地处长江干流一级支流的发源地，是喀斯特非地带性森林生态系统和地带性森林，属中亚热带湿润季风气候区，具有冬无严寒，夏无酷暑，雨量充沛的气候特点，保护区内降雨量较丰富，为众多植物生长繁衍提供了良好的生存环境，有利于植被的生长以及幼苗的繁育，保护区内植被类型多样，又加之植被垂直分布明显，提高了植被类型多样性，使遭到人为干扰的植被可以具备较快的恢复速度。

3. 小结

森林植被是自然资源的重要组成部分，是物种聚集成群生长定居，彼此以一定的相互关系聚生在一起组合构成的综合体。不同植被群落现状特征是植物对生长环境条件长期适应的历史产物，也是植物与该地区环境条件矛盾而又统一的必然结果。宽阔水自然保护区地处长江干流一级支流的发源地，是喀斯特非地带性森林生态系统和地带性森林，属中亚热带湿润季风气候区，具有冬无严寒，夏无酷暑，雨量充沛的气候特点，保护区内降雨量较丰富，为众多植物生长繁衍提供了良好的生存环境，有利于植被的生长以及幼苗的繁育。

宽阔水自然保护区内植物种类组成丰富，热带、亚热带分布属多，分布有较多的古老、珍稀植物种类，蕴藏着丰富的植被资源。保护区林业生态建设和生产经营的林业用地中以乔木林地面积最广，而乔木林地不同生长发育阶段中，森林资源构成主要以中幼龄林为主。保护区现存的集中连片、原生性较强的亮叶水青冈林生态系统，是中国保存最完好、最具代表性的亮叶水青冈林。保护区的森林植被主要以典型的常绿、落叶阔叶混交林为主，局部也有落叶阔叶树占优势的混交林和常绿阔叶占优势的混交林，宏观上呈镶嵌分布格局，在中亚热带山地森林生态系统中，不同植被类型结构功能具有极强的典型性和代表性。

第三节　物种多样性

1. 生物种类构成

根据各类调查资料统计，保护区共有高等植物、浮游植物、脊椎动物、软件动物等生物 412 科 2532 种。其中植物 296 科 918 属 2135 种（含种以下分类单位，下同），脊椎动物 116 科 397 种。其中：

浮游植物 39 科 68 属 150 种，科、属、种分别占宽阔水保护区植物 13.18%、7.41%、7.03%；高等植物 257 科 850 属 1985 种，科、属、种分别占宽阔水保护区植物 86.82%、92.59%、92.97%。高等植物中苔藓植物 70 科 159 属 420 种，科、属、种分别占 23.65%、17.32%、19.67%；蕨类植物 28 科 67 属 196 种，科、属、种分别占 9.46%、7.30%、9.18%；种子植物 159 科 624 属 1369 种，科、属、种分别占 53.72%、67.97%、64.12%。

保护区共有脊椎、软体类等动物 42 目 116 科 397 种，其中鸟类 16 目 44 科 197 种，目、科、种分别占保护区的 38.10%、37.93%、49.62%；兽类 7 目 22 科 55 种，目、科、种分别占保护区的 16.67%、18.97%、13.85%；两栖类 2 目 10 科 31 种，目、科、种分别占保护区的 4.76%、8.62%、7.81%；爬行类 3 目 8 科 32 种，目、科、种分别占保护区的 7.14%、6.90%、8.06%；鱼类 5 目 17 科 42 种，目、科、种分别占保护区的 11.90%、14.66%、10.58%；软体 9 目 15 科 40 种，目、科、种分别占保护区的 21.43%、12.93%、10.08%。

1.1 植物种类构成

1.1.1 浮游植物

通过野外调查，查阅文献资料以及对所采标本进行鉴定分析，得出保护区浮游植物有 39 科 68 属 150 种。主要分布在金子水库，宽阔水水库上游，宽阔水水库中游，宽阔水水库大坝，小河沟，罗家沟，冷溪河，长溪河，让水水库，让水坝，北哨沟的干田堡，北哨沟的湾里，青溪河河源，漫沿河，唐村河河口，白田溪，落台宴，白石溪，苏家沟，底水桥，油桐溪，角口河，马蹄溪。

1.1.2 苔藓植物

通过对保护区苔藓植物标本收集和采集，共得 1119 份标本，经鉴定发现有 70 科 159 属 420 种，其中藓类植物有 41 科 119 属 298 种，苔类及角苔类植物有 29 科 40 属 122 种。包含 14 个优势科和 13 个优势属，且单种科、单种属的比例较大。

1.1.3 蕨类植物

保护区内有蕨类植物 28 科 67 属 196 种，分别占中国蕨类植物 34 科 143 属 2600 种（刘红梅等，2008）的 82.35%、46.85% 和 7.46%，占贵州蕨类植物 931 种（李茂等，2009）的 21.05%。经组成成分、区系成分分析，该地区的蕨类植物种类虽与热带亚洲关系密切，但性质却是以温带地理成分占优势的温带性质，属东亚区系（喻理飞等主编，2004）。区境内蕨类植物资源丰富，系统进化完善，因此，从物种的多样性、植物地理学特性及系统分类学的角度对宽阔水自然保护区蕨类植物进行调查都是极其必要的。

1.1.4 种子植物

通过野外调查，查阅文献资料以及对所采标本进行鉴定，得出宽阔水自然保护区内种子植物有 159 科 624 属 1369 种。裸子植物 7 科 15 属 22 种，其中科、属、种分别占 4.40%、2.40%、1.61%。被子植物中，双子叶植物 131 科 495 属 1138 种，其中科、属、种分别占 85.53%、81.28%、84.48%；单子叶植物 21 科 114 属 209 种，其中科、属、种分别占 14.47%、18.75%、15.52%。

对宽阔水种子植物属的区系分析，有世界分布 56 属，温带分布 308 属，占保护区全部种子植物属的 60.4%；热带分布的共 202 属，占 39.6%。其分布类型数量前三位为：北温带分布及其变型 23.14%，泛热带分布及其变型 16.86%，东亚分布及其变型 15.69%。温带成分具有明显的优势。综合分析该保护区属于华中植物省，是中国–日本森林植物区系的核心部分，其特点是木本植物特有丰富，特有属种、古老属种较多；中国特有、东亚特有的单种科和少数种科比较集中（喻理飞等主编，2004）。

1.2 动物种类构成

1.2.1 鸟类

保护区内有鸟类 16 目 44 科 197 种，其中国家 I 级重点保护鸟类 1 种，国家 II 级重点保护鸟类 16 种，被列入 CITES 附录的鸟类共 19 种，占调查总数的 9.64%。其中雉科物种占比 75%。监测到的 52 种鸟类中，列入 IUCN 红色名录濒危物种 7 种，其中，近危（NT）物种共有 5 种，易危（VU）物种有 2 种。从鸟类居留型来看，监测到留鸟 39 种，占鸟类监测总数的 75%；其次为冬候鸟和夏候鸟，分别为 7 种（占鸟类监测总数的 13.46%）和 4 种（占鸟类监测总数的 7.69%）；繁殖鸟和旅鸟均为 1 种，均占鸟类监测总数的 1.92%。从鸟类区系来看，东洋界物种居多，数量达 31 种，占总数的 59.62%；广布种 21 种，占鸟类监测总数的 40.38%。

1.2.2 兽类

兽类 7 目 22 科 55 种，红外相机监测记录到 20 种兽类物种，其中国家 I 级重点保护物种 1 种，为黑叶猴（*Trachypithecus francoisi*）；II 级重点保护物种有 2 种，分别为小灵猫（*Viverricula indica*）和斑林狸（*Prionodon pardicolor*）。全部列入 IUCN 红色名录濒危物种，易危（VU）物种 3 种，占保护区兽类监测总数的 15%；近危（NT）物种 6 种，占保护区兽类监测总数的 35%；兽类区系和分布型组成中，东洋界物种居多（12 种），占兽类总数的 65%；其次为广布种（7 种），占兽类总数的 35%；古北界物种最少，仅监测有1种,占兽类总数的5%。

1.2.3 两栖类

两栖类2目10科31种,30种种列入IUCN红色名录,1种极危(CR)为大鲵(*Andrias davidianus*);近危(NT)物种3种;易危(VU)物种5种,濒危(EN)1种;无危(LC)17种。两栖类中,东洋界物种居多达24种,占总数的77.42%;广布种5种,占比16.13%。

1.2.4 爬行类

爬行类3目8科32种,全部为中国特有种,1种列入IUCN红色名录近危(NT),为白头蝰(*Azemiops feae Boulenger*)。爬行类物种中,亦以东洋界物种居多,为25种,占总数的78.12%;广布种7种,占总数的21.88%。

1.2.5 鱼类

鱼类5目17科42种,全部属无危种。

1.2.6 软体动物

保护区软体类等动物有9目15科40种。其中3个新种,6个宽阔水特有种,1个绥阳特有种。

2. 保护区特有生物类型

保护区特有生物物种有39种,其中植物2种,动物37种。特有真菌1种,特有种子植物1种;特有昆虫26种,特有两栖动物1种,特有软体动物10种。

2.1 特有真菌

刺饱层束梗孢(*Hymenostible spiculata*)(黄勃,1998)。

2.2 特有种子植物

宽阔水碎米荠(*Cardamine kuankuoshuiense*)(安明态,2016)。

2.3 特有昆虫

宽阔水泉蝇(*pegohylemyia kuankuoshui*)、绥阳拱茧峰(*Microgastrinae suiyang*)、宽阔片头叶蝉(*Petalocephala kuankuoshui*)、翠蓝眼蛱蝶(*Junonia orithya*)、贵秃祝蛾(*Halolaguna guizhou*)、端明网蝥(*Reticulitermes translucens*)、黄翅条大叶蝉(*Atkinsoniella flavipenna*)、红带突萼叶蝉(*Atkinsoniella ruficincta*)、黑色锥头叶蝉(*Onukia nigra*)、斑驳锥头叶蝉(*Onukia guttata*)、黑颊带叶蝉(*Scaphoideus nigrigenatus*)、白斑头叶蝉(*Thagria albonotata*)、遵义蚋(*Simulium zunyiense*)、新尖板蚋(*S. neoacontum*)、离板山蚋(*S. separatum*)(Chen,2012)、绒鼠栉眼蚤(*Ctenophthalmus eothenmus*)、短突栉眼蚤(*C. breviprojiciens*)、洞居盲鼠蚤(*Typhlojmyopsyllus cavaticus*)(李贵真,1981)、諏访泉种蝇(*Pegohylemyia suwai*)、变色棘蝇(*Phaonia varicolor*)(魏濂艨,1990)、宽阔水棘蝇(*Ph. kuankuoshuiensis*)、*Sinocapnia kuankuoshui*、宽阔水倍叉襀(*Amphinemura kuankuoshui*)、*Lathrobium zhaigei*、宽阔水隆线隐翅虫(*Lathrobium kuankuoshui*)、宽阔水瓢蜡蝉(*Neotetricodes kuankuoshuiensis*)等保护区特有种。

2.4 特有两栖动物

宽阔水拟小鲵(*Pseudohynobius kuankuoshuiensis*)(徐宁,2007)。

2.5 特有软体动物

绥阳马陆(*Epanerchodus suiyangensis*),长管环毛蚓(*Pheretima longisiphona*),短基环毛蚓(*Pheretima brevipenialis*),短茎环毛蚓(*Pheretima brevipenis*),叠管腔蚓(*Metaphire ptychosiphona*),聚腺腔蚓(*Metaphire coacervata*),静水钩虾(*Gammarus tranquillus*),绥阳雕带马陆(*Epanerchodus suiyangensis*),绥阳真带马陆(*Eutrichodesmus suiyangensis*),喻氏章马陆(*Chamberlinius yui*)。

3. 小结

保护区生物物种丰富度较高,目前有397科2492种,包括浮游植物、苔藓植物、蕨类植物、种子植物、鸟类、兽类、两栖、爬行、鱼类。特有物种30种,涉及真菌、种子植物、昆虫、两栖和软体动物。

第四节　遗传资源多样性

生物多样性是地球上全部陆地、海洋及其他水域等地存在的多种多样的动物、植物和微生物，以及它们所拥有的遗传物质和所构成生态系统的丰富度、多样化和复杂性的总称。生物多样性按涉及的范围分为 4 个层次：遗传多样性、物种多样性、生态系统多样性和景观多样性（邬建国，1990）。遗传多样性作为生物多样性的重要组成部分，是物种多样性、生态系统多样性和景观多样性的基础（沈浩等，2001）。广义的遗传多样性是指地球上所有生物所携带的遗传信息总和，但一般所指的遗传多样性是指种内的遗传多样性，即种内个体之间或一个群体内不同个体的遗传变异总和（钱迎倩等，1994）。开展遗传种质资源多样性研究，对生物多样性保护及开发利用具有重要的意义。

宽阔水国家级自然保护区位于贵州省北部的绥阳县北部，主要保护对象为原生性亮叶水青冈林为主体的典型亚热带中山常绿落叶阔叶混交林森林生态系统，面积 26231hm²，东西长 19km，南北长 20km，保护区内良好的生态环境和复杂多样的生境类型，以及保存完好的常绿落叶阔叶混交林生态系统为生物的繁衍生息提供了良好的场所，孕育着丰富的生物资源。经过长期的自然选择以及人类活动的影响，保护区内的许多自然物种资源已经被人为引种驯化，成为一系列的经济动植物，但是在驯化过程中，由于自身基因交流、遗传漂变等因素导致种内遗传变异，形成具有一定区域特色的遗产品系。

目前，宽阔水国家级自然保护区已完成了本地资源的调查，但保护区内遗传资源多样性研究不系统，对保护区遗传种质资源的研究不深入。为此，笔者于 2015 年开展宽阔水保护区内及周边区域遗传种质资源多样性研究，以期为该自然保护区生物多样性保护及开发利用提供参考。

1. 研究方法

本研究主要针对保护区已利用的经济植物和家养经济动物，在宽阔水国家级自然保护区的青杠塘镇、黄杨镇、宽阔镇、旺草镇和茅娅镇各选取 2 个村进行农户走访摸底调查，并查阅文献分析绥阳县种养殖资源现状及分布，结合调查资料进行统计分类、汇总后分析遗传资源多样性。

2. 结果与分析

2.1 作物类遗传资源

保护区内作物类植物有四大类，分别为粮食作物类、杂粮作物类、蔬菜作物类和经济作物类。粮食作物类包括水稻 22 个品种、玉米 17 个品种、小麦 2 个品种，水稻品种如绥阳谷、麻谷，玉米如三叶子等为绥阳县特有种；杂粮作物类包括马铃薯 4 个品种、红薯 6 个品种，其中乌洋芋及黄洋芋为当地特有种；蔬菜作物类包括辣椒 6 个品种、苦瓜 4 个品种、大豆 7 个品种、番茄 4 个品种、菜豆 14 个品种，其中以朝天椒为当地重要特有种；经济作物类有油菜 7 个品种、烤烟 5 个品种，油菜全为本土特有种，烤烟多为外来引种（表 2.32）。大豆类品种多为邻近地区引入，这些作物主要分布在保护区居民区内，部分作物经过长期耕作形成该保护区特有种，另外有部分外来引种适宜于当地气候土壤环境，有较好的收益，被当地农民广泛栽种，丰富的作物资源对当地农业经济发展有着举足轻重的作用，作物在满足当地农民自用的同时可带来一定的经济收益。

表 2.32　宽阔水国家级自然保护区作物类遗传资源

种类	物种	品种名称	保护区主要分布地	资料来源
粮食作物	水稻	水早、早白粘一号、小麻谷、麻谷矮、绥阳谷、二泛早、小白谷、大叶粘、小油粘、大麻油粘、大麻谷、寸谷、大糯谷、小糯谷、无名谷、双龙谷、毛红糯、红谷子、红边早、红糯谷、鱼鳅谷、黄麻谷	保护区内村寨农业种植区域具有栽培分布，在保护区核心区内较少分布	调查，文献
	玉米	小黄、三叶子、五穗白、紫玉米、白包谷、遵义刺、紫糯、小白包谷、朝阳白糯、厚田白糯、红轴白马牙、白糯、高山小黄、花兰金、板桥黄糯、五穗白（1）、五穗白（2）	保护区内村寨农业种植区域具有栽培分布	调查，文献
	小麦	绵阳系列、川麦	保护区内村寨农业种植区具有零星栽培分布	调查，文献
杂粮作物	马铃薯	红洋芋、白洋芋、乌洋芋、黄洋芋	保护区内村寨农业种植区域具有栽培分布	调查，文献
	红薯	大白苕、南瑞苕、乌尖苕、红皮苕、红心苕、红皮白心苕	保护区内村寨农业种植区域具有栽培分布	调查，文献
蔬菜作物	辣椒	大海椒、泡通椒、红柿子椒、黄柿子椒、大牛角椒、朝天椒	保护区内村寨农业种植区域具有栽培分布	调查，文献
	苦瓜	大苦瓜、大白苦瓜、大梗子、小白苦瓜	青保护区内村寨农业种植区域具有栽培分布	调查，文献
	大豆	遵义黑豆子、遵义早豆子、遵义小黑豆、遵义绿兰豆、遵义大黑豆、遵义黑壳豆、遵义灰壳豆	保护区内村寨农业种植区域具有栽培分布	调查，文献
	番茄	大红袍、遵义番茄、九龙大红、小番茄	村寨农业种植区域具有栽培分布	调查，文献
	菜豆	棒豆、黑籽四季豆、四季豆、白子四季豆、大白豆、和尚豆、无筋豆、鱼鳅豆、黑籽矮豆、豇豆、白绿四季豆、无藤豆、花白豆、黑早豆	村寨农业种植区域具有栽培分布	调查，文献
经济作物	油菜	绥阳马尾油菜、绥阳马尾丝油菜、绥阳一笼鸡、绥阳竹桠油菜、绥阳矮油菜、绥阳二南、绥阳油菜	青杠塘镇、黄杨镇旺草镇均有栽培	调查，文献
	烤烟	土烟、贵烟 2 号、贵烟 1 号、南江 3 号、遵烟 6 号	青杠塘镇、旺草镇、茅娅镇均有栽培	调查，文献

2.2　林果类遗传资源

保护区的经济林木主要为农户栽种的果树及野生植物种质资源，主要经济林木有 12 个品种，包括桃、李、梨、樱桃、大树茶和油茶等。重要野生植物种质资源有 7 个品种，包括野生猕猴桃、野生天麻和野生刺梨等。随着经济社会的发展，单一的农作物资源已不能满足保护区的需求及收益，因此通过经济林木的种植以及对野生植物种质资源的合理利用，在有效增加收益的同时丰富了保护区的林木种质资源。但是近年来由于当地村民的无节制采挖野生植物资源，如天麻等，导致该地区野生天麻处于濒危状态（表 2.33）。

表 2.33　宽阔水国家级自然保护区林果类遗传资源

种类	物种	品种名称	保护区主要分布地	资料来源
经济林木	果树	桃、李、梨、樱桃、猕猴桃、清脆梨、鹰嘴蜜桃、核桃、香梨	在保护区内各乡镇农业种植区及村寨附近均有分布	调查资料，文献资料
	茶树	老鹰茶、大树茶、油茶	保护区内均有分布、集中分布在宽阔镇茶场	调查资料
野生资源	野生资源	野生猕猴桃、野生天麻、山梨、野葡萄、桑葚、兰花、刺梨	保护区内核心区、缓冲区均有分布	调查资料

2.3　经济昆虫类遗传资源

根据当地适宜的自然生态环境，村民以养殖蜜蜂作为家庭甜食类副食品的主要来源，也是部分家庭将养殖作为家庭经济的部分收入，保护区内蜜蜂有意蜂和中蜂（表 2.34）。蜜蜂饲养成本较低，便于管理，不会占用太多时间，而且蜂蜜营养价值高，蜜源植物主要以保护区内的野生植物如刺槐、木兰科植物、种植作物如油菜花等。

表 2.34　宽阔水国家级自然保护区的经济昆虫及水产类遗传资源

种类	物种	品种名称	保护区主要分布地	资料来源
经济昆虫类	蜂	意蜂、中蜂	宽阔镇、青杠塘镇保护区内农户零星分布养殖	调查资料，文献资料
水产类	鱼	白甲鱼、鲢鱼、草鱼、鲤鱼、麦穗鱼、青鱼、黄鳝、中华刺鳅、南方大口鲶、大鲵、黄颡鱼、鲫鱼	宽阔水河、罗家沟、塘村河、白石溪流域	调查资料，文献资料

2.4　养殖类遗传资源

保护区内养殖动物分为家畜和家禽 2 类，家畜中羊有 6 个品种、猪有 8 个品种、牛有 3 个品种；家禽中鸡有 7 个品种、鸭有 3 个品种、鹅 2 有个品种（表 2.35）。家畜与家禽的养殖主要为当地村民自己生活需要，也有部分畜禽养殖作为家庭收入的主要来源而在当地市场进行少量销售，如土鸡、白山羊等。白山羊是保护区一重要的养殖品种，主要在林区内放养，一定程度上影响了保护区林木的生长，如对幼嫩叶片的取食和踩踏等影响幼苗更新和繁殖。

表 2.35　宽阔水国家级自然保护区养殖类遗传资源

种类	物种	品种名称	保护区主要分布地	资料来源
家畜	羊	波尔山羊、南江黄羊、贵州黑山羊、黔北白山羊、黔北麻羊、杂交羊，（杂交羊由南江黄羊与波尔山羊杂交形成）	青杠塘镇、黄杨镇、宽阔镇、旺草镇、茅娅镇农户养殖	调查资料，文献资料
	猪	黔北黑猪、绥阳猪、苏白猪、大白猪、杂交猪（由于苏白猪与绥阳猪杂交形成）、三元杂交猪（由杜洛克公猪为父本，长白公猪与大白母猪为杂交选留的杂交后代为母本杂交形成）、野猪、杜洛克	保护区内农户养殖	调查资料，文献资料
	牛	思南黄牛、白水牛、黔北水牛	青杠塘镇、旺草镇、茅娅镇零星养殖	调查资料，文献资料

（续）

种类	物种	品种名称	保护区主要分布地	资料来源
家禽	鸡	绥阳土鸡、良凤花鸡、三黄鸡、大麻鸡、二元杂交鸡（由芦花洛克公与绥阳本地母鸡杂交形成）、杂交鸡、贵州黄鸡	保护区内各象征零星养殖	调查资料，文献资料，
	鸭	三穗鸭、火鸭、北京鸭	青杠塘镇、黄杨镇、宽阔镇、茅娅镇农户零星养殖	调查资料，文献资料
	鹅	灰鹅、白鹅	宽阔镇、青杠塘镇	调查资料，文献资料

2.5　水产类遗传资源

保护区内有水产类野生动物种质资源 12 个品种，全部为淡水鱼类，其中鲈鲤为保护区内重要的淡水鱼类品种。保护区流域水质较好，因此有较为丰富的野生水产类种质资源，但是根据调查显示，保护区内宽阔水水土在进行初步的旅游景点开发，游客及相关旅游设施的建设运营过程中产生的生活垃圾对保护区内水体生物造成较大的影响，应进一步加强保护区内流域生态的管理。

3. 小结

遗传资源是重要的生物资源，是生物多样性的重要组成部分，也是生态系统的有机组成，遗传资源保护关系到农业生产可持续发展和生物的多样性。总体上，宽阔水国家级自然保护区种养殖种质资源丰富。这些遗传资源为保护区农户家庭生活来源和经济收入提供了重要的物质基础保障，并形成了一些具有地方特色的品种，然而，近年来随着社会经济的快速发展，产量较高的外来品种逐渐取代了当地传统品种，使当地遗传资源日趋贫乏，类群趋于单一化，遗传变异性越来越窄。目前，保护区内原有农作物品种中的水稻、油菜、玉米，家畜禽品种中猪、鸡以及鱼类品种灭绝速度较快。一些育种素材、现实生产用途不良的品种类群正面临锐减或灭绝；一些经多年培育的优良品种因选育重视度不够，性能发生退化，加之杂交改良遭到破坏，纯种已很少，优良品种数量更少。

第三章 主要保护对象与资源格局

第一节 珍稀濒危植物资源格局

生物多样性是指生命有机体及其赖以生存的生态综合体的多样化和变异性，以及与此相关的各种生态过程的总和(李博等，2005)，为人类赖以生存的物质基础。然而近年来，由于人类强烈活动及对自然资源的大肆掠夺，造成生境严重破碎化，使生物多样性严重丧失，已成为全球环境变化的重要组成部分(Vitousek Peter M. et al, 1997)。珍稀濒危植物作为生物多样性的重要组成部分，保护珍稀濒危植物对生物多样性保护具有重大意义(欧阳志勤等，2010)。保护区是珍稀保护植物的重要生存场所，宽阔水国家级自然保护区处于黔北特殊的喀斯特台原区，生境类型多样，物种资源丰富，珍稀濒危物种较多，是黔北生物多样性保护的重点地区之一。近年来，有关宽阔水保护区生物多样性的研究主要集中在鸟类、黑叶猴、昆虫等动物领域(王佳佳等，2014；王娜等，2012；郭新亮等，2012；胡刚等，2011；陈汉彬等，2012；姚小刚等，2014)，植物领域仅就主要建群种亮叶水青冈(*Fagus lucida*)群落进行了研究(朱守谦等，1985；汪正祥等，2006；喻理飞等，1998；朱守谦等，2004)，但未曾见过保护区内对珍稀濒危植物的相关研究。因此，对保护区内珍稀濒危植物的资源及其格局进行研究，可为保护区对珍稀濒危植物及生物多样性的保护提供一定的参考。

1. 珍稀濒危植物的总体构成、资源及其格局

1.1 研究方法

根据国务院 1999 年发布的《国家重点保护野生植物名录》(第一批)及 1993 年贵州省人民政府发布的《贵州省重点保护珍贵树种名录》确定宽阔水自然保护区要调查的重点保护植物种类。

在保护区已有资料(喻理飞等，2004)的基础上，于 2014 年至 2016 年开展了专项调查。调查时以实测为主结合样方法、样带法对典型地带开展调查，采用 GPS 进行物种定位记录信息包括分布地点、数量、胸径(针对乔木)及生境状况(海拔、群落、土壤类型)等基本信息。能够全部调查实测的分布点，采用实测法；不能全部调查实测的分布点(区)，则勾绘分布面积后，采用抽样调查法。实测法与样方、样带法的总和即为目的物种的资源量。其中，样方、样带法资源量计算公式为：

$$N = Ai \times \frac{\sum Ni}{\sum Si}$$

式中：N 为某物种资源总量；A_i 为某物种分布面积，N_i 为某物种在第 i 个样方(样带)的分布量；S_i 为某物种在第 i 个样方(样带)的面积。

1.2 结果分析

宽阔水自然保护区有重点保护植物 23 种，隶属 16 科 22 属。其中，国家Ⅰ级保护植物 4 种，占 17.4%；国家Ⅱ级保护植物 7 种，占 30.4%；省级保护植物 12 种，占 52.2%；中国特有植物 19 种，占 82.6%。伯乐树(*Bretschneidera sinensis*)、峨眉含笑(*Michelia wilsonii*)、楠木(*Phoebe zhennan*)、刺楸(*Kalopanax septemlobus*)及银鹊树(*Tapiscia sinensis*)、岩生红豆(*Ormosia saxatilis*)6 种为本次调查在该保

护区新增发现的物种。

垂直分布上，宽阔水保护植物分布于海拔 700~1700m，垂直高差达 1000m；最低分布点为底水，最高分布点为太阳山，以 1100~1500m 海拔段最为集中。水平分布上，保护植物主要分布于植被较为原始的中心管理站附近及峡谷深生境多样的元生坝管理站附近。分布格局上，主要以零星分布为主，呈片状分布的物种其分布面积不大，仅分布于局部区域（表 3.1）。

表 3.1　宽阔水国家级自然保护区重点保护植物种类及分布

种名	级别	分布点	海拔(m)	分布格局
伯乐树 *Bretschneidera sinensis*※	I	石林沟	1470	零星
红豆杉 *Taxus chinensis* *	I	大岩品、大石板、大屯、天平梁子等	1100~1470	零星
南方红豆杉 *T. wallichiana* var. *mairei* *	I	广泛分布于保护区	700~1600	零星
珙桐 *Davidia involucrata* *	I	珙桐沟、大洞、烟灯垭口、赶场啊、穿洞(一线天)	1480~1690	零星
福建柏 *Fokienia hodginsii* *	II	大石板、大屯、大岩坪	1120~1180	片状
鹅掌楸 *Liriodendron chinense* *	II	刘家岭、煤厂沟、大滴水、红光坝、金子村、坟垱	1180~1540	片状、零星
峨眉含笑 *Michelia wilsonii* * ※	II	赶场湾	1560	零星
香果树 *Emmenopterys henryi* *	II	广泛分布于保护区	800~1550	零星
水青树 *Tetracentron sinense*	II	小宽阔、飘水岩、烟灯垭口、赶场湾、钢厂湾、大洞、黑头湾	1410~1600	零星
黄杉 *Pseudotsuga sinensis* *	II	大岩品、月亮关、梨树湾、金子村、元龙山	1000~1400	片状
楠木 *Phoebe zhennan* * ※	II	红光坝、半坡、砖房	930~1180	零星
白辛树 *Pterostyrax psilophyllus* *	省级	大坪梁子脚、太阳山、宽阔水水库、珙桐沟等	1620~1690	片状、零星
穗花杉 *Amentotaxus argotaenia* *	省级	白石溪沟、大屯、砖房组沟谷	700~1180	零星
青钱柳 *Cyclocarya paliurus* *	省级	煤厂沟、大竹坝	1210~1350	零星
领春木 *Euptelea pleiosperma* *	省级	飘水岩、消箕湾、红光坝	950~1300	零星
红花木莲 *Manglietia insignis*	省级	钻子沟、大岩品	750~1419	零星
三尖杉 *Cephalotaxus fortune* *	省级	大岩品、茶场、罗家湾、月亮关、分水岭、死水凼等	1200~1510	零星
银鹊树 *Tapiscia sinensis* * ※	省级	灰阡、煤厂沟、瓦房王家、高坪	1240~1320	零星
铁杉 *Tsuga chinensis* *	省级	桦槁坪	1340	片状
刺楸 *Kalopanax septemlobus*※	省级	灰阡	1240	零星
檫木 *Sassafras tzumu* *	省级	太阳山大洞、大岩坪、天平梁子、水库、坟垱等	1000~1640	零星、片状
川桂 *Cinnamomum wilsonii* *	省级	大岩品、路好坎、死水凼等	1190~1430	零星
岩生红豆 *Ormosia saxatilis* * ※	省级	大屯	1010	零星

注：1. 标"*"符号的物种为中国特有种。2. 标"※"符号的物种为本次调查新增物种。

由表 3.2 可知，宽阔水保护区内重点保护植物的资源量均较小，数量 <200 株的有 11 种，占 47.8%，其中数量≤50 株的物种就达 7 种，占 30.4%，有的物种就只发现了一个分布点且数量小于 10 株，如岩生红豆(*Ormosia saxatilis*)、伯乐树(*Bretschneidera sinensis*)等；51~200 株的物种有 4 种，占 17.4%。数量超过 1000 株的物种仅有檫木(*Sassafras tzumu*)、白辛树(*Pterostyrax psilophyllus*)、黄杉(*Pseudotsuga sinensis*)等 3 种，是宽阔水重点保护植物优势物种。生境分布上，宽阔水保护区重点保护植物绝对大部分分布于次生林中，而在亮叶水青冈林中有重点保护植物分布的仅有珙桐(*Davidia involucrate*)、红豆杉(*Taxus chinensis*)、水青树(*Tetracentron sinense*)、白辛树(*Pterostyrax psilophyllus*)、银鹊树(*Tapiscia sinensis*)等 5 种。

表 3.2　宽阔水国家级自然保护区重点保护植物资源量及主要生境

物种名	资源量	主要生境
峨眉含笑 *Michelia wilsonii*	+	次生林
楠木 *Phoebe zhennan*	+	次生林
刺楸 *Kalopanax septemlobus*	+	次生林
伯乐树 *Bretschneidera sinensis*	+	次生林
岩生红豆 *Ormosia saxatilis*	+	次生林
银鹊树 *Tapiscia sinensis*	+	次生林
红花木莲 *Manglietia insignis*	+	沟谷灌丛
鹅掌楸 *Liriodendron chinense*	+ +	次生林
川桂 *Cinnamomum wilsonii*	+ +	次生林
水青树 *Tetracentron sinense*	+ +	亮叶水青冈林
穗花杉 *Amentotaxus argotaenia*	+ +	沟谷灌丛
领春木 *Euptelea pleiosperma*	+ + +	灌丛林
香果树 *Emmenopterys henryi*	+ + +	次生林
珙桐 *Davidia involucrate*	+ + +	白辛树林、亮叶水青冈林
南方红豆杉 *Taxus wallichiana* var. *mairei*	+ + +	次生林
红豆杉 *Taxus wallichiana* var. *chinensis*	+ + +	次生林
福建柏 *Fokienia hodginsii*	+ + +	次生林
铁杉 *Tsuga chinensis*	+ + +	次生林
青钱柳 *Cyclocarya paliurus*	+ + + +	次生林
三尖杉 *Cephalotaxus fortune*	+ + + +	次生林、灌丛林
檫木 *Sassafras tzumu*	+ + + + +	亮叶水青冈林
黄杉 *Pseudotsuga sinensis*	+ + + + +	山脊上次生林
白辛树 *Pterostyrax psilophyllus*	+ + + + +	亮叶水青冈林

注："+"表示≤50 株，"++"表示 51～200 株，"+++"表示 201～500 株，"++++"表示 501～1000 株，"+++++"表示大于 1000 株。

2. 主要保护对象的群落演替与趋势分析

2.1 珙桐群落特征及演替趋势分析

种群是群落的组成部分，其结构对群落结构有直接影响，且能客观地体现群落的演替趋势（金则新，1997）。探讨植物的种群特征及演替规律，揭示影响演替过程中的主要因子，对阐明种群生态特性、更新对策乃至演替规律等都具有重要的意义（郑元润，1999）。珙桐（*Davidia involucrate*）是珙桐科（Davidiaceae）珙桐属（*Davidia*）的落叶乔木，为中国特有单属单种植物，是我国珍稀濒危植物之一，主要分布于贵州、四川、云南、甘肃、陕西、湖南、湖北等地海拔 600～2400m 的常绿或常绿落叶阔叶混交林中（林洁等，1995；贺金生等，1995）。由于我国野生珙桐分布范围日益缩小，以小种群居多，成星散状分布，被列为国家 I 级保护植物。随后，该种群备受关注，相关研究也日益增多，主要集中在系统发育（宋培勇等，2011；宋丛文，2005；张玉梅，2012）、引种繁殖培育（张家勋等，1995；吴俊长等，2016）、光合特性（王宁宁等，2011；程芸，2008）、种群生物学（廉秀荣等，1994；陈坤荣等，1998）、群落生态学（林洁等，1995）等方面。由于分布地域的差异，珙桐群落的组成及演替也有所差别，都江堰龙池的珙桐种群为衰退型种群（沈泽昊等，1998）；湖北后河自然保护区的珙桐种群属于中衰型种群（程芸，2008）；卧龙地区珙桐种群（沈泽昊等，1999）、星斗山自然保护区的珙桐种群（艾训儒等，1999）、甘肃文县的珙桐种群（焦健等，1998）等属于增长型局域种群。

　　宽阔水自然保护区是珙桐在贵州的分布区之一。目前，有关贵州珙桐的群落特征、群落结构以及演替趋势等方面的研究较少，更未见涉及宽阔水自然保护区珙桐群落特征及演替趋势的报道。因此，本书以宽阔水国家级自然保护区珙桐为研究对象，对其群落特征、种群特点、物种多样性及群落演替现状等进行分析，探讨宽阔水国家级自然保护区内珙桐的群落特点，掌握其生境现状，拟为宽阔水自然保护区珙桐的就地保护和生物多样性保护提供一定参考。

2.1.1 研究方法

　　基于野外调查数据，以重要值表示物种在群落中的优势程度（方精云等，2004），并结合物种生活型及物种多样性指数进行统计分析：

$$乔木层重要值（IV）= [相对高度 + 相对显著度 + 相对频度]/3$$
$$灌、草层重要值（IV）= [相对频度 + 相对盖度]/2。$$

（1）生活型

采用 Raunkiaer 的生活型分类系统（沈泽昊等，1998）进行统计分析。

（2）物种多样性

丰富度指数（高贤明等，2001；张林静等，2002）：

Marglef 丰富的指数：

$$Ma = (S - 1)/\log 2N$$

Patrick 丰富度指数：

$$R = S$$

多样性指数（方精云等，2004）：

Simpson 多样性指数：

$$D = 1 - \sum Ni^2$$

Shannon – wiener 多样性指数：

$$H = - \sum Ni \ln Ni$$

均匀度指数（高贤明等，2001）：

Pielou 均匀度指数：

$$Jm = H/\ln S$$

式中，N 为全部种的重要值之和；Ni 是第 i 种的重要值；S 为群落物种数。

2.1.2 结果分析

（1）群落物种组成特征

据调查，珙桐群落样地共计维管植物 24 种，隶属 20 科 22 属。其中，木本植物 14 科 16 属 18 种，草本植物 6 科 6 属 6 种。乔木层共 16 个树种，占木本物种数 88.89%。GT - 2、GT - 6、GT - 8 样地乔木层的优势树种为珙桐（*Davidia involucrate*）；GT - 4、GT - 5、GT - 7 样地乔木层的优势树种为白辛树（*Pterostyrax psilophyllus*），次优种为珙桐；GT - 1 样地乔木层的优势种为南酸枣（*Choerospondias axillaris*），次优种为珙桐，总体上，珙桐在群落中的数量最多。灌木层树种组成较为单调，主要以金佛山方竹（*Chimonobambusa utilis*）为主，其盖度在 90% 左右，相对重要值为 88.07%，占据绝对优势；珙桐次之，相对重要值为 13.17%。草本层物种组成简单，主要有血水草（*Eomecon chionantha*）（相对重要值 85.73%）和大叶金腰（*Chrysosplenium macrophyllum*）（相对重要值 100%），两者盖度占 90%。

　　保护区内珙桐分布较为集中，其群落 8 个样地的物种组成差异不明显，但群落垂直结构显著，形成明显乔木层、灌木层、草本层分化，层间植物和地被植物较少，群落外貌以乔木层构成为主。群落内乔木层都以珙桐、白辛树为建群种，灌木层则为金佛山竹，草本植物以较为耐阴的血水草居多，研究区珙桐群落各样地在物种种类的组成和分布上有一定的相似性。

　　（2）群落物种生活型谱

　　根据 Raunkiaer 的生活型分类系统，从表 3.3 可知，宽阔水自然保护区珙桐群落高位芽植物共 25 种，其中，中高位芽所占比例最高，为 14 种，占 46.67%，是群落物种的重要组成成分；矮高位芽所占比例最低，为 1 种，占 3.33%，高位芽植物共占群落物种总数 83.33%。地上芽植物 5 种，占群落物种总数的 16.67%，无地面芽和地下芽植物。珙桐群落内主要以落叶树种占优势，常绿树种仅有山桂花（*Bennettiodendron leprosipes*）1 种，从群落生活型的组成情况可看出，保护区珙桐群落环境较为适宜中高位芽、小高位芽、矮高位芽和地上芽植物生长，主要高位芽植物居多，生活型分配的这种格局是亚热带地区植物群落的基本特点，尽管各类生活型数量上稍有区别，但总体趋势一致（王献溥，1990）。

表 3.3　珙桐群落植物生活型谱

	物种生活型类型	种数	比例%
高位芽植物	中高位芽植物	14	46.67
	小高位芽植物	10	33.33
	矮高位芽植物	1	3.33
	地上芽植物	5	16.67

　　（3）群落物种多样性特征

　　从表 3.4 看出，除样地 GT-7 的草本多样性显著高于其他样地草本的多样性外，其余各项多样性指数都以乔木层高于灌木层；乔木层物种丰富度以 GT-4、GT-7 样地最高，Simpson 指数、Shannon-wiener 指数及均匀度指数都以 GT-8 样地最高，分别为 6.84、1.88、0.59；灌木层则以 GT-7 样地各项指数最高，Simpson 指数、Shannon-wiener 指数及均匀度指数分别为 3.36、0.74、0.23。珙桐群落物种多样性特征呈现乔木层 > 灌木层 > 草本层，由于群落上层多为大树，中下层金佛山方竹居多，对于草本层而言，群落郁闭度较大，光照资源严重不足，加上调查季节的原因，部分草本未萌芽，所以其他几个样地中未见草本分布。

　　乔木层主要以珙桐占据优势，珙桐的层盖度大，优势度强，对其他物种分布有一定影响，在珙桐数量较多的群落中物种的均匀度和多样性都有所下降，使得群落结构较为单调。灌木层中，金佛山方竹占绝对主导地位，其盖度、多度、分布面积都很大，直接影响其他物种的生长，降低了物种多样性和均匀度。草本层中，以血水草和大叶金腰为主，GT-1、GT-7 样地中以较为耐阴的血水草为主要分布种，而 GT-7 样地中除血水草外，还有变豆菜（*Sanicula chinensis*）、淫羊藿（*Epimedium brevicornu*）、冷水花（*Pilea notata*）分布，四种草本共同占据草本层，物种相对丰富；GT-2、GT-4、GT-5、GT-8 样地内则无草本分布，使得群落的多样性、丰富度和均匀度受到很大的影响。由于调查季节在 4 月中旬，该地海拔在 1600m，部分草本植物还未发芽，亦可能影响调查结果。

表 3.4　珙桐群落物种多样性指数

样地	层次	S	D	H	Jm	样地	层次	S	D	H	Jm
GT-1	乔木层	4	3.71	1.29	0.41	GT-5	乔木层	4	3.7	1.29	0.41
	灌木层	2	1.26	0.43	0.14		灌木层	2	1.17	0.31	0.1
	草本层	1	—	—	—		草本层	—	—	—	—

（续）

样地	层次	S	D	H	Jm	样地	层次	S	D	H	Jm
	乔木层	4	3.67	1.21	0.38		乔木层	7	6.82	1.81	0.57
GT-2	灌木层	2	1.17	0.32	0.1	GT-6	灌木层	2	1.18	0.33	0.1
	草本层	—	—	—	—		草本层	1	—	—	—
	乔木层	4	3.66	1.19	0.37		乔木层	5	4.79	1.58	0.5
GT-3	灌木层	2	1.33	0.52	0.16	GT-7	灌木层	4	3.36	0.74	0.23
	草本层	1	—	—	—		草本层	4	3.61	1.15	0.36
	乔木层	5	4.71	1.4	0.44		乔木层	7	6.84	1.88	0.59
GT-4	灌木层	1	—	—	—	GT-8	灌木层	2	1.16	0.3	0.09
	草本层	—	—	—	—		草本层	—	—	—	—

（4）种群更新特征及演替趋势

植物的年龄结构反映植物种群的现状、发展趋势和稳定性（刘方炎等，2010）。由于珙桐多为大树，不便测其年龄，采用空间代替时间（贾鹏等，2009；杨汉远等，2013）、利用径级结构代替其年龄结构分析珙桐种群的动态变化特征。根据胸径（D）将珙桐分为Ⅰ级（D<5cm，包括幼苗H<0.5m和幼树D<5cm，H≥0.5m）、Ⅱ级（5cm≤D≤10cm）、Ⅲ级（11cm≤D≤20cm）、Ⅳ级（21cm≤D≤30cm）、Ⅴ级（31cm≤D≤40cm）、Ⅵ级（D>40cm），每一个立木级对应一个年龄级（见图3.1）。

由图3.1可见，保护区内珙桐群落的年龄结构呈金字塔形，各径级均有珙桐，且以Ⅰ级所占数量居多，占总株数的62.72%，Ⅲ级立木次之，占总株数的6.51%；随着径级的增大，数量明显减少，成年个体比例明显降低。虽然Ⅰ级幼苗幼树株数居多，但其在群落中的空间结构小，大部分幼树萌生于大树基部5cm上，种内竞争大，母树生长旺盛，成树可能性较小；对幼苗幼树而言，争取到林分上层充足的光照是影响其生存的重要因素，然而珙桐所在群落中金佛山方竹分布较多，林分郁闭度均较高，林下光照严重不足，这可能是造成其种群自然更新能力弱的重要原因之一。珙桐林龄结构差距较大，成年及老年珙桐所占比重大，存活的实生幼苗幼树严重缺乏。其萌生较多，仅株高1.3m以下有65株，占总株数38.46%；1.3～2m有41珠，占总株数的24.26%；10m以上有31珠，占总株数的18.34%；珙桐株高大部分的集中分布在8m以上（老树）和2m以下（幼苗幼树），其中最低为0.4m，最高可达23m。其高度结构相差太大，群落结构层次分布不均匀，加上种内种间竞争及光照影响，使其成活率很低，导致中龄级树少，总体而言珙桐在年龄结构上属于衰退型种群。

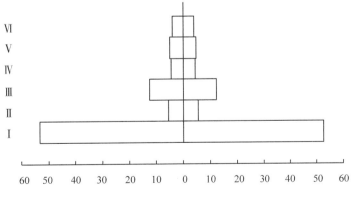

图3.1 保护区珙桐群落的径级结构图

据实际调查，样地内珙桐群落有一定更新幼树的能力，在GT-1、GT-2、GT-3、GT-5、GT-6这5个样地内，虽然幼树都是大树树干基部所萌生，但母树及幼树生长均良好，在群落中占有一定地位，影响着珙桐群落的更新，所以该5个样地内的幼树可能具备成树的条件。GT-4、GT-7、GT-8等3个样地内无幼树，造成这种原因可能是珙桐种子的发芽率太低、种子被动物充当食物、人为破坏等。整体而言，珙桐群落更新幼苗能力差，无实生幼苗，萌生的珙桐幼苗在群落中的重要值很小，自身生长差，种间竞争激烈且母树生长正处于旺盛期，导致其成活率低，成树可能性差，使得群落的更新不能有效地衔接。珙桐群落的幼苗幼树数分布不均匀，幼树和中年树较少，几乎都为大树老树，出现年龄断层现象。珙桐的天然更新能力差，也与人为干扰有关，由于该区域经营方竹，使得方竹的数量急剧增长，影响了珙桐的幼树幼苗对阳光、水分和营养的吸收，加之自然灾害等多种因素导致珙桐群落正常演替受到影响，使其演替向衰退方向发展。

2.2 水青树种群特征研究

水青树（*Tetracentron sinense*）为水青树科（Tetracentraceae）仅存的一种植物，是地球上起源古老的孑遗物种，也是我国稀有珍贵的落叶树种，属国家Ⅱ级保护植物（吴征镒等，2004）。主要分布在我国中部和西南山地，同时在尼泊尔、缅甸北部和越南也有分布（刘毅，1985；Cronquist A，1918）。由于过度采伐破坏，目前水青树仅残存于深山、峡谷、陡坡悬岩等处，多呈零星散生，已成为濒危保护物种，很少形成群落（张萍，1999）。人类对自然资源的大量掠夺性开发，加之近年生态旅游的热潮，使本来就具有残遗性的水青树种群濒危程度加剧。因此，研究其种群现状对认识和保护这一珍稀树种具有重要意义（张国珍等，2014）。宽阔水自然保护区是贵州省水青树在黔北分布的代表，其分布相对集中，本书拟通过对宽阔水水青树群落的组成结构进行研究，探究宽阔水水青树种群现状和恢复更新的特点，从而分析水青树群落的演替趋势，为水青树的保护和利用提供参考依据。

在水青树种子的生理特征和形态特征研究中，小种子虽有利于传播和散布，但不利于种子的萌发和幼苗的存活；长期处于低温不适于种子萌发，很难形成应有的幼苗格局，长期处于湿润环境不适于种子安全度过寒冷期（罗靖德等，2010；张萍，1990）。研究表明不但温度对其影响，光照对水青树的种子萌发也有影响，光照和黑暗条件下水青树种子都能萌发；常温处理光照条件下水青树种子发芽率、发芽势和发芽指数都最高，然而4℃和冷冻等低温处理的种子发芽率、发芽势和发芽指数较低；机械处理的种子最先萌发（陈娟娟等，2008；李坚等，1989；郑向炜，2000）。水青树的种子萌发能力差，幼苗需要充足光照才能健康生长（薛建辉，2006），只有在光照条件好，郁闭度不大的次生林下其更新幼苗生长能力较强（甘小洪等，2008）。可见水青树的种子萌发与其种皮厚度有关，坚硬的种皮，使水青树天然更新困难，这也是其成为珍稀濒危树种原因之一。在研究水青树的群落分布中，群落物种温带分布占绝对优势，占总属数的56.84%，热带、亚热带分布次之，占总属数的28.43%（张国珍等，2014），表明温带更适合水青树生长。

在水青树群落结构、树种组成研究分析方面，陈娟娟等对元江自然保护区水青树群落研究认为该生态系统完整，具有乔木层，灌木层和草本层3层，群落Margalef指数和Shannon-Wiener指数排序为草本层>乔木层>灌木层，Pielou指数排序为草本层>灌木层>乔木层；群落中各层植物物种-多度变化趋势不同，其物种种类及其组成情况各异（陈娟娟等，2008），水青树群落组成复杂，稳定性强。而群落中各组成树种天然更新能力不同，处于顶级的某树种可能在演替过程中将被其他树种所取代（平亮等，2009），而一些自然或人为干扰也会导致树种群落演替中衰退，逐步淘汰，被其他群落所取代（梁健，2011；谢宗强等，1999）。群落演替的研究可以通过设立永久样地进行动态监测，也可以通过分析群落中现有各种植物组成预测其演替趋势（谢宗强等，1994；马克平等，1995）。

2.2.1 研究方法

研究方法参考本节2.1.1。

2.2.2 结果分析

（1）组成结构

分析群落的物种组成，可以同时反映有关生境条件状况和该群落的历史渊源及更为广阔的空间上的联系（贺金生等，1998）。本次通过对保护区内6个典型野生水青树种群所在群落的调查，乔木层共记录 33 种，隶属 12 科 20 属；灌木层共记录 54 种，隶属 22 科 35 属；草本层共记录 37 种，隶属 20 科 30 属（蕨类未分类）。乔木层物种数出现最多的科是壳斗科，包括青冈栎（*Cyclobalanopsis glauca*）、亮叶水青冈（*Fagus lucida*）、窄叶石栎（*Lithocarpus confinis*）以及水青冈（*Fagus longipetiolata*）等；其次是杜鹃花科、樟科、水青树科以及忍冬科等科的树种，包括长蕊杜鹃（*Rhododendron stamineum*）、楠木（*Phoebe zhennan*）、水青树（*Tetracentron sinense*）以及南方荚蒾（*Viburnum fordiae*）等。灌木层物种数出现最多的科是山茶科，包括短柱茶（*Camellia brevistyla*）、连蕊茶（*Camellia fraternal*）和西南红山茶（*Camellia pitardii*）等；其次是壳斗科、樟科、杜鹃花科、胡桃科以及忍冬科等，包括青冈栎、亮叶水青冈、川钓樟（*Lindera pulcherrima*）、簇叶新木姜子（*Neolitsea confertifolia*）、长蕊杜鹃、化香树（*Platycarya strobilacea*）以及南方荚蒾等。草本层中以蕨类、菊科和百合科最多（表 3.5）。

通过对几个样地群落物种多样性进行比较得出，4 号样地水青树群落物种数最多，其次是 3 号样地，最少的是 6 号样地。各个样地中灌木层物种数均最多，草本层物种数均最少，具体数量分布见图 3.2。这可能与这些群落内小气候、所处位置地形地貌及人畜干扰强度等因素不同有关。

表 3.5　水青树群落各样地主要物种组成

样地号	层次	种名	盖度（%）
01	乔木层	水青树、光皮桦、灯台树、青冈栎、亮叶水青冈、窄叶石栎、树参、多脉青冈栎、	70
	灌木层	连蕊茶、细齿叶柃木、方竹、水青树、细齿铁仔、簇叶新木姜子、长蕊杜鹃、硬斗石栎、菝葜	85
	草本层	蕨类、丝叶苔草、堇菜、西南冷水花	30
02	乔木层	亮叶水青冈、短柱茶、长蕊杜鹃、水青树、青冈栎、栎木、光皮桦、巴东荚蒾、灯台树、石栎	85
	灌木层	杜鹃、方竹、南方荚蒾、短柱茶、圆果花香、连蕊茶、西南红山茶、长蕊杜鹃、石栎、小果南烛	70
	草本层	蕨类、日本蛇根草、堇菜	20
03	乔木层	木姜子、南方荚蒾、长蕊杜鹃、西南米槠、光皮桦、水青树、青冈栎、杉木、树参	75
	灌木层	菝葜、簇叶新木姜子、短柱茶、方竹、光皮桦、贵州毛柃方荚蒾、青冈栎、宜昌悬钩子、硬斗石栎、	50
	草本层	蕨类、西南冷水花	20
04	乔木层	长蕊杜鹃、亮叶水青冈、长蕊杜鹃、光皮桦、青冈栎、灯台树、栎川钓樟、短柱茶、树参、青榨槭、穗序鹅掌柴	80
	灌木层	栎木、水青树、亮叶水青冈、光皮桦阔叶十大功劳、短柱茶、长蕊杜鹃、南方荚蒾、青冈栎、细齿叶柃木	80
	草本层	烟管头草、堇菜、龙牙草、蕨类、苔草、金疮小草、车前草、变豆菜、丝叶苔草	35
05	乔木层	水青树、亮叶水青冈、灯台树、青冈栎	75
	灌木层	方竹、白簕、石栎、短柱茶、宜昌橙、菝葜、簇叶新木姜子、紫金牛、红山茶、杜鹃、细齿罗伞	35
	草本层	接骨草、秋海棠、楼梯草、野芋、酢浆草、伞叶落地梅、鸭跖草、冷水花、堇菜、野魔芋、七叶一枝花、接骨草	60
06	乔木层	亮叶水青冈、白辛树、灯台树、水青树、青冈栎	60
	灌木层	方竹、白辛树、青冈栎、亮叶水青冈	75
	草本层	血水草、蕨类、天南星、堇菜	25

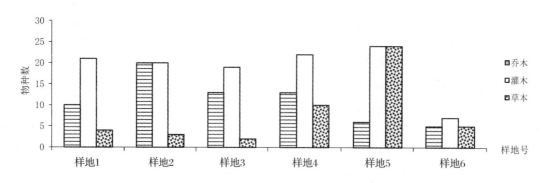

图 3.2　水青树样地群落各层物种数量

（2）空间结构

群落的空间结构主要是指水平结构和垂直结构两种。在水平方向上，受自然保护区地形起伏、光照强弱、湿度大小等小生境气候条件的影响，群落在不同地段有不同的分布。例如，在水青树所在群落的野外数据调查中，6 个样地中有 5 种不同的分布类型；在小宽阔的 1 号、4 号样地中水青树幼树幼苗分布比较多，而在珙桐沟的 6 号样地中水青树主要在乔木层，而 1 号却分布较少，这种差异主要是不同的水分、海拔等造成的。

垂直结构是群落在空间中的垂直分化或成层现象。由于水青树、青冈栎、亮叶水青冈、川钓樟等喜光植物占据林冠上层，随着阳光的减弱，群落中间层的幼树和灌木处于中间层，草本层和小灌木处于林冠最下层，就这样森林的垂直结构分为乔、灌、草三层。群落之间生态幅和适应性各有不同、空间变化、同化和异化器官处于地上的不同高度，所以群落的这种空间上的垂直配置，形成了群落的层次结构或垂直结构。

（3）种群结构

种群是构成群落的基本单位（潘百明等，2010），径级结构是反映种群结构稳定性的一个重要指标（康华靖等，2007），研究种群的径级结构能很好地反映群落的动态变化（刘方炎等，2010）。通常，用珍稀濒危植物的径级结构来代替其年龄结构分析树种的结构和动态变化特征是一种实用且可行的方法（张文辉等，2004；段仁燕，2007）。本书以空间代替时间（杨汉远等，2013）、立木级代替年龄结构，用经典分级方法（贾鹏，2009），根据胸径（D）将水青树分为 I 级（D < 5cm，包括幼苗 D < 5cm，H < 0.5m 和幼树 D < 5cm，H > 0.5m）、II 级（$5 \leqslant D \leqslant 10cm$）、III 级（$11cm \leqslant D \leqslant 20cm$）和 IV 级（$21cm \leqslant D \leqslant 30cm$）4 个等级，每一个立木级对应一个年龄级。

从图 3.3 可知，种群中 I 径级（幼苗幼树）个体分布最多，占总株数的 85%，但分布不均匀，由于水青树胸径大于 20cm 后开花结实不稳定，所以仅在 01 和 04 中出现大量幼苗，而在所有样地中 3 ~ 5cm 胸径的幼树较少，这可能是小生境气候的影响或其他物种的竞争作用，导致了水青树幼苗生长发育困难。其次 III 径级的数量次之，表明水青树种群将集中为成年树种和刚萌发幼苗，水青树的更新受自身生物学特性和环境的影响，导致其天然更新困难，种群濒危程度加剧。

通常情况下，树种年龄大小和数量成反比（年龄越大，树种数量越少），也就是每个径级数量和径级数成反相关。而实测中水青树年龄和数量比并非成线性关系，III 级的数量比 II 级的偏多，I 级数量虽然占比重大，但分布极为不均匀，由此表明：水青树演替受近期影响较大，个体总数不多，且年龄结构不合理，需要人为适度的干扰，才能让水青树种群更好地在群落中生长繁衍。

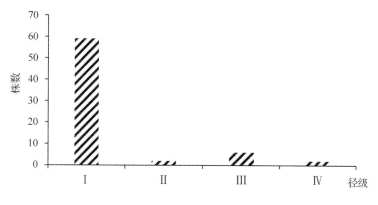

图3.3　水青树种群的径级分布

在调查 6 个天然水青树种群所处群落样地中，胸径 D < 5cm 的幼树幼苗总共有 59 株。林下水青树幼苗分布极为不均，幼树也很少，各样地分布情况见表 3.6，造成此现象的主要原因可能是人为干扰强度大和林下方竹林密度过大，加上水青树胸径大于 20cm 后开花结实量极为不稳定，使得水青树种子自我萌发更加艰难。由于在宽阔水保护区水青树种群基数小，样线法推算共 1 千株左右（喻理飞等，2003），加上更新层的补给出现了断级现象，制约了水青树健康繁衍，使水青树种群数量群极速减少，濒危程度加剧。

表 3.6　水青树群落更新层分布

样地号	01	02	03	04	05	06
幼苗株数	46	0	0	8	0	0
幼树株数	4	0	0	1	0	0

（4）重要值分析

重要值是衡量天然林群落的综合指标（潘百明，2010），它包含了树种的显著度（相对优势度），同时也体现了林下幼苗更新情况（相对密度）和个体的分布相对频度，最重要的是更能客观地反映主要树种在水青树群落中的地位和作用。由以下几个表（表 3.7 至表 3.9）可以看出，乔木层中水青树的重要值为 0.1675，在乔木层物种中位列第 3，表明水青树在所有群落中的地位和作用并非最大。灌木层中水青树的重要值为 0.0287，在灌木层物种中位列第 7，表明水青树幼苗幼树受其他灌木和乔木幼苗幼树的制约较大，不利于其生长和更新繁衍。

在乔木层中重要值最大的是亮叶水青冈，其值为 0.2908；在灌木层中重要值最大的是方竹，其值为 0.4175；草本重要值最大的是蕨类，其值为 0.2556，在整个群落中，与乔木优势树种亮叶水青冈和灌木优势种方竹的差距较大，表明水青树在群落中并非处于主导地位，这对水青树的种群生长繁衍不利，整个群落在演替过程中，可能被其他物种所替代，进而引起水青树的整个种群消失。

表 3.7　水青树所处群落乔木层主要树种的重要值

植物名称	相对密度	相对频度	相对显著度	重要值
亮叶水青冈 *Fagus lucida*	0.1119	0.4583	0.3023	0.2908
青冈栎 *Cyclobalanopsis glauca*	0.1567	0.5833	0.0993	0.2798
水青树 *Tetracentron sinense*	0.0746	0.3750	0.0529	0.1675
光皮桦 *Betula luminifera*	0.0597	0.2917	0.1109	0.1541
长蕊杜鹃 *Rhododendron stamineum*	0.1045	0.2917	0.0245	0.1402
白辛树 *Pterostyrax psilophyllus*	0.0149	0.0833	0.1359	0.0781

（续）

植物名称	相对密度	相对频度	相对显著度	重要值
南方荚蒾 Viburnum fordiae	0.0373	0.1667	0.0073	0.0704
石栎 Lithocarpus glaber	0.0299	0.1667	0.0064	0.0676
西南米槠 Castanopsis carlesii	0.0224	0.1250	0.0063	0.0512
树参 Dendropanax dentigerus	0.0224	0.1250	0.0041	0.0505
短柱茶 Camellia brevistyla	0.0224	0.0833	0.0055	0.0371
棕木 Cornus macrophylla	0.0149	0.0833	0.0034	0.0339
川钓樟 Lindera pulcherrima var. hemsleyana	0.0149	0.0833	0.0023	0.0335

表 3.8　水青树所处群落灌木层主要树种的重要值

物种名称	相对密度	相对高度	相对盖度	重要值
方竹 Chimonobambusa quadrangularis	0.5202	0.2799	0.4523	0.4175
短柱茶 Camellia brevistyla	0.0360	0.0771	0.0542	0.0557
青冈栎 Cyclobalanopsis glauca	0.0303	0.0711	0.0358	0.0458
长蕊杜鹃 Rhododendron stamineum	0.0382	0.0435	0.0438	0.0418
龙头竹 Bambusa vulgaris	0.0539	0.0146	0.0364	0.0350
连蕊茶 Camellia cuspidata	0.0213	0.0414	0.0245	0.0291
水青树 Tetracentron sinense	0.0663	0.0034	0.0165	0.0287
杜鹃 Rhododendron simsii	0.0225	0.0323	0.0269	0.0272
南方荚蒾 Viburnum fordiae	0.0303	0.0276	0.0225	0.0268
簇叶新木姜子 Neolitsea confertifolia	0.0360	0.0133	0.0221	0.0238
硬斗石栎 Lithocarpus hancei	0.0124	0.0281	0.0213	0.0206
光皮桦 Betula luminifera	0.0169	0.0224	0.0175	0.0189
西南红山茶 Camellia pitardii	0.0090	0.0289	0.0123	0.0167
亮叶水青冈 Fagus lucida	0.0101	0.0255	0.0118	0.0158

表 3.9　水青树所处群落草本层主要物种的重要值

植物名称	相对高度	相对密度	相对盖度	重要值
蕨类 Pteridophyta sp.	0.2297	0.2523	0.2847	0.2556
血水草 Eomecon chionantha	0.0641	0.0841	0.1361	0.0948
接骨草 Sambucus chinensis	0.0646	0.0748	0.1305	0.0900
堇菜 Viola verecunda	0.0332	0.1402	0.0729	0.0821
野芋 Colocasia antiquorum	0.0711	0.0374	0.0587	0.0557
十字苔草 Carex cruciata	0.0771	0.0312	0.0578	0.0554
冷水花 Pilea sp.	0.0329	0.0623	0.0230	0.0394
冷水花 Pilea notata	0.0139	0.0561	0.0392	0.0364
贯众 Cyrtomium fortunei	0.0555	0.0218	0.0233	0.0335
丝叶苔草 Carex capilliformis	0.0256	0.0218	0.0205	0.0226

（5）物种多样性分析

物种多样性指数在各演替阶段有所差异，一般而言，物种多样性随着群落逐渐向顶级阶段演替而有所增加，最终达到各物种间和谐共处，有利共存。本次研究主要分析 Gleason 丰富度指数、Simpson 多样性指数、Shannon - Wiener 多样性指数以及 Pielou 均匀度指数四个指标，对所有样地群落的乔、灌、草三层逐一分析，由表 3.10 可知：Gleason 丰富度指数，灌木层 > 草本层 > 乔木层；Simpson 多样性指数，乔木层 > 草本层 > 灌木层；Shannon - Wiener 多样性指数，乔木层 > 灌木层 > 草本层；Pielou

均匀度指数，乔木层 > 草本层 > 灌木层。物种丰富度中灌木层的值最大，其值为6.9399，表明灌木层物种在群落中数量最多；其他指标均是乔木层最大，表明乔木在群落中处于优势地位，决定着整个群落的演替趋势。

表3.10　水青树所处群落各层物种的多样性指数

物种层次	R 值	D 值	H 值	J 值
乔木层	4.1114	0.9250	2.9780	0.8593
灌木层	6.9380	0.8266	2.8813	0.7223
草本层	4.7538	0.8973	2.8278	0.7831

2.3 鹅掌楸群落特征及演替趋势分析

鹅掌楸(*Liriodendron chinense*)属木兰科(*Magnoliaceae*)鹅掌楸属(*Liriodendron*)落叶乔木，又名马褂木，为我国特有、国家Ⅱ级保护植物。在深厚肥沃、适湿而排水良好的酸性或微酸性土壤(pH4.5 ~ 6.5)中生长良好，在干旱土地上生长不良，不耐低温水涝(孙建峰等，2008)。古老孑遗植物，及具重要的研究价值。其花冠形式郁金香亦被称为："中国郁金香"，加上叶奇特，树干通直，多用于园林绿化，木材结构均匀，纹理值，抗腐性强，可作为建筑、家具、等用材(贵州省林科所等，1977)。叶和树皮可入药，亦可提取鹅掌楸碱，其在抗肿瘤、抗菌、杀虫以及抗老年痴呆等方面具有广泛的药理活性(刘延成等，2011)，价值巨大，发展前景好。

目前对于鹅掌楸研究仅在分子遗传及生理生态等方面。在分子遗传上，张红莲等(张红莲等，2010)研究了SSR引物，该引物对鹅掌楸种间鉴别准确率达100%；朱其卫等(朱其卫等，2010)对16个交配亲本的研究，得出亲本间遗传距离大，则子代遗传多样性高；李斌等(李斌等，2001)研究了鹅掌楸种源材性遗传变异与选择，表明种内差异是鹅掌楸属的主要变异来；刘丹等(刘丹等，2006)对鹅掌楸属遗传多样性分析评价，得出鹅掌楸群体多态位点百分率为88.98%，北美鹅掌楸91.06%，杂种鹅掌楸与北美鹅掌楸的遗传距离较近等等。在生理生态上李火根等(李火根等，2005)对鹅掌楸进行了种源试验研究，表明中国鹅掌楸的生长量有从南至北逐渐增加的趋势，呈现出渐变群的地理变异模式；刘静(刘静，2011)对鹅掌楸组织培养进行了研究并总结了前人对鹅掌楸组织培养的研究；方炎明等(方炎明等，1996)对浙江龙王山和九龙山鹅掌楸群落研究，分析了得出了其群落结构；李博等(李博等，2013)对广西猫儿山鹅掌楸天然种群动态进行研究种群具有前期种群数量快速减少、中后期稳定、末期衰退的特点；吴展波等(吴展波等，2007)研究了湖北二仙岩鹅掌楸群落初步研究，得出二仙岩是鹅掌楸原地保护和建立基因库非常适宜的地点等。

宽阔水自然保护区地貌特殊，珍稀植物资源丰富。而宽阔水保护区的研究多集中在动物领域(刘璐，2009；王佳佳等，2014；姚小刚等，2014；王佳佳，2013；吕彬等，2013)，对于植物的研究仅有极少部分(李凤华，2002；朱守谦等，1985；郭锡勇等，1994)，对于珍稀植物的研究甚是罕见。本书旨在通过对宽阔水珍稀植物鹅掌楸群落的调查，通过重要值的计算和物种多样性指数分析，了解鹅掌楸群落组成、结构特点，分析群落演替趋势，为宽阔水自然保护区对鹅掌楸的保育管理提供一定的理论依据。

2.3.1 研究方法

研究方法参考本节2.1.1研究方法。

2.3.2 结果分析

(1)组成结构

分析群落的物种组成，可以同时反映有关生境条件状况和该群落的历史渊源及更为广阔的空间上的联系(薛建辉，2012)。通过本次对保护区内几个野生鹅掌楸群落调查，其物种组成情况详见表3.11。几个样地中，乔木层出现物种数最多的科是樟科，包括川桂(*Cinnamomum wilsonii*)、香叶树

（*Lindera communis*）、川钓樟（*Lindera pulcherrima* var. *hemsleyana*）以及木姜子（*Litsea pungens*）等；其次是壳斗科、山茱萸科以及槭树科等科，包括石栎（*Chenopodium urbicum*）、白栎（*Quercus fabri*）、四照花（*Cornus kousa* subsp. *chinensis*）、梾木（*Cornus macrophylla*）以及三峡槭（*Acer wilsonii*）和青榨槭（*Acer davidii*）等。灌木层出现物种数最多的科是五加科，包括楤木（*Aralia elata*）、穗序鹅掌柴（*Schefflera delavayi*）和异叶梁王茶（*Metapanax davidii*）；其次是榆科、桑科、槭树科、蔷薇科以及忍冬科等，包括朴树（*Celtis sinensis*）、构树（*Broussonetia papyrifera*）、三峡槭、青榨槭、山莓（*Rubus corchorifolius*）、川莓（*Rubus setchuenensis*）以及蕊帽忍冬（*Lonicera pileata*）等。草本层中以鸢尾科、荨麻科和百合科最多。

通过对几个样地群落物种多样性进行比较得出，2 号样地鹅掌楸群落物种多样性最高，其次是 3 号样地，最少的是 4 号样地，这可能与这些群落内小气候、所处位置地形形貌及人畜干扰强度等因素不同有关。

表 3.11 鹅掌楸群落物种组成表

样地号	层次	种名	郁闭度（%）
KKS - 1	乔木层	川黔润楠、石栎、山羊角树、川桂、鹅掌楸、漆树、朴树、沙梨、南方红豆杉、棕榈、杜仲、石栎	80
	灌木层	水竹、朴树、南方红豆杉、金竹、香果树、构树、楤木	46
	草本层	芭蕉、三脉紫菀、牛膝、蕨、楼梯草、鸢尾、虎杖	30
KKS - 2	乔木层	鹅掌楸、四照花、蓝果树、稠李、水青冈、梾木、枫香、山羊角树、山矾、响叶杨、四照花	77
	灌木层	青檀、异叶梁王茶、刺果卫矛、水竹、穗序鹅掌柴、蕊帽忍冬、南方红豆杉、三峡槭、三尖杉、崖豆藤	32
	草本层	鸢尾、蕺菜、苔草、淫羊藿、蕨、大百合、牛膝、一把伞南星、乌蕨、芒、紫萼、楼梯草、酢浆草	26
KKS - 3	乔木层	刺果卫矛、青钱柳、香果树、南方红豆杉、七叶树、灰叶稠李、三峡槭、美脉花楸、杉木、鹅掌楸、刺楸、八角枫、灰叶稠李、白栎、樱木、枫香、三峡槭、	79
	灌木层	贵州毛柃、异叶榕、川梅、蕊帽忍冬	50
	草本层	大百合、鸢尾、三麦紫菀、楼梯草、萱、黄金凤、变豆菜、菝葜	30
KKS - 4	乔木层	鹅掌楸、青榨槭、毛叶木姜子、华山松、枫香、香叶树、白栎	81
	灌木层	香叶树、青榨槭、山莓、黄心夜合、蚌壳花椒、异叶榕、算盘子、乌蔹莓	40
	草本层	四子马蓝、鸢尾、求米草、大百合、绞股蓝	23
KKS - 5	乔木层	香果树、南方红豆杉、鹅掌楸、华山松、川钓樟、木姜子、白栎	78
	灌木层	黄心夜合、蚌壳花椒、异叶榕、算盘子、乌蔹莓、香叶树、青榨槭、山莓	35
	草本层	绞股蓝、楼梯草、萱、四子马蓝、鸢尾、求米草、大百合、黄金凤	25

（2）空间结构

鹅掌楸群落的空间结构主要是指垂直结构和水平结构两种。垂直结构是鹅掌楸群落在空间中的垂直分化或成层现象。由于鹅掌楸、灰叶稠李、稠李等喜光植物占据林冠上层，随之阳光的减弱，群落中间层的幼树和灌木处于中间层，草本层和小灌木处于林冠最下层，就这样森林的垂直结构分为上、中、下三层；群落之间生态幅度和适应性各有不同、空间变化、同化器官和吸收器官处于地上的不同高度。所以鹅掌楸群落的这种空间上的垂直配置，形成了群落的层次结构或垂直结构。

鹅掌楸群落在水平方向上，由于自然保护区地形起伏、光照的阴暗、湿度的大小等因素的影响，群落在不同地段有不同的分布。例如，在鹅掌楸群落的野外数据调查中，5 个样地中有 4 种不同的分布类型；在红光坝的 KKS－04、KKS－05 样地中鹅掌楸分布比较集中，KKS－05 样地中鹅掌楸树种基本上占乔木树种的 80% 以上，而 KKS－01 却分布较少，导致这种差异主要是水分分布、海拔等造成鹅掌楸群落的水平分布。

（3）鹅掌楸种群结构

种群是构成群落的基本单位（刘方炎，2010），径级结构是反映种群结构稳定性的一个重要指标（张文辉等，2004），研究种群的径级结构能很好地反映群落的动态变化（刘方炎，2010）。通常，用珍稀濒危植物的径级结构来代替其年龄结构分析树种的结构和动态变化特征是一种实用且可行的方法（段仁燕等，2007；杨汉远等，2013）。本书以空间代替时间（贾鹏等，2009）、立木级代替年龄结构，用经典分级方法，根据胸径（D）将鹅掌楸分为 Ⅰ 级（D < 5cm，包括幼苗 D < 5cm，H < 0.5m 和幼树 D < 5cm，H > 0.5m）、Ⅱ 级（5 ≤ D ≤ 10cm）、Ⅲ 级（11cm ≤ D ≤ 20cm）、Ⅳ 级（21cm ≤ D ≤ 30cm）和 Ⅴ 级（31cm ≤ D ≤ 40cm）5 个等级，每一个立木级对应一个年龄级。

从表 3.12 可知，群落中无 Ⅰ 径级（即幼苗幼树）个体分布，这可能时因为鹅掌楸幼苗比较喜光，而其所在群落林分郁闭度较高，林下光照可能不足，导致幼苗幼树生长发育困难，从而制约其种群更新扩繁；Ⅱ 级立木个体较多，占总株数的 29%；与 Ⅱ 级立木相比，Ⅲ 级立木个体有所下降，占总株数的 23%；Ⅳ 级立木个体数最多，占总株数的 31%；Ⅴ 级立木相对较少，占总株数的 17%。

表 3.12　鹅掌楸（*Liriodendron chinense*）在群落各样地中胸径和树高

样地号	胸径（D）	树高（H）	层次	健康状况	样地号	胸径（D）	树高（H）	层次	健康状况
KKS－01	39	17	上层	健康	KKS－05	35.7	21	上层	健康
	29.5	16	上层	健康		35.2	19	上层	健康
	7.6	5.5	中层	断梢		32.2	20	上层	健康
	5.3	2	下层	断梢		29.9	18	上层	健康
	5	1.8	下层	断梢		29.8	19	上层	健康
	34.5	23	上层	健康		28.3	18	上层	健康
KKS－02	33.5	20	上层	健康		27.9	17	上层	健康
	21.5	15	上层	健康		27.3	17	上层	健康
	21.5	16	上层	健康		26.1	16	上层	健康
	19.7	14	上层	健康		25.5	16	上层	健康
	18.5	13	中层	健康		24.3	15	上层	健康
	9.2	10	中层	健康		20.1	16	上层	健康
	8.4	8	下层	健康		19	15	上层	健康
	5	7	下层	健康		16.7	14	上层	健康
	40	21	上层	健康		16	13	上层	健康
	28	20	上层	健康		13.2	15	中层	健康
	27.7	19	上层	健康		11.6	12	中层	健康
KKS－03	25.7	21	上层	健康		11.4	11	上层	健康
	17	14	上层	健康		10.4	10	上层	健康
	11.4	11	上层	健康		10	12	上层	健康
	7.8	10	下层	健康		8.7	10	下层	健康
	6.3	9	中层	健康		8.7	9.3	下层	健康
	5.8	7	下层	健康		8	8.5	中层	健康
KKS－04	37.3	22	上层	健康		7.3	9	下层	健康

通常情况下，群落中林木胸径与树高是成正比例关系（即胸径越粗树的高度也就越高），特殊情况除外，如自然灾害或人为活动频繁时，将导致植株断梢，此时会出现胸径虽在长，但胸径、高度均增长慢。表3.12显示，除KKS-01样地中有3株鹅掌楸因自然灾害引起断梢外，其余所有样地内的鹅掌楸均生长健康。鹅掌楸是高大乔木，高可达40m，胸径达1m，但课题组调查结果表明，最高的鹅掌楸也就26m，最大胸径也就40cm，与其最好状态相差甚远，这也许从某种程度上说明鹅掌楸所在环境光照、营养或其他条件已不能很好的满足其需求，导致垂直生长状况不算乐观。总体来讲，鹅掌楸群落呈略衰退型，个体总数不多，成年个体数量明显多于幼年个体，且生长状况较差。在调查5个鹅掌楸天然林群落样地中，林下基本上没有鹅掌楸幼苗，幼树也很少或根部萌发，主要原因是人为干扰和林下竹林有些地方密度过大造成，加上鹅掌楸种子的结实量本来就小，使得鹅掌楸种子自我萌发更加艰难。由于鹅掌楸种群没有更新层的补给，鹅掌楸群落在一定时间类可能将会被其他物种取代。

（4）重要值分析

重要值是衡量天然林群落的综合指标（潘百明等，2010），它包含了树种的显著度（相对优势度），同时也体现了林下幼苗更新情况（相对密度）和个体的分布相对频度，最重要的是更能客观地反映主要树种在鹅掌楸群落中的地位和作用。由表3.13，可以看出，其重要值最大的是位于红光坝4，5号样地，其值为1.5931，其次是2号煤厂湾样地，其值为0.8743，3号高坪，其值为0.7754，最低为1号大滴水样地，其值为0.5840，但在所处样地中均是最大值，在群落中具有一定得重要地位。在个各样地中重要值仅次于鹅掌楸的分别为：石栎（1号样地，0.4012）、稠李（2号样地，0.4012）、灰叶稠李（3号样地，0.5177）、华山松（4，5号样地，0.2271）。其与所在样地鹅掌楸相差除华山松外其余差距不大，说明了鹅掌楸在4，5号样地中属于优势种，对群落具有一定的控制决定作用；在其他样地中重要值较大的种在群落中相差均不大，在群落中属于共建种群落。

表3.13 鹅掌楸群落各样地乔木树种重要值

样地编号	重要值序	树种名称	相对密度	相对频度	相对显著度	重要值
	1	鹅掌楸 *Liriodendron chinense*	0.22	0.17	0.1999	0.5840
	2	石栎 *Chenopodium urbicum*	0.13	0.17	0.1041	0.4012
	3	棕榈 *Trachycarpus fortune*	0.13	0.17	0.0826	0.3797
	4	漆树 *Toxicodendron*	0.13	0.11	0.1365	0.3781
	5	川黔润楠 *Machilus chuanchienensis*	0.09	0.06	0.2152	0.3577
KKS-1	6	山羊角树 *Carrierea calycina*	0.09	0.06	0.0683	0.2108
	7	沙梨 *Pyrus pyrifolia*	0.04	0.06	0.0578	0.1569
	8	南方红豆杉 *Taxus wallichiana* var. *mairei*	0.04	0.06	0.0463	0.1453
	9	朴树 *Celtis*	0.04	0.06	0.0234	0.1224
	10	杜仲 *Eucommia ulmoides*	0.04	0.06	0.0215	0.1206
	11	川桂 *Cinnamomum wilsonii*	0.04	0.06	0.0178	0.1168
	1	鹅掌楸 *Liriodendron chinense*	0.28	0.24	0.3158	0.8347
	2	稠李 *Padus avium*	0.28	0.24	0.2739	0.7928
	3	枫香 *Liquidambar formosana*	0.06	0.05	0.1149	0.2249
	4	四照花 *Dendrobenthamia japonica* var. *chinensis*	0.06	0.10	0.0294	0.1870
	5	水青冈 *Fagus longipetiolata*	0.06	0.05	0.0618	0.1718
KKS-2	6	山矾 *Symplocos sumuntia*	0.06	0.05	0.0349	0.1450
	7	梾木 *Cornus macrophylla*	0.03	0.05	0.0469	0.1257
	8	杉木 *Cunninghamia lanceolata*	0.03	0.05	0.0393	0.1181
	9	山羊角树 *Carrierea calycina*	0.03	0.05	0.0327	0.1115
	10	响叶杨 *Populus adenopoda*	0.03	0.05	0.0211	0.0999
	11	蓝果树 *Nyssa sinensis*	0.03	0.05	0.0175	0.0962
	12	白栎 *Quercus fabri*	0.03	0.05	0.0120	0.0907

（续）

样地编号	重要值序	树种名称	相对密度	相对频度	相对显著度	重要值
	1	鹅掌楸 *Liriodendron chinense*	0.28	0.17	0.3205	0.7754
	2	灰叶稠李 *Padus grayana*	0.19	0.17	0.1566	0.5177
	3	三峡槭 *Acer wilsonii*	0.06	0.09	0.0634	0.2127
	4	杉木 *Cunninghamia lanceolata*	0.09	0.04	0.0702	0.2074
	5	枫香 *Liquidambar formosana*	0.06	0.09	0.0576	0.2069
	6	美脉花楸 *Sorbus caloneura*	0.13	0.04	0.0274	0.1958
	7	檫木 *Sassafras tzumu*	0.03	0.04	0.0718	0.1464
KKS-3	8	刺楸 *Kalopanax septemlobus*	0.03	0.04	0.0642	0.1389
	9	青钱柳 *Cyclocarya paliurus*	0.03	0.04	0.0329	0.1075
	10	七叶树 *Aesculus chinensis*	0.03	0.04	0.0264	0.1011
	11	白栎 *Quercus fabri*	0.03	0.04	0.0264	0.1011
	12	香果树 *Emmenopterys henryi*	0.03	0.04	0.0227	0.0973
	13	八角枫 *Alangium chinense*	0.03	0.04	0.0227	0.0973
	14	刺果卫矛 *Euonymus acanthocarpus*	0.03	0.04	0.0202	0.0949
	15	南方红豆杉 *Taxus wallichiana* var. *mairei*	0.03	0.04	0.0147	0.0894
	1	鹅掌楸 *Liriodendron chinense*	0.58	0.33	0.6863	1.5931
	2	华山松 *Pinus armandii*	0.07	0.10	0.0612	0.2271
	3	毛叶木姜子 *Litsea mollis*	0.07	0.10	0.0509	0.2168
	4	白栎 *Quercus fabri*	0.07	0.10	0.0488	0.2147
	5	木姜子 *Litsea pungens*	0.07	0.10	0.0435	0.2094
KKS-04-5	6	川钓樟 *Lindera pulcherrima* var. *hemsleyana*	0.02	0.05	0.0250	0.0964
	7	枫香 *Liquidambar formosana*	0.02	0.05	0.0237	0.0951
	8	青榨槭 *Acer davidii*	0.02	0.05	0.0185	0.0898
	9	香叶树 *Lindera communis*	0.02	0.05	0.0185	0.0898
	10	香果树 *Emmenopterys henryi*	0.02	0.05	0.0128	0.0841
	11	南方红豆杉 *Taxus wallichiana* var. *mairei*	0.02	0.05	0.0109	0.0823

　　森林群落物种之间演替的同时，也随环境改变密不可分。所有样地阔叶林类型中，鹅掌楸总体样方重要值最大，但是主要集中分布在两个相邻样地中，再加上鹅掌楸林下没有幼苗的补给，最终会面临濒危。相反灰叶稠李、稠李较多，林下幼苗较多，大、中、小径级均有，所以推测灰叶稠李、稠李极有可能成为群落更新优势种，成为鹅掌楸群落中的终极群落。在竹林灌丛阶段中，因对竹笋进行经营管理，再加上水竹一年出笋量较大，更新换代快，如果不加以保护的话，水竹必定成为该阶层的优势物种。在草丛阶段鸢尾、大百合、楼梯草共同成为草本层的优势种群。由表3.14可知，灌木层变化不大，草本层基本没有变化。有相当多物种存在两个以上阶段的演替，都是在群落中占据优势的物种。由于物种在不同样地中有截然不同演替。在常绿落叶阔叶林阶段、竹林灌丛阶段、草丛阶段千差万别。竹林灌丛阶段草本层中长势很好的草本绝大部分被淘汰掉，分析其原因是喜阳草本在竹林灌木密度很大的环境中得不到从充分养料而慢慢死亡，极少通过适应林下无光环境生存下来，主要有鸢尾、大百合、酢浆草、金竹、青檀、水竹、三峡槭等。竹林灌丛阶段－常绿落叶林阶段时，在水竹还很少时，

有些小乔木逐渐长大成乔木，到达森林中的顶层——演变为乔木层，导致灌木林中喜光植物得不到充足的阳光，从而在演替中得不到绝对优势，虽然喜阳小灌木被淘汰出局，但是还有些喜荫耐阳竹类植物大量繁殖生长（水竹、金竹）和草本植物应运而生（芒、楼梯草、求米草、蕨类等）。然而在常绿落叶林阶暂时占据林冠上层的优势乔木中，由于得不到林下幼苗的更新，当这些大乔木自然衰老死亡其没有相应林下乔木补给情况下，灌木层替而代之。

表 3.14　鹅掌楸群落各演替层片的主要优势种及优势值度

样地	片层	物种数	主要种	优势度（重要值）
KKS – 01	乔木层	12	鹅掌楸 *Liriodendron chinense* 石栎 *Chenopodium urbicum*	0.9852
	灌木层	7	水竹 *Typha angustifolia* 香果树 *Emmenopterys henryi* 构树 *Broussonetia papyrifera*	0.2128
	草本层	7	蕨 *Pteridium aquilinum* var. *latiusculum* 楼梯草 *Elatostema involucratum* 鸢尾 *Iris tectorum*	0.0672
KKS – 02	乔木层	11	鹅掌楸 *Liriodendron chinense* 稠李 *Padus avium*	1.6275
	灌木层	10	金竹 *Phyllostachys aureosulcata* 青檀 *Pteroceltis tatarinowii* 三峡槭 *Acer wilsonii*	0.3057
	草本层	9	鸢尾 *Iris tectorum* 大百合 *Cardiocrinum giganteum* 酢浆草 *Oxalis corniculata*	0.0918
KKS – 03	乔木层	15	鹅掌楸 *Liriodendron chinense* 灰叶稠李 *Padus grayana*	1.2931
	灌木层	5	金竹 *Phyllostachys aureosulcata* 青檀 *Pteroceltis tatarinowii* 三峡槭 *Acer wilsonii*	0.2893
	草本层	8	大百合 *Cardiocrinum giganteum* 鸢尾 *Iris tectorum* 菝葜 *Smilax china*	0.0698
KKS – 04 – 5	乔木层	8	鹅掌楸 *Liriodendron chinense*	1.5931
	灌木层	7	香叶树 *Lindera communis* 青榨槭 *Acer davidii* 异叶榕 *Ficus heteromorpha* 白栎 *Quercus fabri*	0.2659
	草本层	6	鸢尾 *Iris tectorum* 求米草 *Oplismenus undulatifolius* 四子马蓝 *Strobilanthes tetrasperma* 大百合 *Cardiocrinum giganteum* 楼梯草 *Elatostema involucratum*	0.7381

（5）物种多样性指数分析

物种多样性指数在各演替阶段有所差异，一般而言，物种多样性随着群落逐渐向顶级阶段演替而有所增加，进一步达到各物种间和谐共处，有利共存。从表 3.15 可知，调查地 5 个样地可划分为 4 种群落类型，即鹅掌楸 + 石栎（*Liriodendron chinense + Chenopodium urbicum*）、鹅掌楸 + 稠李（*Liriodendron chinense + Padus avium*）、鹅掌楸 + 灰叶稠李（*Liriodendron chinense + Padus grayana*）、鹅掌楸 + 华山松 – 毛叶木姜子（*Liriodendron chinense + Pinus armandii – Litsea mollis*）。各样地物种丰富度指数以样地 KKS – 03 最大，KKS – 02 次之，分别为 2.2440，1.6456，且两样地的群落类型相似，均以鹅掌楸为优势物种，但物种丰富度差异较大，由于鹅掌楸 + 稠李群落林下方竹分布较多，对该群落的物种丰富度影响较大，所以两群落之间物种丰富度存在差异。Shannon-Wiener 指数以 KKS – 03 样地较高，为 2.4195，而 Simpson 多样性指数和 Pielou 均匀度指数各样地差异较小。5 个样地中，KKS – 03 样地物种丰富度指数、Shannon-Wiener 指数、Simpson 指数均呈现最大，但 Pielou 均匀度指数较 KKS – 01 样地小。

表 3.15 鹅掌楸主要群落样地物种多样性指数

样地	群落名称	R 值	D 值	H 值	J
KKS – 01	鹅掌楸 + 石栎林（*Liriodendron chinense-Chenopodium urbicum*）	1.6456	0.8812	2.2486	0.9377
KKS – 02	鹅掌楸 + 稠李林（*Liriodendron chinense + Padus avium*）	1.7952	0.8297	2.0977	0.8442
KKS – 03	鹅掌楸 + 灰叶稠李林（*Liriodendron chinense + Padus grayana*）	2.2440	0.8798	2.4195	0.8935
KKS – 04	鹅掌楸 + 华山松 – 毛叶木姜子林（*Liriodendron chinense + Pinus armandii – Litsea mollis*）	1.6456	0.6914	1.7250	0.7194
KKS – 05	鹅掌楸 + 华山松 – 毛叶木姜子林（*Liriodendron chinense + Pinus armandii + Litsea mollis*）	1.6456	0.6914	1.7250	0.7194

2.4 福建柏群落特征及演替趋势分析

福建柏（*Fokienia hodginsii*）属柏科（Cupressaceae）福建柏属（*Fokienia*）常绿大乔木，国家第一批颁布的 II 级重点保护野生植物，我国特有的单种属植物。其树干通直圆满、节少，木材纹理细致、坚实耐用，是建筑、装饰、雕刻的优良用材（中国科学院中国植物志编辑委员会，1978；林业部等，1999）。同时福建柏生长快、抗风及涵养水源能力强，亦是良好的抗风、水土保持及造林树种。近年来，因恶劣自然环境和过度利用，野生福建柏分布范围日趋狭窄，大树更是稀少，已经成为渐危树种（李肇锋等，2015；黄晓东，2014；陈克铭，2015；高兆蔚，1994）。本研究拟通过对宽阔水保护区的福建柏进行调查研究，了解福建柏在宽阔水保护区的群落特征、分析其群落演替趋势，为宽阔水保护区对福建柏的保育管理提供一定的科学依据。

在福建柏资源分布方面，林峰（侯伯鑫等，2005）等人对福建柏资源分布进行了研究，得出了福建柏种质资源在全国的垂直分布和水平分布特点及福建柏主要群落类型。在福建柏混交林方面，林欣海（林欣海，2015）进行了福建柏米老排混交林生长力与生态效能的研究，得出了福建柏与米老排混交后，林分生产力、培肥地力、涵养水源能力、防火抗火效能等得到增强，同时指出因为混交林林分结构、种间关系的变化，会出现两个树种间的不良竞争，导致林分的生长受到影响。因此，要依据混交林分各树种的发育规律、林分郁闭度和种间关系，适时抚育间伐，不断提高种间关系。吕福如（吕福，2002）进行了马尾松低产林套种福建柏的效用的研究，得出了马尾松低产林套种福建柏形成的混交林种间关系协调，林分结构稳定，林分产量和质量得到提高，可在适宜区推广应用。在福建柏生长特性方面叶忠华（叶忠华，2015）进行了修枝、施肥处理影响福建柏木材材性的研究，得出了不同修剪强度和施肥强度对福建柏木材物理性质和力学性质的影响。刘华东（刘华东，2013）做了影响福建柏生长的环境因子分析的研究。指出了福建柏造林应该选择立地类型好的造林地，施肥以 N、P 为主。同时提倡营造福建柏与阔叶树种的混交林，以此提高林地的腐殖质含量。造林后第一年应种植绿肥以提高土壤肥力和保水保肥能力。在福建柏群落特征研究方面。吴协保(吴协保等，2013)等人以广西千家洞自然保护区为研究区域，采用5个物种多样性指数(①物种的丰富度：Margalef指数；②Simpson多样性指数；③Shannon—Wiener多样性指数；④均匀度指数；⑤群落总体多样性测度)，对福建柏群落进行了物种多样性测定，系统地分析了群落的种类组成、结构、外貌、演替等，得出了群落内不同层次的物种多样特征，据此推出了群落的演替规律。李茂(李茂等，2015)等人以贵州省习水自然保护区为研究区域，分析了习水自然保护区内的福建柏群落的物种组成、外貌特征和结构特征，定量测了乔木层主要树种的群落特征指标，得出了福建柏在群落中处于优势种，但因缺乏更新层，在自然群落中，属于一个衰退种。袁建国(袁建国等，2005)等人以浙江省凤阳山自然保护区为研究区域，进行了凤阳山自然保护区福建柏群落的初步探究，采用了相邻隔子样方法取样数据，应用"空间序列代替时间变化"、方差/均值比的t检验法、负二项参数、扩散型指数、平均拥挤指数和聚块性指数等方法作了分析，并分立木级对福建柏种群在不同样地内的集群强度进行了测定。另外，还有侯伯鑫(侯伯鑫等，2004)等人对福建柏天然群落类型研究等一系列相关的研究。

在福建柏种质资源分布、福建柏混交林、福建柏生长特性、福建柏群落特征等方面都已有学者进行了研究，且已取得了较多成果。在福建柏群落特征方面虽已有学者在多个地区开展了研究，但是覆盖区域还不全，研究方法比较分散。因此，综合前者的研究选取最佳研究方法，对未进行研究的区域开展福建柏群落特征的研究仍是有必要的。本研究以宽阔水国家级自然保护区为研究区域，开展福建柏群落特征及其演替趋势分析的研究，以期为保护区保护和管理福建柏提供参考。

2.4.1 研究方法

研究方法参考本节2.1.1。

2.4.2 结果分析

(1)群落组成分析

本次调查福建柏群落物种组成共有100种，隶属55科84属(表3.16)。物种种类最多的是03号样地，共36科45属53种；最少的是05号样地，共18科18属18种。整个福建柏群落，物种种类最多的是五加科(4属5种)和樟科(4属5种)，其次为蔷薇科(4属4种)。乔木层物种数出现最多的科是樟科，包括川钓樟(*Lindera pulcherrima* var. *hemsleyana*)、岩樟(*Cinnamomum saxatile*)及香叶树(*Lindera communis*)等；其次是五加科和胡桃科，包括穗序鹅掌柴(*Schefflera delavayi*)、化香(*Platycarya strobilacea*)及黄杞(*Engelhardtia roxburghiana*)等。灌木层物种数出现最多的科是忍冬科和蔷薇科，包括巴东荚蒾(*Viburnum henryi*)、三叶荚蒾(*Viburnum ternatum*)、球核荚蒾(*Viburnum propinquum*)、火棘(*Viburnum propinquum*)、宜昌悬钩子(*Rubus ichangensis*)、崖樱桃(*Cerasus scopulorum*)及山莓(*Rubus corchorifolius*)等；其次是禾本科，忍冬科以及山矾科，包括箭竹(*Fargesia spathacea*)、狭叶方竹(*Chimonobambusa angustifolia*)、苦竹(*Pleioblastus amarus*)、金佛山荚蒾(*Viburnum chinshanense*)、女贞叶忍冬(*Lonicera ligustrina*)、老鼠矢(*Symplocos stellaris*)、山矾(*Symplocos caudate*)及腺柄山矾(*Symplocos denopus*)等。草本层以兰科(Orchidaceae)和莎草科(Cyperaceae)居多。

根据建群种、优势种重要值，结合群落组成、外貌特征等，可将所调查福建柏群落划分为4个类型。福建柏+杉木群落，福建柏+山羊角树群落，福建柏+马尾松群落，福建柏+黄心夜合群落。

表3.16　福建柏群落物种组成

植物类群		科数	属数	种数
蕨类植物		3	4	4
裸子植物		6	8	8
被子植物	单子叶植物	6	10	13
	双子叶植物	40	62	75
合计		55	84	100

（2）群落结构分析

群落分层明显，可划分为三层：乔木层、灌木层、草本层。杉木、马尾松等喜光树种占据林冠上层，随着阳光的减弱，群落中间层的幼树和灌木处于中间层，草本和小灌木处于林冠最下层。各层次具体情况如下：

a. 乔木层

重要值作为一个综合指标，包含了相对密度、相对频度和相对优势度。能够客观的反应主要树种在群落中的地位和作用，同时亦能体现林下幼苗更新情况（相对密度）和个体在样地中出现次数（相对频度）。由表 3.17 可知福建柏在所处样地中，重要值在 02 号样地和 05 号样地中均位列第一；在 04 号样地中位列第四；在 01 和 03 号样地中均位列第二。说明福建柏在 02 号样地和 05 号样地中属于优势种，对群落具有一定的控制和决定作用。其他样地中，福建柏与样地中重要值较大种均相差不大，属于共建种群落。

表 3.17　福建柏群落乔木层树种重要值

植物	样地号				
	01	02	03	04	05
板栗 Castanea mollissima			0.0501		
川钓樟 Lindera pulcherrima var. hemsleyana			0.0283		
楤木 Aralia chinensis var. dasyphylloides		0.0264			
杜英 Elaeocarpus decipiens			0.0251		
云贵鹅耳枥 Carpinus pubesens		0.0266			
福建柏 Fokienia hodginsii	0.1325	0.2075	0.1577	0.1454	0.3385
光皮桦 Betula luminifera			0.0276		
化香 Platycarya strobilacea			0.0743	0.1858	
桦木 Betula pendula		0.0535			
黄杞 Engelhardtia roxburghiana	0.0350			0.0302	
马尾松 Pinus massoniana	0.0835		0.0508	0.1876	
绵槠石栎 Lithocarpus henryi		0.0599		0.0280	
山矾 Symplocos caudata		0.1022		0.1622	
山羊角树 Carrierea calycina		0.1470			
杉木 Cunninghamia lanceolata	0.6365	0.0869	0.2132		
珊瑚冬青 Ilex corallina			0.0461		
丝栗栲 Castanopsis fargesii		0.0950	0.0749		
四川大头茶 Gordonia acuminata	0.0422		0.0513	0.0645	
穗序鹅掌柴 Schefflera delavayi		0.0577	0.0537	0.0836	
香叶树 Lindera communis			0.0687		
岩樟 Cinnamomum saxatile			0.0549		
杨梅 Myrica rubra		0.0373			
野鸦椿 Euscaphis japonica		0.0262			
崖樱桃 Cerasus scopulorum	0.0353				
长蕊杜鹃 Rhododendron stamineum	0.0351	0.0740		0.0260	

（续）

植物	样地号				
	01	02	03	04	05
青榨槭 *Acer davidii*			0.0234		
灯台树 *Cornus controversa*				0.0339	
山杨 *Populus davidiana*				0.0266	
异叶梁王茶 *Nothopanax davidii*				0.0260	
黄心夜合 *Michelia martinii*					0.2761
红豆杉 *Taxus chinensis*					0.2740
百日青 *Podocarpus neriifolius*					0.0582
三尖杉 *Cephalotaxus fortunei*					0.0532

　　b. 灌木层

　　灌木层树种种类组成丰富，既包括灌木种类立木，又包括乔木层幼树。主要以箭竹、狭叶方竹、杜鹃、穗序鹅掌柴、黄杞等为主要组成树种。表 3.18 列出了群落灌木层重要值排在前三位的优势种，福建柏不在前三位之列，福建柏不属于灌木层优势种。由调查统计结果知，灌木层种包括福建柏幼树 12 株，幼苗 10 株，健康状况均为健康。福建柏幼苗主要集中在 05 号样地中。在 01 号样地、03 号样地和 05 号样地中，仅有幼树分布无幼苗分布(图 3.4)。

表 3.18　福建柏群落灌木层优势种重要值

样地编号	重要值序	树种名称	相对密度	相对盖度	相对频度	重要值
	1	箭竹 *Fargesia spathacea*	0.2441	0.2250	0.1176	0.1956
01	2	杜鹃 *Rhododendron simsii*	0.1732	0.2039	0.1373	0.1714
	3	长蕊杜鹃 *Rhododendron stamineum*	0.1024	0.0668	0.0588	0.0760
	1	穗序鹅掌柴 *Schefflera delavayi*	0.0625	0.1661	0.0794	0.1026
02	2	地黄连 *Munronia sinica*	0.1875	0.0725	0.0159	0.0920
	3	长蕊杜鹃 *Rhododendron stamineum*	0.0813	0.1126	0.0794	0.0911
	1	云贵鹅耳枥 *Carpinus pubescens*	0.0943	0.1102	0.0656	0.0900
03	2	细齿叶柃 *Eurya nitida*	0.0991	0.0960	0.0656	0.0869
	3	香叶树 *Lindera communis*	0.0755	0.0946	0.0820	0.0840
	1	黄杞 *Engelhardtia roxburghiana*	0.1191	0.1057	0.1356	0.1201
04	2	火棘 *Pyracantha fortuneana*	0.1106	0.1565	0.0847	0.1173
	3	杜鹃 *Rhododendron simsii* Planch	0.1277	0.0947	0.0847	0.1024
	1	狭叶方竹 *Chimonobambusa angustifolia*	0.4710	0.4414	0.1299	0.3474
05	2	菝葜 *Smilax china*	0.0811	0.2461	0.1169	0.1480
	3	巴东荚蒾 *Viburnum henryi*	0.0927	0.0936	0.1299	0.1054

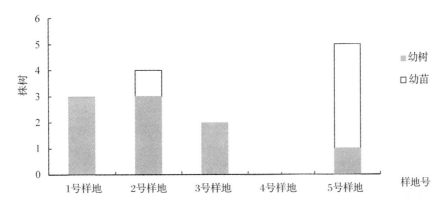

图 3.4　福建柏灌木层幼树幼苗情况

c. 草本层

草本层物种组成种类丰富，主要由麦冬、苔草、鸢尾、蕨类等组成，主要组成种见表 3.19。草本层高度范围为 0.05 ~ 0.88m，层优势种为里白（IV = 0.5477）、鸢尾（IV = 0.4332）、蕙兰（IV = 0.3373）、铁芒萁（IV = 0.6590）、楼梯草（IV = 0.3202）。

表 3.19　福建柏群落草本层主要种

样地号	主要种
01	麦冬（*Ophiopogon japonicus*）、十字苔草（*Carex cruciata Wahlenb*）、铁芒萁（*Dicranopteris linearis*）、五节芒（*Miscanthus floridulus*）
02	里白（*Hicriopteris glauca*）、沿阶草（*Ophiopogon bodinieri*）、鸢尾（*Iris tectorum*）
03	钩距虾脊兰（*Calanthe graciliflora Hayata* var. *graciliflora*）、吉祥草（*Reineckia carnea*）、落地梅（*Lysimachia paridiformis*）、浅圆齿堇菜（*Viola schneideri*）、十字苔草（*Carex cruciata*）、丝叶苔草（*Carex capilliformis*）
04	蕙兰（*Cymbidium faberi*）、浅圆齿堇菜（*Viola schneideri*）、茜草（*Rubia cordifolia Linn*）、舌唇兰（*Platanthera japonica*）
05	贯众（*Dryopteris setosa*）、乌蕨（*Stenoloma chusanum*）、楼梯草（*Elatostema umbellatum* var. *maius*）、鸢尾（*Iris tectorum*）

（3）物种多样性指数分析

通过计算，得到了 5 个福建柏群落典型样地不同生活型植物的 4 种多样性指数（表 3.20）。可以看出福建柏群落的各物种多样性指数较高，各样地间的多样性指数变幅不大；从整体上看，群落物种多样性指数变化表现出相同的趋势。但是各个样地之间，因为群落类型、生境因素、人为活动等，多样性指数表现出差异性。物种多样性指数在群落演替的各个阶段表现出差异性，一般规律，随着群落逐渐向顶级阶段演替，物种多样性也随之增加，从多样性指数能反映群落的状况。如 05 号样地，所处海拔较高，达到 1228m，土壤贫瘠，加之人为活动干扰。其各种多样性指数较其他几个样地低。这也从侧面说明，生境条件优越，人为干扰轻，则多样性指数就越高，这可能是一条规律。

分层次看，不同层次物种的各种多样性指数大小表现为灌木层 > 乔木层 > 草本层。这主要是由于乔木层中福建柏、杉木等占优势，乔木层树种组成种类相对较少，且乔木层优势种福建柏、杉木等个体分布较集中，而其他种类乔木个体分布较分散，因此乔木层物种多样性较低。灌木层物种组成种类较多，既包含灌木种类，又包含乔木幼树，且各种类个体分布较均匀。因此灌木层物种多样性指数较高。草本层个体分布不均匀，且乔木层、灌木层植物茂盛，郁闭度，盖度大，到达地面光照减弱，草本层光照不足。加之林内枯枝落叶层厚度大，导致草本层植物稀疏。

表3.20 福建柏群落物种多样性指数

样地	层次	R 值	D 值	H 值	J 值
Kks—01	乔木层	1.1683	0.5649	1.2492	0.6419
	灌木层	4.8795	0.8985	2.5496	0.8821
	草本层	1.7372	0.5024	0.9158	0.6606
Kks—02	乔木层	2.1698	0.8896	2.3699	0.9240
	灌木层	8.1326	0.9430	3.0847	0.9069
	草本层	1.3029	0.5977	1.0020	0.9121
Kks—03	乔木层	2.5036	0.8953	2.4840	0.9173
	灌木层	10.0301	0.9578	3.3921	0.9394
	草本层	4.3429	0.7734	1.9040	0.8269
Kks—04	乔木层	2.0028	0.8667	2.1935	0.8827
	灌木层	5.9639	0.9257	2.7843	0.9008
	草本层	2.6058	0.7423	1.5110	0.8433
Kks—05	乔木层	0.8345	0.7279	1.3984	0.8689
	灌木层	2.9819	0.8189	2.0094	0.8380
	草本层	2.1715	0.7531	1.4837	0.9219

(4)福建柏种群径级结构与更新分析

以空间代替时间,径级结构代替年龄结构,分析福建柏群落演替规律。采用经典分级方法(贾鹏等,2009),根据胸径(D)将福建柏划分为5个立木级。Ⅰ级:$D<5cm$,包括 $D<5cm$,$H<0.5m$ 的幼苗和 $D<5cm$,$H\geqslant0.5m$ 的幼树;Ⅱ级:$5cm\leqslant D\leqslant10cm$;Ⅲ级:$11cm\leqslant D\leqslant20cm$;Ⅳ级:$21cm\leqslant D\leqslant30cm$;Ⅴ级:$31cm\leqslant D\leqslant40cm$,每个立木级对应一个年龄级。

由图3.5可知,Ⅰ级、Ⅱ级立木个体较多,分别占总株数的40.7%和33.3%。其中Ⅰ级立木级中幼苗占45.5%,幼树占54.5%。Ⅲ级和Ⅳ级立木个体分别占总株数的22.2%和3.7%,无Ⅴ级立木个体。

除自然灾害和人为干扰外,正常情况下,群落中林木个体胸径与树高呈正比例关系(即胸径越粗树的高度越高)。在所调查的5个福建柏群落典型样地中,福建柏生长状况均为健康。福建柏是大乔木,高可达17m。在此次的调查中,记录的福建柏最高达16m。因此,从整体上看福建柏种群呈增长型。

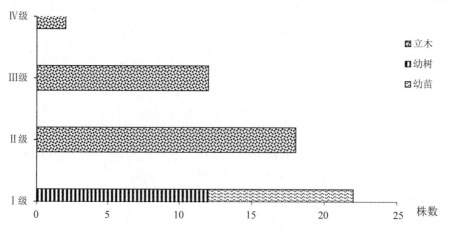

图3.5 福建柏种群径级结构图

(5)群落演替的现状和发展趋势

演替顶级亦称顶级群落，是指演替最终的成熟群落。顶级群落的种类，在彼此间发展建立起来的空间环境中，相互配合，在群内繁殖，排除可能成为优势的新的种类在群落内定居（Bachem CWB，1996）。从群落结构上可以看出，目前该福建柏群落已经趋于稳定，属于亚顶级群落。

福建柏种子的传播，主要依靠其种子上的膜质翅膀，遇风飞翔传播最远能够达到50m，在林冠下具有一定的更新能力，由样地中福建柏幼树幼苗的散生状态可以证明。无论是处于幼树阶段的福建柏，还是进入上层林冠阶段的福建柏，都存在着一定程度的种间竞争。因此，群落中福建柏幼树会伴随着林龄的增大，而株数减少到群落资源空间容许的范围为止，然后开始稳定。福建柏大树根系发达、喜光、对环境适应能力强，在海拔较高、土层浅薄的山脊坡地上也能形成以福建柏占优势的林分。分布在保护区内立地条件较好的缓坡地段的福建柏林，阔叶树生长状态良好、林分郁闭度大，可以说当前该福建柏群落属于亚顶级群落，林冠下具备一定数量的幼树，各径级立木个体均有，且结构稳定。另外，在立地条件相对较差的地段，其林下也具备一定数量的幼树，这类林分也具有一定的稳定性。

2.5 白辛树群落物种组成及种群结构分析

白辛树（*Pterostyrax psilophywus*）为安息香科（Styracaceae）白辛树属（*Pterostyrax*）落叶大乔木，树干端直，树形美观，花序大，具芳香，叶浓绿光亮，适用于观赏及园林绿化。首次发现于我国山西省平利县千家坪林场（安永平等，2010），为我国特有濒危种，被列为我国三级重要保护植物。主要分布于四川、湖北、湖南、广西、贵州及云南等省，日本亦分布。喜生于气候温凉、湿润的山沟及山坡密林中；其木材纹理直、结构细、且均匀，可供家具、游艇、电热绝缘材料、绘图板、木尺、机模等用（狄维忠等，1989）。

目前，国内对于野生白辛树的相关研究较少，多集中在陕西省（秦岭林区速生树种及适生立地条件课题组，1989；陈焦成，1993；陈进成等，2014），湖南有过报道（蔡长顺，2002）、研究内容主要在人工苗木繁育、造林技术和生长情况等方面。且涉及白辛树群落结构调查的，仅陕西秦岭林区速生树种及适生立地条件课题组在1989年做过研究，此外，未见其他研究报道。

可见，当前对于野生白辛树群落物种组成及白辛树种群结构的研究较为薄弱。因此，本书选取宽阔水国家级自然保护区白辛树群落进行调查，拟通过分析野生白辛树群落中的物种组成及白辛树种群结构特征，了解野生白辛树种群的天然更新情况，为保护区内白辛树群落及种群保护提供一定的理论依据。

2.5.1 研究方法

(1)样地设置与调查方法

春初在研究区选取白辛树分布地段，设置面积为20m×20m的调查样地，记录每个样地的基本概况见表3.21。在样地内分别设置4个10m×10m乔木小样方，10个2m×2m灌木小样方，10个1m×1m草本小样方，共计乔木小样方48个，灌木小样方120个，草本小样方120个。乔木层进行每木调查[记录树种、胸径、树高、盖度、冠幅、健康状况，起测径阶为（D≥5cm）]；灌木层进行每木调查（记录树种、地径、株树、盖度）；草本层（包括蕨类植物）记录其物种、平均高度、盖度、株丛数。

表 3.21 样地概况表

样地号	代表性群落类型	地点	海拔(m)	坡度(°)	坡向
KKS－01	白辛树（*Pterostyrax psilophywus*）、亮叶水青冈（*Fagus lucida*）	珙桐沟附近	1605	35	西南
KKS－02	白辛树（*Pterostyrax psilophywus*）、亮叶水青冈（*Fagus lucida*）	宽阔水中心管理站往水库途中	1435	15	西南

（续）

样地号	代表性群落类型	地点	海拔(m)	坡度(°)	坡向
KKS – 03	白辛树(*Pterostyrax psilophywus*)、灯台树(*Cornus controversa*)	太阳山	1601	30	东
KKS – 04	白辛树(*Pterostyrax psilophywus*)、中华槭(*Acer sinense*)	烟灯丫口	1699	0	全向
KKS – 05	白辛树(*Pterostyrax psilophywus*)、亮叶水青冈(*Fagus lucida*)	烟灯丫口向左80m处	1712	25	北
KKS – 06	白辛树(*Pterostyrax psilophywus*)、亮叶水青冈(*Fagus lucida*)	太阳山背面	1671	30	南
KKS – 07	白辛树(*Pterostyrax psilophywus*)、亮叶水青冈(*Fagus lucida*)	珙桐沟附近	1647	20	东
KKS – 08	白辛树(*Pterostyrax psilophywus*)	珙桐沟附近	1604	30	东南
KKS – 09	白辛树(*Pterostyrax psilophywus*)	珙桐沟附近	1607	28	东南
KKS – 10	白辛树(*Pterostyrax psilophywus*)	珙桐沟附近	1590	15	西
KKS – 11	白辛树(*Pterostyrax psilophywus*)	珙桐沟附近	1623	15	东北
KKS – 12	白辛树(*Pterostyrax psilophywus*)	珙桐沟附近	1633	15	东北

（2）重要值统计、物种多样性分析

研究方法参考本节2.1.1。

（3）白辛树种群结构分析

种群是构成群落的基本单位（刘方炎等，2010），径级结构是反映种群结构稳定性的一个重要指标（张文辉等，2004），研究种群的径级结构能很好地反映群落的动态变化（刘方炎等，2010）。一般情况下，用珍稀濒危植物的径级结构来代替其年龄结构分析树中的结构和动态变化特征是一种科学实用且可行的方法（段仁燕等，2007；杨汉远等，2013）。本研究主要以空间代替时间（贾鹏等，2009）、立木径级代替年龄结构，采用经典分级的方法进行分级统计。

2.5.2 研究结果

（1）白辛树群落物种组成特征

通过调查（调查总面积为乔木层4800m²、灌木层480m²、草本层120m²），共计维管植物42科71属84种（表3.22）。其中蕨类植物1科1属1种，种子植物41科70属83种；无裸子植物，被子植物41科70属84种；单子叶植物4科5属7种，双子叶植物37科65属77种。

乔木层共有23种，占所有物种的27.05%。壳斗科（Fagaceae）最多，主要建群种有亮叶水青冈（*Fagus longipetiolata*）、青冈栎（*Cyclobalanopsis glauca*）、硬斗石栎（*Lithocarpus hancei*）、石栎（*L. glaber*）、窄叶石栎（*Lithocarpus confinis*）等5种。

灌木层共有39种，占全部物种的45.88%，在调查的12个样地中，有11个出现金佛山方竹（*Chimonobambusa quadrangularis*），数目最为庞大，盖度、密度、高度等均占有绝对优势。薄叶鼠李（*Rhamnus leptophylla*）、柔毛绣球（*Hydrangea villosa*）、青冈栎（*Cyclobalanopsis glauca*）、青荚叶（*Helwingia japonica*）、亮叶水青冈（*Fagus lucida*）、川鄂连蕊茶（*Camellia rosthorniana.*）、梾木（*Cornus macrophylla*）、多脉青冈栎（*Quercus hypargyrea*）、中华槭（*Acer sinense*）、灯台树（*Cornus controversa*）、胡颓子（*Elaeagnus pungens*）、蕊帽忍冬（*Lonicera pileata*）、山鸡椒（*Litsea cubeba*）、中国旌节花（*Stachyurus chinensis*）、南方荚蒾（*Viburnum fordiae*）、圆果化香（*Platycarya longipes*）、楤木（*Aralia chinensis*）少有。

草本层物种共有37种，占全部的43.52%。以血水草（*Eomecon chionantha*）居多，鲜见蕨（*Pteridi-*

um aquilinum var. latiusculum)、冷水花(Pilea notate)，大蓟(Cirsium setosum)等。

从各科属所含的物种数进行分析，可以发现在宽阔水保护区白辛树群落中，含 7 个种的科只有 2 科，占全部科数的 4.76%，分别蔷薇科(5 属，7 种)和壳斗科(3 属，7 种)；而含 1 种的科则有 24 科，占全部科数的 57.14%，单科单种较多。对各属所含种数进行分析，含 3 种的属只有 2 属，占全部属数的 2.81%，而含 1 种的属则有 43 属，占全部属的 60.56%。所有样地群落物种多样性进行比较可以直观地从表 3.22 看出：白辛树群落的物种组成总体较为单一。

表 3.22　白辛树群落物种组成

科数	属数	种数	科数	属数	种数
1 蔷薇科(Rosaceae)	5	7	22 鼠李科(Rhamnaceae)	1	1
2 壳斗科(Fagaceae)	3	7	23 石竹科(Caryophyllaceae)	1	1
3 樟科(Lauraceae)	5	5	24 三白草科(Saururaceae)	1	1
4 忍冬科(Caprifoliaceae)	3	5	25 秋海棠科(Begoniaceae)	1	1
5 山茶科(Theaceae)	3	4	26 茜草科(Rubiaceae)	1	1
6 荨麻科(Urticaceae)	3	3	27 木兰科(Magnoliaceae)	1	1
7 山茱萸科(Cornaceae)	3	3	28 猕猴桃科(Actinidiaceae)	1	1
8 菊科(Compositae)	3	3	29 毛茛科(Ranunculaceae)	1	1
9 虎耳草科(Saxifragaceae)	3	3	30 鳞毛蕨科(Dryopteridaceae)	1	1
10 罂粟科(Papaveraceae)	2	2	31 蓝果树科(Nyssaceae)	1	1
11 小檗科(Berberidaceae)	2	2	32 苦苣苔科(Gesneriaceae)	1	1
12 五加科(Araliaceae)	2	2	33 旌节花科(Stachyuraceae)	1	1
13 天南星科(Araceae)	2	2	34 堇菜科(Violaceae)	1	1
14 伞形科(Umbelliferae)	2	2	35 桦木科(Betulaceae)	1	1
15 蓼科(Polygonaceae)	2	2	36 胡颓子科(Elaeagnaceae)	1	1
16 唇形科(Labiatae)	2	2	37 胡桃科(Juglandaceae)	1	1
17 莎草科(Cyperaceae)	1	3	38 禾本科(Gramineae)	1	1
18 槭树科(Aceraceae)	1	3	39 凤仙花科(Balsaminaceae)	1	1
19 安息香科(Styracaceae)	1	1	40 杜英科(Elaeocarpaceae)	1	1
20 鸢尾科(Iridaceae)	1	1	41 杜鹃花科(Ericaceae)	1	1
21 水青树科(Tetracentraceae)	1	1	42 酢浆草科(Oxalidaceae)	1	1
			总计	71	84

(2)白辛树群落乔木层优势种重要值特征

从表 3.23 可知，白辛树在整个调查样地中占据重要位置，优势明显，其重要值序在 12 个样地中，7 个排第一；3 个排第二；2 排第三。样地 12 中达到 2.2762。样地 3 最小，仅 0.5100，样地 KKS-04、KKS-05、KKS-08、KKS-10 和 KKS-11 在 1.3 左右，比较接近，同样的样地 KKS-01、KKS-02、KKS-03、KKS-06、KKS-09 均在 0.7 左右，也比较接近。此外，壳斗科的亮叶水青冈、青冈栎等在群落中也占据优势，为主要建群种，其中亮叶水青冈在 3 个样地中排第一，2 个样地中排第二；1 个样地中排第三；青冈栎在 6 个样地中均排第二。

表 3.23　白辛树群落乔木层优势种重要值

样地号	排序	树种	重要值
KKS – 01	1	白辛树(*Pterostyrax psilophywus*)	0.92
	2	亮叶水青冈(*Fagus lucida*)	0.62
	3	水青冈(*Fagus longipetiolata*)	0.61
KKS – 02	1	灯台树(*Cornus controversa*)	0.80
	2	白辛树(*Pterostyrax psilophywus*)	0.67
	3	梾木(*Swida macrophylla*)	0.52
KKS – 03	1	灯台树(*Cornus controversa*)	1.01
	2	亮叶水青冈(*Fagus lucida*)	0.61
	3	白辛树(*Pterostyrax psilophywus*)	0.51
KKS – 04	1	白辛树(*Pterostyrax psilophywus*)	1.09
	2	青冈栎(*Cyclobalanopsis glauca*)	0.70
	3	亮叶水青冈(*Fagus lucida*)	0.64
KKS – 05	1	白辛树(*Pterostyrax psilophywus*)	1.35
	2	中华槭(*Acer sinense*)	1.11
	3	窄叶石栎(*Lithocarpus confinis*)	0.53
KKS – 06	1	亮叶水青冈(*Fagus lucida*)	0.55
	2	白辛树(*Pterostyrax psilophywus*)	0.52
	3	光皮桦(*Betula luminifera*)	0.45
KKS – 07	1	亮叶水青冈(*Fagus lucida*)	0.98
	2	青冈栎(*Cyclobalanopsis glauca*)	0.72
	3	白辛树(*Pterostyrax psilophywus*)	0.57
KKS – 08	1	白辛树(*Pterostyrax psilophywus*)	1.42
	2	青冈栎(*Cyclobalanopsis glauca*)	0.96
	3	灰叶稠李(*Padus grayana*)	0.29
KKS – 09	1	亮叶水青冈(*Fagus lucida*)	1.48
	2	白辛树(*Pterostyrax psilophywus*)	0.68
	3	青冈栎(*Cyclobalanopsis glauca*)	0.29
KKS – 10	1	白辛树(*Pterostyrax psilophywus*)	1.57
	2	青冈栎(*Cyclobalanopsis glauca*)	1.05
	3	光皮桦(*Betula luminifera*)	0.19
KKS – 11	1	白辛树(*Pterostyrax psilophywus*)	1.29
	2	青冈栎(*Cyclobalanopsis glauca*)	0.91
	3	长柄槭(*Acer longipes*)	0.29
KKS – 12	1	白辛树(*Pterostyrax psilophywus*)	2.28
	2	青冈栎(*Cyclobalanopsis glauca*)	0.21
	3	灯台树(*Cornus controversa*)	0.17

（3）白辛树各层片物种多样性特征

从表3.24可知，在所调查的12个样地中，样地KKS-02的物种最多，样地KKS-03次之，分别为18.59，11.86，该两个样地的群落类型、地貌相似，林下没有金佛山方竹的分布。Shannon-wiener指数以样地KKS-02的为最大，为9.51；而Simpson多样性指数同样以样地KKS-02为最大，为2.71；Pielou均匀度指数以样地KKS-03的为最大，为3.64。相反在样地KKS-05中，Gleason丰富度，Simpson多样性指数，Shannon-wiener指数均为最小。分别为0.77、0.63、1.03。Pielou均匀度指数以样地KKS-04的为最小，仅为0.87。总体趋势上：物种丰富度R值，草本层＞灌木层＞乔木层；多样性指数D值，乔木层＞草本层＞灌木层；多样性指数H值，乔木层＞草本层＞灌木层，均匀度指数J值，乔木层＞草本层＞灌木层。白辛树群落物种多样性并不丰富。物种除了样地KKS-02、KKS-03以外，其余样地偏少。

表3.24　白辛树群落样地物种多样性指数

样地号	层片	R值	D值	H值	J值	样地号	层片	R值	D值	H值	J值
	乔木层	1.17	0.80	1.74	0.90		乔木层	1.00	0.78	1.62	0.90
KKS-01	灌木层	1.08	0.31	0.65	0.47	KKS-07	灌木层	0.81	0.15	0.34	0.31
	草本层	0.43	0.00	0.00	0.00		草本层	1.74	0.71	1.96	1.41
	乔木层	1.34	0.85	1.96	0.94		乔木层	0.83	0.69	1.35	0.84
KKS-02	灌木层	5.96	0.92	2.80	0.90	KKS-08	灌木层	1.36	0.42	0.89	0.55
	草本层	11.29	0.94	4.75	1.46		草本层	1.30	0.51	0.82	0.74
	乔木层	1.17	0.83	1.84	0.95		乔木层	1.00	0.76	1.57	0.87
KKS-03	灌木层	4.61	0.93	2.72	0.96	KKS-09	灌木层	1.90	0.51	1.10	0.57
	草本层	6.08	0.89	4.57	1.73		草本层	2.17	0.67	1.23	0.76
	乔木层	1.00	0.75	1.55	0.87		乔木层	0.67	0.63	1.14	0.82
KKS-04	灌木层	0.27	0.00	0.00	0.00	KKS-10	灌木层	1.90	0.41	0.95	0.49
	草本层	0.43	0.00	0.00	0.00		草本层	1.30	0.63	0.36	0.32
	乔木层	0.50	0.63	1.03	0.94		乔木层	0.83	0.72	1.41	0.88
KKS-05	灌木层	0.27	0.00	0.00	0.00	KKS-11	灌木层	1.08	-0.35	0.26	0.19
	草本层	-	-	-	-		草本层	2.17	0.76	1.50	0.93
	乔木层	1.34	0.86	2.03	0.97		乔木层	0.83	0.41	0.88	0.55
KKS-06	灌木层	1.36	0.40	0.84	0.52	KKS-12	灌木层	1.36	0.29	0.67	0.42
	草本层	2.61	0.78	1.64	0.91		草本层	1.30	0.64	1.06	0.96

（4）白辛树种群更新特征及种群生长趋势

根据胸径 D 将白辛树分为Ⅰ级（ $D < 5cm$ ，包括幼苗 $D < 5cm$ ， $H < 0.5m$ ，和幼树 $D < 5cm$ ， $H > 0.5m$ ）、Ⅱ级（ $5 \leqslant cm < 10cm$ ）、Ⅲ级（ $10cm \leqslant D < 20cm$ ）、Ⅳ级（ $20cm \leqslant D < 30cm$ ）和Ⅴ级（ $30cm \leqslant D$ ）五个等级，每一个立木级对应一个年龄级。在调查的12个白辛树天然林群落样地中，白辛树总株数为69株。1株枯死。从图3.6可看出目前白辛树群落种群结各龄级呈现出"两头多，中间少"的结构，Ⅴ级数量最多，共37株，占总株数的53.6%，Ⅰ级共25株，占总株数的36.2%，Ⅱ级没有，Ⅲ、Ⅳ级相对较少，且同为3株，占总株数的4.34%，个体数量不多，成年个体明显多于幼年个体，此结构不正常，按正常情况应是从Ⅰ、Ⅱ、Ⅲ、Ⅳ、Ⅴ是逐渐减少的趋势。

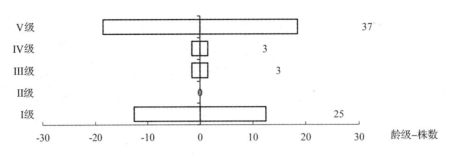

图 3.6　白辛树种群龄级－株数示意图

2.6 兰科植物多样性及分布

兰科(Orchidaceae)是被子植物种类最丰富的四大科之一，全世界约有700属2万~3.5万种，除个两极及沙漠地区外世界各地均有分布(Atwood, J. T., 1986；Cribb Phillip J. et al, 2003)。所有的物种都被列入《野生动植物濒危物种国际贸易公约》(CITES)的保护范围，为植物保护中的"旗舰"类群(罗毅波等，2003)。截至2012年的统计，中国野生兰科植物已记载187属1447种，特有种601种，集中分布于西南地区和台湾(张殷波等，2015)，但近几年以来新种(Tang Ying et al, 2016；Long, B. O. et al, 2015；Jin W T et al，2012；Zhou T et al，2015)及新记录种(张文柳等，2016；张文柳等，2015；李剑武等，2013)的发现进一步丰富了中国兰科植物的本底资料。贵州省为兰科植物的重要分布区之一，现已记载有兰科植物84属280种(邓朝义等，2013)。兰科为最进化、最高级的类群之一，在生活型就有地生型、腐生型、附生型3种；花的构造高度特化，形成了独特的欺骗性传粉，以欺骗性传粉方式完成授粉的物种占兰科1/3(任宗昕，2012)，使得兰科的物种进化与传粉成为了研究的一个热点(Zhang Feng－Ping et al, 2016；Jersáková Jana et al, 2006；庚晓红等，2008)。

兰科植物的多样性与植被原生性有密切关系，其多样性程度可反映当地生物多样性状况(金效华等，2011)。宽阔水国家级自然保护区处于特殊的喀斯特台原区，具有高山沟谷，野生动植物资源丰富，植被覆盖率高，原生性强，生境类型多样，为兰科植物提供了所需的生存环境。但近年来对宽阔水保护区的研究主要在于鸟类、黑叶猴、昆虫等动物领域(王佳佳等，2014；王娜等，2012；胡刚等，2011；陈汉彬等，2012)，对于兰科植物的研究较为薄弱，仅有《宽阔水自然保护区综合科学考察集》进行了简要的记录与分析(喻理飞等，2004)。本研究通过对宽阔水保护区兰科植物调查研究，进一步的了解宽阔水保护区兰科植物种类、分布状况及区系组成，为宽阔水保护区对兰科植物的保护乃至宽阔水保护区生物多样性的保护提供一定的参考。

2.6.1 研究方法

采用样方法与样线法相结合，于2014年至2016年上半年在不同季节内对宽阔水保护区不同地段进行兰科植物的全面调查。采用GPS对物种定位并记录其分布点、生境状况及干扰状况等基本信息。调查期间以拍摄照片为主，对于分布较多或有较大疑问的进行适当的标本采集，并加以鉴定。

2.6.2 结果与分析

(1)物种多样性

通过野外调查及查阅已有资料，统计得出宽阔水保护区共有兰科植物21属44种(见表3.25)，在原有的基础上新增6属23种，占贵州省已知兰科所有属(邓朝义等，2013)的25%、所有种(邓朝义等，2013)的16%。其中，以地生型为主有32种，占73%；附生型次之有9种，占20%；半附生型2种，占5%；腐生型仅1种即天麻(*Gastrodia elata*)，占2%。种数最多的属为虾脊兰属(*Calanthe*)共有9种，占20%，其次为羊耳蒜属(*Liparis*)与兰属(*Cymbidium*)均为5种，占11%。其分布的单属种物种多共有12种，占27%，物种丰富性较高。除线叶春兰(*Cymbidium goeringii* var. *serratum*)外其他物种全部被列入《中国物种红色名录》(汪松等，2004)，根据其划分可将宽阔水兰科植物划分为4个等级，其中濒危EN物种有金佛山兰(*Tangtsinia nanchuanica*)、黄花白及(*Bletilla ochracea*)2种，近危NT物种最多达21种，易危 VU 物种次之为17种；无危 LC 物种有斑叶兰（*Goodyera schlechtendaliana*）、叉唇角盘兰（*Herminium lanceum*）、绶草（*Spiranthes sinensi*）3种。多度上除斑叶兰、钩距虾脊兰（*Calanthe graciliflora*）、剑叶虾脊兰（*Calanthe davidii*）、大花羊耳蒜（*Liparis distans*）等5种为常见物种外，其余物种均属于少见或罕见状况，分布上仅分布于局限的区域且数量较少，如足茎毛兰（*Eria coronaria*）、尖叶石仙桃（*Pholidota missionario*rum）、小羊耳蒜（*Liparis fargesii*）等，在宽阔水保护区仅发现一个分布点且资源量稀少。

表 3.25　宽阔水自然保护区兰科植物种类情况一览表

物种名	生活型	濒危等级	多度	海拔(m)	管理站
黄花白及 *Bletilla ochracea* *	地生型	EN	少见	1050~1300	元生坝、中心站
金佛山兰 *Tangtsinia nanchuanica*	地生型	EN	罕见	1150~1300	中心站
小舌唇兰 *Platanthera minor*	地生型	NT 几乎符合 VU	少见	1150~1350	中心站
小羊耳蒜 *Liparis fargesii*	附生型	NT 几乎符合 VU	罕见	750	元生坝
舌唇兰 *Platanthera japonica*	地生型	NT 几乎符合 VU	少见	1050~700	元生坝、中心站
见血青 *Liparis nervosa*	地生型	NT 几乎符合 VU	少见	700~1100	元生坝、风水垭
艳丽齿唇兰 *Anoectochilus moulmeinensis*	地生型	NT 几乎符合 VU	少见	700~800	元生坝
杜鹃兰 *Cremastra appendiculata*	地生型	NT 几乎符合 VU	少见	900~1500	元生坝、中心站、风水垭
裂瓣玉凤花 *Habenaria petelotii*	地生型	NT 几乎符合 VU	少见	900~1200	元生坝、风水垭
落地金钱 *H. aitchisonii*	地生型	NT 几乎符合 VU	罕见	900	风水垭
镰翅羊耳蒜 *Liparis bootanensis*	附生型	NT 几乎符合 VU	罕见	722	元生坝
三棱虾脊兰 *Calanthe tricarinata*	地生型	NT 几乎符合 VU	少见	1500~1550	中心站
三褶虾脊兰 *C. triplicate* *	地生型	NT 几乎符合 VU	罕见	1000~1300	元生坝
泽泻虾脊兰 *C. alismaefolia*	地生型	NT 几乎符合 VU	常见	700~1350	元生坝、风水垭
无柱兰 *Amitostigma gracile*	地生型	NT 几乎符合 VU	罕见	950~1300	元生坝
金兰 *Cephalanthera falcate*	地生型	NT 几乎符合 VU	少见	900~1400	元生坝、中心站
石仙桃 *Pholidota chinensis* *	附生型	NT 几乎符合 VU	罕见	1000~1400	元生坝
云南石仙桃 *P. yunnanensis*	附生型	NT 几乎符合 VU	罕见	700	元生坝、中心站
藓叶卷瓣兰 *Bulbophyllum retusiusculum*	附生型	NT 几乎符合 VU	罕见	1023	风水垭
足茎毛兰 *Eria coronaria*	附生型	NT 几乎符合 VU	罕见	1023	风水垭
剑叶虾脊兰 *Calanthe davidii*	地生型	NT 几乎符合 VU	常见	700~1500	元生坝、中心站、风水垭
西南齿唇兰 *Anoectochilus elwesii*	地生型	NT 几乎符合 VU	罕见	740	元生坝
黄花鹤顶兰 *Phaius flavus*	地生型	NT 几乎符合 VU	少见	700~1200	元生坝、风水垭
绶草 *Spiranthes sinensis* *	地生型	LC	少见	900~1600	元生坝、中心站
叉唇角盘兰 *Herminium lanceum* *	地生型	LC	罕见	950~1300	元生坝
斑叶兰 *Goodyera schlechtendaliana*	地生型	LC	常见	950~1200	元生坝、中心站、风水垭
疏花虾脊兰 *Calanthe henryi*	地生型	VU	罕见	1250	中心
无距虾脊兰 *C. tsoongiana*	地生型	VU	少见	1200~600	元生坝、中心管站
细花虾脊兰 *C. mannii*	地生型	VU	少见	1500	元生坝、中心站
虾脊兰 *C. discolor* *	地生型	VU	少见	1100~1600	元生坝、中心站
天麻 *Gastrodia elata*	腐生型	VU	罕见	1400	中心站

（续）

物种名	生活型	濒危等级	多度	海拔(m)	管理站
尖叶石仙桃 *Pholidota missionariorum*	附生型	VU	罕见	750	元生坝
绿花杓兰 *Cypripedium henryi*	地生型	VU	罕见	1150	中心站
扇脉杓兰 *C. japonicum*	地生型	VU	罕见	1250～1500	中心站
大花羊耳蒜 *Liparis distans*	附生型	VU	常见	700～1050	元生坝、风水垭
长茎羊耳蒜 *L. viridiflora*	附生型	VU	罕见	700	元生坝
钩距虾脊兰 *Calanthe graciliflora*	地生型	VU	常见	750～1400	元生坝、中心站
春兰 *Cymbidium goeringii*	地生型	VU	少见	900～1400	元生坝、中心站、风水垭
蕙兰 *C. faberi*	地生型	VU	少见	1100～1200	元生坝、中心站
建兰 *C. ensifolium*	地生型	VU	少见	700～1100	元生坝、风水垭
兔耳兰 *C. lancifolium*	半附生型	VU	少见	700～1050	元生坝、风水垭
独蒜兰 *Pleione bulbocodioides* *	半附生型	VU	罕见	1150～1600	中心站
白及 *Bletilla striata* *	地生型	VU	少见	900～1600	元生坝、中心站
线叶春兰 *Cymbidium goeringii* var. *serratum*	地生型	—	少见	900～1650	元生坝

注：标有"＊"符号来源于《宽阔水自然保护区综合科学考察集》；"—"为未列入《中国物种红色名录》。EN 濒危、VU 易危、NT 近危、LC 无危。

（2）水平分布多样性

以现有的管理站所在的区域来划分宽阔水兰科植物的水平分布格局。其中原生坝管理站区域物种最为丰富共有 33 种，其次为中心管理站区域有 24 种，风水垭管理站区域最低有 14 种（表3.25）。原生坝管理站所在区域海拔较低，保护区海拔最低处底水即是位于元生坝所在区域，地貌以沟谷最多，该区域的核心区面积是最大的一区域，植被状况亦好，是调查力度最大的区域；此管理站区域的附生兰均要多于其余区域的管理站。中心管理站区域位于保护区的中心位置，处于喀斯特台原地貌的中心位置，海拔较高且气温较低、湿度大，其分布以地生兰为主。风水垭管理站地处交通要道部位，喀斯特台原的边缘，人类活动较为强烈，干扰大，分布的物种数量相对较少，但亦具有与其他两个管理站的不同的物种，如落地金钱（*Habenaria aitchisonii*）、薜叶卷瓣兰（*Bulbophyllum retusiusculum*）及足茎毛兰（*Eria coronaria*）3 种仅在风水垭管理站区域发现。

（3）垂直分布多样性

以 200m 为海拔高差将宽阔水兰植物垂直分布划分为 4 个海拔段（图 3.7）。由图 3.7 可知，兰科植物的垂直分布物种的数量上随海拔的升高物种数先变大后变小；中间海拔段分布多，高海拔与低海拔分布较少，呈中间膨胀型，其中以 900～1300m 海拔段物种最为丰富共有 26 种，占 59%，物种数分布最低的为高海拔地段仅有 10 种占 23%。地生兰垂直分布上的变化亦是随海拔的升高先增加后减小，最丰富的亦为 900～1300m 海拔段共有 21 种，占 48%。附生兰则随海拔升高呈逐步减少趋势，最为丰富的 700～900m 海拔段有 6 种，这与水热条件具有较大的相关性，只有在低海拔沟谷才能满足附生兰对温度与湿度的条件需求。半附生兰在各海拔段均有分布，但仅 1 种。而腐生兰只有 1 种，布于 1300～1500m 海拔，在此海拔段植被较为原始，枯枝落叶层厚，但气温相对于低海地段低，仅适合特定的物种生存。

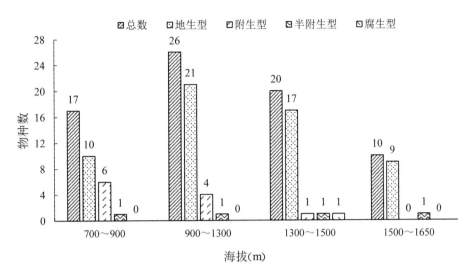

图 3.7　保护区兰科植物各海拔段分布物种数

(4)区系成分多样性

根据吴征镒 1991 年《中国种子植物属的分布区类型》(吴征镒,1991)的划分及查阅相关资料(张玉武等,2010;余德会等,2014;孔令杰等,2010;郎楷永等,1999)。属的区系上,可将宽阔水兰科植物的 21 属划分为 10 个分布区及 1 个变型(表 3.26),区系组成上。世界分布属仅有羊耳蒜属(*Liparis*)1个,泛热带分布 2 属,旧世界热带分布仅鹤顶兰属(*Phaius*)1 属,热带亚洲至热带大洋洲分布 5 属,占23.8%,热带亚洲(印度—马来西亚)分布 1 属(斑叶兰属 *Goodyera*)、热带印度至华南(尤其云南南部)分布 1 属(独蒜兰属 *Pleione*)、北温带分布 4 属占 19%、东亚和北美洲间断分布 1 属(杓兰属 *Cypripedium*)、旧世界温带分布 1 属(角盘兰属 *Herminium*)、东亚分布 3 属,占 14.3%、中国特有仅有金佛山兰属(*Tangtsinia*)1 属。按热带与温带性质划分,可得出,热带性质(2 - 7)属 10 属,占 48%;温带性质(8 - 14)分布的属 9 属,占 42%。可见宽阔水保护区兰科植物属区系以热带成分为主,温带成分次之,表现出了较强的热带向温带区系过渡的过渡性区系特征。

表 3.26　保护区兰科植物的分布类型

分布类型	属数(所占比例%)	种数(所占比例%)
1 世界分布	1(4.8%)	—
2 泛热带分布	2(9.5%)	3(6.8%)
4 旧世界热带分布	1(4.8%)	2(4.5%)
4 - 1. 热带亚洲、非洲和大洋洲间断	—	1(2.3%)
5 热带亚洲至热带大洋洲分布	5(23.8%)	12(27.3%)
7 热带亚洲(印度—马来西亚)分布	1(4.8%)	1(2.3%)
7 - 2 热带印度至华南(尤其云南南部)分布	1(4.8%)	—
8 北温带分布	4(19%)	4(9.1%)
9 东亚和北美洲间断分布	1(4.8%)	—
10 旧世界温带分布	1(4.8%)	—
14 东亚分布	3(14.3%)	8(18.2%)
14 - 2. 中国—日本	—	2(4.5%)
15 中国特有	1(4.8%)	11(25%)

种的区系上,宽阔水兰科植物可分布为 7 个分布型及 2 个变型,其中泛热带分布有三棱虾脊兰(*Calanthe tricarinata.*)、三褶虾脊兰(*C. triplicate*)、见血青(*Liparis nervosa*)3 种,占 6.8%;旧世界热

带分布有春兰(*Cymbidium goeringii*)、叉唇角盘兰(*Herminium lanceum*)2 种,占 4.5%;热带亚洲、非洲和大洋洲间断分布仅黄花鹤顶兰(*Phaius flavus*)1 种,占 2.3%;热带亚洲至热带大洋洲分布分布的种最多,有大花羊耳蒜(*Liparis distans*)、天麻(*Gastrodia elata*)、建兰(*Cymbidium ensifolium*)、兔耳兰(*C. lancifolium*)、艳丽齿唇兰(*Anoectochilus moulmeinensis*)等 12 种占 27.3%;热带亚洲(印度—马来西亚)分布仅斑叶兰(*Goodyera schlechtendaliana*)1 种,占 2.3%;北温带分布有绶草(*Spiranthes sinensis*)、小舌唇兰(*Platanthera minor*)、舌唇兰(*Platanthera japonica*)、金兰(*Cephalanthera falcate*)4 种,占 9.1%;东亚分布有裂瓣玉凤花(*Habenaria petelotii*)、镰翅羊耳蒜(*Liparis bootanensis*)、泽泻虾脊兰(*Calanthe alismaefolia*)、无柱兰(*Amitostigma gracile*)等 8 种,占 18.2%;中国—日本有扇脉杓兰(*Cypripedium japonicum*)、虾脊兰(*Calanthe discolor*)2 种,占 4.5%;中国特有疏花虾脊兰(*C. henryi*)、无距虾脊兰(*C. tsoongiana*)、钩距虾脊兰(*C. graciliflora*)、金佛山兰(*Tangtsinia nanchuanica*)等 11 种占 25%,特有性较为突出。热带性质(2 – 7)种有 19 种,占 43.3%,温带性质种(8 – 14)有 14 种,占 31.2%,亦具有明显的热带区系向温带区系过渡的特点。

3. 珍稀濒危植物受危评价

生物多样性是指生命有机体及其赖以生存的生态综合体的多样化和变异性,以及与此相关的各种生态过程的总和(李博等,2005),为人类赖以生存的物质基础。然而近年来,由于人类强烈活动及对自然资源的大肆掠夺,造成生境严重破碎化,使生物多样性严重丧失,已成为全球环境变化的重要组成部分(Vitousek Peter M. et al,1997)。

3.1 研究方法

评价指标是客观反映珍稀保护植物现状的重要参数,本书指标选取建立在前人已开展的研究(周繇,2006;郑伟成等,2012;曹伟等,2012;周先容,2002;刘风丽,2013;周先容,2013)的基础上,同时结合宽阔水保护区自然状况与重点保护植物的实际情况进行了适当调整。

3.1.1 遗传价值系数

遗传价值系数表示植物种在遭到灭绝后对植物多样性可能产生的遗传基因损失程度,是反映珍稀濒危植物的独特性及遗传价值重要性的重要指标。采用如下评价体系标准。

计算公式:$C_遗 = X_遗/12$,$X_遗$ 为某物种得分值,最高设为 12 分。

种型情况:根据植物种含有种数量来评分(仅为种及以上单位)。其中:最高 5 分,5 分为单科单种(所在科仅 1 种);4 分:少型科种(所在科含 2 – 3 种),3 分:单型属种(所在属仅 1 种);2 分:少型属种(所在属含 2 – 3 种);1 分:多型属种(所在属含 4 种以上)。

特有情况:最高设 5 分。其中:5 分:宽阔水保护区及其毗邻区县特有,4 分:贵州省特有(1 个省分布),3 分:区域特有(连续几省有分布),2 分:中国特有,1 分:非中国特有。

古老孑遗情况:最高设 2 分。其中:2 分:古老孑遗植物,1 分:非古老孑遗植物。

3.1.2 生境类型系数

生境是包括必需的生存条件和其他对生物起作用的生态因素,而生境类型系数是表示某种重点保护植物在保护区内分布范围的评价指标。

计算公式:$C_生 = X_生/3$,3 为满分,$X_生$ 为某种植物所得分值。

其中:(1)3 分:分布范围狭窄,局限于特定的生境里;(2)2 分:分布范围较广,适宜的生境类型较多;(3)1 分:分布范围广,适宜的生境类型多。

3.1.3 资源量系数

资源量是反映重点保护植物现状的重要参考,而区内资源量系数是表示某种重点保护植物在保护区内植物的评价指标,对反映重点保护植物在宽阔水保护区的资源现状及下一步保护决策具重要的参考意义。

计算公式：$C_资 = X_资/4$，4 为满分，$X_资$ 为资源量的所得分数。

木本植物 4 为满分：(1)4 分：数量少不足 10 株；(2)3 分：数量处于 11～50 株；(3)2 分：数量处于 51～500 株；(4)1 分：数量多超过 500 株。草本植物满分亦是 4 分。(1)4 分：数量少于 50 株；(2)3 分：数量处于 51～200 株；(3)2 分：数量处于 201～1000 株；(4)1 分：数量处于 1000 株以上。

3.1.4 保护等级系数

保护等级系数指某种珍稀濒危植物在过去受人类重视和保护的程度，是反映珍稀植物在全国及全省等大尺度上的基本情况的指标。

计算公式为：$C_保 = X_保/3$，3 为满分，$X_保$ 为某种植物的实际得分。

其中：(1)3 分：国家 I 级保护植物；(2)2 分：国家 II 级保护植物；(3)1 分：省级保护植物。

3.1.5 利用价值系数

植物的状况与利用价值具有正相关关系，价值越大破坏越严重，潜在威胁越大。利用价值系数是用来表示某种保护植物在经济、文化和生态等方面价值大小的指标，对珍稀植物的稳定与变化预见具有重要意义。

计算公式：$C_利 = X_利/4$，4 为满分，$X_利$ 为某种植物的利用价值得分。

其中：(1)4 分：珍贵用材与观赏植物、著名药用植物及重要育种材料等；(2)3 分：较好的用材树种或速生树种、具建群作用和保持水土作用的大乔木、较珍贵的药用植物、较好的绿化与观赏植物，以及虽不速生，但木材质量较好的中等乔木；(3)2 分：小乔木、大灌木、无特殊用途的中等乔木、一般药用植物和一般绿化观赏植物；(4)1 分：无特殊用途的灌木、藤本和草本植物。

3.1.6 濒危系数

濒危系数采用以上 5 种系数进行综合评价，总体上 5 个系数各占 1/5，但考虑到本研究主要针对宽阔水自然保护区，目的是为该保护区今后的高效保护与科学管理提供依据，结合目的物种在整个自然分布区的分布现状以及该保护区的实际情况作适当调整，这些目的物种皆不是宽阔水保护区的特有种。其中，遗传价值系数在保护区的潜在威胁较小，可适当降低权重；资源量系数及利用价值系数更能客观反映目的物种在保护区的潜在威胁与濒危状况，应适当提高权重。

计算公式：$V_濒 = 30\% C_资 + 10\% C_保 + 10\% C_遗 + 30\% C_利 + 20\% C_生$

3.2 结果分析

3.2.1 受危特征

人类活动是影响植物生存生长的重要原因，重点保护植物在宽阔水受人类的干扰程度总体较大，重点保护植物种群或多或少均受到了一定程度的干扰；其中强度干扰的物种就达 10 种，占 43%，中度干扰也有 9 种，占 39%；较强的干扰在一定程度上影响了重点保护植物的生长繁衍，是重点保护植物减少的重要原因之一；受干扰方式主要有采集、开荒、放牧等，其中以方竹笋采集为主，从而影响林下幼苗更新，破坏性较大(表 3.27)。

人类活动对重点保护植物的干扰程度较强，主要以人为采集为主，破坏了原有的生境使重点保护植物难以生存；笔者在调查某些植被较原始道路通达性较好地段时发现有采集、挖掘重点保护植物和珍稀濒危迹象如黄连(*Coptis chinensis*)、天麻(*Gastrodia elata*)、红豆杉(*Taxus chinensis*)、楠木(*Phoebe zhennan*)等；同时在一些地段还发现，人们为了抚育金佛山方竹(*Chimonobambusa utilis*)，大量砍伐其他竞争植物，造成了部分地段森林群落中的灌木层只有金佛山方竹一种，无其他树种的幼苗幼树，使得大量物种更新困难，是重点保护植物在原始的植被中分布较少而在次生林与沟谷崖壁分布多的重要原因。

表 3.27　保护区重点保护植物受危特征

物种名	保护级别	干扰程度	干扰方式
峨眉含笑 *Michelia wilsonii*	Ⅱ	强	放牧、开荒、采集
楠木 *Phoebe zhennan*	Ⅱ	中	放牧、采集
刺楸 *Kalopanax septemlobus*	省级	强	采集
伯乐树 *Bretschneidera sinensis*	Ⅱ	中	采集
岩生红豆 *Ormosia saxatilis*	省级	强	采集
银鹊树 *Tapiscia sinensis*	省级	强	采集
红花木莲 *Manglietia insignis*	省级	强	采集、放牧
鹅掌楸 *Liriodendron chinense*	Ⅱ	强	放牧、采集
川桂 *Cinnamomum wilsonii*	省级	中	采集、开荒
水青树 *Tetracentron sinense*	Ⅱ	中	采集、放牧
穗花杉 *Amentotaxus argotaenia*	省级	弱	采集、放牧
领春木 *Euptelea pleiosperma*	省级	中	采集、放牧
香果树 *Emmenopterys henryi*	Ⅱ	强	采集、放牧、开荒
珙桐 *Davidia involucrate*	Ⅰ	中	采集
南方红豆杉 *Taxus wallichiana* var. *mairei*	Ⅰ	强	采集、放牧、开荒
红豆杉 *Taxus chinensis*	Ⅰ	中	采集、放牧、开荒
福建柏 *Fokienia hodginsii*	Ⅱ	弱	采集、放牧
铁杉 *Tsuga chinensis*	省级	弱	采集、放牧
青钱柳 *Cyclocarya paliurus*	省级	强	采集、放牧、开荒
三尖杉 *Cephalotaxus fortune*	省级	强	采集、开荒、放牧
檫木 *Sassafras tzumu*	省级	中	采集、放牧、开荒
黄杉 *Pseudotsuga sinensis*	Ⅱ	弱	采集
白辛树 *Pterostyrax psilophyllus*	省级	中	采集、开荒、放牧

3.2.2　濒危系数分析

通过各指标的评估计算，由表 3.28 可知。宽阔水重点保护植物濒危系数介于 0.4~0.925 之间，最高为伯乐树，其各项系数均较高，濒危系数高达 0.925，最低的为檫木、白辛树、三尖杉 3 种，其各项系数均较低，濒危系数均为 0.4。濒危系数大于 0.7 的除伯乐树之外还有岩生红豆、珙桐、楠木、峨眉含笑共 4 种，占 17%，是宽阔水保护区内濒危性较高的几种，应加强保育。其中 $C_{遗}$ > 0.6 的有伯乐树、珙桐、水青树、领春木、岩生红豆 5 种，占 21%，以伯乐树最大为 0.75，是遗传价值较大的一种。$C_{生}$ = 1 的物种有福建柏、银鹊树、峨眉含笑等 7 种，占 30%，这些物种分布狭窄，仅分布特定区域，对生境具有一定要求。$C_{资}$ = 1 的也有银鹊树（*Tapiscia sinensis*）、峨眉含笑（*Michelia wilsonii*）、楠木、红花木莲（*Manglietia insignis*）等 8 种，占 35%，这些物种数量相对稀少，需进行种群扩繁的研究与管理。而 $C_{利}$ 总体较高，最高的为 1 最低也达到了 0.5，对濒危系数的影响最大，是人为破坏、采集重要原因。

表 3.28　宽阔水自然保护区重点保护植物各评价指标值及濒危系数

物种名	$C_遗$	$C_生$	$C_资$	$C_利$	$C_保$	$V_濒$
伯乐树 *Bretschneidera sinensis*	0.750 0	1.000 0	1.00	1.00	1.000 0	0.925 0
岩生红豆树 *Ormosia saxatilis*	0.583 3	1.000 0	1.00	1.00	0.333 3	0.808 3
珙桐 *Davidia involucrata*	0.666 7	0.670 0	0.50	1.00	1.000 0	0.784 0
楠木 *Phoebe zhennan*	0.416 7	0.666 7	1.00	1.00	0.666 7	0.725 0
峨眉含笑 *Michelia wilsonii*	0.333 3	1.000 0	1.00	0.75	0.666 7	0.691 7
水青树 *Tetracentron sinense*	0.666 7	0.670 0	0.50	0.75	0.666 7	0.675 7
福建柏 *Fokienia hodginsii*	0.416 7	1.000 0	0.50	0.75	0.666 7	0.666 7
青钱柳 *Cyclocarya paliurus*	0.416 7	0.670 0	0.50	1.00	0.333 3	0.642 3
南方红豆杉 *Taxus wallichiana* var. *mairei*	0.416 7	0.333 3	0.50	1.00	1.000 0	0.641 7
红豆杉 *T. chinensis*	0.416 7	0.330 0	0.50	1.00	1.000 0	0.641 0
领春木 *Euptelea pleiosperma*	0.666 7	0.666 7	0.25	0.75	0.333 3	0.616 7
银鹊树 *Tapiscia sinensis*	0.416 7	1.000 0	1.00	0.50	0.333 3	0.608 3
铁杉 *Tsuga chinensis*	0.333 3	1.000 0	0.50	0.75	0.333 3	0.608 3
刺楸 *Kalopanax septemlobus*	0.333 3	1.000 0	1.00	0.50	0.333 3	0.583 3
香果树 *Emmenopterys henryi*	0.500 0	0.333 3	0.50	0.75	0.666 7	0.558 3
鹅掌楸 *Liriodendron chinense*	0.416 7	0.333 3	0.75	0.75	0.666 7	0.558 3
黄杉 *Pseudotsuga sinensis*	0.333 3	0.666 7	0.25	0.75	0.666 7	0.550 0
川桂 *Cinnamomum wilsonii*	0.333 3	0.666 7	0.50	0.75	0.333 3	0.541 7
红花木莲 *Manglietia insignis*	0.250 0	0.333 3	1.00	0.75	0.333 3	0.500 0
穗花杉 *Amentotaxus argotaenia*	0.416 7	0.333 3	0.50	0.50	0.333 3	0.425 0
白辛树 *Pterostyrax psilophyllus*	0.416 7	0.333 3	0.25	0.50	0.333 3	0.400 0
檫木 *Sassafras tzumu*	0.416 7	0.333 3	0.50	0.50	0.333 3	0.400 0
三尖杉 *Cephalotaxus fortune*	0.416 7	0.333 3	0.25	0.50	0.333 3	0.400 0

4. 小结

保护区珍稀濒危植物在水平分布上，主要分布于植被较为原始的中心管理站附近及峡谷深生境多样的元生坝管理站附近。分布格局上，主要以零星分布为主，呈片状分布的物种其分布面积不大，仅局部区域。

分析了珙桐、鹅掌楸、福建柏的群落特征和演替趋势和水青树、白辛树种群现状、种群结构，研究了兰科植物多样性及空间分布。

宽阔水国家级自然保护区重点保护野生植物的濒危系数大小分别为：伯乐树 > 岩生红豆 > 珙桐 > 楠木 > 峨眉含笑 > 水青树 > 福建柏 > 青钱柳 > 南方红豆杉 > 红豆杉 > 领春木 > 银鹊树、铁杉 > 刺楸 > 香果树、鹅掌楸 > 黄杉 > 川桂 > 红花木莲 > 穗花杉 > 白辛树、檫木、三尖杉。总体上，这些物种在保护区生长状况良好，得到了较好的保护。

第二节　珍稀濒危动物资源格局

随着人口的持续增长及人类活动范围与强度的不断增加，人类社会对地球上的生物多样性产生了愈来愈显著的影响，打破了生物多样性相对平衡的格局，在这一过程中产生的栖息地丧失与破碎化、资源过度利用、环境污染等现象已对物种的生存与繁衍构成了严重威胁（魏辅文等，2014）。野生动物作为珍贵的自然资源，对维护自然生态系统平衡及生物多样性稳定有着关键作用。随着时代的变迁，人为捕猎行为频发，许多野生动物数量急剧减少，严重威胁到野生动物生存质量（唐芳毅，2017）。

宽阔水国家级自然保护区属森林和野生动物类型自然保护区，主要保护对象为原生性亮叶水青冈林为主体的亚热带中山常绿落叶阔叶混交林、黑叶猴（*Trachypithecus francoisi*）、红腹锦鸡（*Chrysolophus pictus*）种群等（姚小刚等，2014）。保护区除了黑叶猴、红腹锦鸡等种群外，还分布有小灵猫（*Viverricula indica*）、斑林狸（*Prionodon pardicolor*）、白颈长尾雉（*Syrmaticus ellioti*）、鸳鸯（*Aix galericulata*）、雀鹰（*Accipiter nisus*）、普通鵟（*Buteo buteo*）、红隼（*Falco tinnunculus*）和红角鸮（*Otus sunia*）等国家重点保护野生动物。保护区内国家重点保护物种中，黑叶猴的分布与生境特征相对较为独特，对其展开研究，提出相应保护措施，使其在保护区内稳定生存与繁殖，具有非常重要的意义。

1. 黑叶猴种群分布与生境特征

黑叶猴（*Trachypithecus francoisi*），又名叶猴、乌叶猴、乌猿、岩蛛猴、岩猫等，隶属于灵长目（PRIMATES）猴科（Cercopithecidae）疣猴亚科（Colobidae）叶猴属（*Trachypithecus*），为中国国家 I 级重点保护动物（汪松，2004），被世界自然保护联盟（IUCN）列为濒危种（EN）（IUCN，2015），同时被《濒危动植物国际贸易公约》（CITES）收录为附录 II 物种（王应祥等，1999）。黑叶猴分布于越南北部至中国中南部北纬 21°30′~29°08′的片段化喀斯特森林中，是喀斯特生态系统特有的珍稀灵长类动物（胡刚，2011）。在国外见于越南北部（Nadler et al，2003），在中国分布在于广西、贵州和重庆地区（吴名川等，1987；李明晶，1995；吴安康等，2006；Brandon et al，2004）。最新研究和统计报告数据显示，目前世界范围内黑叶猴野外种群数量约 1800~2000 只，在中国仅存约 1700 只，分布于 22 个隔离点，其中贵州约 1200 只，分布于麻阳河、宽阔水、大沙河、柏箐和野钟等 5 个保护区，总面积约 912km² （Hu et al，2011）。其中，贵州保存着全球黑叶猴野生种群的约 62%，对黑叶猴物种保护具有非常重要的作用。

宽阔水国家级自然保护区是黑叶猴的主要分布地之一，近年来曾多次对其种群和基础生态学进行调查和研究，1983 年宽阔水林区科学考察对本区域部分黑叶猴种群进行了初步调查（周政贤等，1985）；1995 年调查记录到黑叶猴种群约 80 只（李明晶，1995），2003 年宽阔水保护区综合科学考察记录到黑叶猴约 20 群 140 只（冉景丞等，2004）。过去的 20 余年间，随着自然恢复和保护工程的建设和管理，黑叶猴在贵州的种群和分布发生较大的变化，其种群增长了 10%~20%（Hu et al，2011）。宽阔水保护区拥有较大面积的黑叶猴适宜生境，并有部分地区由于地势险峻，成为以往调查的盲区。为了进一步加强黑叶猴这一珍稀物种种群及其生境的保护与管理，调查组于 2015 年 5 月至 2015 年 12 月期间对其种群数量和分布进行了集中调查，并结合 2012 年至今的长期监测数据对宽阔水保护区黑叶猴种群数量及分布进行分析研究。

1.1 研究方法

2015 年 5 月至 2015 年 12 月期间，基于宽阔水保护区的黑叶猴历史资料和护林员巡护记录等数据，设定重点调查区域，并采用资料收集、非诱导式访问调查、定点观察与痕迹观察等方法对保护区黑叶猴种群数量和分布进行调查。

1.1.1 收集资料和访问

基于保护区历次科学考察记录和相关科研文献等历史资料，访问历史分布区和非分布区居民和保护区护林员，详细了解黑叶猴的在历史分布区的种群数量、活动范围、夜宿地、栖息地面临的威胁因素以及黑叶猴与社区的相互影响等，并了解其在历史非分布区的出现情况。同时，结合2012年至今的保护区巡护记录，在1:10000的地形图上重新标定黑叶猴在宽阔水保护区的分布区域，群体分布状况。

1.1.2 定点观察与痕迹观察法

受天气和黑叶猴活动规律影响，野外调查的时间主要集中在冬季，此时黑叶猴栖息的峡谷森林树叶凋落，视线较好，相对容易发现黑叶猴；并且冬季由于雨水较少，水源地集中在山谷低处，猴群需到低处寻找水源，为发现和定位猴群提供更为良好的条件。调查时间为2015年11月20日至12月15日，集中调查天数为25天，在其他季节的保护区日常巡护工作中发现猴群后亦进行相应调查记录。唐华兴等（2011）研究发现，黑叶猴群拥有几处固定的夜宿地，在不同的夜宿地轮换栖息4~7d的习性，因此，本次调查使用定点调查统计，组织调查人员18人，2人1组，共分9组，对9个沟段分别进行蹲点观察，并结合痕迹观察法进行调查。根据黑叶猴分布区的地形情况，携带调查区域1:10 000地形图和GPS，使用8×40倍望远镜观察峡谷两旁的情况，发现黑叶猴后，在不影响其活动的情况下进行持续观察，直至其进入夜宿地或消失不见，确定其种群的夜宿地，同时记录发现黑叶猴数量、群体特征、个体特征、发现时间、坐标、活动生境等基础数据，并使用GPS定位，将猴群位置及其活动范围在地形图上进行标注。

另外，受地形和黑叶猴活动习性影响，能发现猴群或个体的机会较少，为保证数据的完整，使用李友邦和韦振逸（2012）提出的痕迹观察法辅助调查，当发现黑叶猴栖息的山洞或者沟谷中有新鲜活动痕迹（包括新鲜粪便、食物残渣、毛发等）后，同样使用GPS进行标记和进行基础数据记录，并在地形图上标记。同时安排调查队员进行连续蹲点监测，以获取猴群详细数据。

1.1.3 数据处理

根据调查小组和护林员调查结果比较和相互补充，并结合记录时间、群体特征、个体特征、发现点坐标等信息进行对比分析，确定为相同群体者进行判别、确认，避免种群的重复记录，最终确认黑叶猴分布点和数量。根据唐华兴等（2011）提出的"夜宿地点外扩法"，结合黑叶猴地理分布数据及其适宜生境范围确定黑叶猴分布状况，并结合调查记录，使用ArcGIS10.0软件，分析黑叶猴分布区域并计算其分布面积，进一步计算其群体密度和种群密度。

1.2 结果分析

1.2.1 黑叶猴分布区历史种群

宽阔水保护区历史调查资料显示，在保护区的马蹄溪－油筒溪－底水片区以及白石溪－猪钻子沟－苏家沟片区曾记录有20群左右的黑叶猴种群，主要分布于保护区中西部的马蹄溪、杨家沟、苏家沟、罗家沟、白石溪、风岩沟和大河沟等7条侵蚀地貌的峡谷，黑叶猴活动区域基本都在保护区核心区之内。具体分布情况为：马蹄溪，约6群40只；杨家沟，约2群10只；苏家沟，约3群20只；罗家沟，约3群20只；白石溪，约2群20只；风岩洞，约2群20只；大河沟，约2群10只，总计约20群140只，约占全国黑叶猴总数量的3.3%。

1.2.2 黑叶猴种群数量和与分布

通过对本次重点调查和近年统计数据的分析结果显示，宽阔水保护区目前可确定黑叶猴种群数量约为29群195只，约占全国黑叶猴总数量的11.47%，约占贵州省黑叶猴总数量的16.25%；其中，最大的群体约14只，分布于白石溪；最小的群体由4只个体组成，白石溪、苏家沟、观音岩和让水坝分别有一个4只个体组成的猴群（表3.29）。黑叶猴在宽阔水保护区的主要分布区域位于海拔746~1329m的马蹄溪、白石溪、猪钻子沟、苏家沟、油筒溪、观音岩、底水、枇杷岩、让水坝等9个沟段峡谷中，峡谷两岸坡度大，多为"V"字形谷和两岸直立的喀斯特峡谷，切割深度大，一般为200~400m。其中以马蹄溪区域内数量最多，达到13个群体，95只（图3.8，表3.29）。黑叶猴在本保护区的种群密度为 0.74 只/km²，群体密度为 0.11 群/km²。根据调查结果所发现的黑叶猴活动范围，使用 ArcGIS10.0 勾画出其主要活动区域(图 3.8)并计算发现：黑叶猴在宽阔水保护区内主要活动范围约 32.5km²，主要活动区域内群体密度为 0.89 群/km²，种群密度为 6.00 只/km²。

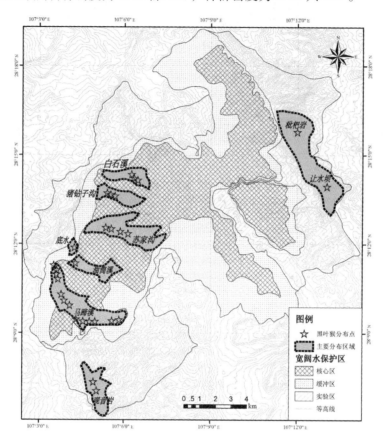

图 3.8　保护区黑叶猴分布示意图

1.2.3 分片区种群统计

调查结果显示，在宽阔水保护区黑叶猴分布的 9 个沟段中，马蹄溪沟段黑叶猴种群数量为 13 群 95 只，分布区面积约为 6.76km²，群体密度约为 0.14 群/km²，种群密度达到 14.05 只/km²，为本保护区黑叶猴分布最为集中的沟段；其次是白石溪沟段，种群数量为 3 群 25 只，群体密度为 1.36 群/km²，种群密度约为 11.36 只/km²，种群密度最低区域为本地调查新发现活动区：让水坝－枇杷岩沟段，群体密度为 0.21 群/km²，种群密度约为 1.06 只/km²(表 3.29)。

表 3.29　宽阔水国家级自然保护区黑叶猴分布及数量调查统计

分布点	群组数量	猴群编号	个体数量	数量比例	片区面积（km²）	片区密度（只/km²）	年龄结构	数据来源
白石溪	3	B1	14	12.82%	2.20	11.36	1 幼，2 亚成体，11 成体	实地调查
		B2	7				未明确	访问调查
		B3	4				全成体	实地调查
猪钻子沟	3	Z1	6	10.26%	2.19	9.13	全成体	实地调查
		Z2	约 7				2 亚成体，5 成体	访问调查
		Z3	约 7				未明确	护林员记录

（续）

分布点	群组数量	猴群编号	个体数量	数量比例	片区面积（km²）	片区密度（只/km²）	年龄结构	数据来源
苏家沟	4	S1	6	12.82%	6.00	4.17	全成体	实地调查
		S2	约4				未明确	访问调查
		S3	约7				全成体	护林员记录
		S4	约8				未明确	访问调查
油筒溪	1	Y	5	2.56%	2.35	2.13	全成体	护林员记录
马蹄溪	13	M1	7	48.72%	6.76	14.05	全成体	实地调查
		M2	8				全成体	实地调查
		M3	7				1幼，6成体	实地调查
		M4	6				1幼，5成体	实地调查
		M5	10				2亚成体，8成体	实地调查
		M6	6				全成体	实地调查
		M7	9				3亚成体，6成体	实地调查
		M8	7				2幼，5成体	实地调查
		M9	8				全成体	实地调查
		M10	6				全成体	实地调查
		M11	7				1亚成体，6成体	实地调查
		M12	约8				未明确	护林员记录
		M13	约6				未明确	护林员记录
底水	1	D	约5	2.56%	0.43	11.63	全成体	访问调查
观音岩	2	G1	4	5.13%	3.15	3.17	全成体	实地调查
		G2	6				全成体	实地调查
让水坝	1	R	4	2.05%	9.42	1.06	全成体	实地调查
枇杷岩	1	P	6	3.08%			全成体	实地调查
总计	29	—	约195	—	32.50	6.00	—	—

根据生境的连通性和猴群的活动重叠度，将黑叶猴在宽阔水保护区的分布区分为 4 个大的片区：马蹄溪 - 油筒溪 - 底水片区、白石溪 - 猪钻子沟 - 苏家沟片区、观音岩片区和枇杷岩 - 让水坝片区。其中，马蹄溪 - 油筒溪 - 底水片区共分布黑叶猴 15 群共约 105 只，其中共确认到亚成体、幼体 11 只，其中分布于马蹄溪的猴群 M7 - M13（表 3.29）共 7 个猴群为本次调查新发现群体，总数为 51 只；而在白石溪 - 猪钻子沟 - 苏家沟片区则分布着黑叶猴 10 群共约 70 只，共确认到亚成体、幼体 5 只。在观音岩、枇杷岩 - 让水坝等两个片区新发现黑叶猴 4 群共约 20 只，均为成年个体，其中，观音岩片区分布黑叶猴 2 群 10 只，枇杷岩 - 让水坝片区分布黑叶猴 2 群 10 只。

1.2.4 种群动态

由于受到生境破坏、非法贸易和猎杀等原因，近年来黑叶猴野外种群的数量呈锐减趋势，尤其是在广西境内，从 1979 年到 2003 年，其黑叶猴野外种群从 4500 ~ 5000 只锐减至 300 余只（唐华兴，2011）。其中，非法贸易和偷猎是导致其种群数量急剧下降的最主要原因（胡刚，2011）。贵州作为黑叶猴物种生存的关键地区，保存着全球黑叶猴野生种群的 60% 以上（Hu et al，2011）。由于偷猎威胁影响较小，贵州黑叶猴野外种群从 20 世纪 90 年代以来一直处于稳步增长状态（胡刚，2011）。数据显示，自 1990 至 2000 十余年间，麻阳河保护区黑叶猴种群从 395 只增长到 730 只；大沙河保护区黑叶猴种群从 140 只增长到约 152 只；野钟自然保护区黑叶猴种群从 73 只增长到约 190 只。

根据宽阔水保护区历史资料，本区域黑叶猴种群在近几十年来亦呈现增长趋势。从 1995 年到 2003 年，宽阔水保护区范围内黑叶猴种群从约 80 只增长至 140 只左右（李明晶，1995；冉景丞等，2004），2009 年在白石溪又新发现一个约 7 只的群体（刘璐，2006）。本次调查将保护区内全部黑叶猴潜在分布区纳入调查范围，得到了更为准确的数据。结果显示，宽阔水保护区黑叶猴种群数量约为 29 群 195 只，种群数量占贵州省黑叶猴种群数量的 16.25%，占全国黑叶猴种群数量的 11.47%。种群规模比 1995 年时期增长了 143.75%，比 2003 年增长了 39.29%。其中，调查共确认到亚成体及幼体约 16 只，由于受到调查条件的限制，亚成体及幼体数量存在较大估计误差；黑叶猴种群中最大的群体约 14 只，最小的群体约 4 只。种群数量的稳定增长得益于宽阔水保护区建立后所采取的一系列保护管理措施，如：核心区居民和茶场的迁出、保护区内禁止乱砍滥伐及非法捕猎、加强巡护、组织专项行动和保护区周边社区的保护宣传教育等，不仅有效遏制了盗猎行为的发生，而且减少了附近居民对活动对黑叶猴的干扰和影响，为黑叶猴的生存与繁衍创造了良好的条件。

1.2.5 种群分布与密度

宽阔水保护区历史资料显示，黑叶猴曾分布于马蹄溪、杨家沟、苏家沟、罗家沟、白石溪、风岩沟和大河沟等 7 条侵蚀地貌的峡谷，种群数量约为 140 只（冉景丞等，2004），高于重庆和广西扶绥、弄岗等地黑叶猴分布区（唐华兴等，2011；苏化龙等，2002；龚石华等，2007）。本次调查发现，黑叶猴种群在本保护区的分布范围有所扩大，并呈现出由核心区向外扩散的趋势。位于保护区实验区的观音岩、枇杷岩、让水坝沟段出现小规模群体。黑叶猴分布区从原来的马蹄溪、白石溪、猪钻子沟、苏家沟、油筒溪、底水等 6 个沟段增加到目前的马蹄溪、白石溪、猪钻子沟、苏家沟、油筒溪、观音岩、底水、枇杷岩、让水坝等 9 个沟段，其中，观音岩、枇杷岩、让水坝为本次调查发现的新分布区。

1.2.6 威胁因素分析

从全球范围来看，影响黑叶猴物种生存的威胁因素主要有非法盗猎和贸易、栖息地数量的减少和栖息地破碎化等，而非法盗猎和贸易成为全球黑叶猴种群数量迅速下降的重要因素。而对于宽阔水保护区的黑叶猴种群而言，非法盗猎和贸易现象较少，盗猎对本区域黑叶猴的威胁也很小（Hu et al，2011）；栖息地破碎化是贵州省内黑叶猴生存面临的最大威胁，保护区附近的毁林开荒、砍伐林木、农业耕作、烟叶种植、烟叶烘烤、饲养放牧等人为活动成为影响黑叶猴生存和活动的主要干扰因子。

在宽阔水保护区，栖息地数量减少和破碎化是黑叶猴面临的最大威胁，本区域黑叶猴栖息地呈现窄条状和斑块状，缺少集中连片、面积较大和人为干扰较小的栖息地。分别形成了马蹄溪 - 油筒溪 - 底水片区，白石溪 - 猪钻子沟 - 苏家沟片区，观音岩片区和枇杷岩 - 让水坝片区等 4 个相互隔离的分布区域，尤其是观音岩片区和枇杷岩 - 让水坝片区为新发现的活动种群，主要群体活动于保护区的缓冲区内，与原分布区存在较大隔离。另外，宽阔水保护区黑叶猴主要分布区域内仍有居民 100 余户，农业用地超过 400ha，部分峡谷顶端两边的开阔地带被开垦为农耕地，使大部分黑叶猴的活动区域局限于峡谷峭壁和谷底，限制了黑叶猴的活动范围和种群的向外扩张，并影响群体间的基因交流，破坏了抵御外界干扰的缓冲地带。

2. 鸟类物种多样性及主要雉类种群分布特征

野生动物资源是人类社会发展的重要物质资源，野生鸟类是自然生态系统的重要组成部分，在维护全球生态平衡和生物多样性保育等方面具有极其重要的意义。鸟类资源的物种多样性组成和丰富度是生物多样性的主要表现形式，亦是全球生物多样性研究的主要对象，鸟类物种结构、生存状态、分布特点等因素均被用作为评价特定地区生物多样性的重要指标和评价生态环境质量的评价指标，亦作为生态环境保护和管理的科学依据。国内外的研究和实践证明，通过规范化建设保护区是开展自然保护最有效的途径之一，通过自然保护区来保护鸟类及自然环境，从而达到维持鸟类物种多样性、保证生物资源的持续利用、保持生态系统的良性循环。

在鸟类研究历程中，较多的是采用传统的样线、样点法。而对于底层地面活动鸟类（通常指那些主要在地上觅食和繁殖的鸟类总称），它们多取食地上的大型无脊椎动物和小型脊椎动物（Dinata et al.，2008），如雉科（Phasianidae）、八色鸫科（Pittidae）、燕尾属（Enicurus）、地鸫属（Zoothera）鸟类等。由于这类鸟类行为隐蔽，难以见到；虽然一些种类可以凭鸣声确认，但这些鸟类的鸣声不容易听到，所以调查这类鸟类在方法上有困难（Dinata et al.，2008）。随着红外相机监测技术的发展，目前越来越多的研究者使用红外相机开展鸟类调查与监测（张履冰等，2014），极大地促进了野生动物监测工作的开展，很大程度地弥补了人类对野生动物认识的不足（肖治术，214）。当前，利用红外相机开展野生动物数量、种群结构与种群动态估计、活动规律、生境选择等多方面研究。这一迅速发展得益于红外相机的普及与廉价化，以及人们对红外相机陷阱技术（Camera trapping）方法论的探索（程樟峰等，2016；李欣海等，2014）。

红外相机陷阱技术是一种利用红外热原理对经过红外相机拍摄范围的野生动物进行自动拍摄其照片或视频的技术，即动物在进入红外相机自带的红外感应区域时，自动感应到动物的体温而触发相机工作（薛亚东等，2014），自动拍摄出感应区域内的动物照片或视频。雉类作为地栖性野生动物，采用红外触发相机对其生境进行监测是一种有效的科学研究手段。

中国是有着雉类王国之称的国家，在我国的西南地区雉类非常丰富，拥有世界上雉科近1/3的种类（卢汰春，1990；罗旭等，2004）。随着世界各个国家在雉类研究领域的科学研究进展，逐步发现分布范围狭窄、种群数量相对较少及生态适应性较低的雉类正在受到严重威胁（余辰星等，2011），有的种类已濒临灭绝。而以红腹锦鸡（*Chrysolophus pictus*）、红腹角雉（*Tragopan temminckii*）和灰胸竹鸡（*Bambusicola thoracica*）等种群数量较多的雉科动物凭借着极端华丽的羽毛及其在各个国家中占有着重要生态地位和科研价值，逐渐成为野生动物研究领域的重点研究物种。

在对雉类的研究过程中，更多科学研究者更偏向于研究其多样性和生境选择。生境又被称为栖息地，指生物的个体、种群或群落生活地域的环境，包括必需的生存条件和其他对生物起作用的生态因素，是生物生活的空间和其中全部生态因子的总和（武晶等，2014）。雉类在进行生境选择时通常选择的生态因子包括植被类型、地形地貌、海拔、光照、温度、水分、空气、无机盐类等非生物因子和食物、天敌等生物因子。雉类在生境的适应上实际是长期选择的结果（熊志斌，2010；史海涛等，1999），在选择的阶段性过程中，既有适应生境的一面，又有改造生境的一面。部分雉类在当地自然条件恶化时，可能被迫迁到新的生活场所。雉类为地栖性鸟类，活动范围相对较小，在其对生境选择的整个过程中，不仅要选择适应非生物环境因素，更要选择食物较充足之地。雉类通常会选择林分密集、相对较隐蔽而又安静的场所（崔鹏等，2008；李宏群等，2010），当生境被破坏时受影响程度相对其他鸟类较大。每种雉类选择栖息的生境是不同的，并且不是随机选择的，具有一定的规律，而影响雉类生境选择的主要因素为食物、水、隐蔽场所及受干扰情况。

2.1 研究方法

2.1.1 样地调查法

根据宽阔水保护区自然环境特点和不同生境类型的鸟类栖息环境特点，在保护区内均匀设置具有代表性的调查样地（包括调查样线和调查样点），调查样线覆盖不同植被类型和生境类型，并在样线调查中设置鸟类调查样点，重点调查雀形目鸟类物种。在样线和样点调查中，观察并记录调查到的鸟类实体、活动痕迹（粪便、足迹、巢穴等）、生境类型及 GPS 坐标信息等。

2.1.2 红外相机系统抽样法

采用红外相机公里网格（KM Grid）系统抽样法，利用 ArcGIS10.0 将宽阔水保护区进行网格化，每个网格面积为 1km²，在公里网格（1km×1km）内按每行网格交错间隔布设监测位点，隔行交叉间隔布设位点，共抽样 142 个监测位点，纵轴网格以大写英文字母编号，横轴网格以数字编号，位点以纵轴和横轴坐标结合进行编号。

2.1.3　红外相机野外布设方法

将系统抽样出的位点经纬度导入到 GPS 中,野外利用 GPS 导航该位点,在位点周围选取视野较开阔的生境进行红外相机的安装,红外相机型号为珠海猎科 Ltl 6210。红外相机主要捆绑在树上,高度 0.3~0.8m,相机镜头尽量与地面保持相对的平行,使其加大拍摄范围,拍摄范围尽量选择在背阳面,避免阳光直射导致较高频率的空照片拍摄,野外安装时视具体情况而定。所有相机均设置密码,并设置统一的参数:拍照模式、3 张连拍、间隔时间为 1s、灵敏度为中等。

2.2　结果分析

2.2.1　鸟类物种组成结构

宽阔水保护区的鸟类调查共记录到 197 种鸟类物种,雀形目最多,共 26 科 139 种,占鸟类监测总数的 70.56%;鹃鹛目 1 科 1 种,占鸟类总数的 0.51%;鹳形目 1 科 4 种,占鸟类总数的 2.03%;雁形目 1 科 6 种,占鸟类总数的 3.05%;隼形目 2 科 8 种,占鸟类总数的 4.06%;鸡形目 1 科 6 种,占鸟类监测总数的 3.05%;鹤形目 1 科 1 种,占鸟类总数的 0.51%,鸻形目 2 科 4 种,占鸟类总数的 2.03%;鸽形目 1 科 3 种,占鸟类监测总数的 1.52%;鹃形目 1 科 9 种,占鸟类总数的 4.57%;鸮形目 1 科 3 种,占鸟类监测总数的 1.52%;夜鹰目 1 科 1 种,占鸟类总数的 0.51%;雨燕目 1 科 2 种,占鸟类总数的 1.02%;佛法僧目 1 科 2 种,占鸟类总数的 1.02%;戴胜目 1 科 1 种,占鸟类总数的 0.51%;䴕形目 2 科 7 种,占鸟类总数的 3.55%(见附录)。宽阔水保护区的鸟类物种多样性较高,具有较高的科研价值和保护意义。

调查的 197 中鸟类中,红外相机拍摄的鸟类为 52 种,其中雀形目最多,共 11 科 42 种,占鸟类监测总数的 80.77%;鸡形目 1 科 5 种,占鸟类监测总数的 9.62%;鸽形目 1 科 2 种,占鸟类监测总数的 3.85%;䴕形目和鸻形目均为 1 科 1 种,均占鸟类监测总数的 1.92%,鸟类 G－F 指数为 0.55,拍摄率最高的 3 种雉类为红腹锦鸡(拍摄率为 1.91%)、红腹角雉(拍摄率为 0.91%)、灰胸竹鸡(拍摄率为 0.58%),因此,将红腹锦鸡、红腹角雉、灰胸竹鸡视为宽阔水自然保护区内主要雉类。

2.2.2　国家重点保护物种

调查的 197 种鸟类中,国家 I 级重点保护鸟类 1 种,白颈长尾雉(*Syrmaticus ellioti*);国家 II 级物种 16 种,分别为鸳鸯(*Aix galericulata*)、黑鸢(*Milvus migrans*)、蛇雕(*Spilornis cheela*)、雀鹰(*Accipiter nisus*)、松雀鹰(*Accipiter virgatus*)、凤头鹰(*Accipiter trivirgatus*)、鹊鹞(*Circus melanoleucos*)、普通鵟(*Buteo buteo*)、红隼(*Falco tinnunculus*)、红腹角雉、白冠长尾雉(*Syrmaticus reevesii*)、红腹锦鸡、红翅绿鸠(*Treron sieboldii*)、红角鸮(*Otus sunia*)、短耳鸮(*Asio flammeus*)和斑头鸺鹠(*Glaucidium cuculoides*)。该 17 种国家重点保护鸟类中除了鸳鸯、红腹锦鸡、红腹角雉、白冠长尾雉及红翅绿鸠 5 种未被列入 CITES 附录外,其他 12 种均被列入 CITES 附录,同时还增加了画眉(*Garrulax canorus*)和红嘴相思鸟(*Leiothrix lutea*)两个种。国家重点保护鸟类物种与被列入 CITES 附录的鸟类共 19 种,占调查总数的 9.64%。其中雉科中白颈长尾雉、红腹锦鸡、红腹角雉与鹰科中松雀鹰较多是通过红外相机发现,雉科物种占比 75%,因此侧面反映出,对雉科物种而言,通过红外相机监测技术对其生境选择特点进行分析是较为科学的方法。

通过红外相机监测到的 52 种鸟类中,列入 IUCN 红色名录濒危物种 7 种,其中,近危(NT)物种共有 5 种,分别为红腹锦鸡、红腹角雉、寿带(*Terpsiphone paradisi*)、画眉、白眉鹀(*Emberiza tristrami*),易危(VU)物种有 2 种,分别为白颈长尾雉和褐头鸫(*Turdus feae*)。从鸟类居留型来看,监测到留鸟 39 种,占鸟类监测总数的 75%;其次为冬候鸟和夏候鸟,分别为 7 种(占鸟类监测总数的 13.46%)和 4 种(占鸟类监测总数的 7.69%);繁殖鸟和旅鸟均为 1 种,均占鸟类监测总数的 1.92%。从鸟类区系来看,东洋界物种居多,数量达 31 种,占总数的 59.62%;广布种 21 种,占鸟类监测总数的 40.38%。为比较红外相机监测的物种数与保护区综合科学考察所记录物种数,本研究中鸟类分类系统参照《世界鸟类分类与分布名录》(郑光美,2002),因此,锈脸钩嘴鹛(*Pomatorhinus erythrogenys*)与斑胸钩嘴鹛(*Pomatorhinus erythrocnemis*)仍记为两个不同种(表 3.30)。

表 3. 30 宽阔水保护区红外相机监测到的鸟类物种名录

目/科	物种名称	学名	居留型/分布型	区系	IUCN级别	保护级别
I 隼形目 FALCONIFORMES						
1. 鹰科 Accipitridae	松雀鹰	*Accipiter virgatus*	留鸟	东	LC	II
II 鸡形目 GALLIFORMES						
2. 雉科 Phasianidae	灰胸竹鸡	*Bambusicola thoracica*	留鸟	东	LC	
	红腹锦鸡	*Chrysolophus pictus*	留鸟	广	NT	II
	红腹角雉	*Tragopan temminckii*	留鸟	东	NT	II
	雉鸡	*Phasianus colchicus*	留鸟	广	LC	
	白颈长尾雉	*Syrmaticus ellioti*	留鸟	东	VU	I
III 鸻形目 CHARADRIIFORMES						
3. 鹬科 Scolopacidae	丘鹬	*Scolopax rusticola*	冬候鸟	广	LC	
IV 鸽形目 COLUMBIFORMES						
4. 鸠鸽科 Columbidae	珠颈斑鸠	*Streptopelia chinensis*	留鸟	广	LC	
	山斑鸠	*Streptopelia orientalis*	留鸟	广	LC	
V 䴕形目 PICIFORMES						
5. 啄木鸟科 Picidae	灰头绿啄木鸟	*Picus canus*	留鸟	广	LC	
VI 雀形目 PASSERIFORMES						
6. 鹡鸰科 Motacillidae	树鹨	*Anthus hodgsoni*	留鸟	广	LC	
7. 鹎科 Pycnonotidae	领雀嘴鹎	*Spizixos semitorques*	留鸟	东	LC	
8. 鸦科 Corvidae	红嘴蓝鹊	*Urocissa erythrorhyncha*	留鸟	广	LC	
	灰树鹊	*Dendrocitta formosae*	留鸟	东	LC	
	松鸦	*Garrulus glandarius*	留鸟	广	LC	
9. 鸫科 Turdidae	紫啸鸫	*Myophonus caeruleus*	留鸟	广	LC	
	灰翅鸫	*Turdus boulboul*	冬候鸟	东	LC	
	褐头鸫	*Turdus feae*	未知	东	VU	
	白眉鸫	*Turdus obscurus*	留鸟	广	LC	
	斑鸫	*Turdus eunomus*	冬候鸟	广	LC	
	蓝歌鸲	*Luscinia cyane*	冬候鸟	广	LC	
	红喉歌鸲	*Luscinia calliope*	冬候鸟	广	LC	
	橙头地鸫	*Zoothera citrina*	夏候鸟	东	LC	
	虎斑地鸫	*Zoothera dauma*	留鸟	广	LC	
	北红尾鸲	*Phoenicurus auroreus*	留鸟	广	LC	
	红胁蓝尾鸲	*Tarsiger cyanurus*	冬候鸟	广	LC	
	黑背燕尾	*Enicurus immaculatus*	留鸟	东	LC	
10. 鹟科 Muscicapidae	白眉姬鹟	*Ficedula zanthopygia*	夏候鸟	东	LC	
	玉头姬鹟	*Ficedula sapphira*	夏候鸟	东	LC	
11. 王鹟科 Monarchinae	寿带	*Terpsiphone paradisi*	夏候鸟	广	NT	

（续）

目/科	物种名称	学名	居留型/分布型	区系	IUCN级别	保护级别
12. 画眉科 Timaliidae	棕噪鹛	*Garrulax poecilorhynchus*	留鸟	东	LC	
	黑领噪鹛	*Garrulax pectoralis*	留鸟	东	LC	
	橙翅噪鹛	*Garrulax elliotii*	留鸟	东	LC	
	灰翅噪鹛	*Garrulax cineraceus*	留鸟	东	LC	
	白颊噪鹛	*Garrulax sannio*	留鸟	东	LC	
	褐胸噪鹛	*Garrulax maesi*	留鸟	东	LC	
	赤（红）尾噪鹛	*Garrulax milnei*	留鸟	东	LC	
	画眉	*Garrulax canorus*	留鸟	东	NT	
	斑胸钩嘴鹛	*Pomatorhinus erythrocnemis*	留鸟	东	LC	
	棕颈钩嘴鹛	*Pomatorhinus ruficollis*	留鸟	东	LC	
	锈脸钩嘴鹛	*Pomatorhinus erythrogenys*	留鸟	东	LC	
	灰眶雀鹛	*Alcippe morrisonia*	留鸟	东	LC	
	褐胁雀鹛	*Alcippe dubia*	留鸟	东	LC	
	褐顶雀鹛	*Alcippe brunnea*	留鸟	东	LC	
	红嘴相思鸟	*Leiothrix lutea*	留鸟	东	LC	
	红头穗鹛	*Stachyris ruficeps*	留鸟	东	LC	
	矛纹草鹛	*Babax lanceolatus*	留鸟	东	LC	
13. 莺科 Sylviidae	强脚树莺	*Cettia fortipes*	留鸟	东	LC	
14. 梅花雀科 Estrildidae	白腰文鸟	*Lonchura striata*	留鸟	东	LC	
15. 燕雀科 Fringillidae	燕雀	*Fringilla montifringilla*	旅鸟	广	LC	
16. 鹀科 Emberizidae	黄喉鹀	*Emberiza elegans*	留鸟	广	LC	
	白眉鹀	*Emberiza tristrami*	冬候鸟	广	NT	

注：区系：古－古北种，东－东洋界，广－广布种；世界自然保护联盟濒危物种红色名录（IUCN）等级：CR－极危，LC－无危，NT－近危，VU－易危，EN－濒危；国家重点保护野生动物名录：Ⅰ－Ⅰ级保护动物，Ⅱ－Ⅱ级保护动物。

2.2.3 雉类监测结果

在红外相机监测过程中，系统抽样的 142 个监测位点采取分批次进行红外相机安装，去除网格边界不在该保护区范围内（即该网格在保护区边界线内面积小于 1/2）的 9 个监测位点。余下 133 个位点中，有 7 个监测位点因地势地形问题无法到达、未能安装，故野外实际安装相机数为 126 台，其中丢失 3 台，未能正常工作相机 3 台，因此最终获得 120 台有效红外相机监测数据。120 台红外相机监测时间自 2015 年 2 月至 2016 年 11 月，约 22 个月，有效工作日共 9428 天，共拍摄照片 81036 张，其中有效照片 8380 张（拍摄率为 88.88%），有效照片中雉类照片占 216 张（表 3.31）。

表 3.31　宽阔水保护区红外相机监测雉类名录

目/科	物种名称	学名	居留型	区系	IUCN级别	保护级别	拍摄率（%）
鸡形目/雉科 Phasianidae	灰胸竹鸡	*Bambusicola thoracica*	留鸟	东	LC		0.58
	红腹锦鸡	*Chrysolophus pictus*	留鸟	广	NT	Ⅱ	1.91
	红腹角雉	*Tragopan temminckii*	留鸟	东	NT	Ⅱ	0.91
	雉鸡	*Phasianus colchicus*	留鸟	广	LC		0.01
	白颈长尾雉	*Symrmaticus ellioti*	留鸟	东	NT	Ⅰ	0.02

注：区系：东－东洋界，广－广布种。

2.2.4 主要雉类分布特点

本次选取拍摄率较高的红腹锦鸡、红腹角雉、灰胸竹鸡三种雉科物种作为研究对象。结果显示，红腹锦鸡在核心区、缓冲区、试验区的分布比例依次为（53.85%、20.33%、25.82%）。红腹锦鸡在核心区活动频率最高，同时其活动频率最高的区域也是整个保护区的中心区域，单从红腹锦鸡这个物种分析，若将保护区功能分区严格按照国家标准执行，则核心区物种将会得到最有效保护。理论分析，红腹锦鸡在缓冲受到人为及其他干扰比试验区要小，其拍摄率应该高于试验区，但本研究结果显示则相反，红腹锦鸡在试验区拍摄率较缓冲区高，其原因可能是因为宽阔水国家级自然保护区的正北和正南方占据了大量缓冲区面积，而正北与正南区域生境不是红腹锦鸡较好的活动及繁衍场所。

红腹角雉在核心区分布面积最高（55.81%），试验区次之（37.21%），缓冲区最少（6.98%）；其结果与红腹锦鸡相似，但也有所差别。红腹角雉整体分布较红腹锦鸡少，其最大原因可能是红腹角雉相对红腹锦鸡而言，对生境要求更高。

灰胸竹鸡在实验区（54.55%）的活动频率比核心区（12.73%）和缓冲区（32.73%）高。此现象原因首先是灰胸竹鸡受人为干扰因素较小，其次是灰胸竹鸡对生境要求相对较低，且活动范围相对较大所致（图3.9至图3.11）。

3. 兽类物种多样性及主要兽类分布

物种多样性是衡量一定地区生物资源丰富程度的一个客观指标（谢文华等，2014）。物种多样性包括两个方面：一方面是指一定区域内物种丰富程度，可称为区域物种多样性；另一方面是指生态学方面的物种分布的均匀程度，可称为生态多样性或群落多样性。物种的多样性可以表现在多个层次上数量和分布特征，一些种的种群增加可能导致其他一些种的减少，从而导致一定区域内物种多样性减少。因此，了解一个区域的野生动物物种多样性可以全面衡量该区域的生态质量（蒋志刚等，1999）。目前，国内很多保护区利用红外相机技术对区内野生动物物种多样性进行清查，并获得很好的成果。刘芳等（2012，2014）利用红外相机对北京松山国家级自然保护区的野生动物物种和湖南高望界国家级自然保护区野生鸟兽多样性进行了全面的调查，研究发现人为干扰对于野生动物的分布存在明显影响，同时提出红外相机对于野生动物多样性的系统调查方法，为保护区的物种监测提供借鉴。张明霞等（2014）利用红外相机技术获取了西双版纳森林动态样地内的一些野生鸟类和兽类的多样性及其活动地点的基本信息，为未来对一些保护物种，如北豚尾猴（*Macaca leonina*）、灰孔雀雉（*Polyplectron bicalcaratum*）等进行生态行为学研究奠定了数据基础。

生境，是动物生活的场所，由生物和非生物环境构成环境因素的集合。野生动物会根据自身所需求的各项元素而选择不同的生境用以生活和繁衍，如海拔、植被类型、食物通道、人为干扰等，因此，不同的生境动物的分布则不同。目前，红外相机技术成为野生动物生境选择利用的主要调查方法之一。2013年，有研究者采用红外相机技术对水源与兽类的关系进行了验证，结果表明水源地及兽径上所拍摄的物种数不存在显著差异（陈天波等，2013）。2015年，薛亚东（2014）应用红外相机对库姆塔格沙漠地区野骆驼（*Camelus ferus*）的生境利用进行研究，表明了野骆驼偏好选择海拔800～2000m且坡度较小的生境，并对水源的利用野骆驼表现了安全因素的权衡。不同动物对生境的偏好程度不同，李广良等（2014）采用同种动物在不同生境中的红外相机拍摄率表示该种动物对不同生境的偏好程度，同时采用红外相机点的DCA排序得出动物的群落组成结构。

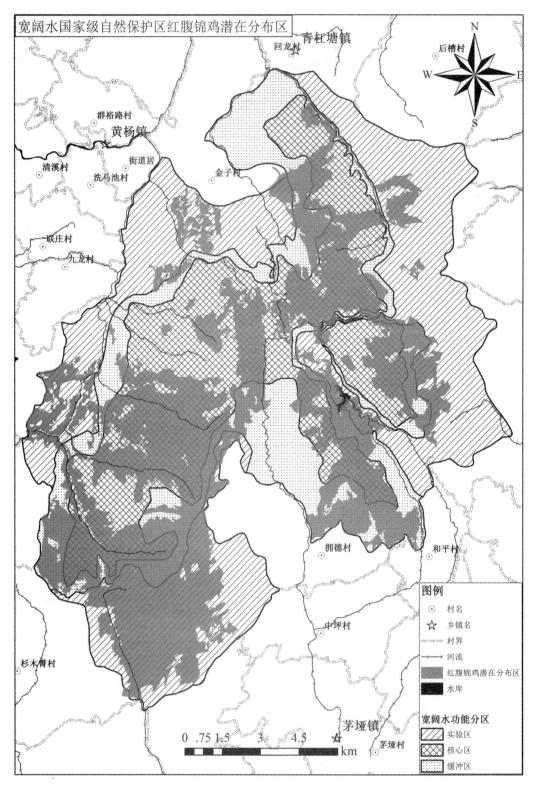

图 3.9　保护区红腹锦鸡分布图

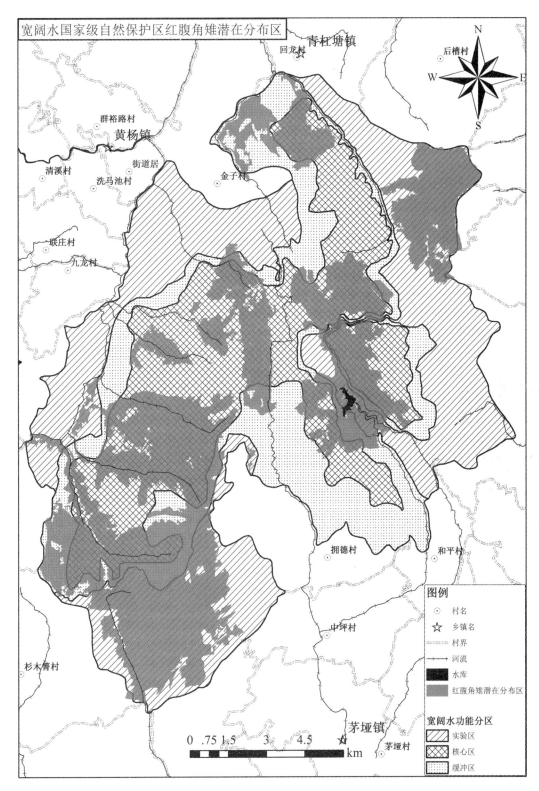

图 3. 10 保护区红腹角雉分布图

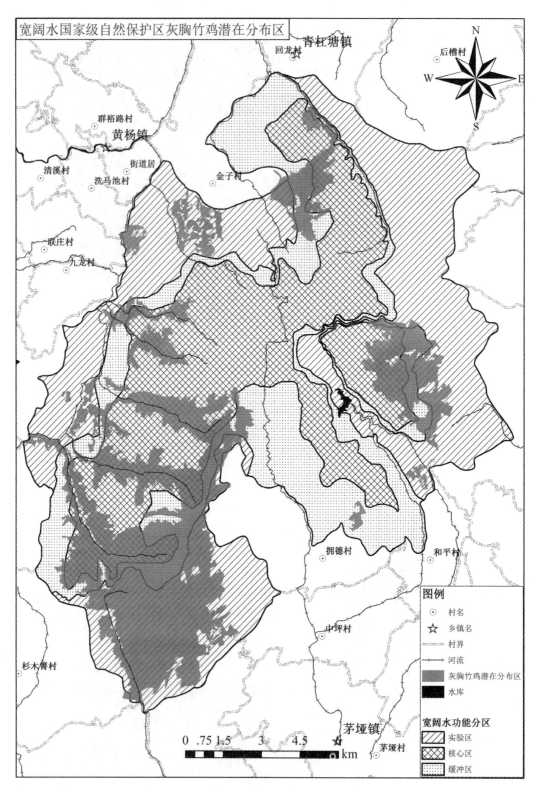

图 3.11　保护区灰胸竹鸡分布图

3.1 研究方法

　　根据监测拍摄的照片物种分类及照片筛选(获取独立有效照片),独立有效照片(Independent Photo,IP)筛选条件为:①相邻照片若为同一个体时(能明显分辨为不同个体除外),选取一张为独立有效照片;②连续拍摄同一个体或空照片,30min 之内选取为 1 张照片为独立有效照片,包含物种的选取照片质量最佳的一张，空照片则随意选取一张；③非同种个体的相邻照片均选取为独立有效照片（Kawanishi et al，1999）。所有有效照片按兽类、鸟类、工作人员、其他人员、牲畜和不能辨别分为6类。采用 SPSS 21.0、ArcGIS 10.2、Origin 9.1、EXCEL 等软件对红外相机监测数据进行处理并对研究内容进行分析。

3.1.1 红外相机系统抽样方法

在野生动物野外调查中，长期采用传统的调查方法（样线法、样点法），得到的结果往往会受到调查人员主观因素及物种遇见率影响，导致数据容易出现误差（肖治术，2014）。而由于受限于山地调查难度、遇见率、动物夜行性等因素，在南方山地森林中很难进行多物种的野外调查，甚至对于一些人迹罕见等特殊区域，大大增加了野生动物野外调查的难度，研究的成本更为昂贵，成为区域野生动物调查研究的瓶颈（封托等，2013；马鸣等，2006）。随着社会经济发展，人们对野生动物资源的掠夺不断加大，滥捕乱猎、破坏生境、环境污染等问题的存在，导致诸多野生动物种数和数量减少，甚至濒临灭绝或本地灭绝，因此开展野生动物监测十分必要（封托等，2013）。近年来红外触发相机（Infrared trigger camera）的大量应用极大地促进了野生动物监测工作的开展，很大程度的弥补了以上提到的不足，并且人们从初期以证实物种分布为主的简单目的，到如今利用红外相机开展野生动物数量、种群结构与种群动态估计、生境选择、活动规律等各方面深入研究，红外相机得到了极大的应用，这一迅速发展得益于红外相机技术的成熟与普及，也得益于人们对红外相机陷阱技术（Camera trapping）方法论的探索（O'Connell et al，2010）。

红外相机技术与传统的野外动物调查方法比较，具有非损伤性、不受外界环境干扰、全天候24h不间断监测、成本低、数据真实可靠等的优点（张洪峰等，2011）。红外相机在野生动物的研究领域中占有独特的先机，被广泛应用于野生动物物种数量和种群结构、生境选择和生态应用、巢捕食和活动节律等相关研究中。红外相机技术还可以针对特定的某些物种开展了研究（何佰锁等，2009）。

采用公里网格（KM Grid）系统抽样法（Systematical sampling），利用 ArcGIS10.0 将宽阔水自然保护区进行网格化，每个网格面积为1km²，随机确定第一个起始位点后，在公里网格（1km×1km）内按每行网格交错间隔布设监测位点，相机尽量安置在网格中央，但在实际过程中因可到达性、可安装性等问题，常常会偏离网格中心。隔行交叉间隔布设的红外相机位点见图3.12，纵轴网格以大写英文字母编号，横轴网格以数字编号，位点以纵轴和横轴坐标结合进行编号。

3.1.2 红外相机野外布设方法

将系统抽样出的位点经纬度导入到 GPS（Garmin etrex3.0）中，野外利用 GPS 导航至该位点，在位点周围选取视野较开阔的兽径（兽径的选择标准为，区域内发现动物活动过的痕迹包括足迹、粪便、刨坑等）进行红外相机的安装，红外相机型号为珠海猎科 Ltl 6210。红外相机主要捆绑在树干上，高度0.3~0.8m，安装时，让红外相机有一定的倾斜角度，使其与地面保持一定的平行，从而可以加大拍摄范围，增加有效照片的拍摄量。同时，红外相机应尽量安装在背阳面，避免阳光的直射而影响相机误拍的现象，即拍摄大量空照片，这不仅会造成红外相机电池资源的浪费，还会影响拍摄到的照片质量。野外安装时视具体情况而定。所有相机均设置密码，并设置统一的参数：拍照模式、3张连拍、间隔时间为1s、灵敏度为中等。两台相机间距离不能小于500m。

由于相机数量及人力资源有限，将系统抽样的142个监测位点分批次进行红外相机的安装（表3.32），去除网格边界不在保护区范围内（即保护区边界线所在网格面积小于1/2）的9个监测位点，余下133个，7个监测位点在野外因地势险峻导致无法到达安装，故野外安装126台，丢失3台，未正常工作相机3台，共获得120台有效红外相机监测数据。

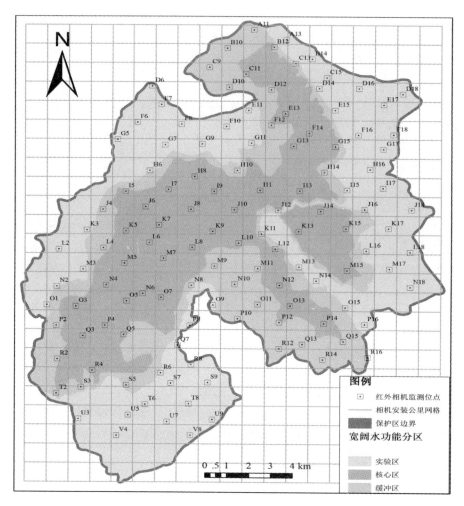

图 3.12 宽阔水自然保护区红外相机实际安装位点

表 3.32 红外相机安装批次及工作时间表

批次	工作时间	位点编号
第一批	2015.02～2015.04	E11、G15、C13、D14、E15、B12、D10、F10、F8、G7、G9、E7、A11、B10、C9
第二批	2015.04～2015.06	G13、C15、B14、C11、D12、F14、E17、D6、G5、F6、F12、E13、G11、F18、G17、F16、D16、D18、A13
第三批	2015.07～2015.10	H10、H14、H16、I11、I13、I15、I17、J10、J12、J14、J16
第四批	2016.03～2016.06	O15、K11、M11、N10、P10、O11、N12、L10、M13、L12、K13、M15、N14、L16、K15、K17、M17、N18、J18、L18
第五批	2016.06～2016.09	R4、O1、P2、R2、S3、T2、O9、N8、O5、P4、Q3、K9、M9、L8、N6、O7、O3、U3、N4
第六批	2016.07～2016.10	L4、J4、J6、I5、K7、I9、I7、K3、L2、M3、J8、H8、H6、M5、K5、L6、M7、N2
第七批	2016.09～2016.11	R16、P16、V8、U9、U7、T8、O13、R12、P12、R14、Q13、P14、Q15、P8、R8、S7、S9
第八批	2016.09～2016.11	Q5、Q7、R6、S5、T6、U5、V4

3.1.3 生境因子调查方法

以每个红外相机监测位点为中心，均设置 1 个样方，样方大小为 10m×10m。记录每个样方内生境因子包括地形地貌因子、植被因子、干扰因子等共 12 个。分别是海拔（m）、坡度、坡位、基质类型、植被类型、乔木郁闭度、灌木盖度、距居民点距离(m)、距农耕地距离(m)、距水源距离(m)、距路距离(m)和功能区。

3.1.4　物种多样性

采用 $G-F$ 指数测定鸟类和兽类科属间的物种多样性。科属水平上的 $G-F$ 指数计算公式为(蒋志刚，1999)：

F 指数 D_F：

$$D_F = \sum_{k=1}^{m} DFk$$

$$D_{Fk} = \sum_{i=1}^{n} pi\ln pi$$

式中：DFk 为在一个特定的科(k)中的 F 指数，$pi = S_{ki}/S_k$，S_k 为名录中 k 科中的物种数，S_{ki} 为名录中 k 科 i 属中的物种数，n 为名录中 k 科中的属数，i 为名录中的科数。

G 指数，D_G：

$$D_G = \sum_{j=1}^{p} q_j \ln q_j$$

式中：$q_j = S_j/S$，S 为名录中的物种数，S_j 为名录中 j 属中的物种数，p 为名录中的属数。

$G-F$ 指数，D_{G-F}：

$$D_{G-F} = 1 - \frac{D_G}{D_F}$$

式中：如果名录中所有科都是单科，即 $D_F=0$ 时，则该地区的 $G-F$ 指数为零，$D_{G-F}=0$。

3.1.5　相对丰富度(物种拍摄率)

以拍摄率说明动物的相对丰富度(Relative Abundance Index，RAI)，相对丰度指标(RAI)越高，则种群数量越多，拍摄率计算公式为：

拍摄率(%) = (该物种独立有效照片数/相机工作日) × 100

3.1.6　红外相机拍摄率

根据所记录的海拔和植被类型，将海拔划为 5 个梯度(700 ~ 900m、901 ~ 1100m、1101 ~ 1300m、1301 ~ 1500m、>1500m)；将植被类型分为 5 种类型(针叶林、阔叶林、针阔混交林、竹林、灌丛)。采用卡方检验(Chi-Square Test)，对不同海拔梯度和植被类型下，红外相机拍摄率及物种数差异性进行分析。

3.1.7　物种分布与功能分区管理的 GAP 分析

根据监测结果中的保护区珍稀濒危动物物种出现位点的 GPS 数据和保护区植被分布图，利用 Arc-GIS 的空间分析与制图功能，将有某种动物出现的红外相机监测位点植被斑块标记为该动物的潜在分布区域。结合物种拍摄率大小，绘制出物种出现位点的物种拍摄率大小分布图。将物种潜在分布区图、物种位点及物种丰富图、保护区功能分区图进行叠加进行 GAP 分析，物种多样性较高而未出现在保护区核心区的区域确定为保护区的保护空白。

3.2　结果与分析

本研究于 2015 年 2 月 13 日至 2016 年 11 月 26 日，采用红外相机系统抽样间隔公里网格法对宽阔水自然保护区内兽类资源进行监测与分析，将宽阔水自然保护区系统抽样出 142 个网格，间隔 1 个网格为一个监测位点，即红外相机布设密度为 1 台/2km²。共获得 120 台相机有效数据，监测时长约 22 个月，有效工作日约 9428 天，每台相机平均工作日约 78.57 天，共拍摄 81036 张，其中有效照片共 8380 张，共拍摄兽类物种 20 种。

3.2.1　兽类多样性及物种组成

将相机拍摄的照片分为兽类、鸟类、工作人员、其他人员、牲畜和不能辨别 6 类，经过对兽类物种鉴定，120 台相机共拍摄兽类物种 20 种，隶属 5 目 10 科，其中拍摄到 1 种保护区兽类新记录，红腿长吻松鼠(*Dremomys pyrrhomerus*)。

本研究的 120 个监测位点中，拍摄兽类物种数量最多的位点为 F6(9 种，占拍摄兽类总数的 45%)，每台相机平均拍摄 0.17 种兽类物种。经过相机位点数量与鸟兽物种数量 T 检验结果表明：每个相机位点间兽类物种存在极显著差异(兽类：$t = 15.605$，$df = 119$，$P < 0.001$)。

红外相机共拍摄兽类 20 种，本次监测的 20 种兽类物种组成中，食肉目最多，共 3 科 8 种，占兽类监测总数的 40%；啮齿目 3 科 6 种，占兽类总数的 30%；鲸偶蹄目 2 科 4 种，占兽类总数的 20%；灵长目和兔形目均为 1 科 1 种，均占兽类总数的 5%，兽类 $G - F$ 指数为 0.32，拍摄率最高的 3 种兽类为红腿长吻松鼠(拍摄率为 3.27%)、小麂(拍摄率为 2.85%)、花面狸(拍摄率为 1.93%)，因此，将红腿长吻松鼠、小麂、花面狸作为宽阔水自然保护区内主要兽类类(表 3.33)。

表 3.33　宽阔水保护区红外相机监测到的兽类物种名录

目/科	物种名称	学名	居留型/分布型	区系	IUCN 级别	保护级别
灵长目 PRIMATES						
猴科 Cercopithecidae	黑叶猴	*Trachypithecus francoisi*	Wc	东	EN	I
食肉目 CARNIVORA						
鼬科 Mustelidae	黄腹鼬	*Mustela kathiah*	Sd	广	NT	
	黄鼬	*Siberian Weasel*	Uh	古	LC	
	猪獾	*Arctonyx collaris*	We	广	NT	
	鼬獾	*Melogale moschata*	Sd	东	NT	
灵猫科 Viverridae	花面狸	*Paguma larvata*	We	广	NT	
	小灵猫	*Viverricula indica*	Wd	东	VU	II
	斑林狸	*Prionodon pardicolor*	Wc	东	VU	II
猫科 Felidae	豹猫	*Prionailurus bengalensis*	We	广	VU	
鲸偶蹄目 CETARTIODACTYLA						
猪科 Suidae	野猪	*Sus scrofa*	Uh	广	LC	
鹿科 Cervidae	赤麂	*Muntiacus muntjak*	Sd	东	LC	
	毛冠鹿	*Elaphodus cephalophus*	Sv	东	NT	
	小麂	*Muntiacus reevesi*	Wc	东	LC	
啮齿目 RODENTIA						
松鼠科 Sciuridae	赤腹松鼠	*Callosciurus erythraeus*	Wc	东	LC	
	红颊长吻松鼠	*Dremomys rufigenis*	Sc	东	LC	
	珀氏长吻松鼠	*Dremomys pernyi*	Sd	东	LC	
	红腿长吻松鼠	*Dremomys pyrrhomerus*	Sc	东	NT	
鼠科 Muridae	小家鼠	*Mus musculus*	Uh	广	LC	
豪猪科 Hystricidae	豪猪	*Hystrix brachyura*	Wd	东	LC	
兔形目 LAGOMORPHA						
兔科 Leporidae	蒙古兔	*Lepus tolai*	O	广	LC	

注：区系：古－古北种，东－东洋界，广－广布种；世界自然保护联盟濒危物种红色名录(IUCN)等级：CR－极危，LC－无危，NT－近危，VU－易危，EN－濒危，IUCN 参考文献；国家重点保护野生动物名录：I－I 级保护动物，II－II 级保护动物。

3.2.2 国家重点保护物种

本次监测到的 20 种兽类物种中，国家 I 级重点保护物种有 1 种，为黑叶猴(*Trachypithecus francoisi*)；II 级重点保护物种有 2 种，分别为小灵猫(*Viverricula indica*)和斑林狸(*Prionodon pardicolor*)。全部列入 IUCN 红色名录濒危物种，其中濒危物种(EN)1 种，为黑叶猴，占保护区兽类监测物种总数的 5%；易危(VU)物种 3 种，占保护区兽类监测总数的 15%；近危(NT)物种 6 种，占保护区兽类监测总数的 35%；其余均为无危(LC)物种，占保护区兽类监测总数的 50%。兽类区系和分布型组成中，东洋界物种居多(12 种)，占兽类总数的 65%；其次为广布种(7 种)，占兽类总数的 35%；古北界物种最少，仅监测有 1 种，占兽类总数的 5%。兽类分类系统及顺序参照蒋志刚等(2015)。

3.2.3 红外相机拍摄率分析

红外相机拍摄率、拍摄物种数在不同植被类型和不同海拔梯度下有一定变化(表 3.34)。

(1)不同海拔梯度的红外相机拍摄率

卡方检验结果表明：不同海拔梯度下，红外相机总拍摄率无显著差异($\chi^2 = 0.229$，$df = 4$，$P = 0.994 > 0.05$)，但拍摄的物种数有显著差异($\chi^2 = 48.721$，$df = 4$，$P = 0.000 < 0.001$)，说明海拔对物种丰度(Richness)无显著影响，但对物种多度(Abundance)影响显著。海拔 1101～1300m，监测的物种数最多，其次为 901～1100m 海拔段，700～900m 海拔段监测到物种数最少，说明在宽阔水自然保护区高、中海拔段监测的兽类物种多样性较高，低海拔的监测的物种较少(表 3.34)。

(2)不同植被类型的红外相机拍摄率

不同植被类型下，红外相机拍摄率($\chi^2 = 139.995$，$df = 4$，$P = 0.000 < 0.001$)和拍摄物种数($\chi^2 = 352.349$，$df = 4$，$P = 0.000 < 0.001$)均存在极显著差异；说明植被类型对物种多度和物种丰度均有极显著影响。红外相机监测到的物种数量依次为针阔混交林＞阔叶林＞灌丛＞针叶林＞竹林(表 3.34)。

表 3.34　不同海拔和植被类型红外相机拍摄率

变量	类型	相机位点数 (个)	物种照片数 (张)	物种数 (种)	相机工作日 (天)	拍摄率 (%)
海拔 (m)	700～900	15	272	25	971	28.01
	901～1100	22	611	51	1761	34.70
	1101～1300	36	1157	57	2937	39.39
	1301～1500	34	1108	49	2825	39.22
	>1501	13	495	32	973	50.87
植被类型	针叶林	10	288	33	731	39.40
	阔叶林	43	1215	43	3477	34.94
	针阔混交林	42	1045	54	3423	30.53
	竹林	5	125	15	356	35.11
	灌丛	20	890	35	1440	61.81

3.2.4 主要兽类生境利用差异性分析

将调查中的 12 个生境因子分为间断性生境因子和连续性生境因子两种类型，其中，间断性生境因子包括 4 种，分别为坡位、基质类型、功能区、植被类型，其余 8 种生境因子则为连续性生境因子。

(1)间断性生境因子利用差异性分析

兽类对间断性生境因子的利用具有极显著差异性，经过卡方分析结果显示：不同坡位下红腿长吻松鼠、小麂和花面狸也存在极显著差异($\chi^2 = 28.711$，$df = 2$，$P = 0.000 < 0.001$)。在对不同坡位的 3 个

类别(上坡位、中坡位、下坡位)中,小麂(52.42%)对中坡位的利用率较大,红腿长吻松鼠(44.26%)和花面狸(41.21%)利用上坡位比中部坡位稍微低一点;3个物种在下坡位的活动频率均较低。

红腿长吻松鼠、小麂、花面狸在不同功能区上存在极显著差异($\chi^2 = 50.560$, $df = 2$, $P = 0.000 < 0.001$)。红腿长吻松鼠在核心区、缓冲区和实验区的活动比例分别为48.52%、14.74%、32.72%;小麂在核心区、缓冲区和实验区的活动比例分别为42.01%、30.11%、27.88%;花面狸在核心区的活动频率最高,占51.65%,缓冲区和实验区拍摄照片的比例值相当,分别为24.73%和23.63%。

不同基质类型下,红腿长吻松鼠、小麂、花面狸存在极显著差异($\chi^2 = 9.983$, $df = 1$, $P = 0.002 < 0.01$)。红腿长吻松鼠、小麂、花面狸在土坡基质中被拍摄的照片比例都高。红腿长吻松鼠占71.48%、小麂占94.80%、花面狸占77.47%,说明3个物种在生境选择中偏向于利用土坡基质生境。

红腿长吻松鼠、小麂、花面狸在不同植被类型下差异极显著($\chi^2 = 68.239$, $df = 4$, $P = 0.002 < 0.01$)。红腿长吻松鼠(44.59%)和小麂(37.92%)在阔叶林中被拍摄的频率最高,红腿长吻松鼠在针阔混交林中被拍摄的频率最低,分别占5.45%和1.97%,小麂在灌丛中被拍摄的频率最低,占0.37%;花面狸则对针阔混交林的利用率最高(35.72%),对竹林的利用率最低(1.10%)。

(2)连续性生境因子利用差异性分析

对8个连续性生境变量因子进行 Kruskal-Wallis test 检验表明(表3.35),主要兽类(红腿长吻松鼠、小麂、花面狸)在所有连续性生境因子利用上均无显著差异($P > 0.05$)

表3.35　兽类的8个生境因子选择差异性

因子变量	兽类($df = 2$)			
	Mean	SD	χ^2	P
海拔(m)	1278.39	211.34	0.499	0.779
坡度(°)	18.49	45.21	1.886	0.390
乔木郁闭度(%)	0.45	0.29	0.146	0.929
灌木盖度	0.42	0.27	0.819	0.664
距水源距离(m)	137.35	165.54	0.063	0.969
距路距离(m)	141.66	187.04	0.019	0.991
距居民点距离(m)	457.62	280.07	1.215	0.545
距农耕地距离(m)	383.55	259.99	1.506	0.471

3.2.5 主要兽类生境利用特征分析

同一物种对不同生境的偏好程度也不同,利用主成分分析对拍摄率较高的前3种兽类(红腿长吻松鼠、小麂、花面狸)进行生境利用特征分析。

主要兽类物种生境因子 KMO 和 Bartlett 检验结果显示,KMO 统计量均大于0.5,但 P 值均小于0.01,说明生境因子变量间的相关性较强,所有变量适合作因子分析。

对保护区内主要兽类出现位点的12个生境变量进行主成分分析,根据数据矩阵计算出相关矩阵的特征根和特征向量,结果表明:特征值大于1的主成分因子有4个,其特征值的累计贡献率达到58.522%,基本能够反映出保护区内兽类生境利用特征,这4个成分包含所统计12个因子变量的大部分信息,因此,只选用前4个主成分进行分析,不考虑其余成分。分析结果显示,提取的4个主成分包含了所选12个因子中的6个因子(表3.36)。

表 3.36　主要兽类生境利用特征向量的转置矩阵

因子变量	主成分(贡献率)			
	1(21.190%)	2(14.266%)	3(13.086%)	4(9.981%)
海拔(m)	0.463	-0.082	-0.481	0.214
坡度(°)	0.134	-0.198	-0.010	-0.605
坡位	0.533	-0.174	0.063	-0.279
功能区	-0.664	-0.054	0.272	0.139
基质类型	0.134	-0.041	-0.413	0.612
植被类型	-0.574	0.381	0.077	0.387
乔木郁闭度(%)	0.051	-0.020	0.790	0.177
灌木盖度	0.102	-0.243	0.362	-0.084
距水源距离(m)	-0.344	-0.709	-0.173	-0.434
距路距离(m)	-0.093	0.521	-0.271	-0.156
距居民点距离(m)	0.572	0.571	0.421	0.121
距农耕地距离(m)	0.739	0.457	0.223	0.100

第一主成分特征值为 2.543，贡献率达到 21.190%，其中载荷系数值较大的因子有功能区和距农耕地距离，其载荷系数值为 -0.664 和 0.739，说明这两个因子具有较大的载荷信息量。因此，功能区和距农耕地距离是影响兽类生境利用第一主成分的主要因子。这两个因子因处于保护区不同地理位置而受到不同程度的干扰，因此，影响兽类生境利用的第一主分量可命名为"干扰"因素。

第二主成分特征值为 1.712，贡献率达到 14.266%，其中载荷系数值较大的因子有距水源距离，其载荷系数值为 0.709，说明该因子具有较大的载荷信息量，且呈负相关。因此，距水源距离是影响保护区内兽类生境利用第二主成分的主要因子，随着水源距离增大，兽类的生境利用性降低，说明兽类偏向于距离水源较近的生境，因此，第二主分量可命名为"水源"因素。

第三主成分特征值为 1.570，贡献率达到 13.086%，其中载荷系数值较大的因子有乔木郁闭度，其载荷系数值为 0.790，说明该因子具有较大的载荷信息量，且呈正相关，因此，随着乔木郁闭度增大，兽类的生境选择性增加。乔木郁闭度主要与兽类活动的隐蔽场所相关，说明兽类偏向于选择乔木林下较空旷的生境，因此，第三主分量的可命名为"隐蔽"因素。

第四主成分特征值为 1.198，贡献率达到 9.981%，其中载荷系数值较大的因子有基质类型和坡度，其载荷系数值为 -0.605 和 0.612，这两个因子具有较大的载荷信息量。基质类型和坡度主要与兽类活动的地形相关，因此，第四主分量的可命名为"地形"因素。

3.2.6　宽阔水保护区兽类分布特点及 GAP 分析

根据本研究中红外相机监测的野生动物物种位点，结合宽阔水自然保护区植被类型分布图，利用 ArcGIS 绘制出了保护区内部分物种分布图，包括珍稀濒危物种(黑叶猴、豹猫、小灵猫)和主要物种(小麂、花面狸等)的潜在分布区图，同时，绘制出物种拍摄率大小分布图，将物种潜在分布区图、物种拍摄率大小图和保护区功能分区图叠加得出图 3.13 至图 3.17。

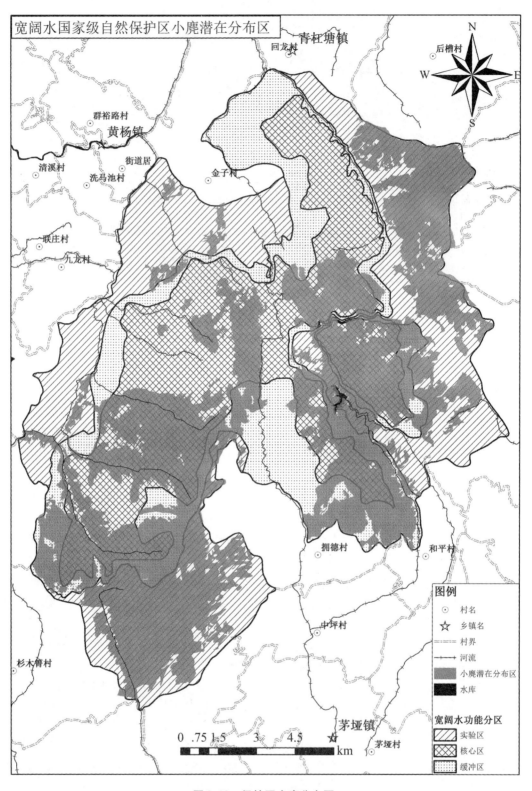

图 3.13 保护区小麂分布图

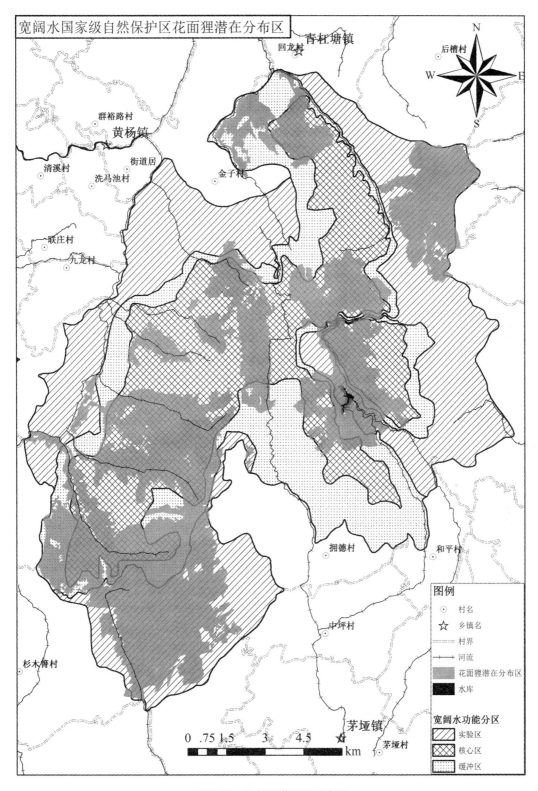

图 3.14 保护区花面狸分布图

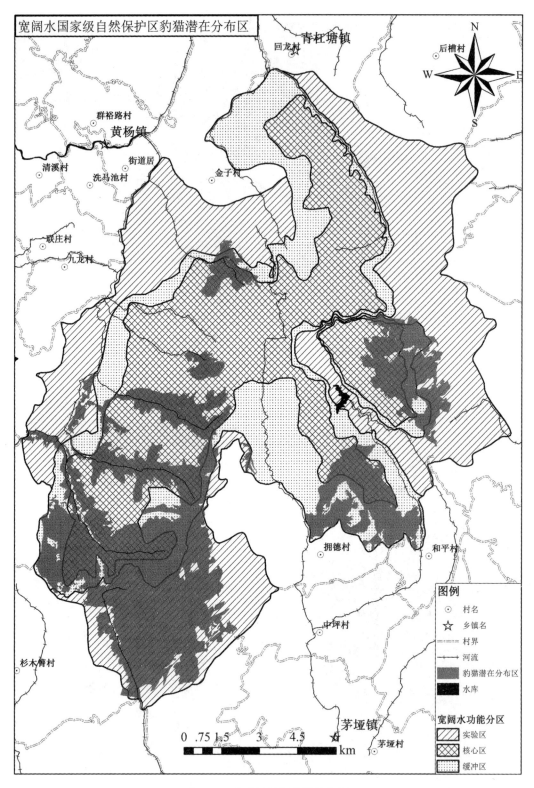

图 3.15 自然保护区豹猫分布图

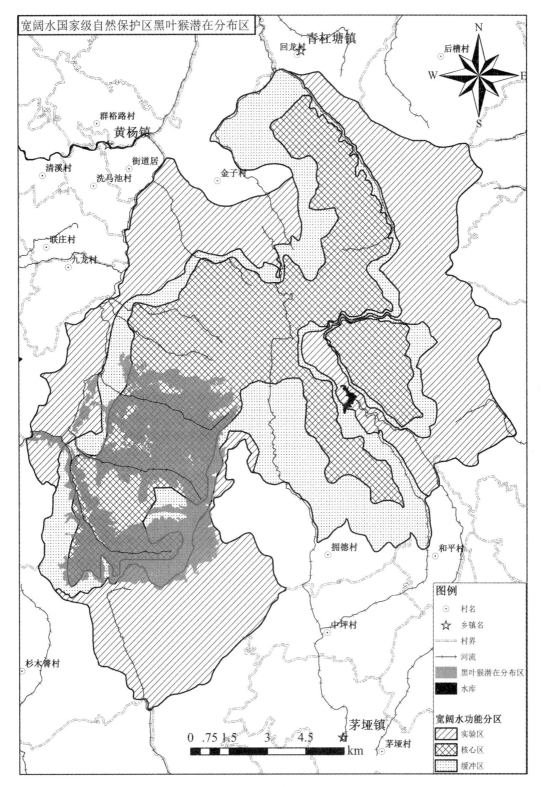

图 3.16　保护区黑叶猴分布图

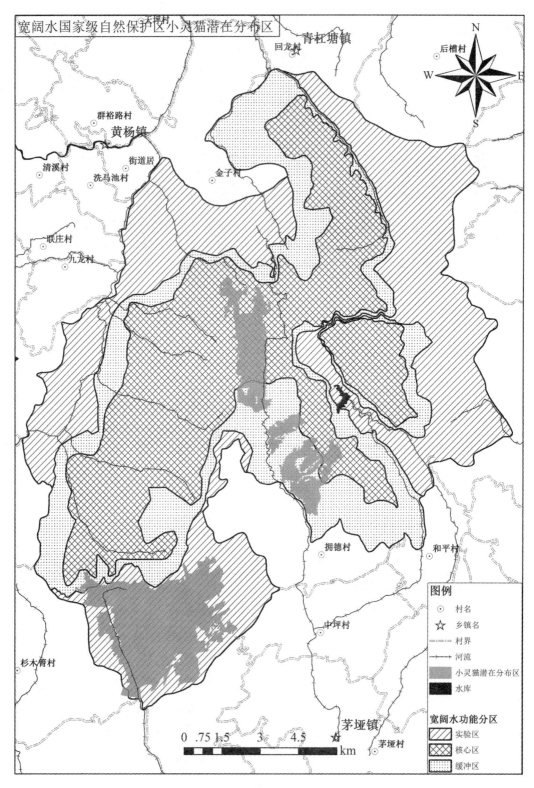

图 3.17　保护区小灵猫分布图

通过对宽阔水国家级自然保护区的物种空间分布于 GAP 分析得出如下结论：

花面狸和小鹿分布相对较广泛，其次分布范围较广的为豹猫，最后为小灵猫和黑叶猴。

物种主要集中在保护区的环担山、打角垭、琵琶岩、让水坝、十二背后、马蹄溪、太阳山、簸箕窝、大石板，而这些监测位点地形海拔落差较大，沟壑较多，人为干扰相对较少，这可能是其小范围内物种较为丰富的原因，因此，根据本次红外相机监测结果，保护区内打角垭、十二背后、太阳山、簸箕窝、大石板区域为关键区域。

环担山、让水坝地区为保护区的实验区，琵琶岩为保护区缓冲区，但从物种分布图来看，这些地区物种较丰富；从保护区植被分布图来看，环担山和琵琶岩区域植被覆盖率较高，地形落差也较大。因此，通过 GAP 分析得出，环担山、琵琶岩和让水坝区域为保护区的保护空缺。

4. 小结

宽阔水国家级自然保护区内部分区域因建筑物及乡村道路的修建，加之人为捕猎、放牧、采山货等活动的干扰，致使区内生境破碎化，动物栖息地也因此受到严重影响，导致保护区内野生动物的数量逐渐下降。通过本次对宽阔水国家级自然保护区内野生动物资源进行全面调查，区内仍存在较丰富的珍稀濒危动物物种，主要包括：国家 I 级重点保护物种有 2 种；为黑叶猴和白颈长尾雉，II 级重点保护物种有 18 种，分别为小灵猫、斑林狸、鸳鸯、黑鸢、蛇雕、雀鹰、松雀鹰、凤头鹰、鹊鹞、普通鵟、红隼、红腹角雉、白冠长尾雉、红腹锦鸡、红翅绿鸠、红角鸮、短耳鸮和斑头鸺鹠。列入 IUCN 红色名录濒危物种中：濒危物种(EN)1 种，为黑叶猴；近危(NT)物种共有 11 种，分别为红腹锦鸡、红腹角雉、寿带、画眉、白眉鸫、黄腹鼬、猪獾、鼬獾、花面狸、毛冠鹿和红腿长吻松鼠，易危(VU)物种有 5 种，分别为小灵猫、斑林狸、豹猫、白颈长尾雉和褐头鸫。鉴于此，保护区应加大区内人为活动的监管力度，同时，应对保护区内动物进行实时监测，为保护区提供野生动物的动态数据，也为保护区内珍稀濒危兽类物种的保护管理提供科学的依据。

第三节　亮叶水青冈林种群特征与更新维持

宽阔水国家级保护区属森林和野生动物类型自然保护区，以保护原生性亮叶水青冈林及黑叶猴、红腹锦鸡种群及其生境为主体(姚小刚等，2016；姚小刚，2018)，同时也是重要的生物资源保护区(杨应等，2017)。宽阔水自然保护区共划分有 5 个植被型组(针叶林、针阔混交林、阔叶林、竹林、灌丛和灌草丛)、7 个植被型(亚热带山地暖性针叶林、亚热带针阔混交林、中亚热带常绿阔叶林、中亚热带常绿落叶阔叶混交林、中亚热带落叶阔叶林、中山及亚高山竹林、灌丛)和 29 个群系(刘良淑，2016)。这些植被类型中，最为重要的是具有典型地带性植被分布特征的原生性亮叶水青冈林，对宽阔水自然保护区生态功能的维持具有重要支撑。

水青冈属植物分布于欧洲、美洲及亚洲，属为温带区系成分，分布范围比较广，分布区在北纬 19°N(墨西哥)到北纬 60°N(挪威和瑞典)之间，包括了东亚、欧亚大陆西部和北美东部的广大地区。在欧亚大陆主要分布于温带海洋性气候地区，在北美洲则主要分布于美国温暖、潮湿的东南部(王丽娜等，2012)。亮叶水青冈(*Fagus lucida*)起源古老，是我国水青冈属植物中分布较广的树种，在亚热带东部东南季风气候区中山地带常形成以其为主要成分的面积较大的森林群落。主要分布在我国北至长江北部神农架(31.5°N)，南达南岭山脉北部地区(24°N)，包括湖北、四川、贵州、湖南、广东等海拔约700m 以上的山地(雷耘等，2005；田宇英，2014)。贵州天然生的亮叶水青冈林分布很广泛，面积较大，保存较为完整的则主要在北纬 28°11′，东经 107°11′的宽阔水林区和北纬 27°54′，东经 108°41′的梵净山以及黔东南地区(朱守谦，杨业勤，1985)。梵净山自然保护区及宽阔水自然保护区作为亮叶水青冈在贵州的重要分布区，其主要为大箭竹－亮叶水青冈群丛（Sinarundinario chungii - Fagetum lucidae ass. nov.），此群丛在梵净山自然保护区与宽阔水自然保护区海拔 1400～2000m 的广泛分布，以东北坡及南坡的中上部和山脊部为多。特征种为大箭竹（Sinarundinaria chungii）、短柱柃（Eurya brevistyla）等。此群丛可进一步分为黄肉楠亚群丛与金佛山方竹亚群丛。黄肉楠亚群丛分布于梵净山海拔 1570～1980m、宽阔水海拔 1460m 的陡坡和部分台地。区分种包括黄肉楠（Actinodaphne reticulata）、云贵鹅耳枥（Carpinus pubescens）、鹰爪枫（Holboellia coriacea）及华木荷（Schima sinensis）。金佛山方竹亚群丛分布于宽阔水自然保护区海拔 1530～1710m 的山顶部与山坡上部。群落的区分种为金佛山方竹（Chimonobambusa utilis）、峨眉苔草（Carex omeiensis）、湖北苔草（C. henryi）、长茎堇菜（Viola brunneostipulosa）、黄背叶柃（Eurya nitida var. aureascens）（汪正祥等，2006）。在垂直分布上，它是亚热带山地植被垂直带谱中落叶、常绿阔叶林带和针阔混交林带中重要的森林类型（王献溥等，1965）。朱守谦（1985）将宽阔水自然保护区亮叶水青冈林分为三种主要类型：亮叶水青冈－大箭竹林、亮叶水青冈－粗穗石栎混交林和亮叶水青冈－多脉青冈混交林。研究发现亮叶水青冈在现代分布中有日趋缩小的趋势（洪必恭，1993）。宽阔水自然保护区地处长江中上游地区，是中亚热带山地森林生态系统结构功能及野生动植物研究的重要基地，也是中亚热带山区重要的天然物种基因库和生物进化研究基地、喀斯特非地带性森林生态系统和地带性森林生态系统动态对比研究的重要基地，同时也是长江中上游的重要生态屏障。该保护区以保护原生性亮叶水青冈林及其生境资源为主要对象。然而，近年来研究发现，该区域亮叶水青冈种群结构老龄化，林下幼苗缺失，大部分树木种子结实量低甚至不结实，林下植被密集分布了大量的金佛山方竹（Chimonobambusa utilis）、箭竹（Sinarundinaria hasihursuta）种群，这些密集分布的竹类种群通过盘根错节的根系和密集丛生的秆枝与林内树种争夺光照、养分和水分资源，并通过影响群落微环境对乔木树种的更新产生负效应，从而影响了亮叶水青冈种群的结构性更新和幼苗繁育，也就影响了种群更新和生态系统的稳定性维持（谢佩云等，2016；谢佩云等，2017）。近年来对水青冈的研究多集中于地理分布（Fang et al.，1999；Martinez et al.，2016；Jacob et al.，2010）、群落结构和种群格局（Yang et al.，2005；Zhang et al.，2003）、群落物种多样性（Ying et al.，2016；Unterseher et al.，2016）、种群更新（Yamashita et al.，2002；Guo et al.，2004；Wang et al.，2006；Koide et al.，2012；Li et al.，2011）等方面，对亮叶水青冈的研究多集中在群落分类（Wang et al.，2006）、物种组成与结构更新（Lei et al.，2005）、群落结构和动态（Zhou et al.，1985）等方面，然而，在大量金佛山方竹和箭竹种群分布形成的林下植被，其不同于林层物种组成及其结构，竹类种群的存在是如何影响亮叶水青冈幼体结构性更新还鲜有研究报道。为此，我们通过野外群落调查、种群结构分析、种苗繁育等对宽阔水自然保护区重要群系亮叶水青冈种群与维持机制的研究，探索宽阔水保护区森林生态系统的稳定性维持机理，为该保护区森林生态系统的保护提供基础理论依据和应用技术支撑。

1. 亮叶水青冈树种种群生态位分析

生态位研究是生态学中最活跃的领域之一，其最早由 Grinnell（1971）定义，即生态位是物种的最小分布单元。生态位是研究植物生态和群落生态的重要理论问题。其中物种对环境资源利用多样性可通过生态位宽度进行测度；生态位相似比例则可作为物种对环境资源共享程度的衡量指标；生态位重叠可以作为植物种间生态学相似性的测度（盖新敏等，2005）。

水青冈属（Fagus）植物是北半球温带和亚热带落叶阔叶林的重要优势种，第三纪以来一直具有广泛的分布（方精云等，1997）。宽阔水国家级自然保护区地处贵州省北部的绥阳县北部，其中，保留有大量原生性较强的亮叶水青冈林（朱守谦，1985）。亮叶水青冈作为该区域的建群种，具有及其重要的地位。该森林群落内有维管束植物 160 种，分属 49 科，90 属，乔木层树种达 112 种，这些植物物种构成了该区域重要的森林群系（朱守谦，1985）。对于宽阔水自然保护区内的亮叶水青冈群落已有少量研究报道（朱守谦，1985，喻理飞等，1998），但距今时间跨度较大，对其深入研究缺乏。本节通过亮叶水青冈生态位特征研究，以揭示亮叶水青冈林中各优势种群对资源环境的利用状况及相互关系，以期为宽阔水自然保护区亮叶水青冈林保护和与保护区可持续经营管理提供基础性资料。

1.1 研究方法

按照林外、林缘和林内三种环境进行调查。选择林缘为基准线，从林缘外 9m 处垂直向林内拉一条长 18m、宽 1m 的样带(样带起点的 1~6m 作为林外环境、6~12m 作为林缘环境、12~18m 作为林下环境)，样带过林缘处的亮叶水青冈母树中心位置，另外分别拉两条相同的样带并平行于此样带两侧。在每条样带内平行于林缘方向构建 1m×1m 的小样方。每一条样带 18 个小样方，三条样带共计 54 个小样方。调查样方内的所有乔木、灌木、草本植物和层间植物的物种名称、高度、基径、冠幅、盖度等。

1.2 结果分析

1.2.1 种群生态位宽度

生态位宽度(Niche breadth)是度量种群对环境资源利用能力的尺度、种群动态的一个间接测度和种群在群落中的地位和作用的数量表达，能够较好地解释群落演替过程种群的环境适应性和资源利用能力。从表 3.37 中得出：亮叶水青冈林乔木层 Levins 生态位宽度指数大小顺序为亮叶水青冈(*Fargesia spathacea*) > 栲树(*Castanopsis fargesii*) > 粗穗石栎(*Lithocarpus glaber*) > 柃木(*Eurya japonica*) > 川桂(*Cinnamomum wilsonii*) > 珙桐(*Davidia involucratal*)) > 川榛(*Corylus heterophylla* var. *sutchuenensis*) > 泡桐(*Paulownia fortunei*)。Shannon – wiener 生态位宽度指数大小顺序为栲树 > 粗穗石栎 > 亮叶水青冈 > 川榛 > 柃木 > 珙桐 > 川桂 > 泡桐。从表 3.38 中得出：亮叶水青冈林灌木层 Levins 生态位宽度指数大小顺序为金佛山方竹(*Chimonobabusa utilis*) > 山胡椒(*Lindera glauca*) > 紫金牛(*Ardisia japonica*)。Shannon – wiener 生态位宽度指数大小顺序为紫金牛 > 金佛山方竹 > 山胡椒。

从 $B_{(SW)}$ 和 $B_{(L)}$ 值看，乔木层中亮叶水青冈、粗穗石栎、栲树 $B_{(SW)}$ 和 $B_{(L)}$ 值都较大，可能因为这三个种群在 3 个资源位中都有分布，在创造群落内部独特环境中起重要作用，数量多，分布广，同时说明了亮叶水青冈、粗穗石栎、栲树这三个物种对资源利用较为充分，有较大的生态适应范围。从 $B_{(SW)}$ 和 $B_{(L)}$ 值看，亮叶水青冈的 $B_{(SW)}$ 位于第三位，$B_{(L)}$ 值位于第一位，与粗穗石栎、栲树的生态位宽度值接近，可以说明它们对环境的利用能力相似。从乔木层重要值表中看到，川榛的重要值是 0.1218，位于第七位，但是川榛的生态位宽度却比较大，其 $B_{(SW)}$ 为 1.6443，位于第四位，$B_{(L)}$ 值为 0.5432 位于第六位。因此，可以得出川榛对资源环境利用能力相对较强，对环境要求相对不严格，生态位相对较宽。珙桐也同样如此。珙桐的生态位宽度值 $B_{(SW)}$ 值为 0，得出珙桐对环境资源有较高的选择，只适应个别的资源位。客观的反映种群在自然环境中的分布。

从灌木层主要种群生态位宽度值(表 3.38)中金佛山方竹 $B_{(L)}$ 值最大，排在第一位，$B(SW)$ 排在第二位，同样说明金佛山方竹在群落中占有绝对优势。

表 3.38　亮叶水青冈林乔木层主要种群的生态位宽度

树种名称	$Pw-1$	$Pw-2$	$Pw-3$	$B(L)i$	$B(SW)i$
亮叶水青冈	0.2914	0.3140	0.3946	0.9827	3.3213
栲树	0.2000	0.3790	0.4210	0.9237	3.4447
粗穗石栎	0.3082	0.4127	0.2791	0.9712	3.3383
柃木	0.6369	0.3631	0.0000	0.6202	1.4642
川桂	1.0000	0.0000	0.0000	0.3333	0.0000
珙桐	0.0000	0.5046	0.4954	0.6666	1.3864
川榛	0.0000	0.7384	0.2616	0.5432	1.6443
泡桐	0.0000	0.0000	1.0000	0.3333	0.0000

表 3.38　亮叶水青冈林灌木层主要种群的生态位宽度

种名	$Pw-1$	$Pw-2$	$Pw-3$	$B(L)i$	$B(SW)i$
金佛山方竹	0.5249	0.2533	0.2218	0.8572	3.5237
紫金牛	0.1093	0.7148	0.1758	0.6018	4.2873
山胡椒	0.6576	0	0.3424	0.6064	1.4910
山茶	0	0	1	0.3333	0

1.2.2　生态位相似性比例分析

生态位相似性比例是指两个种群之间利用资源的相似程度。由乔木层相似性比例表（表3.39）中得到的计算结果可以看出，亮叶水青冈和栲树生态位相似比例最大，C_{ih}值为0.9086；栲树和粗穗石栎、亮叶水青冈和粗穗石栎、栲树和珙桐生态位相似比例较大，C_{ih}值为0.8581、0.8845、0.8000。有4对的相似性为0，占总种对数的14.29%；有4对的相似性比例在大于0.2小于0.3，占总种对数的14.29%；有4对的相似性比例在大于0.3小于0.4，占总种对数14.29%；有2对的相似性比例大于0.4小于0.5，占总种对数的7.12%；有2对的相似性比例大于0.5小于0.6，占总种对数的7.12%；有6对的相似性比例大于0.6小于0.7，占总种对数的21.43%；有2对的生态位相似性比例大于0.7小于0.8，占总种对数的7.12%；有3对生态位相似性比例大于0.8小于0.9，占总对数的10.07%；有1对的生态位相似比例大于0.9，占总对数的3.57%。

由灌木层相似性比例表（表3.40）中得到的计算结果可以看出金佛山方竹和山胡椒的生态位相似比例最大，C_{ih}值为0.7467；金佛山方竹和紫金牛生态位相似比例较大，C_{ih}值为0.5385。灌木层生态位相似性比例中有1对的相似性比例在大于0.1小于0.2，占总种对数的16.67%；有2对的相似性比例在大于0.2小于0.3，占总种对数33.33%；有1对的相似性比例在大于0.3小于0.4，占总种对数的16.67%；有1对的相似性比例在大于0.5小于0.6，占总种对数的16.67%；有1对的相似性比例在大于0.6小于0.7，占总种对数的16.67%。

在中亚热带森林群落中，生态位宽度较高的两个种类，其相似性比例值一般也较高。如亮叶水青岗—栲树，栲树—粗穗石栎，亮叶水青岗—粗穗石栎等。但是生态位宽度值低的物种对其相似性比例不一定低，如珙桐—川榛，珙桐—泡桐。说明了生态位宽度值低的种对其相似性比例可能低也可能高，关键在于种间对资源位的利用相似程度，而且生态位相似性比例与物种的生物生态学特性有关。

从表3.39中还可以看出，亮叶水青冈和泡桐的生态位相似性比例较小，这可能与泡桐的分布有关。乔木层主要种群的相似性比例格局列于图3.18，可以看出现主要种群的大部分种对C_{ih}值在0～0.9之间。另外，从表3.39中可看出生态位重叠值大的种对，其生态位相似性比例也就大。如亮叶水青冈—栲树，亮叶水青冈—粗穗石栎等。生态位重叠值小的种对，其生态位相似性比例也就相应小。如栲树—川桂，粗穗石栎—泡桐，川榛—泡桐等。灌木层相似性比例格局列于图3.19，主要种群的大部分种对 Cih 值在0.1～0.7，特征规律与乔木层相同。

表 3.39　亮叶水青冈林乔木层主要种群的生态位相似性比例及生态位重叠值特征表

种对号	Cih	Lih	Lhi	种对号	Cih	Lih	Lhi
1－2	0.9086	0.3375	0.3172	4－5	0.6369	0.3950	0.2123
1－3	0.8845	0.3238	0.3200	4－6	0.3631	0.1136	0.1221
1－4	0.6054	0.2944	0.1858	4－7	0.3631	0.1663	0.1456
1－5	0.2914	0.2863	0.0971	4－8	0	0	0
1－6	0.7086	0.3478	0.2359	5－6	0	0	0
1－7	0.5756	0.3293	0.1820	5－7	0	0	0

（续）

种对号	Cih	Lih	Lhi	种对号	Cih	Lih	Lhi
1－8	0.3946	0.3877	0.1315	5－8	0	0	0
2－3	0.8581	0.3099	0.3259	6－7	0.7661	0.3348	0.2728
2－4	0.5632	0.2448	0.1644	6－8	0.4954	0.3303	0.1651
2－5	0.2000	0.1848	0.0667	7－8	0.2616	0.1421	0.0872
2－6	0.8000	0.3693	0.2665	—	—	—	—
2－7	0.6405	0.3602	0.2118	—	—	—	—
2－8	0.4210	0.3889	0.1403	—	—	—	—
3－4	0.6713	0.3362	0.2147	—	—	—	—
3－5	0.3082	0.2993	0.1027	—	—	—	—
3－6	0.6918	0.3365	0.2310	—	—	—	—
3－7	0.6743	0.3669	0.2052	—	—	—	—
3－8	0.2791	0.2711	0.0930	—	—	—	—

注：表中1代表亮叶水青冈（*Fargesia spathacea*），2代表栲树（*Castanopsis Fargesii*），3代表粗穗石栎（*Lithocarpus glaber*），4代表柃木（*Eurya japonica*），5代表川桂（*Cinnamomum wilsonii*），6代表珙桐（*Davidia involucrata*），7代表川榛（*Corylus heterophylla*），8代表泡桐（*Paulownia fortunei*）。

表3.40　亮叶水青冈林灌木层主要种群的生态位相似性比例及生态位重叠值特征表

种对号	Cih	Lih	Lhi
1－2	0.5385	0.2379	0.1670
1－3	0.7467	0.3610	0.2554
1－4	0.2218	0.1901	0.0739
2－3	0.2852	0.0795	0.0801
2－4	0.1758	0.1058	0.0586
3－4	0.3424	0.2076	0.1141

注：表中1代表金佛山方竹（*Chimonobabusautilis*），2代表紫金牛（*Ardisia japonica*），3代表山胡椒（*Lindera glauca*），4代表西南红山茶（*Camellia pitardii*）。

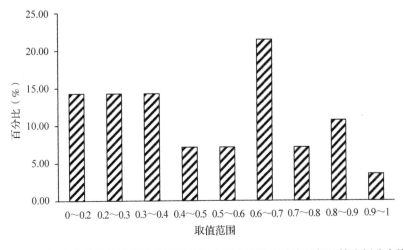

图3.18　宽阔水自然保护区亮叶水青冈林乔木层主要种群生态位相似性比例分布格局

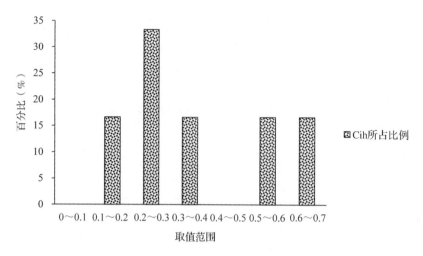

图 3.19　保护区亮叶水青冈林中主要种群生态位相似性比例分布格局

1.2.3 亮叶水青冈林主要种群生态位重叠分析

生态位重叠分析从图 3.20 中可以看出，亮叶水青冈林乔木层主要种群的生态位重叠值在 $0 \sim 0.4$（L_{hi}，L_{ih}）之间。生态位重叠值越大，表明两个物种利用资源的能力越相似；生态位重叠越小，则表明两个物种利用资源的能力差异越大。图 3.20 表明亮叶水青冈林中 8 个主要物种对资源的共享较为明显。由生态位宽度表和生态位重叠值表（表 3.39）可以看出生态位宽度值大的树种对与生态位宽度值较小或相近的树种可产生的生态位重叠值较大。如亮叶水青冈重叠栲树 0.3375；亮叶水青冈重叠粗穗石栎 0.3238；栲树重叠粗穗石栎 0.3099；金佛山方竹重叠胡颓子 0.3610。但是生态位宽度值较小的树种与生态位宽度值较大的树种生态位重叠却不一定大。如珙桐重叠亮叶水青冈 0.2359；泡桐重叠栲树 0.2118；珙桐重叠栲树 0.2665。这是因为高生态位宽度的物种对资源的利用能力都较强，分布也比较广，相互间的重叠性就大；而生态位窄的物种生态适应范围较小，相互间重叠机会小。亮叶水青冈与栲树的生态位重叠值为 $0.3375（L_{ih}）$ 和 $0.3172（L_{hi}）$，并且两者之间生态位相似性比例较大 0.9086（C_{ih}），说明亮叶水青冈与栲树之间竞争排斥作用强烈。亮叶水青冈与其他种群的生态位重叠值在 $0.2863 \sim 0.3877（L_{ih}）$ 和 $0.0971 \sim 0.3200（L_{hi}）$ 之间，说明亮叶水青冈与其他种群之间的重叠较大，生态位重叠越大，说明物种之间的竞争和排斥越强烈。生态位发生重叠的物种能够彼此共存，形成相互作用、相互影响的稳定生态系统。亮叶水青冈林的物种是长期的自然选择，是一个有机的整体。

由图 3.20 可见，亮叶水青冈林的生态位重叠值集中在 $0 \sim 0.40（L_{ih}）$ 之间和 $0 \sim 0.35（L_{hi}）$ 之间。说明各个物种对亮叶水青冈林群落的资源环境共享较明显，亮叶水青冈林群落较为稳定。由灌木层生态位重叠图（图 3.21）可以看出在 $0.05 \sim 0.40（L_{ih}）$ 之间和 $0.05 \sim 0.30（L_{hi}）$ 之间；说明灌木层结构稳定。

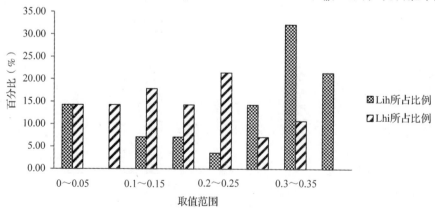

图 3.20　宽阔水自然保护区亮叶水青冈林乔木层主要种群生态位重叠分布格局

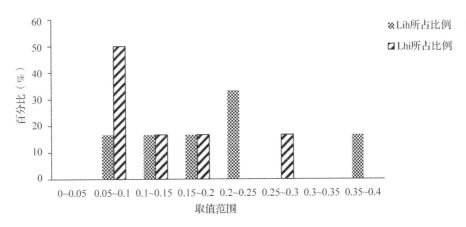

图 3. 21　保护区亮叶水青冈林灌木层主要种群生态位重叠分布格局

2. 金佛山方竹对亮叶水青冈幼树种群数量的影响

森林生态系统的更新受到生物因素和非生物因素两方面的共同影响（Han et al.，2002）。林下植被可直接与林下幼苗竞争资源并改变林下微环境影响森林更新（Zheng et al.，2013；Tsvuura et al.，2010）。水青冈属种群更新主要以林窗内种子繁殖更新和萌枝更新为主（Nakashizuka et al.，1987；Tian et al.，2014），因此林下植被物种组成和资源利用方式对于水青冈幼苗的更新产生重要影响。宽阔水自然保护区分布了大量的亮叶水青冈原生性古树，但林下亮叶水青冈幼苗甚至幼树缺失，在开阔的林缘地带过渡性地分布了一些亮叶水青冈幼树，并且亮叶水青冈林下镶嵌分布有大量的金佛山方竹（*Chimonobambusa utilis*）和箭竹（*Sinarundinaria hasihursuta*）种群等，这些竹类种群可通过盘根错节的根系和密集丛生的秆枝与林内树种争夺光照、养分和水分资源，并通过影响群落微环境对乔木树种的更新产生负效应（Suzaki et al.，2005；Taylor et al.，2004；Holzz et al.，2006），同时也极大地降低群落的多样性（Kudo et al.，2011；Gonzalez et al.，2002；Noguchi et al.，2004）。在大量金佛山方竹和箭竹种群分布形成的林下植被，竹类种群的存在是如何影响亮叶水青冈幼体结构性更新的还鲜有研究报道。本节研究以贵州宽阔水自然保护区亮叶水青冈 - 金佛山方竹林为研究对象，探讨金佛山方竹种群对亮叶水青冈幼树的个体结构、数量分布和种群结构更新的影响，为揭示亮叶水青冈林更新与维持机制提供理论支持。

2.1 研究方法

在交错带上设置 3 条（代表 3 个样地）20m 长的样线作为基准线，每条样线距离 >20m，沿基准线两侧并平行于基准线向竹丛内和竹丛外各设置 3 条 4m×40m（宽×长）的样带，从竹丛内到竹丛外依次记为带 1、带 2、带 3、带 4、带 5、带 6。在每条样带上用相邻格子法设置 10 个 4m×4m 的小样方，6 条样带共 60 个小样方，3 个样地共计 180 个小样方。采用群落学方法调查样方内的所有乔木、灌木、草本植物和层间植物的物种名、高度、胸径、冠幅、盖度等。根据亮叶水青冈胸径的分布状况，将其划分为 3 个径级：小径级 I（BHD <7cm）、中径级 II（7cm≤BHD <13cm）和大径级 III（BHD≥13cm）（QU et al.，1952）；根据亮叶水青冈个体高度特征，将其划分为 3 个高度级：小高度级 I（H <6m）、中高度级 II（6m≤H <11m）和大高度级 III（H≥11m）。

2.2 结果分析

2.2.1 金佛山方竹对亮叶水青冈幼树数量的影响

从表 3. 41 可看出，各样带的亮叶水青冈个体数量不均，其中 I 径级在带 3 和带 5、III 径级在带 1 个体缺失，总体上竹丛内（带 1、带 2 和带 3）个体数量小于竹丛外（带 4、带 5 和带 6）。而金佛山方竹在带 1、带 2 和带 3 的个体数量和密度均高于带 4、带 5 和带 6，表明金佛山方竹密度增加降低了亮叶水青冈的个体数量。带 1 和带 2 的亮叶水青冈在阶段 A（即小径级向中径级转化阶段）的转化率大于带

4、带 5 和带 6，说明阶段 A 的幼树转化率在密度较大的金佛山方竹林内较高，而阶段 B（即中径级向大径级转化阶段）的幼树转化率则低（除了带 3 外），表明方竹密度增加有利于小径级向中径级幼树的转化，而方竹密度减少则有利于中径级向大径级幼树的转化。

表 3.41　亮叶水青冈和金佛山方竹个体数量和幼树径级转化率

| | | 径级 | 样带 | | | | | |
			1	2	3	4	5	6
亮叶水青冈	株数	I	4	4	0	11	0	4
		II	2	2	3	4	8	5
F. lucida		III	0	4	2	6	4	2
	转化率	A(II/I)	0.5	0.5	0	0.36	0	—
		B(III/II)	0	—	0.67	—	0.5	0.4
金佛山方竹	株数		102	140	131	88	66	18
S. hasihursuta	密度		10.20±1.65ab	14.00±1.22a	13.10±1.99ab	8.80±2.12ab	6.60±3.30bc	1.80±1.04c

2.2.2 金佛山方竹与亮叶水青冈种群数量变化特征

由图 3.22 可知，在密度较大的金佛山方竹林内（带 1、带 2 和带 3）各样方亮叶水青冈种群数量较低，平均为 0.70 株，在相对密度较小的金佛山方竹林（带 4、带 5 和带 6）中各样方亮叶水青冈种群数量增加，平均为 1.47 株，从样地交错带基准线（带 3 与带 4 过渡线）开始，从带 4 到带 6 亮叶水青冈个体数量逐渐增加，而金佛山方竹个体数量逐渐减少，表明金佛山方竹个体数量的增加显著抑制了亮叶水青冈幼树种群数量的维持。

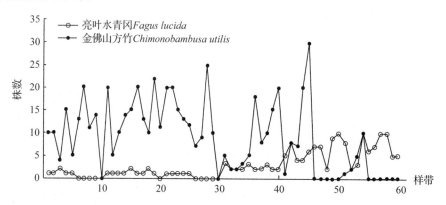

图 3.22　亮叶水青冈和金佛山方竹在样方中的数量

2.2.3 亮叶水青冈幼树的平均胸径和平均高度

由图 3.23 A 可见，亮叶水青冈幼树在带 1、带 2 和带 3 中的平均胸径为 5.17 cm，带 4、带 5 和带 6 中的平均胸径为 7.90cm，表明较大密度的金佛山方竹降低了亮叶水青冈幼树种群的平均胸径，而较小密度的金佛山方竹则可促进亮叶水青冈平均胸径的增加。由图 3.23 B 可见，带 1 中的亮叶水青冈幼树种群具有较小的平均高度，为 2.85m，但带 2 和带 3 则具有较高的平均高度，分别为 11.50m 和 10.20m，在金佛山方竹密度较小的样带（带 4、带 5 和带 6）中，亮叶水青冈幼树的平均高度分别为 8.00、8.81 和 8.70m，总体上高密度金佛山方竹林（带 2 和带 3）具有增加亮叶水青冈幼树平均高度的趋势，而相对低密度金佛山方竹林则具有减小亮叶水青冈幼树平均高度的趋势。

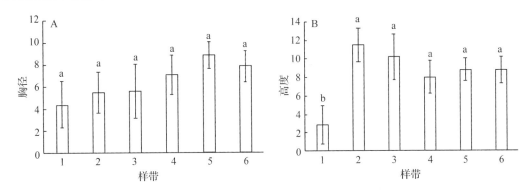

图 3.23 亮叶水青冈平均胸径(A)和高度(B)的分布

(注:字母 a、b 不同表示不同样带之间差异显著($P<0.05$))

2.2.4 不同径级亮叶水青冈幼树高度和冠幅的差异

由表 3.42 可见,径级 I 亮叶水青冈的平均高度在带 4 显著高于带 1($P<0.05$),其他样带中平均高度差异不显著,但带 3 和带 5 没有该径级幼树;径级 II 亮叶水青冈的平均高度在 6 条样带中的差异不显著,各样带中均有径级 II 亮叶水青冈幼树的分布;径级 III 亮叶水青冈的平均高度在带 2(20m)显著高于其他样带,样带 3~6 的平均高度差异不显著,但带 1 缺失该径级幼树个体。金佛山方竹各样带间的平均高度差异不显著,平均高度为 1.77m。表明金佛山方竹密度的增加,提高了小径级亮叶水青冈幼树的高度。

表 3.42 亮叶水青冈幼树和金佛山方竹的平均高度(m)

径级		样带					
		1	2	3	4	5	6
亮叶水青冈 *F. lucida*	I	2.80 ± 0.20c	5.33 ± 0.33ab	—	6.63 ± 0.46a	—	4.75 ± 0.48abc
	II	5.50 ± 2.50	6.00 ± 2.00	7.67 ± 2.19	8.00 ± 0.82	7.50 ± 1.02	9.40 ± 0.98
	III	—	20.00 ± 1.15a	14.00 ± 2.00b	12.50 ± 1.04b	12.33 ± 0.88b	15.00 ± 0.00b
金佛山方竹 *S. hasihursuta*		1.37 ± 0.25	2.35 ± 0.31	1.63 ± 0.11	1.80 ± 0.15	1.26 ± 0.24	2.20 ± 0.18

注:字母 a、b、c 不同表示同一径级不同样带间差异显著;字母 x、y、z 不同表示同一样带不同径级间差异显著。

由表 3.43 可见,径级 I 亮叶水青冈幼树的平均冠幅在带 2 最大(7.67m²),且显著高于带 1($P<0.05$),其他样带间差异不显著,带 3 和带 5 没有该径级亮叶水青冈幼树;径级 II 亮叶水青冈幼树的平均冠幅在带 2 显著高于带 1($P<0.05$),其他样带间差异不显著;径级 III 的平均冠幅在各样带间差异不显著,带 1 缺失该径级幼树。带 1 与带 2 金佛山方竹的平均冠幅差异显著($P<0.05$),带 1 和带 2 与其他样带间的差异不显著。表明随着金佛山方竹数量的增加,提高了大径级亮叶水青冈幼树的冠幅。

表 3.43 亮叶水青冈幼树和金佛山方竹的平均冠幅(m)

径级		样带					
		1	2	3	4	5	6
亮叶水青冈 *F. lucida*	I	1.01 ± 0.57b	7.67 ± 0.88a	—	4.00 ± 0.76ab	—	5.75 ± 1.97a
	II	5.00 ± 1.00c	10.50 ± 1.50a	9.33 ± 0.67ab	6.75 ± 1.11ab	9.13 ± 1.01ab	11.00 ± 1.38a
	III	—	33.67 ± 13.62	21 ± 15.00	8.5 ± 0.87	11.83 ± 2.46	16.00 ± 0.00
金佛山方竹 *S. hasihursuta*		0.19 ± 0.11b	2.32 ± 0.93a	0.46 ± 0.25ab	0.78 ± 0.20ab	0.48 ± 0.38ab	1.58 ± 0.26ab

注:字母 a、b、c 不同表示同一径级不同样带间差异显著;字母 x、y、z 不同表示同一样带不同径级间差异显著。

2.2.5 亮叶水青冈幼树密度在样带中的分布

从图 3.24 A 可见，亮叶水青冈径级 I 幼树分布于带 1、带 2、带 4 和带 6 中，以带 4 的个体密度（每样方 1.1 株）最大，显著高于其他样带，带 3 和带 5 缺失亮叶水青冈幼树；径级 II 幼树在 6 条样带中都有分布，其中带 5 与带 1、带 2、带 3 的差异显著，与带 4 和带 6 的差异不显著，其他样带之间幼树密度差异不显著；径级 III 幼树分布在带 2、带 3、带 4、带 5、带 6 中，但是各样带中的个体密度差异不显著，带 1 中缺失亮叶水青冈幼树。带 1、带 2 和带 3 内，3 个径级幼树密度差异不显著（除了样带内缺失径级个体外），带 4 和带 5 中，径级 I 显著高于径级 II 和径级 III，带 6 中径级 II 与径级 III 间的幼树密度差异显著；在径级 I 的亮叶水青冈幼树个体在带 4 样方中具有显著的密度优势，径级 II 在带 5 中具有最大密度，径级 III 幼树个体密度在各样带间没有显著差异。总体上，各径级的亮叶水青冈幼树密度在竹丛内（带 1、带 2 和带 3）小于竹丛外（带 4、带 5 和带 6）。

从图 3.24 B 可以看出，I 高度级亮叶水青冈幼树在 6 条样带中均有分布，以带 1 的个体密度（每样方 0.6 株）最大，但各样带间的幼树密度差异不显著；II 高度级幼树分布于带 2、带 3、带 4、带 5 和带 6 中，以带 4 的个体密度显著高于其他样带，带 1 缺失亮叶水青冈幼树；III 高度级幼树分布在带 2、带 3 带 4、带 5、带 6 中，但是各样带间的幼树密度差异不显著，带 1 缺失亮叶水青冈幼树。带 2 中，II 高度级和 III 高度级的幼树密度显著高于 I 高度级的幼树密度；带 3 和带 5 中，III 高度级的幼树密度与 I、II 高度级的幼树密度差异显著；带 4 和带 6 中，II 高度级的幼树密度显著高于 I、III 高度级的幼树密度。总体上，与径级相似，各高度级的亮叶水青冈幼树密度在竹丛内（带 1、带 2 和带 3）小于竹丛外（带 4、带 5 和带 6）。

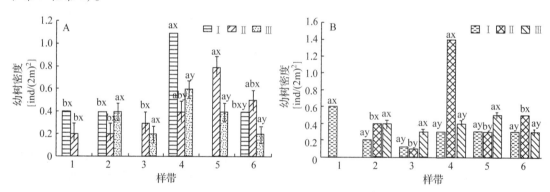

图 3.24　亮叶水青冈的不同径级（A）和高度级（B）的幼树个体密度在样带中的分布

（注：字母 a、b、c 不同表示同一径级不同样带间差异显著；字母 x、y、z 不同表示同一样带不同径级间差异显著）

3. 不同林冠环境下箭竹对亮叶水青冈幼苗更新生长的影响

水青冈的幼苗更新一直是研究热点。林冠与林下物种的相互作用是幼苗更新的决定因子（Noguchi，Yoshida，2004）。水青冈幼苗的存活取决于幼苗对林下间隙的利用率（郭柯，2004），在许多盆栽实验中发现水青冈幼苗在不同光环境下幼苗的存活率和茎的生长率存在差异，光照条件较好的环境里，较光照条件较差的环境的生长状况更好（Nakashizuka，1987；郭柯，2004）。研究发现水青冈幼苗更新需要在林窗环境下，在郁闭环境下更新则受到抑制（Nakashizuka，1987；温远光，曹坤芳，1993）。同时，水青冈群落动态的结构和动态也受到林下箭竹灌丛的影响（朱守谦，杨业勤，1985）。许多研究表明，箭竹（*Sinarundinaria hasihursuta*）对乔木幼苗更新有负面影响（Taylor et al.，2004；Suzaki et al.，2005；Holz，Veblen，2006；王永健等，2007），箭竹可通过影响光照和克隆生长形成的根系与水青冈幼苗幼树进行资源竞争（王永健等，2007），也可通过影响群落微环境进而对幼苗更新产生影响（Taylor et al.，2004；Suzaki et al.，2005；Holz，Veblen，2006；）。亮叶水青冈林是宽阔水自然保护区重要的森林生态系统，因大量箭竹的克隆生长，已改变了原有群落的组成和结构，严重影响到该保护区森林生态系统的稳定性。林冠环境的差异影响到幼苗生长与维持，物种的干扰性竞争也必然引起群落的组成改变。针对宽阔水国家级自然保护区亮叶水青冈幼苗更新与维持问题，本研究拟从林冠环境和箭竹种群干扰两个方面开展研究，旨在为亮叶水青冈林的稳定生长提供科学依据。

3.1 研究方法

为调查不同植被环境对亮叶水青冈种群分布的影响，按照林外、林缘和林内三种环境进行调查。选择林缘为基准线，从林缘外9m处垂直向林内拉一条长18m、宽1m的样带(样带起点的1~6m作为林外环境、6~12m作为林缘环境、12~18m作为林下环境)，样带过林缘处的亮叶水青冈母树中心位置，另外分别拉两条相同的样带并平行于此样带两侧。在每条样带内平行于林缘方向构建1m×1m的小样方。每一条样带18个小样方，三条样带共计54个小样方。调查样方内的所有乔木、灌木、草本植物和层间植物的物种名称、高度、基径、冠幅、盖度等。

3.2 结果分析

3.2.1 不同林冠环境下灌木层群落物种多样性及群落盖度

由表3.44可知，林内盖度(90%) > 林缘盖度(30%) > 林外盖度(5%)；林缘物种丰富度达到最大，高于林外和林内物种。从 Shannon Wiener 指数和 Simpson 指数来看，不同林冠环境的多样性表现为林缘 > 林内 > 林外，不同林冠环境下群落总体均匀度表现为林内(1.26) > 林外(1.21) > 林缘(1.18)。以上说明林缘环境物种较林内、林外更为丰富，但林内环境物种较林外、林缘更为均匀。

表3.44　不同林冠环境下群落物种多样性及盖度变化

林冠环境	Shannon-Wiener 指数	Simpson 指数	均匀度	丰富度	盖度(%)
林外	3.63	0.92	1.21	8	5
林缘	4.07	0.95	1.18	11	30
林内	3.77	0.93	1.26	10	90

3.2.2 亮叶水青冈幼苗与箭竹在样带内的分布特征

由图3.25可知，水青冈幼苗多集中在林外，向林内延伸，水青冈幼苗株数逐渐减少。在林外样方1~6号，每个样方水青冈幼苗株数超过10株；在样方12之后，没有发现水青冈幼苗的存在。箭竹株数则是沿林外→林缘→林内逐渐增长，林内环境下每样方株数达到9.5株。由此可推测，水青冈幼苗的更新需要一个箭竹相对稀少的环境。

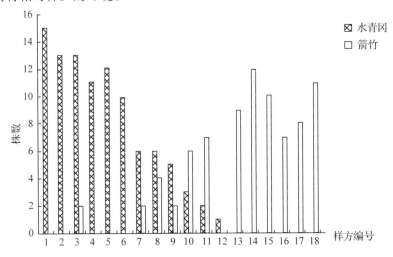

图3.25　水青冈幼苗和箭竹的分布

3.2.3 不同林冠环境对水青冈种群幼苗生长性状的影响

由图3.26中可以看出，水青冈幼苗在三种不同的林冠环境下高度、基径、密度、冠幅皆具有显著差异，因林内环境下没有亮叶水青冈幼苗的分布，因此林内幼苗高度、密度、基径和冠幅均为0。水青冈幼苗单株平均高度表现为林外(6.08cm) > 林缘(3.67cm) > 林内(0)，不同林冠环境的水青冈幼苗高度有显著性差异($p_{外缘}$ = 0.22，$p_{外内}$ = 0.00，$p_{缘内}$ = 0.00)；林外、林缘、林内每平方米水青冈幼苗株数分别为12.33株/m^2，3.83株/m^2，0株/m^2，三种林冠环境的幼苗密度具有差异显著($p_{外缘}$ = 0.00，$p_{外内}$ = 0.00，$p_{缘内}$ = 0.01)；水青冈幼苗单株基径林内最小为0，与林缘(0.21cm)和林外(0.27cm)基径差异显著($p_{缘内}$ = 0.00，$p_{外内}$ = 0.04)；林外和林缘基径差异不显著($p_{外缘}$ = 0.428)；水青冈单株幼苗冠幅与基径表现相似，为林外(6.83cm^2) > 林缘(4.50cm^2) > 林内(0)，林外与林缘差异不显著($p_{外缘}$ = 0.423)，与林内差异显著($p_{外内}$ = 0.01)。

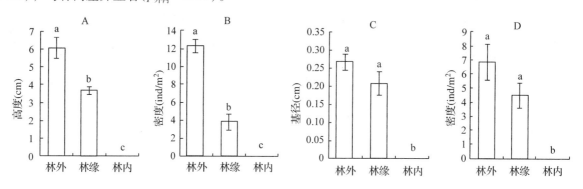

图3.26 不同林冠环境对水青冈幼苗生长性状影响(平均值 ± 标准误)

[注：字母 a、b、c 不同表示不同林冠环境之间差异显著(P < 0.05)]

3.2.4 不同林冠环境对箭竹种群生长性状的影响

由图3.27可知，箭竹的各项生长指标皆随林外→林缘→林内三种不同林冠环境依次增加。箭竹平均高度表现为林内(113.00cm) > 林缘(73.33cm) > 林内(2.67cm)，林内环境和林缘环境的箭竹平均高度差异不显著($p_{缘内}$ = 0.38)，与林外环境的箭竹差异显著($p_{外缘}$ = 0.00)。三种林冠环境下每平方米箭竹株数表现为林内(9.50株/m^2) > 林缘(3.50株/m^2) > 林外(0.33株/m^2)，其中林内与林缘、林外差异皆具有显著性($p_{缘内}$ = 0.04，$p_{外内}$ = 0.00)，而林外和林缘差异并不显著($p_{外缘}$ = 0.07)。箭竹基径表现为林内(1.17cm) > 林缘(0.75cm) > 林外(0.05cm)，三种林冠环境下的箭竹基径差异并不显著($p_{外缘}$ = 0.98，$p_{外内}$ = 0.83，$p_{缘内}$ = 0.85)。箭竹冠幅在林内达到最大(3483.33cm^2)，林缘次之(1068.33cm^2)，林外最小(10.50cm^2)，林缘与林内差异不显著($p_{缘内}$ = 0.40)，与林外差异显著($p_{外缘}$ = 0.01)。

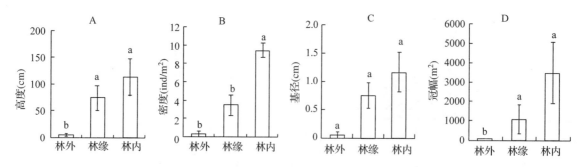

图3.27 不同林冠环境对箭竹生长性状的影响(平均值 ± 标准误)

[注：字母 a、b、c 不同表示不同林冠环境之间差异显著(P < 0.05)]

3.2.5 不同林冠环境下水青冈幼苗和箭竹的相关性分析

将亮叶水青冈幼苗与箭竹种群各项生长分析性状指标作 Pearson 相关性分析发现，水青冈幼苗密度与箭竹密度呈极显著负相关（$r = -0.809$，$p = 0.000 < 0.01$）；水青冈幼苗高度与箭竹高度同样呈负相关关系，Pearson 相关性指数为 -0.598，相关性极显著（$p = 0.009 < 0.01$）；水青冈幼苗基径与箭竹基径呈显著负相关（$r = -0.501$，$p = 0.034 < 0.05$）；水青冈幼苗冠幅与箭竹冠幅呈现负相关关系，Pearson 指数为 -0.475，相关性显著（$p = 0.046 < 0.05$）（见表 3.45）。以上说明箭竹通过影响亮叶水青冈幼苗的密度、高度、基径以及冠幅特征，抑制水青冈幼苗的更新。

表 3.45　水青冈幼苗和箭竹在不同林冠环境下相关性分析

		亮叶水青冈				箭竹			
		密度	高度	基径	冠幅	密度	高度	基径	冠幅
亮叶水青冈	密度	1.00							
	高度	0.917**	1.00						
	基径	0.858**	0.937**	1.00					
	冠幅	0.808**	0.908**	0.919**	1.00				
箭竹	密度	-0.809**	-0.863**	-0.807**	-0.730**	1.00			
	高度	-0.600**	-0.598**	-0.497*	-0.477*	0.732**	1.00		
	基径	-0.598**	-0.595**	-0.501*	-0.479*	0.728**	0.990**	1.00	
	冠幅	-0.495*	-0.532*	-0.527*	-0.475*	0.660**	0.906**	0.912**	1.00

注：**表示在 $p < 0.01$ 水平（双侧）上相关性具有统计学意义；*表示在 $p < 0.05$ 水平（双侧）上相关性具有统计学意义。

4. 小结

4.1 亮叶水青冈种子败育影响了森林更新

在贵州月亮山考察时曾采集了亮叶水青冈种子开展种子萌发特性研究，但所有种子均没一粒种子萌发，说明该物种种子萌发可能受到种子本生的败育问题的影响，因此有必要进一步开展研究，但是种子的采集是一个重要的限制问题，因该保护区内的大树很难搜寻到活体植物种子。

4.2 下层枯落物导致幼苗不能萌发影响了森林更新

宽阔水保护区内下层植被枯枝落叶厚度 5~20cm，因过厚的枯落物使种子长期保持在干燥的枯落物层，因水分不足难以萌发，或者萌发后根系难以穿插到下层土壤，从而导致幼苗枯死或者种子干瘪而失去活力。

4.3 动物取食导致种子数量不足影响了森林更新。

种子自然成熟后进入林下枯落物表层被森林动物如啮齿类动物取食，从而影响了种群的正常更新

4.4 亮叶水青冈成花过程可能影响了森林更新

文献（Teissier，1982）指出亮叶水青冈近缘种 *Fagus sylvatica* 的雌雄花期有差异，一般雌花比雄花早 4~5d，花期约 14d；雄花不但晚，且释放花粉的时间也只有 4d 左右，这种雌雄花花期相遇时间的差异大大影响了水青冈的结实量，因此，有必要进一步开展亮叶水青冈成花机理的研究。

第四章 区域生态安全格局与生态系统健康评价

第一节 保护区区域关系与生物多样性结点作用

人类活动范围扩大和强度增加，使得其他生物的生境片段化、岛屿化加剧，增加了物种隔离因素，改变自然生态的格局和过程，是生物多样性丧失的重要因素（Laurance, et al., 2014），同时也是全球自然生态系统面临的重大问题（Haddad, et al., 2015）、重大挑战（Wilson, et al., 2016），岛屿化过程、机制、影响和应对成为生物多样性研究的热点（马克平，2017）。但就目前而言，研究仍然集中于破碎化对生物多样性的影响（赵淑清等，2001；武晶等，2014），同时，认知和理论也处于"碎片化"（李迪华，2016）。

自然保护区通常是区域生物多样性的高地，扮演着生物扩散的"源"，但在交通建设、农业耕作、城市扩张等人类活动的隔离甚至包围下，形成一个个的生物生存的孤岛，岛屿之间难以进行物质和能量流通，岛屿化对生物多样性的影响整体上是呈负效应（武晶等，2014）。从景观生态学理论出发，建设生态廊道连接破碎的生境，可以加强生境间生物的沟通和联系，减少隔离因素对生物生存的影响，给予生物迁徙和传播的通道，形成生物多样性网络，维持生物多样性的稳定，然而国内的研究和实践都比较少（诸葛海锦等，2015；周友兵等，2017）。

截至 2018 年，贵州省建成 11 个国家级保护区、7 个省级自然保护区，总面积 38.99km^2，虽然类型多样、物种丰富，但保护区分散，岛屿化明显。仅宽阔水、雷公山国家级自然保护区是比较靠近省域中部的生物多样性富集地，其可能在区域空间生物扩散生态廊道网络上有比较重要的位置，在区域生物多样性稳定维持上具有重要意义。

因此，选择以陆生生物、生态系统为保护对象的 22 个国家级、省级以及近期可能申报省级的自然保护区作为研究对象，研究各项环境生态因子与生物多样性指标之间、自然保护区之间相关与分类关系，拟得到各个保护区的生物多样性特点；从宏观层次的生物多样性传播角度，结合空间距离、阻隔和生境因子，对生物多样性扩散的潜在生态廊道进行最小成本分析。结果对宏观区域生物多样性特征，其与环境生态因子的关系研究具有科学价值，对贵州省域的自然保护区关系研究具有明确支撑作用，对贵州省域的自然生态保护、生态廊道建设具有前导性的探索。

1. 研究方法

1.1 数据来源与处理

搜集 22 个自然保护区的种子植物中种类较为丰富的蔷薇科、菊科、禾本科、兰科、唇形科，起源较为古老的樟科、木兰科，孢子植物中的苔类、藓类和蕨类植物科、属、种数目及动物中兽类、鸟类、爬行类、两栖类、鱼类、昆虫的目、科、种数目，植被类型亚型的群系数作为自然保护区生物多样性数据；海拔范围，年均气温，年均降水，植物地理成分比例，土壤亚类，岩性类别作为环境生态因子数据。

数据分析使用 R 语言（Team，2018）编写的程序包 vegan（Oksanen, et al., 2018）进行数据标准化和 CCA 分析及绘图、psych（Revelle，2018）进行相关关系计算、igraph（Csardi, et al., 2006）进行网络关系

绘图、pheatmap(Kolde, 2018)进行分类计算和绘图。

搜集自然保护区边界数据,贵州省90m分辨率的土地利用数据①、SRTM3 DEM(V4.1)②数据,对土地利用数据和DEM数据进行重分类,赋予对应的生物多样性传播阻力值,按权重加和得到阻力面,分析得出成本距离和对应的成本回溯链接,据此计算保护区间生物多样性扩散的最低成本路径栅格,将栅格处理后加和,得到各条路径的重叠度。数据分析和绘图使用 ArcGIS 10.2 程序。

1.2 定义与公式

1.2.1 度 Degree

节点的度指的是与该节点连接的边数。

1.2.2 介数 Betweenness

$$C_B(v) = \sum_{s \neq v / t \in V} \frac{\sigma_{st}(v)}{\sigma_{st}}$$

其中 $\sigma_{st}(v)$ 表示经过节点 v 的 $s \to t$ 的最短路径条数,σ_{st} 表示的 $s \to t$ 的最短路径条数。

1.2.3 中心性 Centralization

$$C(G) = \sum_v (\max_w c_w - c_v)$$

c_v 是节点 v 的中心性值,$C(G)$ 即网络关系 graph 水平的中心性值。

2. 结果与分析

2.1 保护区生物多样性关系

生物多样性的关系有多样性指标间的关系和样本间的关系,指标的关系分类可以找到不同的样本特点,更好地认识样本的特殊性,而样本间的关系和类别则是研究的重点。

2.1.1 类别关系

对自然保护区生物多样性数据进行聚类分析,距离算法使用协方差(Pearson)法,聚类方法采用类平均(Average)法。通过不同的归类和方法和数量探索,最终将生物多样性指标和自然保护区分为9类。

分类树和热图同时展示了生物多样性和自然保护区的分类及对应特征,对于生物多样性特征来说:

第一类:针叶林(V74);表明裸子植物作为优势种的植被类型数量是可以比较好地区分保护区生物多样性的指标,裸子植物是演化历史较久远的生物,表明这一类指征起源的古老成分。

第二类:生物种数(T1)、种子植物种数(P2)、种子植物属(P3)、裸子植物种(P5)、裸子植物属(P6)、裸子植物科(P7)、被子植物种(P8)、被子植物属(P9)、蔷薇科种(P11)、菊科种(P13)、菊科属(P14)、禾本科种(P15)、禾本科属(P16)、兰科种(P17)、兰科属(P18)、唇形科种(P19)、唇形科属(P20)、樟科种(P21)、木兰科种(P23)、木兰科属(P24)、苔类种(P28)、蕨类种(P34)、动物种数(A37)、兽类科(A39)、爬行类种(A44)、昆虫种(A53)、昆虫科(A54)、昆虫目(A55);生物种数、种子植物数、动物种数是常规的从总量上衡量区域生物多样性的指标,其他指标与此可能是伴随出现的关系,物种层次的多样性指征生境的复杂性。

第三类:爬行类目(A46);爬行类通常不迁徙、具有明显的动物地理学意义(瞿文元 等,2002),爬行类目数多样性代表环境成分的复杂性。

第四类:种子植物科数(P4)、蔷薇科属(P12)、樟科属(P22)、孢子植物种数(P25)、孢子植物属数(P26)、孢子植物科数(P27)、苔类属(P29)、苔类科(P30)、藓类种(P31)、藓类属(P32)、藓类科(P33)、蕨类属(P35)、蕨类科(P36)、兽类种(A38)、兽类目(A40)、鸟类种(A41)、鸟类科(A42)、

---

① 数据来源于"黑河计划数据管理中心"(http://westdc.westgis.ac.cn)。
② 数据来源于中国科学院计算机网络信息中心地理空间数据云平台(http://www.gscloud.cn)。

鸟类目（A43）、爬行类科（A45）、两栖类种（A47）、两栖类科（A48）、鱼类种（A50）、鱼类科（A51）、鱼类目（A52）；这一类指标中动物多样性的指标比较多，主要指征动物多样性，而植物多样性的指标往往是属、科的数量，表明偏重于生物地理学意义的多样性。

第五类：常绿阔叶林（V58）、竹林（V66）、落叶阔叶林（V72）；第六类：灌木林（V64）；第七类：被子植物科（P10）、阔叶林（V76）；第八类：农业植被（V56）、水生植被（V60）、湿草甸（V62）、灌<u>丛</u>（V63）、经济林（V67）、草<u>丛</u>（V69、V70）；第九类：两栖类目（A49）、常绿落叶阔叶混交林（V57）、常绿阔叶灌丛（V59）、沼泽（V61）、灌草丛（V65）、苔藓矮林（V68）、草地（V71）、落叶阔叶灌<u>丛</u>（V73）、针阔混交林（V75）；这5类中基本上都是植被类型群系的丰富度，部分植被仅在少数保护区中出现，可以很好地区分保护区，也同时因为其差异过大接近于性质差异，其类别的含义比较难以叙述。

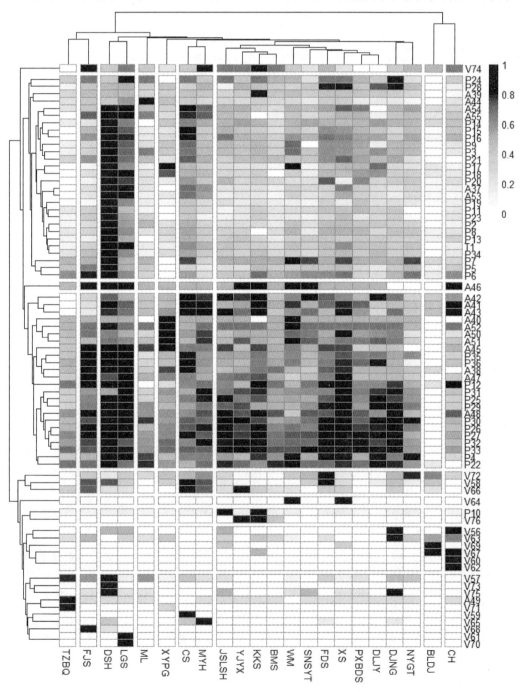

图4.1　自然保护区生物多样性及多样性指标相似关系

对于保护区来说，其生物多样性差异比较明显：

第一类：桐梓柏箐（TZBQ），中等生物多样性、草地植被类型多、鸟类少、针叶林类型单一；

第二类：梵净山（FJS），爬行类丰富，独具苔藓矮林植被类型，裸子植物优势种植被群落类型较多；

第三类：大沙河（DSH）、雷公山（LGS），植被类型丰富、各类动植物均比较丰富；

第四类：茂兰（ML），植被类型单一，植物多样性中的科属较为丰富，表明其相对其他保护区来说，主要是具有地理学意义上的生物多样性；

第五类：兴义坡岗（XYPG），其植被类型也较为单一，相对于区域植物多样性来说，其动物多样性较高，表明其特点在于动物多样性；

第六类：赤水（CS）、麻阳河（MYH）较高生物多样性，其常绿阔叶灌丛、灌草丛、常绿阔叶林、竹林等植被类型多样特征明显；

第七类：贵州自然保护区普通的生物多样性特点，中高等生物多样性、比较丰富针叶林类型、中等的动物种数特别是昆虫种数，特色植被类型不突出，这一类保护区有：金沙冷水河（JSLSH）、印江洋溪（YJYX）、宽阔水（KKS）、百面水（BMS）、望谟（WM）、思南四野屯（SNSYT）、佛顶山（FDS）、习水（XS）、盘县八大山（PXBDS）、都柳江源（DLJY）、德江楠杆（DJNG）、纳雍珙桐（NYGT）；

第八类：百里杜鹃（BLDJ），灌丛（主要为种杜鹃花科植物群系）、草丛、经济林植被类型多样，森林植被单一，较低的生物多样性；

第九类：草海（CH），极具特色的水生植被、湿草甸，以及经济林和农业植被类型，无森林植被，极为丰富的鸟类。

2.1.2 网络关系

贵州省自然保护区生物多样性相关性的网络关系图表明：自然保护区生物多样性相关系数 0.6 以上（$P<0.01$）的保护区关系对数量共 63，全部为正相关关系；草海（CH）、茂兰（ML）、百里杜鹃（BLDJ）、桐梓柏箐（TZBQ）等 4 个保护区生物多样性特点鲜明，与其他保护区差异过大，因此各独立成一类；兴义坡岗（XYPG）、望谟（WM）、都柳江源（DLJY）三个保护区为一个组团（类），其中都柳江源作是与其他类别保护区连接的主要节点；大沙河（DSH）、盘县八大山（PXBDS）、习水（XS）、佛顶山（FDS）、麻阳河（MYH）、纳雍珙桐（NYGT）、赤水（CS）、雷公山（LGS）等 8 个保护区为一个组团，盘县八大山、佛顶山是与其他类别保护区连接的主要节点；德江楠杆（DJNG）、百面水（BMS）、思南四野屯（SNSYT）、金沙冷水河（JSLSH）、印江洋溪（YJYX）、梵净山（FJS）、宽阔水（KKS）等 7 个保护区为一个组团，其中思南四野屯和百面水是与其他类别保护区连接的主要节点。

生物多样性关系的网络特征分析（见表 4.1）结果显示，网络水平的介数中心性值为 0.179、度中心性值为 0.442，表明中心性低，连接性处于中等水平。从对各节点（自然保护区）的介数和度来看，第一类保护区中百面水、思南四野屯，第二类保护区中的盘县八大山、佛顶山，第三类保护区中的都柳江源介数和度都是对应类别中值最大的，它们属于网络中的关键节点，表明这几个保护区在对应的类别中以及类别之间起着良好的连接、过渡作用。

表 4.1 贵州省自然保护区生物多样性相关性的网络关系特征

代码	保护区	网络关系组别	介数	度
BMS	百面水	1	12.61	12
SNSYT	思南四野屯	1	5.51	11
YJYX	印江洋溪	1	2.89	9
JSLSH	金沙冷水河	1	2.80	9

（续）

代码	保护区	网络关系组别	介数	度
DJNG	德江楠杆	1	0.00	6
KKS	宽阔水	1	0.00	4
FJS	梵净山	1	0.00	2
PXBDS	盘县八大山	2	40.35	15
FDS	佛顶山	2	20.85	13
XS	习水	2	4.02	10
MYH	麻阳河	2	1.61	7
CS	赤水	2	0.00	3
LGS	雷公山	2	0.00	3
NYGT	纳雍珙桐	2	0.00	2
DSH	大沙河	2	0.00	1
DLJY	都柳江源	3	4.98	10
WM	望谟	3	1.40	6
XYPG	兴义坡岗	3	0.00	3
TZBQ	桐梓柏箐	4	0.00	0
BLDJ	百里杜鹃	5	0.00	0
ML	茂兰	6	0.00	0
CH	草海	7	0.00	0

　　结合网络关系图节点大小（生物物种丰富程度）来看，具有良好连接性的节点，节点大小处于中等水平，这可能和它们属于网络关键/节点有一定的关系。

2.2 贵州省自然保护区生物多样性与环境生态因子 CCA 分析

　　选用 110 个环境因子对贵州省 22 个自然保护区生物多样性进行 CCA 分析，总结 CCA 轴特征（见图4.3）。

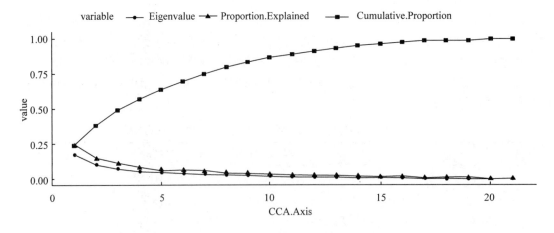

图4.2　CCA 分析轴特征值与解释率分布

　　分析得出：前两轴解释生物多样性变异的 38.1%，前 5 轴解释了 63.53%。21 轴完全（100%）解释了自然保护区生物多样性的变异。

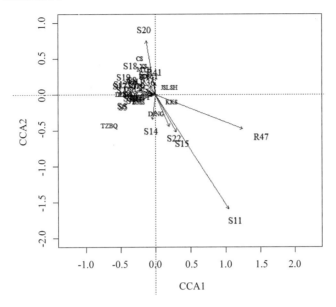

图 4.3　贵州省自然保护区与环境生态因子 CCA 分析

(注：CH 草海、BLDJ 百里杜鹃特征值较大，未显示在图中)

由图 4.3 可看出，保护区间环境因子差异最大(箭头线的长度)的是沼泽土(S11)，其他依此是煤系地层(R47)、黄壤(S20)、石质土(S15)、黄棕壤(S22)、石灰土(S)，表明土壤和岩性是自然保护区生物多样性环境比较大的差异因素。

2.2.1　CCA 坐标轴含义

通过变换 999 次的 Permutation 检验环境生态因子与 CCA 轴关系，结果显示与之相关关系比较明显（ $P_r < 0.15$ ）的生态因子(见表 4.2)有 12 个，达到极显著水平的是最低海拔，达到显著水平的有沼泽土、煤系地层、相对高差等三个因子。环境生态因子与第一轴(CCA1)相关性 >0.7 由高到低依次是煤系地层年降水、炭质页岩、硅质岩、紫红色钙质泥页岩、黄色砂页岩、相对高差，与第二轴相关性由高到低的依次是热带亚洲和热带美洲间断分布、黄壤、页岩、石英砂岩、泥质灰岩、北温带分布、沼泽土、紫红色页岩、年均温、最低海拔。

表 4.2　与 CCA 前两轴关系密切的环境生态因子

代码 Code	环境生态因子	CCA1	CCA2	r^2	P_r ($>r$)
R90	黄色砂页岩	0.817	0.577	0.959	0.088
S11	沼泽土	0.548	−0.837	0.892	0.038 *
E92	最低海拔	0.669	−0.744	0.650	0.003 * *
R47	煤系地层	0.934	−0.357	0.438	0.014 *
R80	紫红色页岩	0.582	−0.813	0.342	0.084
R54	石英砂岩	0.435	−0.900	0.291	0.052
G103	北温带分布	0.537	0.843	0.217	0.074
R38	泥质灰岩	0.446	−0.895	0.190	0.085

（续）

代码 Code	环境生态因子	CCA1	CCA2	r^2	P_r（＞r）
E93	相对高差	− 0.788	0.615	0.166	0.043 *
S20	黄壤	− 0.170	0.985	0.145	0.065
R88	页岩	0.420	− 0.907	0.137	0.102
C94	年均温	− 0.658	0.753	0.126	0.095
C95	年降水	− 0.846	0.533	0.126	0.125
G98	热带亚洲和热带美洲间断分布	− 0.146	0.989	0.114	0.123
R46	炭质页岩	− 0.837	− 0.547	0.019	0.140
R64	硅质岩	− 0.837	− 0.547	0.019	0.140

注：“＊＊”表示极显著，“＊”表示显著。

环境生态因子与 CCA 轴关系分析含义比较明显，对于第一轴：煤系地层的发育表明古地理、气候上该区域气候比较湿润，黄色砂页岩则常常与煤系地层伴随出现，年降水则为区域的水分现状，区域相对高差的大小（地形因子）对局部的降水有极大的影响作用（廖菲等，2007），因此可以认为 CCA1 表征环境的历史和现状水分状，正向表示历史降水多现状降水少；对于第二轴：热带亚洲和热带美洲间断分布、年均温、最低海拔、北温带分布皆显著表征热量成分，紫红色页岩是在湿热气候下形成的岩石，贵州省的沼泽土通常处在高海拔积水的台原上，一定程度上和海拔、气温，贵州省区域地质以喀斯特发育为主，在喀斯特的大背景下，黄壤为残余底层地表露头的地带性土壤，而页岩、砂岩、石英砂岩、泥质灰岩则为特征性的岩性，发育的土壤肥力不高，因此第二轴的生态学意义是区域热量和土壤肥力，正向表示热量条件好土壤肥力低。

2.2.2 环境因子与生物多样性关系

将生物多样性指标与环境生态因子绘制在同一张 CCA 排序图上，可以发现，植被类型草丛（V69）的数量受环境生态因子作用最大，其他受作用大小明显的依次是农业植被（V56）、经济林（V67）、灌草丛（V65）、落叶阔叶林（V72）、草地（V71）、常绿阔叶灌丛（V59）、常绿阔叶林（V58）（图 4.4）。

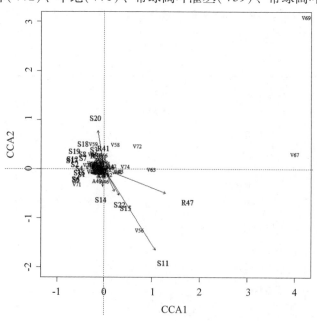

图 4.4　自然保护区生物多样性与环境生态因子 CCA 分析

　　生物多样性指标投影到坐标轴上的值(见表4.3)代表受轴向生态学意义的影响程度,从结果中可以看出,植被类型的复杂程度受影响比较大。投影到第一轴(CCA1)上值较大的15种生物多样性指标中,植被类型的指标占了13个(86.7%),生物分类的指标占3个(13.3%)。植被类型植被中草丛、草地、针叶林为非地带性植被,主要受人类活动影响植被退化形成,经济林、农业植被则完全为人类主导的植被类型,水生植被、沼泽、湿草甸等类型反映水分梯度,苔藓矮林、落叶阔叶灌丛、灌丛、落叶阔叶林、常绿落叶阔叶混交林在一定程度上也有水分梯度导致的差异,鸟类的目和种数量是常规的生物多样性丰富度指标。

表4.3　对环境因子比较敏感的自然保护区生物多样性指标

代码 Code	多样性 Diversity	CCA1	代码 Code	多样性 Diversity	CCA2
V69	草丛	4.25	V60	水生植被	−4.17
V67	经济林	4.01	V62	湿草甸	−4.17
V60	水生植被	2.84	V69	草丛	3.09
V62	湿草甸	2.84	V56	农业植被	−1.24
V63	灌丛	1.01	V59	常绿阔叶灌丛	0.51
V56	农业植被	0.76	V58	常绿阔叶林	0.50
V72	落叶阔叶林	0.71	V72	落叶阔叶林	0.47
V71	草地	−0.58	V67	经济林	0.31
V74	针叶林	0.45	V71	草地	−0.31
V73	落叶阔叶灌丛	−0.35	V64	灌木林	0.30
A43	鸟类目	0.31	V65	灌草丛	0.29
V57	常绿落叶阔叶混交林	−0.29	V66	竹林	0.28
A41	鸟类种	0.29	A46	爬行类目	−0.25
V61	沼泽	−0.26	A49	两栖类目	−0.24
V68	苔藓矮林	−0.26	A38	兽类种	0.20

　　投影到第二轴(CCA2)上值较大的15种生物多样性指标中,植被类型的指标占了12个(80%),生物分类指标占3个(20%)。草丛、草地、农业植被、经济林、水生植被、湿草甸、灌草丛、灌木林等多样性指标也对CCA2有较大的响应,植被类型指标上与对CCA1响应不同指标在于常绿阔叶灌丛、常绿阔叶林,其在一定程度是热量条件的反应,而在生物分类指标上则表现为体型相对较大、对生境原始性要求较高的爬行类、两栖类和兽类丰富度的响应。

　　生物多样性在CCA轴上的对应关系,也印证和进一步补充CCA轴生态学意义:CCA1除了表征水分可能还表征着人类活动影响,CCA2除了表征热量条件和土壤肥力条件,可能还表征着生境的原始性(一定程度上也是人类活动影响的反面指征),结果的复杂一方面说明人类活动对生物多样性的干扰比较复杂,另一方面也表明选择环境因子时对人类活动影响因子选择不足。

　　若只从生物分类方面的生物多样性指标与环境因子轴关系(表4.4)上看,CCA1轴主要影响鸟类种数、种子植物种数、苔类种、生物总种数、鱼类种、蕨类种的数量,CCA2轴主要影响兽类种数、昆虫种数、动物种数。

表4.4　生物分类的生物多样性指标与环境因子关系

代码	多样性	CCA1	CCA2
T1	生物总种数	−0.169	0.069
P2	种子植物种数	−0.195	0.060
P5	裸子植物种	−0.012	−0.060
P8	被子植物种	−0.069	0.088
P25	孢子植物种数	−0.126	0.006
P31	藓类种	−0.100	−0.036
P28	苔类种	−0.169	0.051
P34	蕨类种	−0.163	0.039
A37	动物种数	−0.107	0.120
A38	兽类种	−0.058	0.202
A41	鸟类种	0.285	−0.055
A44	爬行类种	−0.146	−0.045
A47	两栖类种	−0.108	−0.033
A50	鱼类种	−0.168	0.019
A53	昆虫种	−0.123	0.165

2.3 区域生物多样性扩散

区域生物多样性的扩散和交流，会受到诸多因素的影响，各类生态因子都有一定的作用，在具体的生态因子层次，很难找到一个统一的规律或者理论模型，但是往宏观层次看，无非就是生物对生境的选择和自然/人类活动因素的阻隔/影响作用。因此本研究以土地利用类型作为生境选择的基础数据，辅以考虑各种地类的人类活动的干扰影响，用数字高程模型计算区域的坡度作为自然阻隔的基础数据。

2.3.1 土地利用类型

生物多样性的传播、扩散，因为类别不同，传播途径也不一，甚至到物种层面，也具有不同的环境选择偏好。但生物多样性会呈现规模增加、富集、扩散作用，生物多样性相对较高且具有一定宽度的区域，客观上形成生态系统、物种生境的连续，作为生物多样性扩散廊道。据此，以贵州省土地利用数据作为基础数据，同时考虑各种土地利用类型生物多样性程度和人类活动干扰状况，赋予不同的生物多样性扩散阻力(见表4.5、图4.5)。

表4.5　土地利用类型生物多样性传播阻力赋值

序号	景观类型代码	景观类型	生物扩散阻力值	序号	景观类型代码	景观类型	生物扩散阻力值
1	21	有林地	0	14	52	农村居民点	100
2	22	灌木林地	10	15	53	工矿用地	90
3	23	疏林地	5	16	62	裸土	30
4	24	迹地或经济林地	10	17	64	沼泽湿地	40
5	31	高盖度草地	20	18	66	裸岩	100
6	32	中盖度草地	25	19	111	山地水田	50
7	33	低盖度草地	30	20	112	丘陵水田	60
8	41	河流	70	21	113	平坝水田	70
9	42	湖泊	90	22	114	陡坡水田	40

（续）

序号	景观类型代码	景观类型	生物扩散阻力值	序号	景观类型代码	景观类型	生物扩散阻力值
10	43	水库	90	23	121	山地旱地	50
11	44	积雪	100	24	122	丘陵旱地	60
12	46	河漫滩	40	25	123	平坝旱地	70
13	51	城镇用地	100	26	124	陡坡旱地	40

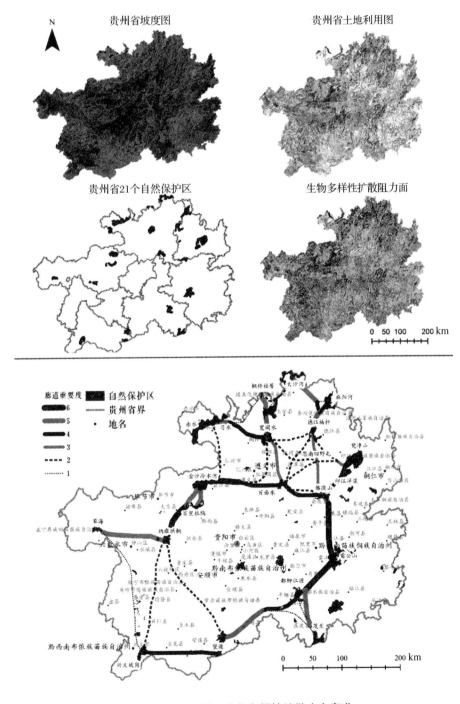

图4.5 自然保护区生物多样性扩散生态廊道

2.3.2 地形阻隔

生物多样性的传播除了不同类型阻隔/或者连通作用不同，还会受到地表形态的阻隔和间接作用。即使是动物生活、居住习性不一，但是从能量耗散的角度看，大多也是偏向于选择相对平缓的地方，而对于植物来说平缓的地方堆积有更深厚的土壤层，冲刷来更多的营养成分和富含更多的水，其选择更平缓的地方也是相对统一的偏好。特此使用贵州省数字高程模型（DEM）计算的到坡度栅格，对不同的坡度按照表4.6进行赋值。

表 4.6　坡度范围的生物多样性传播阻力赋值

序号	坡度范围	坡度阻力值
1	0～5	0
2	5～15	5
3	15～25	15
4	25～35	25
5	35～70	50
6	70～91	100

2.3.3 保护区生物多样性扩散生态廊道

根据生物多样性扩散规律的分析，建立贵州省生物多样性扩散的阻力面，分析贵州省21个自然保护区相互之前最小到达成本路径，形成生物多样性扩散生态廊道的空间关系网络（见表4.7）。

将各个自然保护区作为节点，根据度、介数的定义，计算出贵州省自然保护区生物多样性扩散生态廊道网络关系特征。点介数的实际含义为各个保护区生物多样性传播到其他保护区时经过此节点的次数之和，度的实际含义为与该节点直接连接的保护区数量，边介数的实际含义是共用该生态廊道的数。根据边介数值将生物多样性廊道分为6级，介数越高级别越高。

网络关系特征分析（见表4.7）结果表明：在假设自然保护区间都有生物多样性扩散和吸引的基础上，保护区之间能形成良好的生物多样性扩散生态廊道网络。从各自然保护区的特性上来看，宽阔水的度最高，表明其处在网络中心位置，其介数最高，表明保护区间生物多样性扩散经过此处路径最多。

表 4.7　自然保护区空间网络关系节点特征

代码	简称	介数	度	代码	简称	介数	度
KKS	宽阔水	42	7	DLJY	都柳江源	15	3
BMS	百面水	41	6	XS	习水	5	4
BLDJ	百里杜鹃	37	3	DSH	大沙河	5	3
JSLSH	金沙冷水河	37	5	XYPG	兴义坡岗	2	3
NYGT	纳雍珙桐	31	4	ML	茂兰	2	1
FDS	佛顶山	28	5	CH	草海	1	2
DJNG	德江楠杆	27	5	CS	赤水	1	2
YJYX	印江洋溪	25	5	MYH	麻阳河	1	2
LGS	雷公山	21	2	TZBQ	桐梓柏箐	0	3
SNSYT	思南四野屯	19	5	FJS	梵净山	0	1
WM	望谟	15	3				

　　统计生态廊道的边介数，将之划为 6 个级别的廊道（详见表 4.8），其中边介数值最高、级别 6 的廊道分布在三个地方，2 条为金沙冷水河 – 宽阔水、百面水保护区的廊道，途中经过遵义孙家老林自然保护区，有 2 条为雷公山 – 都柳江源、茂兰方向和佛顶山、印江洋溪方向廊道，有 1 条为纳雍珙桐 – 百里杜鹃廊道。

表 4.8　贵州省自然保护区生物多样性扩散生态廊道

序号	廊道级别	生态廊道名称	长度（km）
1	6	金沙冷水河 – 遵义孙家大林、习水、宽阔水、百面水生态廊道西段	27.51
2	6	金沙冷水河 – 孙家大林 – 宽阔水、百面水生态廊道中段	40.80
3	6	雷公山 – 三都 – 都柳江源、茂兰生态廊道北段	65.18
4	6	纳雍珙桐 – 百里杜鹃生态廊道	69.99
5	6	雷公山 – 施秉 – 佛顶山、印江洋溪生态廊道南段	95.83
6	5	雷公山 – 施秉 – 佛顶山生态廊道北段	13.61
7	5	雷公山 – 三都 – 都柳江源生态廊道西段	14.75
8	5	宽阔水 – 正安桴焉 – 桐梓柏箐、大沙河生态廊道南段	25.72
9	5	习水 – 桐梓柏箐、宽阔水生态廊道西段	30.47
10	5	金沙冷水河生态廊道东线	37.20
11	5	金沙冷水河 – 百里杜鹃生态廊道西线	40.47
12	5	茂兰 – 雷公山、都柳江源生态廊道南段	42.98
13	5	宽阔水 – 正安桴焉 – 桐梓柏箐生态廊道北段	46.11
14	5	茂兰 – 雷公山生态廊道中段	47.27
15	5	大沙河 – 德江楠杆、麻阳河生态廊道北段	60.17
16	5	望谟苏铁 – 罗甸、平塘 – 都柳江源、茂兰西段生态廊道	80.96
17	5	草海 – 纳雍珙桐生态廊道	96.47
18	4	大沙河 – 德江楠杆生态廊道南段	17.21
19	4	印江洋溪 – 佛顶山、百面水、雷公山生态廊道北段	37.57
20	4	习水 – 桐梓 – 宽阔水生态廊道西段	69.33
21	4	望谟苏铁 – 罗甸、平塘 – 都柳江源东段生态廊道	69.68
22	4	佛顶山 – 百面水生态廊道	75.52
23	4	金沙冷水河 – 遵义孙家大林 – 百面水生态廊道东段	76.71
24	4	兴义坡岗 – 安龙 – 册亨 – 望谟苏铁生态廊道	129.54
25	3	印江洋溪 – 思南 – 思南四野屯、德江楠杆生态廊道东段	14.06
26	3	思南四野屯 – 德江楠杆生态廊道	52.17
27	3	佛顶山 – 思南四野屯生态廊道	61.90
28	3	宽阔水 – 百面水生态廊道	83.27
29	2	印江洋溪 – 百面水生态廊道东段	23.70
30	2	雷公山 – 施秉 – 印江洋溪生态廊道北段	32.69
31	2	大沙河 – 桐梓柏箐、正安桴焉、宽阔水生态廊道北段	37.38
32	2	印江洋溪 – 思南四野屯生态廊道西段	37.65
33	2	大沙河 – 桐梓柏箐生态廊道西段	37.98

（续）

序号	廊道级别	生态廊道名称	长度（km）
34	2	印江洋溪－百面水生态廊道西段	55.86
35	2	百面水－思南四野屯生态廊道	65.60
36	2	印江洋溪－德江楠杆生态廊道	69.64
37	2	宽阔水－德江楠杆生态廊道	80.12
38	2	宽阔水－思南四野屯生态廊道	97.34
39	2	习水－遵义孙家大林－金沙冷水河生态廊道北段	100.95
40	2	百面水－德江楠杆生态廊道	101.05
41	2	金沙冷水河－遵义孙家大林－宽阔水生态廊道北段	109.99
42	2	纳雍珙桐－晴隆－兴仁－兴义坡岗生态廊道	187.93
43	2	纳雍珙桐－六枝、镇宁、关岭、紫云－长顺斗麻－望谟苏铁生态廊道	190.65
44	1	大沙河－麻阳河生态廊道南段	19.19
45	1	都柳江源－茂兰生态廊道	42.88
46	1	大沙河－正安桴焉－宽阔水生态廊道南段	51.97
47	1	习水－桐梓柏箐生态廊道东段	75.92
48	1	望谟苏铁－罗甸－独山琴阳－茂兰东段生态廊道	100.94
49	1	草海－水城野钟－普安兴仁保护区群－兴义坡岗生态廊道	216.57

贵州省自然保护区生物多样性扩散生态廊道统计特征（见表4.9）显示：廊道总长3258.5km，单条平均长度66km，其中级别2的廊道总长度最长，级别3的廊道总长度最短，级别5的平均廊道长度最短，级别1的平均廊道长度最长。

表4.9　贵州省自然保护区生物多样性扩散生态廊道统计特征

廊道级别	廊道数量	廊道长度（km）	长度占比	平均长度（km）	面积（km²）
6	5	299.3	9.2%	59.9	119.7
5	12	536.2	16.5%	44.7	214.5
4	7	475.6	14.6%	67.9	190.2
3	4	211.4	6.5%	52.8	84.6
2	15	1228.5	37.7%	81.9	491.4
1	6	507.5	15.6%	84.6	203.0
总计		3258.5	100%	66.5	1303.4

2.3.4　自然保护区特征分析

依据以上生物多样性、空间传播路径特征分析结合起来给贵州省自然保护区归类，以得到自然保护区生物多样性地位和生物多样性扩散廊道的位置特征（见表4.10）。

表 4.10　自然保护区综合特征

序号	类别	保护区
1	高生物多样性的自然保护区	大沙河
		梵净山
		赤水
2	高生物多样性的次要节点自然保护区	习水
		麻阳河
3	高生物多样性的次要区域中心自然保护区	雷公山
4	特别具有特色的重要区域中心自然保护区	百里杜鹃
5	特别具有特色的自然保护区	桐梓柏箐
		茂兰
		草海
6	具有区域特色的自然保护区	兴义坡岗
7	具有区域特色的次要区域中心次要节点自然保护区	望谟
		都柳江源
8	中高生物多样性普通的重要节点自然保护区	盘县八大山
9	中高生物多样性普通的次要区域中心重要节点自然保护区	佛顶山
10	中高生物多样性普通的次要区域中心自然保护区	纳雍珙桐
11	中等生物多样性普通的重要区域中心次要节点自然保护区	金沙冷水河
12	中等生物多样性普通的特别重要区域中心重要节点自然保护区	百面水
13	中等生物多样性普通的特别重要区域中心自然保护区	宽阔水
14	中等生物多样性普通的次要区域中心自然保护区	德江楠杆
15	中等生物多样性普通的次要区域中心次要节点自然保护区	印江洋溪
		思南四野屯

3. 小结

依据贵州省自然保护区生物多样性的相关关系及其所在空间位置关系网络特征和通道分析，可以得出以下几个比较有意义的认识：

3.1 依据环境因子和生物多样性的贵州省自然保护区的分类

结合自然保护区生物多样性相似性组团的分类和环境生态因子–自然保护区–生物多样性 CCA 分析，可以将贵州省的自然保护区分类 7 类。

3.2 决定/影响生物多样性的环境生态因子

主导区域生物多样性的环境生态因子是水分、热量，土壤及发育土壤的地质岩性也有比较大的影响作用，但是人类活动干扰的影响也是不可忽视的原因，这些表明影响生物多样性生态因子具有复杂性。

3.3 贵州省生物多样性扩散生态廊道

计算得出的贵州省生物多样性扩散生态廊道的长度 3258.5km，并对廊道进行了重要级别划分。建议对重要廊道尝试生态建设措施，在廊道低级别的区域，建设保护区，增加网络结点，形成更多生物多样性生态源。建设森林生态廊道的宽度 400m 即可支撑多数物种的扩散和生存（康敏明，2018），按此计算，贵州省需要建设的生物多样性扩散生态廊道的总面积为 1303.4km^2，占贵州省总面积176176km^2

的 0.74%。

3.4 宽阔水国家级自然保护区生物多样性区位特征

宽阔水国家级自然保护区定位为"中等生物多样性普通的特别重要区域中心自然保护区",其在生物多样性相似性网络分析中,与同组团的保护区形成比较强的连接关系,同时又保持相对独立的位置,表明宽阔水国家级自然保护区生物多样性特色比较明显,同时又能很好地保持有其他保护区生物多样性相同的基础,是兼具特色和良好生物多样性背景基础的保护区。

宽阔水国家级自然保护区是贵州的自然保护区生物多样性扩散生态廊道网络的中心,也是传播路径中的重要途径点,这两点决定了宽阔水生物多样在网络的稳定性中具有非常重要的作用。

第二节　保护区 10 年(2005—2015 年)景观格局动态

自然保护区的建立被认为是生物多样性保护的有效途径,而生物多样性的保护就是对自然保护区内不同生态系统之间功能的维持(呼延佼奇,2014;樊乃卿,2014)。生态系统指的是在一定的时间和空间范围内,生物与生物之间、生物与物理环境之间相互作用,通过物质循环、能量流动和信息传递,形成特定的营养结构和生物多样性的一个功能单位(戈峰,2002;E P Odum,1981;刘增文,2003;郝云龙,2008)。生态系统包括生物和非生物环境,是生物量的基本组成单元,它不仅为人类提供各种商品,同时是人类赖以生存的生命支持系统,维持生命物质循环、生物物种与遗传多样性,环境的动态平衡等方面具有不可取代的重要作用(谢高地,2006;李文华,2009)。随着人口和社会发展,人类对自然资源和环境开发和利用,生态系统受到不同程度的干扰,形成了不同的斑块格局,生态系统中不同斑块组合功能的发挥形成了生态系统服务与景观功能的同源性,其生态系统格局类似于景观功能格局(吕一河,2013;张雪峰,2014;苏常红,2012;李正玲,2009)。

生物廊道的存在有利于生物生活、移动或扩散,是国际上公认的连接保护热点区域与构建自然保护区群的最为有效的形式(Saunders D A,1991;Rouget M,2006;Falcy M. R.,2007;Prendergast J. R.,1999;姜明,2009)。宽阔水自然保护区的建立,对于珍稀濒危种的保护,以及构建区域生物多样性保护区群都具有重要作用(张饮江,2012;郭子良,2013;喻理飞,2000;陈利顶,2000;粟海军,2015;吕一河,2007)。本研究以宽阔水自然保护区 2005 年、2010 年和 2015 年三期遥感影像数据为基础,分析佛顶山生态系统组合格局的变化过程,以期对宽阔水自然保护区规划和管理、生物多样性保育及森林生态系统的可持续发展提供一定的科学依据。

1. 研究方法

1.1 数据来源和处理

基础数据源有宽阔水自然保护区 2000 年、2005 年和 2010 年三期遥感影像数据。以 1∶10000 地形图为基准对影像进行多项式校正。根据遥感影像对主要信息源进行人工目式判读分析,将景观类型划分为常绿阔叶林、落叶阔叶林、常绿针叶林、常绿灌木林、落叶灌木林、道路、居住地、农地、水域共 9 类。结合野外进行典型景观类型调查,使用手持 GPS 记录仪进行地理坐标定位,增加调查点的密度对不同景观类型进行多点调查,实现遥感影像与实际调查相结合,提高判读分析的准确性和客观性。

1.2 景观格局分析方法

在 ARCGIS 10.2 地理信息系统分析软件环境下,输出三期校对的遥感影像图,分析保护区景观格局构成及转移特征。分别选取斑块数、平均斑块面积和边界密度反映系统的破碎化程度,聚集度指数描述景观中不同斑块类型的团聚程度或延展趋势(陈文波,2002;李秀珍,2004;何东进,2004;布仁仓,2005)。

2. 结果与分析

2.1 景观格局构成变化

根据遥感影像解译得到三期遥感影像生态系统类型图(图4.6),结合遥感影像统计得到不同生态系统类型及分布比例(表4.11)。从2005年到2015年,宽阔水自然保护区均主要以森林(包括常绿阔叶林、常绿针叶林、落叶阔叶林)为主,分布的面积最大。从2015年保护区类型现状来看,不同景观生态类型中常绿阔叶林占32.52%,常绿针叶林占25.13%,落叶阔叶林占11.05%,常绿灌木林和落叶灌木林分别占总面积的2.15%和2.95%,农地占22.7%,水域、道路和居民点面积最小,分别占总面积的1.16%、1.95%和0.39%。

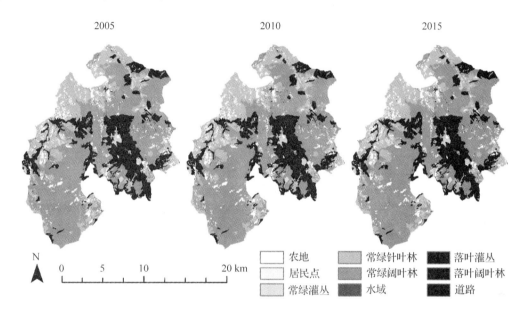

图 4.6　保护区景观格局动态变化图

从总的面积分布比例上分析,2005～2015年10年间不同景观类型分布面积的大小关系不一致,2005年景观类型面积大小关系为常绿阔叶林>农地>常绿针叶林>落叶阔叶林>常绿灌丛>落叶灌丛>道路>水域>居民点,2010年景观类型面积大小关系为常绿阔叶林>常绿针叶林>农地>落叶阔叶林>落叶灌丛>常绿灌丛>道路>水域>居民点,2015年景观类型面积大小关系与2010的一致。宽阔水自然保护区森林景观构成了这个生态系统的主体,森林景观格局及其变化不仅对保护区内的物质循环和能量流动产生支配性作用,还制约着保护区的生态过程,对保护内的珍稀动植物种群及其自然生境的保护具有决定性作用。

表 4.11　宽阔水自然保护区景观类型构成

年份	统计项	常绿灌丛	常绿阔叶林	常绿针叶林	道路	居民点	落叶灌丛	落叶阔叶林	农地	水域
2005	面积(hm²)	102.142	1197.586	1007.356	49.768	18.073	85.777	377.637	1041.146	45.476
	比例(%)	2.60	30.51	25.67	1.27	0.46	2.19	9.62	26.53	1.16
2010	面积(hm²)	85.472	1257.652	988.574	73.287	17.251	102.023	393.094	962.116	45.476
	比例(%)	2.18	32.04	25.19	1.87	0.44	2.60	10.02	24.51	1.16
2015	面积(hm²)	84.399	1276.295	986.235	76.522	15.498	115.73	433.899	890.891	45.476
	比例(%)	2.15	32.52	25.13	1.95	0.39	2.95	11.05	22.70	1.16

2.2 景观格局转移变化分析

通过对宽阔水自然保护区景观类型面积进行统计分析，在不同时期，景观类型转移变化的方向不一样（表4.12）。2005~2015年10年间不同景观类型的变化均表现为常绿灌丛、常绿针叶林、居民点和农地面积在减少，常绿阔叶林、落叶阔叶林、落叶灌丛和道路的面积在增加，但不同年份间景观类型转移变化的面积大小不一样，但总体上后5年间的变化面积强度明显大于前5年变化。

表4.12　宽阔水自然保护区景观格局转移分析

变化区间(年)	统计项	常绿灌丛	常绿阔叶林	常绿针叶林	道路	居民点	落叶灌丛	落叶阔叶林	农地
2005~2010	面积(hm²)	−16.67	60.066	−18.782	23.519	−0.822	16.246	15.457	−79.030
	比例(%)	−0.42	1.53	−0.48	0.60	−0.02	0.41	0.39	−2.01
2010~2015	面积(hm²)	−1.073	18.643	−2.339	3.235	−1.753	13.707	40.805	−71.225
	比例(%)	−0.03	0.47	−0.06	0.08	−0.04	0.35	1.04	−1.81
2005~2015	面积(hm²)	−17.743	78.709	−21.121	26.754	−2.575	29.953	56.262	−150.255
	比例(%)	−0.45	2.01	−0.54	0.68	−0.07	0.76	1.43	−3.83

注：表中负号表示生态系统面积减少。

2.3 生态系统格局演变发展趋势

景观格局指数是研究生态系统景观格局特征及其变化的重要手段，是能够高度浓缩景观格局信息，反映其结构组成和空间配置某些方面特征的简单定量化指标（邬建国，2000）。通过景观格局指数描述景观格局，可使数据获得一定的统计性质，在似乎无序的斑块镶嵌的景观上，发现有潜在意义的规律性，并有希望确定产生和控制景观格局的因子和机制（奇伟，2009）。对宽阔水自然保护区景观格局指数变化进行分析，2015年的斑块数5999块，2010年为4963块，2005年为3261块，平均斑块面积由2005年的8.012hm²降低到2015年的4.356hm²，边界密度由2005年的77.404 m/hm²增加到2015年的78.676 m/hm²，斑块数的增加，平均斑块面积的减少和边界密度的增加，说明宽阔水自然保护区景观呈现出破碎化趋势，变化强度逐渐增加；聚集度指数由2005年的98.154增加到2015年的98.159，景观连接度由2005年的0.115增加到2015年的3.454，说明不同景观格局组分的空间聚集度程度增加，景观斑块格局的连接性加强；Simpson多样性指数由2005年的0.672降低到2015年的0.555，Simpson均匀度指数由2005年的0.746降低到2016年的0.617，说明各景观各组分之间的多样性程度减少，均匀度降低，有向某一类或几类景观集中发展的趋势（表4.13、图4.7）。

表4.13　宽阔水自然保护区景观格局指数动态变化

年份	斑块数(块)	平均斑块面积(hm²)	边界密度(m/hm²)	聚集度指数	Simpson多样性指数	Simpson均匀度指数	连接度
2015	5999	4.356	78.676	98.159	0.555	0.617	3.454
2010	4963	5.143	78.506	98.141	0.576	0.641	2.545
2005	3261	8.012	77.404	98.105	0.672	0.746	0.115

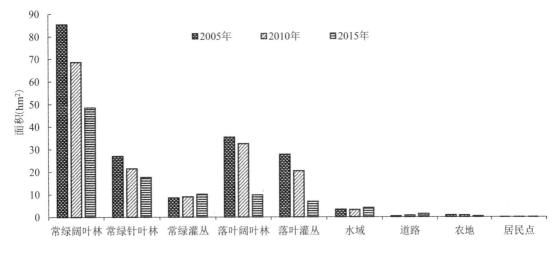

图4.7 景观类型平均斑块面积的变化

3. 小结

宽阔水自然保护区均主要以森林(包括常绿阔叶林、常绿针叶林、落叶阔叶林)为主,分布的面积最大,森林景观构成了这个生态系统的主体,10年间不同景观类型分布面积的大小关系不一致。

宽阔水自然保护区景观类型面积的动态变化中,不同年份间景观类型转移变化的面积大小不一样,但2010～2015年变化强度明显大于2005～2010年变化。

宽阔水自然保护区的景观格局指数动态变化中,景观斑块呈现出破碎化发展趋势,景观多样性和均匀性程度降低,景观斑块之间的连接性程度加强。保护区受到各种干扰因素加强,景观破碎化、有逐渐向集中连片、简单化发展的趋势,不同景观斑块之间的联系密切性程度增加,如何调节景观斑块之间的相互作用,促进宽阔水自然保护区景观类型之间的良性循环与发展,有待于需要进一步的探索。

第三节 保护区道路边缘效应及影响域分析

近年来,道路在促进经济发展、增加社会财富的同时,也对周边环境造成直接或间接的影响,产生了诸多生态效应。其中,边缘效应成为学者们研究的一大热门,是指在两个或多个属性差异的系统的相互作用处,系统的某些成分和行为(如生产力、种群密度和物种多样性等)在某些因子(能量、物质和信息等)或系统属性的差异和协同作用下产生不同于系统内部的变化,这种在相邻系统的交互作用下发生的现象称为边缘效应,亦称周边效应(Chen J,1993)。随着道路边缘效应影响的扩大,愈来愈多的研究者投身于该领域,其研究有着显著的突破,本论文重点关注保护区道路引发的边缘效应及影响域。

道路生态研究广泛应用于道路规划管理和动植物保护领域,是生态学的热门研究领域。李月辉等(李月辉,2003)对道路生态进行阐述,认为道路建设会引起理化环境的改变、路域植物种类发生变化,从而导致原有植物死亡和生境丧失。

在边缘效应对物种多样性的影响中,Ranney等(Ranney J. W.,1981)认为边缘植物多样性较低,原因是由于边缘植物受到强风和大雨的影响,死亡率较高;而一些学者通过研究发现边缘物种丰富度较高,因为道路边缘的光照增加促进了喜阳植物和先锋种的生长,且光照强度与植物的发芽呈正比,使得边缘植物的演替加快。除此之外,Davies等(Davies K. F.,1998)认为边缘的产生与生物多样性没有显著关系。

田超等人对边缘效应的含义、特征、评价、应用研究等方面作出阐述，边缘效应的量化研究首先需要明确其空间尺度，才能根据不同对象进行研究。在国内，边缘效应的研究有很大的进步空间。边缘效应对森林生态系统产生的影响有所差异，研究者们仍需加大这一方面的研究力度，为保护区管理和发展森林经济提供理论依据。

1. 研究方法

1.1 研究区道路分布

经踏查，结合2010年高分一号卫星遥感影像目视解译，得到宽阔水保护区内部的道路分布状况（见图4.8）。宽阔水自然保护区内部的道路以泥土路（176.64km）为主，水泥路（48.95km）和砂子路（49.36km）相对较少。

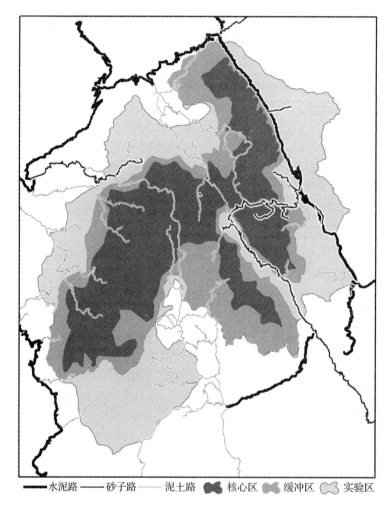

——水泥路 —— 砂子路 ⋯⋯ 泥土路 ▓ 核心区 ▨ 缓冲区 ▨ 实验区

图4.8　宽阔水保护区道路类型分布

1.2 调查方法

野外样带调查于2015年8月完成。根据前期踏查情况，共选取6.0m砂子路（SZ6.0）、砂子路3.5m（SZ3.5）、水泥路3.1m（SN3.1）、泥土路3.5m（NT3.5）共4种道路类型，在不同道路的上下方重复设定3个样带，共设置12个样带。样带中分别设定4~5个连续的10m×8m的大样方，并在每个样带单侧由道路边缘向群落内部设置连续的2m×2m的灌木样方，1m×1m的草本样方，形成样带，同种类型重复样带之间的距离为20m~2km。

调查时，首先分别记录道路的宽度和材料、研究地点及日期、样带编号及面积、地理经纬度、坡位、坡度、坡向、海拔、枯枝落叶层厚度、地貌类型、土壤类型、土层厚度等详细信息；其次，对样带中的植物群落进行调查，并记录物种名称、高度、株数等相关信息（表4.14）。

表4.14　研究样带基本信息

序号	样带编号	样带位置	经度	纬度	样带长度（m）	海拔（m）	面积（m²）	坡度（°）
1	SZ6 - Ⅰ	道路上方	E107°10′27″	N28°14′05″	40	1528	400	39
		道路下方	E107°10′27″	N28°14′05″	40	1528	400	40
2	SZ6 - Ⅱ	道路上方	E107°11′27″	N28°14′09″	32	1448	320	38
		道路下方	E107°11′27″	N28°14′09″	32	1448	320	38
3	SZ6 - Ⅲ	道路上方	E107°11′46″	N28°14′09″	40	1460	400	32
		道路下方	E107°11′46″	N28°14′09″	40	1460	400	32
4	SZ3.5 - Ⅰ	道路上方	E107°11′41″	N28°14′46″	32	1337	320	41
		道路下方	E107°11′41″	N28°14′46″	32	1337	320	40
5	SZ3.5 - Ⅱ	道路上方	E107°10′00″	N28°14′25″	32	1586	320	33
		道路下方	E107°10′00″	N28°14′25″	32	1586	320	20
6	SZ3.5 - Ⅲ	道路上方	E107°10′00″	N28°14′25″	32	1586	320	33
		道路下方	E107°10′00″	N28°14′25″	32	1586	320	20
7	SN3.1 - Ⅰ	道路上方	E107°09′51″	N28°13′79″	32	1604	320	32
		道路下方	E107°09′51″	N28°13′79″	32	1604	320	32
8	SN3.1 - Ⅱ	道路上方	E107°09′51″	N28°13′79″	32	1604	320	40
		道路下方	E107°09′51″	N28°13′79″	32	1604	320	40
9	SN3.1 - Ⅲ	道路上方	E107°09′43″	N28°13′74″	40	1611	400	35
		道路下方	E107°09′43″	N28°13′74″	40	1611	400	33
10	NT3.5 - Ⅰ	道路上方	E107°08′44″	N28°15′48″	32	1381	320	45
		道路下方	E107°08′44″	N28°15′48″	32	1381	320	35
11	NT3.5 - Ⅱ	道路上方	E107°08′44″	N28°15′48″	32	1381	320	37
		道路下方	E107°08′44″	N28°15′48″	32	1381	320	45
12	NT3.5 - Ⅲ	道路上方	E107°08′44″	N28°15′49″	32	1408	320	20
		道路下方	E107°08′44″	N28°15′49″	32	1408	320	22

1.3 多样性计算

物种多样性综合体现了植物丰富度和个体分配均匀度，是描述群落结构和功能的重要指标，体现了群落的特征，反映了植被群落的发展阶段和稳定性（薛建辉，2000）。本次研究采用多样性指数、均匀度指数和丰富度指数，物种多样性由重要值计算得出，各指数的计算方法如下：

$$丰富度指数：R = S/\ln(N)$$

$$Shannon\text{-}Wiener\ 多样性指数：H = -\sum Pi \cdot \ln Pi;$$

$$Simpson\ 多样性指数(D)：D = 1 - \sum Pi^2;$$

$$Pielou\ 均匀度指数(J)：J = \frac{H}{\ln S};$$

式中：S 为物种数，N 为物种总数，Pi 为种 i 相对重要值。

1.4 影响域的定量判定

采用移动窗口法，把样带中每个物种的重要值定为变量，准确分析重要值之间的相异系数。即把两个窗口放在等距离分布的样点上（样点数目相等），根据计算结果来对照两个窗口内样点的相异性，之后，窗口向后移动一个样点，直至样线上全部样点都得到计算结果为止。相异系数采用欧式距离的平方，公式如下：

$$SEDn = \sum_{i=1}^{m} (X_{iaw} - X_{ibw})$$

式中：n 为两个半窗口的中点或停顿点；a 和 b 分别为两个半窗口；w 为窗口的宽度；m 为样点的变量数。当窗口宽度为 2 时，欧氏距离是按照各样方中物种的重要值来计算的，当窗口宽度≥4 时，先逐步计算两个半窗口内包括的样方物种的平均重要值，由此来计算两个半窗口的欧氏距离。以 SED 为纵坐标，样带位置为横坐标作图，采纳半峰法宽的方法界定边缘的位置和宽度，本研究以第一个峰值出现的区域或相异系数趋于稳定样方出现位置作为道路影响域的宽度（李丽光，2004）。

2. 结果与分析

2.1 道路周边植被特征

根据调查情况统计，在研究区 4 种道路类型周边 12 条样带中包括植物 244 种，可分为 88 科 176 属（表 4.15）。其中，被子植物共 81 科 167 属 233 种，包括单子叶植物 9 科 17 属 22 种、双子叶植物 72 科 150 属 211 种；蕨类植物共 6 科 8 属 10 种；裸子植物仅有 1 科 1 属 1 种。

表 4.15　道路边缘样带研究区植物物种组成特征

门	纲	科	属	种
被子植物门 Angiospermae	单子叶植物纲 Monocotyledons	9	17	22
	双子叶植物纲 Dicotyledons	72	150	211
裸子植物门 Gymnospermae	松杉纲 Coniferopsida	1	1	1
蕨类植物门 Pteridophyta	蕨纲 Filicopsida	5	7	8
	石松纲 Lycopsida	1	1	2
合计		88	176	244

将 88 个科根据所含物种的数量划分为大科、中等科、寡种科和单种科 4 个等级（表 4.16）。由表 4.16 可知，寡种科和单种科最多，占总科数的 94.31%，表明样带中单种科和寡种科为优势科。中等科仅有忍冬科，包括 4 属 10 种，大科分别为蔷薇科（Rosaceae）11 属 20 种，菊科（Asteraceae）11 属 15 种，壳斗科（Poaceae）5 属 12 种，樟科（Lauraceae）5 属 11 种。这些科的存在丰富了道路边缘的物种多样性，单种科与寡种科的大量分布在一定程度上反映出研究区森林群落物种组成的复杂性和多样性。

表 4.16　道路边缘样带研究区物种科的组成

级别	科数	占总科数百分比（%）	种数	占总种数百分比（%）
单种科（1 种）	43	48.86	43	17.62
寡种科（2~5 种）	40	45.45	133	54.51
中等科（6~10 种）	1	1.14	10	4.10
大科（10 种以上）	4	4.55	58	23.77
总计	88	100.00	244	100.00

研究区所调查样带中，共有植物 176 属，按属内所含物种的数量，将研究区内 176 属植物划分为单种属、寡种属、中等属和大属 4 个等级（表 4.17）。物种数较多的属为山矾属（*Symplocos*）、荚蒾属（*Viburnum*）、槭属（*Acer*）和花椒属（*Zanthoxylum*），这四个属的物种是构成研究区森林群落灌木层的优势种的主要成分，群落内缺少含 5 种以上的属。由表可知，研究区植物群落种类组成的特点是以单种属最多，是森林群落的重要组成部分。

表 4.17　道路边缘样带研究区物种属的组成

级别	属数	占总属数百分比(%)	种数	占总种数百分比(%)
单种属(1 种)	132	75	132	54.10
寡种属(2~5 种)	43	24.43	111	45.50
中等属(6~10 种)	1	0.57	1	0.40
大属(10 种以上)	0	0	0	0
总计	176	100.00	244	100.00

2.2 研究区道路边缘效应

由表 4.18 可以看出，泥土路、水泥路、砂子路均会对宽阔水自然保护区边缘植物群落组成造成一定影响。

在 NT3.5 中，道路边缘植物种的数目分别为：57、43、39、34，呈现出距离路边越远，物种数量越少的趋势。在 Kendall 等相关性分析中，植物种数与距路边的距离呈极显著负相关；在 Pearson 相关性分析中，物种数量与距路边的距离呈显著负相关，说明泥土路中道路边缘效应为明显的正效应，样带受到较强的道路干扰，原有阴暗潮湿的环境被改变，出现了大量的喜阳植物，因此道路边缘植物种类增加。

在 SN3.1 中，道路边缘植物种的数目分别为：54、34、23、21，呈现出距离路边越远，物种数量越少的趋势。在 Kendall 等相关性分析中，物种数与距路边的距离呈极显著负相关，在 Pearson 相关性分析中，物种数与距道路边缘的距离呈负相关，即随距路边的距离越远，物种数量呈下降的趋势，其效应为正效应。由于样带受到了道路的干扰，原来的生境产生了变化，使原来在该地域内不能生长的物种可以生长，使物种数量增加（表 4.19）。

表 4.18　距道路不同距离植物物种数的统计

样带	0~8m	8~16m	16~24m	24~32m	总计
NT3.5	57	43	39	34	78
SN3.1	54	34	23	21	76
SZ3.5	51	55	45	52	114
SZ6.0	76	61	65	45	136

表 4.19　各样带植物物种数与道路距离关系的相关性分析

相关系数	NT3.5m	SN3.1m	SZ 3.5m	SZ6.0m
Kendall	-1.000**	-1.000**	1.000	-0.667
Spearman	-1.000**	-1.000**	1.000	-0.800
Pearson	-0.954*	-0.939	-0.216	-0.895

注：表中 NT 代表泥土路；SN 代表水泥路；SZ 代表砂子路；数字 3.5、3.1、6.0 代表相应调查道路类型的宽度。

在 SZ3.5 中，道路边缘植物种的数目分别为：51、55、45、52，呈现出不规律性变化的趋势。在 Kendall 等相关分析中，物种数与距路边的远近没有明显的关系，说明 SZ3.5 中的边缘效应是不显著的负效应，其原因可能是由于该样带的道路使用时间较长，人类活动较多，强烈的干扰导致距路边较近的物种减少。

在 SZ6.0 中，道路边缘植物种的数目分别为：76、61、65、45，呈现出距离路边越远，物种数量趋于减少的现象。在 Kendall 等相关性分析中，物种数与距路边的距离呈不显著负相关，说明样带的边缘效应是正效应，由于本样带内多为草本和灌木，乔木较少，样带受到了道路的干扰，强度还未达到显著状态，造成了距道路边缘越远，物种数逐渐减少的现象。4 种不同道路类型，乔、灌、草不同层次中物种数最多的均为 SZ6.0；乔、灌不同层次中个体数最多的分别为：NT3.5、SZ6.0。

（1）不同道路类型对乔木层丰富度指数的影响

从图 4.9 中可以看出：①不同道路类型对路域乔木层的影响差异较为明显，乔木层物种丰富度随道路边缘距离增加呈减少的变化趋势，SN3.1 样带上方最为明显；②在 0~8m 处，SZ6.0 的乔木层丰富度指数最高，这是由于该研究区处于实验区与核心区之间，且道路比较宽阔，光照条件较好，人流和车流量较高，从而导致丰富度指数较高；③在 8~16m 处，乔木层丰富度指数变化不明显；④在 16~24m 处，样带下方乔木层丰富度指数有所下降，样带上方乔木层丰富度指数呈上升趋势，由于距离道路较远，受到道路影响减弱，且由于坡上阳光比较充足，有利于乔木的生长，导致样带上方的乔木层丰富度指数较样带下方的乔木层丰富度指数高；⑤在 24~32m 处，各道路类型的乔木层丰富度指数无显著差异，且在相对差异上，样带下方低于样带上方。由单因素方差分析的结果表明：乔木层物种丰富度四种道路类型间（$F = 3.220$，$P = 0.026$）存在显著差异；而在 NT3.5（$F = 0.496$，$P = 0.824$），SN3.1（$F = 0.772$，$P = 0.619$），SZ3.5（$F = 0.761$，$P = 0.627$），SZ6.0（$F = 0.482$，$P = 0.832$）的不同道路边距区域间均无显著差异。

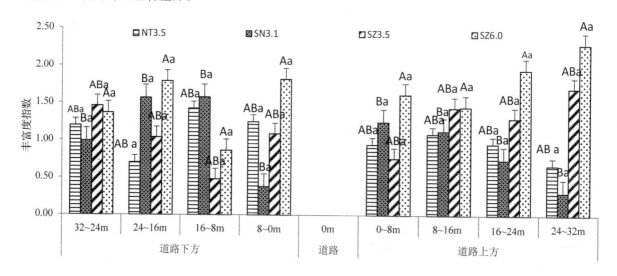

图 4.9　不同道路类型乔木层丰富度指数

（其中，F 值代表相对组间的变异相对组内变异程度，P 值代表显著性程度；大写字母（A/AB/B）表示不同道路类型之间差异显著；小写字母（a）表示同一道路类型间路边距区域间差异不显著）

（2）不同道路类型对灌木层香农维纳多样性指数的影响

在图 4.10 中可以发现：①除 SZ3.5 外，灌木层 Shannon-Weiner 指数随距道路距离的增加呈逐渐降低的趋势，SN3.1 呈现的趋势较为明显表明了随着道路干扰的不断减弱，灌木层物种的增长数量逐渐减少。②SN3.1 和 SZ3.5 的灌木层 Shannon-Weiner 指数最低，该区域灌木层的优势种主要为方竹（*Chi-*

monobambusa quadrangularis），且人类活动的干扰，破坏了其他距路边距离近的灌木层物种；③在0～8m处，NT3.5的Shannon-Weiner指数最高，这是由于该研究区原有灌木较多，乔木和草本相对较少，且受到的道路和人类活动造成的影响比其他类型的道路相对较少；④在8～16m和16～24m处，样带上下方的Shannon-Weiner指数变化幅度相同，其原因是道路干扰逐渐减弱，外来物种逐渐降低，虽然干扰强度不一致，但16～24m的灌木原生物种比8～16m的多，故变化幅度大致相同；⑤在24～32m处，SN3.1的灌木层Shannon-Weiner指数最低，这是因为在距离道路24～32m处受到的道路干扰最小，没有人流和车流的影响，接近原始水平。由单因素方差分析（ANOVA）和Tukey多重比较检验在确定的显著水平上（$a=0.05$）不同距离中物种丰富度的差异性。单因素方差分析的结果表明：灌木层Shannon-Weiner指数在四种道路类型间（$F=24.726$，$P=0.000$）存在极显著差异；在NT3.5（$F=1.476$，$P=0.245$），SN3.1（$F=0.972$，$P=0.483$），SZ3.5（$F=0.726$，$P=0.653$），SZ6.0（$F=0.561$，$P=0.776$）的不同道路边距区域间均无显著差异。

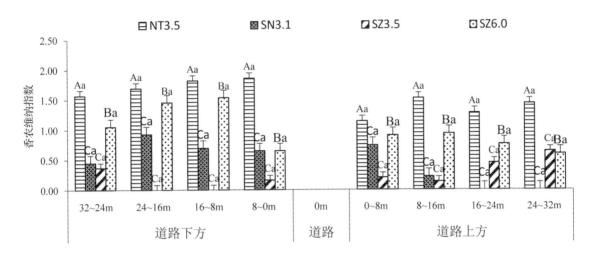

图4.10　不同道路类型灌木层Shannon-Weiner指数

〔其中，F值代表相对组间的变异相对组内变异程度，P值代表显著性程度；大写字母（A/B/C）表示不同道路类型之间差异显著；小写字母（a）表示同一道路类型间路边距区域间差异不显著〕

（3）不同道路类型对草木层香农维纳多样性指数的影响

图4.11表明：①从总体来看，Shannon-Weiner指数随样方距道路边缘距离增加而减弱；其中，SZ6.0样带下方最为明显；②在0–8m处，NT3.5的草本层Shannon-Weiner指数最高，这是因为受到道路干扰和人类活动的影响，既有阳生抗旱的物种，又有耐阴草本，且与其他道路类型相比，受到人类活动破坏最小；③在8～16m和16～24m处，SN3.1m和SZ3.5的Shannon-Weiner指数最低，这是因为这两个研究区域内方竹林占优势地位，草本比较单一；④在24～32m处，SN3.1的草本Shannon-Weiner指数最低，其原因是在距道路距离24～32m处，存在茂密的乔木层，草本层物种单一，多为对光照不敏感的物种。由单因素方差分析（ANOVA）和Tukey多重比较检验在确定的显著水平上（$a=0.05$）不同距离中物种丰富度的差异性。单因素方差分析的结果表明：草本层Shannon-Weiner指数在四种道路类型间（$F=10.101$，$P=0.000$）存在极显著差异；在NT3.5（$F=3.866$，$P=0.012$），SN3.1（$F=9.418$，$P=0.000$）的不同道路边距区域间存在显著差异；在SZ3.5（$F=0.378$，$P=0.902$），SZ6.0（$F=0.806$，$P=0.595$）的不同道路边距区域间均无显著差异。

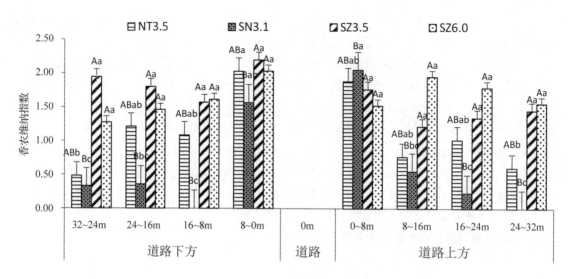

图 4.11　不同道路类型草木层 Shannon-Weiner 指数

[其中, F 值代表相对组间的变异相对组内变异程度; P 值代表显著性程度; 大写字母(A/AB/B)表示不同道路类型之间差异显著; 小写字母(a)表示同一道路类型间路边距区域间差异不显著]

（4）不同多样性指数的比较

由图 4.12 可知, 在 Shannon-Weiner 多样性指数、Simpson 多样性指数、Pielou 均匀度指数上, 乔木层的最大值均在 SZ6.0（图 4.12）中, 灌木层最大值均在 NT3.5 中, 而草本层最大值均在 SZ3.5 中。经调查研究发现, 在 12 个样带中, 道路下方样带的各类多样性指数均要高于道路上方样带。

2.3　研究区道路的影响域

依据对不同道路类型、不同道路边距区域间乔木层、灌木层和草本层的多样性指数单因素方差分析结果, 选择不同道路边距区域间存在显著差异的草本层重要值作为移动窗口法（李丽光, 2004）计算差异的测度对象, 按研究区样带设置的距离, 设置窗口宽度为 8, 逐个计算各窗口宽度上的重要值的相异系数, 再根据重要值相异系数作图。结果表明, NT3.5 中的曲线变化较为平缓, 在距离道路边缘 16～24m 的道路上方、道路下方样方中, 草本植被相异系数出现了明显的峰值, 说明此处植被发生了明显的变化, 因此, 在 NT3.5 中, 其道路边缘效应对上、下方植被影响的距离均为 24m。

SN3.1 中, 曲线变化较为平缓, 在距离道路边缘 8～16m 的道路上方、在距离道路边缘 16～24m 的道路下方样方中, 草本植被相异系数出现了明显的峰值。因此, 在 SN3.1 中, 其道路边缘效应对上方植被影响的距离为 16m、下方植被影响的距离为 24m。

SZ3.5 中, 曲线变化较为平缓, 相异系数峰值分别出现在距离道路边缘 8～16m 的道路上方、在距离道路边缘 16～24m 的道路下方样方中, 说明这两处植被发生了明显的变化, 因此, 在 SZ3.5 中, 其道路边缘效应对上方植被影响的距离为 16m、下方植被影响的距离为 24m。

SZ6.0 中, 曲线变化较为平缓, 在距离道路边缘 16～24m 的道路上方草本植被相异系数趋于稳定, 在距离道路边缘 24～32m 的道路下方样方中, 草本植被相异系数出现了明显的峰值, 说明这两处植被发生了明显的变化, 因此, 对于 SZ6.0m, 其道路边缘效应对上方植被影响的距离为 24m, 下方植被影响的距离为 32m。

虽然道路对植被的影响范围与其流量大致为正比, 但由图 4.13 可知, 在不同类型的道路中, 道路对植被的影响距离无显著差别。调查表明, 宽阔水自然保护区道路调查样带中, 除 6.0m 宽道路使用强度大以外, 其他 3 类道路的使用强度差别不大, 而即使使用强度较大的 6.0m 宽道路, 其日均车流量也没有达到能够引起植物群落因道路宽度而产生显著变化的程度。根据图 4.13 与草本层 Shannon-Weiner 多样性指数变化趋势, 对道路影响域的宽度进行分析。本研究初步得出不同道路类型对于植被

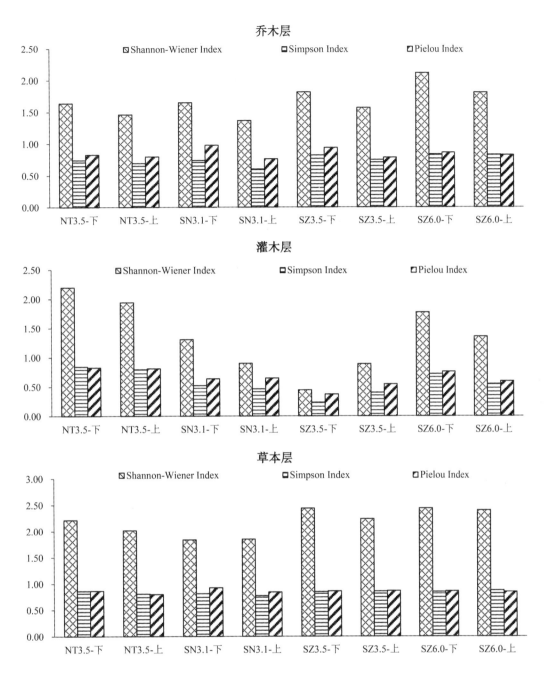

图 4.12　不同层次间物种多样性指数对比

的影响范围，即 SZ6.0 对道路上、下方的影响宽度分别为 24、32m，SZ3.5 与 SN3.1 对道路上、下方的影响宽度分别为 16m、24m，NT3.5 对道路上、下方的影响宽度均为 24m。

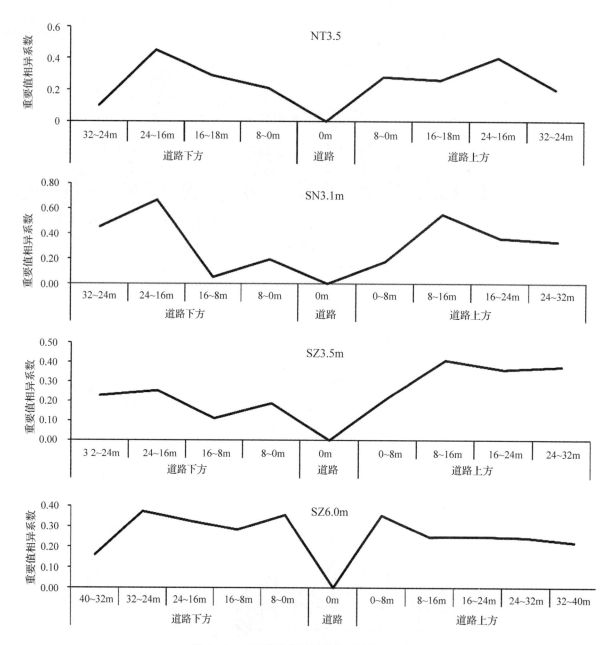

图 4.13　不同道路类型样带的移动窗口分析

3. 小结

本研究主要通过物种多样性计算与移动窗口法相结合的方法，对 4 种不同道路类型两旁 12 个道路上下方样带的群落结构调查和分析，属于小尺度水平，以后可持续对保护区道路边缘效应做更加深入的调研。主要结果为：

（1）4 种道路类型 12 个样带中共有植物 244 种，隶属于 88 科 176 属，大科分别为蔷薇科（Rosaceae）11 属 20 种，菊科（Asteraceae）11 属 15 种，壳斗科（Poaceae）5 属 12 种，樟科（Lauraceae）5 属 11 种，从区系成分来看，道路样带中 88 科共有 10 个分布区类型，包括世界分布的 29 科，泛热带分布的 27 科；北温带分布 15 科；物种数量边缘效应特征上，砂子路 6.0m（136 种）＞砂子路 3.5m（114 种）＞泥土路 3.5m（78 种）＞水泥路 3.1m（76 种）；

（2）4 种不同道路类型间，不同生活型物种特征上均存在显著差异，同种道路类型不同道路边距上，只有泥土 3.5m、水泥 3.1m 中的草本层存在差异；不同结构层次种类数最多的为砂子路 6.0m，个体数最多的分别为：泥土路 3.5m、砂子路 6.0m；

（3）从 Shannon-Weiner 多样性指数、Simpson 多样性指数、Pielou 均匀度指数上看，砂子路 6.0m 乔木层最丰富，泥土路 3.5m 灌木层最丰富，砂子路 3.5m 草本层最丰富；

（4）研究初步得出各类型道路的影响宽度，砂子路 6.0m 对道路上、下方的影响宽度分别为 24、32m，砂子路 3.5m 与水泥路 3.1m 对道路上、下方的影响宽度分别为 16m、24m，泥土路 3.5m 对道路上、下方的影响宽度均为 24m。

（5）基于不同路面类型道路的影响域与长度，计算出道路对自然植被生态系统带来的边缘效应总面积为 12.41km²，占保护区总面积的 4.73%，影响较为显著。其中泥土路带来 8.48km²，水泥路带来 1.96 km²，砂子路带来 1.98km² 的边缘效应。

第四节　基于阻力面模型的保护区安全格局分析

自然保护区是指对有代表性的自然生态系统、珍稀濒危野生动植物物种的天然集中分布区、有特殊意义的自然遗迹等保护对象所在的陆地、陆地水体或者海域，依法划出一定面积予以特殊保护和管理的区域。自然保护区建立，被认为是防止物种灭绝、保护生物多样性、野生动物及其栖息地环境的重要途径（王献溥；2003）。如何对保护区进行科学合理的功能区划，形成布局合理、类型和功能健全的自然保护区网络，是发挥自然保护区多重功能，提高自然保护区管理水平的关键（陈世清，2008）。我国目前自然保护区功能分区采用国际"人与生物圈"计划生物保护区的基本模式，即将保护区划分为试验区、缓冲区和核心区，并对不同功能区的任务与管理明确了相应的规定（李行，2009；周世强，1997；呼延佼奇，2014）。然而，由于我国的自然保护区建立之初本底资源不清，各种资源分布等基础数据条件不能满足自然保护区区划的要求，具自然保护区类型多样，地形地貌复杂，具不同类型的保护区保护对象也不一定相同，保护对象需要的资源空间也各不相同（呼延佼奇，2014）。如何针对保护对象，开展存在区域的生态环境问题，对景观结构与功能关系的机制研究，确定相应的自然生态过程的一系列阈限和安全层次，实现对区域保护对象的保护，实现生态环境问题的有效控制和持续改善的区域性空间格局，这就是区域生态安全格局的构建（马克明，2004；黎晓亚，2004）。

自然保护区的圈层结构——功能区划是实施管护的基础（翟惟东、马乃喜，2000），科学合理的功能分区能更有效地保护和利用自然保护区各类资源。以当前的发展方式，保护区内社区道路修建、农地耕作、旅游活动的存在一定程度上影响保护区功能发挥，形成的线状廊道景观类型——道路对部分生物生境的切割、干扰作用，使生物的生境岛屿化。针对不同类型的生物进行生境适宜性评价，作为生物潜在分布区，将其列入更高级别的保护区区域，有利于生物多样性保护和达到保护区建立的目的。针对不同类型的生物识别生物扩散的生态廊道，从而进行合理的保护区规划建设，打破生物生境岛屿化带来的限制。廊道保护的核心问题在通过空间的某些位置或局部来控制或维护面上的生态过程，此位置/局部即为景观战略点（俞孔坚，1998），建立区域内生物迁徙/扩散的阻力面，可以很好地识别出生态源间的廊道（吴昌广 等，2009）。

宽阔水自然保护区是以亮叶水青冈森林生态系统和珍稀野生动植物作为主要保护对象的自然保护区。区内良好的水热条件、地质土壤条件和森林生态系统，为森林野生动植物的生长繁育提供了有利的栖息场所，形成了保护区丰富的生物多样性。分析研究自然保护区不同种类动物实际需要空间区域，是准确确定自然保护区面积的途径之一，结合动物栖息地点，分析研究动物实际利用区域和范围，不同类型动物需求的空间，就是构成实际利用区域的因子，可以作为构成保护区最小面积的单元（曾娅杰，2010）。本研究选取宽阔水自然保护区内资料较为准确与全面的珍稀濒危动物雉类（白颈长尾雉、红腹角雉、红腹锦鸡、环颈雉）、鹿类（小麂、赤麂、毛冠鹿）、猫科（豹猫、大灵猫）、灵长类（黑叶猴）共4个类群作为研究对象，基于不同种类的栖息地的选取和分析，结合最小累积阻力模型和GIS空间分析方法，有针对性地构建不同动物类群的生态安全格局，为宽阔水自然保护区的生物多样性管理与保护等提供参考。

自然保护区功能区划早先仅依据简单的数据统计、人为经验划分，通常依据保护对象现存的生境进行划定，在潜在分布区、适宜性、生物扩散廊道、复合型问题方面考虑较少（周世强，1997；翟惟东、马乃喜，1999；刘璇，1999），随着景观生态学理论的发育和地理信息系统技术的发展，功能分区的研究方法和划分依据有了新的方式（李纪宏、刘雪华，2006）。本研究拟分析宽阔水保护区5类生态源的扩散阻力面和生态廊道，与保护区现行的功能区划进行复合分析，以期找出功能区划的不足，为保护区功能区划提出合理建议作支撑（Yan L. B.，2017）。

1. 研究方法

基本数据采用矢量化1:1万地形图建立2.5m分辨率数字高程模型（DEM）数据，根据DEM计算得到坡度数据，以2015年的高分1号遥感影像解译土地利用类型作为景观类型数据，结合2005年森林资源二类调查数据库岩石裸露率数据，建立成4个阻力层，详见表4.20。

表4.20 宽阔水自然保护区景观对各保护类群相对阻力值

类型	值域	雉类	灵长类	鹿类	猫科	水青冈林	类型	值域	雉类	灵长类	鹿类	猫科	水青冈林
	居民点	100	50	100	100	100		<700m	100	100	100	100	100
	农地	75	75	100	75	100		700~800m	75	75	75	100	100
	常绿针叶林	50	75	50	75	100		800~900m	75	50	75	100	100
	落叶阔叶林	50	1	50	5	5		900~1000m	50	25	75	100	75
景观类型	常绿灌丛	75	100	50	5	50		1000~1100m	50	1	50	100	50
	常绿阔叶林	1	1	1	1	1	海拔	1100~1200m	25	25	50	50	25
	落叶灌丛	50	100	5	75	50		1200~1300m	5	50	25	50	5
	水域	100	50	100	100	100		1300~1400m	1	75	5	1	1
	道路	80	50	50	100	100		1400~1500m	1	75	1	1	1
	0~10	1	5	100	100	1		>1500m	1	100	25	50	1
	10~20	5	50	100	100	5		0°~5°	1	5	1	10	1
	20~30	25	75	50	50	10		5°~15°	1	50	1	1	2
基岩裸露率	30~40	25	50	1	1	25		15°~25°	25	100	1	10	5
	40~50	50	25	50	50	50	坡度	25°~35°	50	50	25	50	10
	50~60	100	5	100	100	75		35°~45°	75	5	50	100	50
	>60	100	1	100	100	100		>45°	100	1	100	100	100

针对不同的阻力层，通过专家评价方法，确定不同阻力层划分等级进行评分，作为动物类群的相对阻力值。宽阔水自然保护区4个不同阻力层分布格局分别见图4.14。

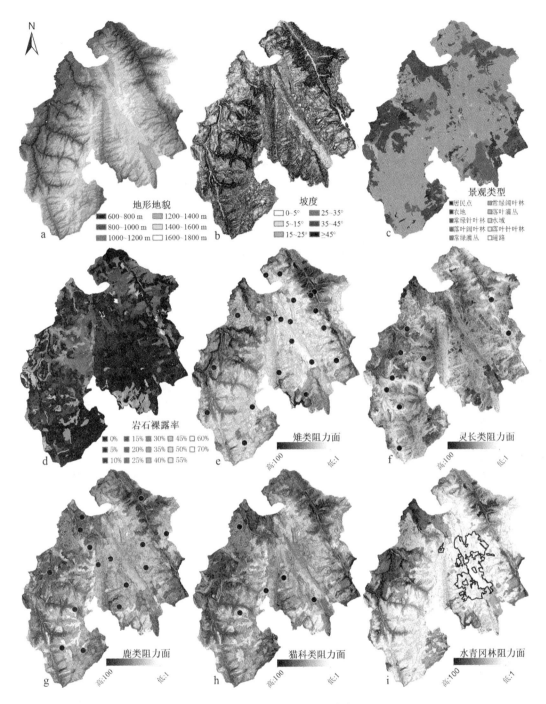

图 4.14　保护区不同阻力层分布图

　　通过对目标种种类的生态习性和分布进行调查，以具有代表性的栖息地作为动物维持和扩散的源点。根据各类生态源选择的生境和迁徙特征将不同阻力层进行分类赋值。然后运用 MCR（Knaapen J. P.，1992；Yu，K. J.，1995）（最小累积阻力）模型，建立动物间景观流的空间运动阻力面，得到一个反映物种运动潜在可能性及趋势的阻力表面，该模型的数学公式为：

$$MCR = f_{\min} \sum_{i=1}^{n} (d_i \times R_i)$$

　　式中，d_i 代表焦点物种离开源，经过景观 i 的扩散距离，Ri 是景观 i 对于该焦点物种运动的阻力，MCR 是焦点物种由源扩散到空间某点的最小累积阻力，f 是一个未知的单调递减函数，反映 MCR 与变量($di \times Ri$)之间的正比关系。每一种景观对焦点物种水平运动的阻力 R，由景观的基面特性决定。

阻力面是物种运动的时空连续体的反映，通过对阻力面进行空间分析来判别缓冲区、源间联接、辐射道和战略点(俞孔坚，1999)。利用 ArcGIS10.2 分别进行计算、分析和制图。

2. 结果与分析

2.1 不同动物类群阻力面模型分析

物种在不同阻力层活动，考虑为物种对生态空间的适应性范围，而对这些范围的实现必须通过克服阻力来实现。根据不同阻力层进行叠加组合，得到不同动物类群在保护内的综合阻力面模型(图4.14)。雉类阻力值较高的区域主要分布在宽阔水自然保护区的北面和西面，地形切割较深、坡度较大的沟壑和坡面平缓的农地区域，阻力值较低的区域主要分布在宽阔水自然保护区的中部，海拔1400m以上，坡度不大，岩石裸露率较低的常绿阔叶林内。灵长类阻力值较高的区域主分布在宽阔水自然保护区的西部，海拔600~1000m，坡度平缓，人为活动较多的常绿针叶林，阻力值较低的区域主要分布在宽阔水自然保护区的西南部和东南部，峰丛峡谷切割，地形陡峭，人为干扰较少的常绿阔叶林。鹿类阻力值较高的区域主分布在宽阔水自然保护区的西面和北面，海拔600~1200m，坡度限制不明显，居民点较多，人类活动频繁，主要为针叶林，阻力值较低的区域主要分布在宽阔水自然保护区的中部，海拔1400m以上，坡度不大，岩石裸露率较低的常绿阔叶林内。猫科类阻力面分布区域的大小与鹿类分布的基本一致。

2.2 不同动物类群生态源点综合阻力值及适宜区域分析

在自然保护区的保护中，对动物类群的保护是以动物分布生活区域去考虑，而动物的栖息点是动物生活的中心，它们具有广泛的代表性，能充分反映出动物的分布格局，是动物保护的生态源，是动物向外扩张的起始点。在保护区的不同动物类群生态源的分布，雉类有20个生态源点，灵长类有9个生态源点，鹿类有15个生态源点，猫科类有5个生态源点。对不同动物类群的生态源地综合阻力值进行分析(表4.21)，其中综合阻力最小值是雉类，最大值是鹿类，不同生态源点平均阻力值最大的也是鹿类。根据不同动物类型综合阻力值特征，对不同动物类群的适应性进行划分，小于最小阻力值的范围为最适宜区域，最小值与均值-标准差之间的范围为较适宜区域，均值与±标准差的范围为适宜区域，均值+标准差与最大值之间的范围为较不适宜区域，大于最大值以外的为不适宜区域，得出不同动物类群区域面积(表4.22)，在不同动物类群中，其不同区域面积分布不同，在最适宜区域面积中，鹿类占据面积最大，为2605.82 hm²，占保护区总面积的10.0%，雉类占据面积最小，为922.22 hm²，仅占保护区总面积的3.5%，在较适宜区域面积中，灵长类占据面积最大，为13197.00hm²，占保护区总面积的50.5%，猫科类占据面积最小，为6258.66hm²，占保护区总面积的24.0%，在适宜区域面积中，雉类占据面积最大，为10539.80hm²，占保护区总面积的40.3%，猫科类占据面积最小，为641.04hm²，占保护区总面积的2.5%，在较不适宜区域面积中，猫科类占据面积最大，为4534.25hm²，占保护区总面积的17.4%，灵长类占据面积最小，为1250.19hm²，占保护区总面积的4.8%，在不适宜区域面积中，猫科类占据面积最大，为12943.80hm²，占保护区总面积的49.5%，鹿类占据面积最小，仅为0.51hm²，占保护区总面积比例可忽略不计。

表 4.21 不同动物类群生态源地的综合阻力值

统计项	雉类	灵长类	鹿类	猫科类
最小值 min	1	13	25	26
最大值 max	56	57	93	50
均值±标准差 Mean±Sd	24.4±15.27	36.0±15.21	48.5±18.61	40.8±8.91

表 4. 22　不同动物类群综合阻力确定的缓冲区域面积(hm²)

区域	雉类	比例%	灵长类	比例%	鹿类	比例%	猫科类	比例%
最适宜	922. 22	3. 50%	1648. 48	6. 30%	2605. 82	10. 00%	1752. 19	6. 70%
较适宜	10889. 7	41. 70%	13197	50. 50%	12706	48. 60%	6258. 66	24. 00%
适宜区域	10539. 8	40. 30%	8797. 31	33. 70%	8735. 13	33. 40%	641. 04	2. 50%
较不适宜区域	3220. 99	12. 30%	1250. 19	4. 80%	2082. 54	8. 00%	4534. 25	17. 40%
不适宜区域	557. 25	2. 10%	1237. 03	4. 70%	0. 51	0. 00%	12943. 8	49. 50%

2.3 不同动物类群的生态安全格局

根据建立的综合阻力模型,结合生态源得到的 5 类生态源的扩散成本模型与生物廊道(见图 4. 15 a ~ e)。雉类活动范围主要有两个较为集中的区域(图 4. 15a),形成支线较多的生态廊道网络,两个主要区域间仅有一条最适廊道;灵长类活动范围形成一个主要和一个次要的集中区域(图 4. 15 b),主要分布区域内形成闭合环状网络,两个区域间有两条阻力值极高的廊道链接,形成两个"岛屿";鹿类活动范围较为分散(图 4. 15 c),较为均匀,形成的生态廊道支线较多;猫科类活动范围相对较集中(图 4. 15 d),在区域上各个生态源呈现串珠状连接;水青冈林的适宜范围较广(图 4. 15 e),源地间相对集中,总体上形成一个适宜扩散的区域。

表 4. 23　战略点受保护状态

功能区	生态源		鞍部战略点		交汇处战略点		总计	
	数量	比例	数量	比例	数量	比例	数量	比例
核心区	19	42. 3%	29	56. 9%	15	48. 4%	44	53. 7%
缓冲区	13	25. 0%	12	23. 5%	6	19. 4%	18	22. 0%
实验区	17	32. 7%	10	19. 6%	10	32. 3%	20	24. 4%
总计	52	–	41	–	31	–	82	–

结合扩散模型与生物扩散的最佳生态廊道分析,识别出景观生态结构型战略点(俞孔坚,1998),各类群生态廊道结构型战略点识别结果见图 4. 15 a ~ e,将识别得出的战略点叠置到保护区的功能分区上,统计结果表明:

半数的战略点处于核心区内,24. 4% 的结构型战略点处于实验区内,并未得到较好的保护,相比生态源的保护状态,战略点落在保护级别更高的功能区比例更高(见表 4. 23);按战略点的类型来看,交汇处战略点在核心区的比例相对较低,在实验区的比例相对很高(32. 3%),表明在现在的功能区划下鞍部战略点比交汇处战略点得到更好的保护,交汇战略点未得到较好的保护。

将 5 类生态源的扩散生态廊道叠加,识别出复合战略点,按交汇廊道种类数量探索出更重要的交汇处战略点,以及部分区域内多类廊道并线形成复合廊道,结果见图 4. 14 f,3 种以上生态廊道交汇点主要在保护区的中部,复合廊道也在此构成网状结构,大部分复合廊道处于缓冲区以内,仍有部分重要复合廊道处在或者需要跨过实验区。

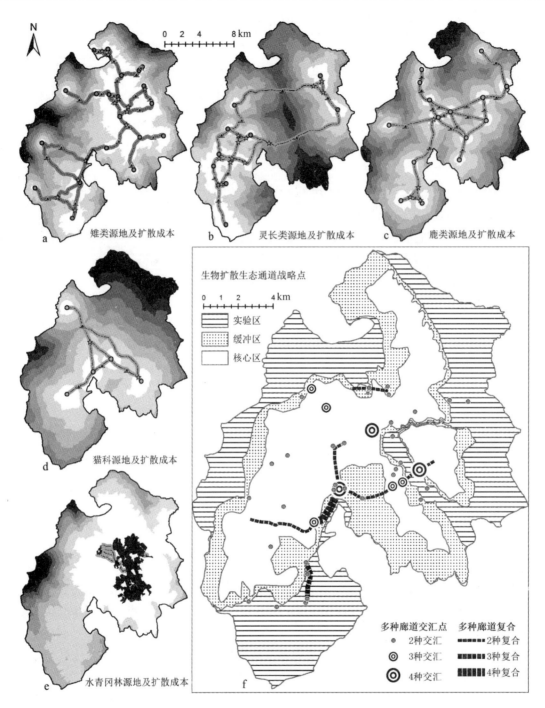

图 4.15　生态廊道及战略点

3. 小结

使用海拔、坡度、景观、岩石裸露率等 4 个因子建立的生态源扩散阻力面可以很好的构建宽阔水自然保护区雉类、灵长类、鹿类、猫科类、水青冈林扩散阻力面模型。

现行的保护区功能区划下，各类生态源和景观战略点未得到最佳的保护，相对于生态源和鞍部战略点，交汇处战略点、复合交汇处战略点、复合生态廊道未得到更好的保护。

第五节　保护区森林生态系统健康评价

森林植被生态系统是宽阔水国家级自然保护区保护的主体，其健康与否直接关系到保护区的发展与保护成效，因此，从森林植被的内部组织结构和外部影响因子入手，通过研究森林植被组织结构的完整状况、稳定性和其可持续能力和外部干扰因素，在此基础上开展贵州宽阔水国家级自然保护区森林植被生态系统健康状况评价，找出存在的问题和影响森林植被健康状况的主要因素，为今后持续开展有效保护、提高管理水平提供依据，具有重要意义（C. W. Zhou）。

1. 研究方法

1.1 数据搜集

本研究的数据以 2010 年完成的宽阔水自然保护区森林资源二类清查数据为主要数据来源，以林相图为底图，利用地理信息系统的处理软件（GIS），构建小班水平上为基本单元的自然保护区森林植被资源数据库。数据库涵盖近 80 个指标，记录了 8 万多条森林植被资源数据，包括地籍类信息、林地相关信息、森林植被相关信息、立地环境以及其他的一些相关信息。

将宽阔水自然保护区森林资源二类清查数据，分为 2031 个小班样地，其中核心区小班数为 636 个，缓冲区 461 个，实验区 934 个。保护区内主要由 ≥25° 坡耕地、人工造林未成林地、纯林、竹林、灌木林、混交林、宜林荒山荒地等几类地组成。本研究还参考宽阔水自然保护区科学考察报告、总体规划、植被图、地形图等相关文献数据库。

1.2 评价指标体系的构建及指标权重

针对贵州宽阔水国家级自然保护区现有数据结构，建立于森林资源二类清查数据基础上，以小班为单元，开展森林生态系统健康评价。构建以指标层、准则层和目标层的三层评价指标构成的森林植被健康评价指标体系。目标层表征自然保护区森林植被生态系统健康总体状况，准则层从森林植被生态系统活力、组织结构和恢复力三个方面综合反应，指标层由具体可描述性指标和其测量值组成。

1.2.1 指标体系构建的原则

自然保护区森林植被健康评价指标体系的构建须符合以下几个原则（张桓，2011）：a. 可以确切地反映主要森林植被的健康现状；b. 及时显示出主要森林植被健康的变化趋势；c. 能够为自然保护区的管理提供合理的策略；d. 选取的评价指标具有一定的科学依据，能够反映森林植被的健康状况；e. 选取的指标易于获得、含义明确且计算简便。

1.2.2 指标筛选与确定

利用宽阔水自然保护区森林资源二类清查数据库数据，依据自然保护区森林植被健康评价指标体系的构建原则，对数据库数据进行剔除和保留判别，建立宽阔水自然保护区森林健康表征指标（胡焕香，2013）。采用敏感性分析、相关性分析、主成分分析对森林健康表征指标分析筛选，在此基础上采用综合分析确定用于森林生态系统健康评价的指标体系（刘自远，2012）。

（1）森林健康表征指标建立

通过专家分析进行初步判别，对宽阔水自然保护区森林资源二类清查数据库数据进行剔除和保留判别，初步保留 14 个指标为健康表征指标，即森林灾害等级（X1）、地类（X2）、优势树种组（X3）、郁闭度（X4）、龄级（X5）、平均胸径（X6）、海拔（X7）、坡度（X8）、土壤类型（X9）、土层厚度（X10）、天然更新等级（X11）、自然度（X12）、基岩裸露率（X13）、龄组（X14）。

（2）指标分析

敏感性分析：变异系数（CV）是衡量所选指标敏感性的一种指标，是表示所选择的指标中各个观测数值变异程度地一个统计量，即指标数值的标准差与平均数之比值。变异系数法选取介于最小值和最大值之间的指标来构成评价指标体系，CV 太小，指标的区别力较小；CV 太大，则意味着有极端值的存在。对 12 项指标变异系数进行计算，选取变异系数在较大和较小之间的指标(0.05～0.55)确定为评价指标。

由表 4.24 的敏感性分析的结果表明：地类(X2)、优势树种组(X3)、郁闭度坡度(X4)、坡度(X8)、土壤类型(X9)、土层厚度(X10)6 个指标灵敏度较高，区别较大，适宜入选。

表 4.24　敏感性分析筛选结果

评价指标	变异系数	入选情况	评价指标	变异系数	入选情况
森林灾害等级	0.58		坡度	0.53	√
地类	0.39	√	土壤类型	0.34	√
优势树种组	0.54	√	土层厚度	0.24	√
郁闭度	0.50	√	天然更新等级	0.67	
龄级	1.08		自然度	0.56	
平均胸径	0.56		基岩裸露率	0.04	
海拔	0.62		龄组	1.16	

相关性分析：相关系数可以衡量两个变量之间线性相关性密切程度的量，选取与其他项指标有相关的信息较少的和较多的指标用作评价指标，因为极显著个数少，能独立的反映指标相关信息，极显著个数多，可以提供较多的代表性信息(刘自远，2007)

以 0.3 为界值(刘自远，2012)，对每一指标与其余项指标的相关性进行比对，判断以相关非常显著个数多的(>9)和非常显著个数少的(<4)的健康指标作为相关性评价指标。

表 4.25　相关系数法筛选结果

评价指标	相关个数	入选	评价指标	相关个数	入选
森林灾害等级 X1	10	√	坡度 X8	4	
地类 X2	9		土壤类型 X9	10	√
优势树种组 X3	9		土层厚度 X10	0	√
郁闭度 X4	10	√	天然更新等级 X11	9	
龄级 X5	9		自然度 X12	10	√
平均胸径 X6	9		基岩裸露率 X13	0	√
海拔 X7	0	√	龄组 X14	10	√

森林灾害等级(X1)，郁闭度(X4)、海拔(X7)、土壤类型(X9)、土层厚度(X10)、自然度(X12)、基岩裸露率(X13)、龄组(X14)8 项指标具有代表性和独立性，适宜入选(表 4.25)。

表 4.26　敏感性分析相关系数

	X1	X2	X3	X4	X5	X6	X7	X8	X9	X10	X11	X12	X13
X1	1												
X2	0.894**	1											
X3	0.552**	0.802**	1										
X4	0.805**	0.778**	0.535**	1									
X5	0.353**	0.448**	0.352**	0.349**	1								
X6	0.751**	0.834**	0.640**	0.700**	0.488**	1							
X7	-0.066**	-0.104**	-0.252**	-0.074**	-0.089**	-0.173**	1						
X8	-0.334**	-0.263**	-0.179**	-0.314**	-0.023	-0.202**	0.063**	1					
X9	0.743**	0.624**	0.384**	0.601**	0.300**	0.558**	-0.170**	-0.346**	1				
X10	0.001	0.133**	0.194**	0.067**	0.106**	0.187**	-0.123**	0.076**	-0.097**	1			
X11	0.506**	0.643**	0.635**	0.459**	0.376**	0.637**	-0.285**	-0.176**	0.530**	0.155**	1		
X12	0.856**	0.861**	0.747**	0.747**	0.344**	0.780**	-0.227**	-0.338**	0.674**	0.072**	0.667**	1	
X13	0.056*	0.096**	0.091**	0.062**	0.041	0.086**	-0.043	0.021	-0.016	0.101**	0.048*	0.056*	1
X14	0.615**	0.678**	0.400**	0.607**	0.630**	0.676**	0.02	-0.103**	0.453**	0.124**	0.453**	0.490**	0.070**

　　主成分分析：采用主成分分析法（赵小亮，2008）计算 14 个森林生态系统健康表征指标，对宽阔水自然保护区森林生态系统健康指标进行进一步筛选（表 4.26）。

　　表 4.27 表明前 3 个主成分的累积贡献率达到了 66.2%，其表征的特征值也均 >1，这说明提取的主成分对各评价指标因子的典型代表变量不够明显，因此，对评价指标因子的载荷矩阵进行方差的最大正交旋转（表 4.28），以使各评价指标因子的载荷系数取值显示得更加极端，便于做出明确解释。

表 4.27　总方差解释

组件	初始特征值			提取载荷平方和			旋转载荷平方和		
	总计	方差比(%)	累积(%)	总计	方差比(%)	累积(%)	总计	方差比(%)	累积(%)
1	6.667	47.619	47.619	6.667	47.619	47.619	6.549	46.779	46.779
2	1.392	9.942	57.56	1.392	9.942	57.56	1.417	10.125	56.903
3	1.21	8.64	66.201	1.21	8.64	66.201	1.302	9.297	66.201
4	0.983	7.02	73.22						
5	0.847	6.048	79.268						
6	0.744	5.315	84.583						
7	0.584	4.169	88.752						
8	0.481	3.434	92.186						
9	0.335	2.393	94.579						
10	0.243	1.736	96.315						
11	0.237	1.694	98.009						
12	0.16	1.139	99.148						
13	0.099	0.71	99.858						

表4.28　旋转后的成分矩阵

	成　分		
	1	2	3
森林灾害等级	0.916	−0.164	−0.006
地类	0.944	0.089	−0.072
优势树种组	0.707	0.241	−0.352
郁闭度	0.849	−0.083	0.015
龄级	0.551	0.407	0.299
平均胸径	0.871	0.2	−0.061
海拔	−0.095	−0.194	0.781
坡度	−0.346	0.539	0.272
土壤类型	0.751	−0.3	−0.128
土层厚度	0.057	0.681	−0.212
天然更新等级	0.683	0.204	−0.344
自然度	0.89	−0.055	−0.278
基岩裸露率	0.054	0.341	−0.073
龄组	0.76	0.263	0.364

　　根据表4.28，指标载荷大于0.5以上指标在第一主成分中有森林灾害等级（X1）、地类（X2）、优势树种组（X3）、郁闭度（X4）、龄级（X5）、平均胸径（X6）、土壤类型（X9）、天然更新等级（X11）、自然度（X12）、龄组（X14）；第二主成分中有坡度（X8）、土层厚度（X10）、土层厚度（X10），第三主成分有土层厚度（X10）。由此得到主成分分析法筛选结果（表4.29）。

表4.29　主成分分析法筛选结果

评价指标	入选	评价指标	入选
森林灾害等级	√	坡度	√
地类	√	土壤类型	√
优势树种组	√	土层厚度	√
郁闭度	√	天然更新等级	√
龄级	√	自然度	√
平均胸径	√	基岩裸露率	
海拔	√	龄组	√

（3）指标确定

　　通过上述指标分析，综合以上3种分析结果，以其中被选大于2次的指标通过筛选（表4.30），得到10个指标用于贵州宽阔水国家级自然保护区区森林生态系统健康评价。

表4.30 综合筛选结果

评价指标	变异系数	相关性分析	主成分分析	入选次数	综合结果
森林灾害等级		√	√	2	保留
地类	√		√	2	保留
优势树种(组)	√		√	2	保留
郁闭度	√	√	√	3	保留
龄级			√	1	不保留
平均胸径			√	1	不保留
海拔		√	√	2	保留
坡度	√		√	2	保留
土壤类型	√	√	√	3	保留
土层厚度	√	√	√	3	保留
天然更新等级			√	1	不保留
自然度		√		2	保留
基岩裸露率		√		1	不保留
龄组		√	√	2	保留

依据目标层表征自然保护区森林植被小班的健康总体状况,准则层反映森林植被活力、组织力和恢复力,指标层由具体可描述性指标及其测量值组成的要求,构建贵州宽阔水国家级自然保护区森林生态系统健康评价指标体系。

采用 Delphi – AHP 法来确定宽阔水自然保护区森林植被健康评价指标权重(谷建才,2006)。首先请保护区专家、林业专家等,依据(杨志峰,2005;郭鹏,1995)等改进的九级记分法判断相对重要性,得到各指标权重的判断矩阵;再应用层次分析法来计算各个健康评价指标的具体权重;最后,作一致性检验:当判断矩阵的 IC < 0.1 和 CR < 0.1,即表示其已经通过一致性检验,否则必须调整判断矩阵(表4.31)。

表4.31 层次分析法指标权重

目标层	准则层	权重	指标	权重
健康评价	组织力	0.3333	优势种	0.3125
			地类	0.0625
			自然度	0.3125
			郁闭度	0.3125
	活力	0.3333	龄组	1
			森林灾害等级	0.0963
			海拔	0.3887
	恢复力	0.3333	土层厚度	0.3887
			坡度	0.03
			土壤类型	0.0963

表中反映出龄组、优势种、自然度、郁闭度、海拔、土层厚度对该保护区森林植被健康评价有重要意义,特别龄组不可或缺。

2. 宽阔水自然保护区森林生态系统健康评价

2.1 健康评价综合指数

本研究是采用综合指标评价法(肖风劲，2003)来对自然保护区森林植被进行健康评价。综合健康指数计算公式如下：

$$V = \sum_{i=z}^{n} \alpha_i X_i$$

$$O = \sum_{i=z}^{n} \beta_i X_i$$

$$R = \sum_{i=z}^{n} \psi_i X_i$$

$$HI = \omega_1 V + \omega_2 O + \omega_3 R$$

式中：HI 为森林植被健康综合指数；V 指森林植被的活力评价指数；O 指森林植被的组织结构评价指数；R 指森林植被的恢复力评价指数；Xi 为第 i 项森林植被健康评价指标的具体值，α_i、β_i、ψ_i 为第 i 项森林植被健康评价指标的权重值，n 为森林植被健康评价指标的总数。ω_1、ω_2、ω_3 分别为 V、O、R 的权重，且 $\omega_1 + \omega_2 + \omega_3 = 1$。

2.2 健康评价指标等级划分

森林植被健康评价各指标的相关评价测度可直接应用具体的测量数值来衡量，对于一些不能确定或者不便测量的指标，采用定性研究中的等级划分法(刘文军，2009；杨志峰，2005)进行定量化描述。将各个具体指标根据其对森林植被健康影响程度，划分为三个等级，并按自影响程度低至高，分别赋分 1 分、3 分和 5 分。有些评价指标既可利用具体的数值来度量，也可根据具体情况应用定性的方法来做等级划分。本研究中，涉及此赋分方法的相关情况，及各指标具体等级划分见表 4.32。

表 4.32　保护区森林资源"二调"数据健康评价指标等级划分

	等级得分		
	1	3	5
地类	宜林荒山荒地 ≥25 度坡耕地	灌木林地 人工造林未成林地	纯林、混交林、竹林
优势树种	火棘、杂灌	常绿针叶林	常绿阔叶林、混交林
自然度	原始或受人为影响很小而处于基本原始状态的森林类型。	有一定人为干扰的森林类型，顶极树种明显可见或可预见。	人为干扰很大，或地带性森林类型几乎破坏殆尽；处于逆行演替后期
坡度(°)	坡度 ≥36	坡度 16～35	坡度 0～16
海拔(m)	>130	1000～1300	<1000
平均胸径(cm)	<10	>65 或[10，20)	[20，65]
土壤类型	耕作土		黄壤、红黄壤、黄棕壤 石灰土、紫色土
龄组	幼龄林、过熟林	近熟林、成熟林	中龄林
森林灾害等级	立木树冠受害≥50% 受害株数≥50%，以濒死木和死亡木为主	立木树冠受害 20%～49%，受害株数 20%～49%，有少数死亡	未成灾，受害立木株数<20%
郁闭度(%)	低郁闭度 0.20～0.39	高郁闭度 ≥0.70	中郁闭度 0.4～0.69
土层厚度(cm)	<40	40～79	≥80
基岩裸露率(%)	≥70	50～69	0～49
天然更新等级	Ⅲ	Ⅱ	Ⅰ

2.3 健康等级的划分

根据以上建立的评价指标体系和健康评价模型，在结合前人对森林植被健康评价和健康评价标准的研究基础上（肖风劲，2004；刘文军，2009；杨志峰，2005），根据保护区的特点与实际情况，结合相关专家的意见，将宽阔水自然保护区主要森林植被健康状况划分为 3 个等级，等级的划分范围为 [0，1]。按照一定的原则来划分不同健康等级的范围及其生态学的涵义，具体划分标准如表 4.33。

表 4.33　宽阔水自然保护区森林植被健康标准等级划分及生态学涵义

健康状态	健康综合指数	生态学涵义
不健康	[0，0.319]	组织结构不完整且不太合理，功能稳定性差，可持续能力差。
较健康	(0.319，0.634]	组织结构较完整、合理，功能稳定较好，可持续能力较好。
健康	(0.634，1.000]	组织结构很完整且很合理，功能稳定性好，可持续能力很强。

3. 宽阔水自然保护区森林植被整体健康状况评价

根据宽阔水自然保护区森林资源二类清查所获 2031 个小班样地数据和表 4.33 的各等级得分，对 2031 个小班样地采用综合指标评价法计算森林植被健康综合指数（HI）（图 4.16、图 4.17）并按保护区功能区统计，得表 4.34。

表 4.34　保护区健康评价综合指数

功能区	组织结构	活力	恢复力	健康综合指数 HI
核心区	0.728	0.318	0.482	0.509
缓冲区	0.612	0.279	0.461	0.451
实验区	0.623	0.301	0.490	0.472
总体	0.654	0.302	0.481	0.479

由表 4.34 可获知，总体健康综合指数为 0.479，介于 0.319~0.634 之间，结合表可知，是处于较健康等级，即宽阔水自然保护区主要森林植被总体处于较健康状态，同时实验区、缓冲区、核心区也都处于较健康等级。各个功能区健康综合指数状况：核心区（HI=0.509）>实验区（HI=0.472）>缓冲区（HI=0.451）。

3.1 保护区森林植被小班水平健康状况评价

宽阔水自然保护区森林植被资源二类调查中，共有 2031 个小班样地。其中核心区有 636 个小班样地，缓冲区 461 个小班样地，实验区 934 个小班样地。根据以上建立的森林植被健康评价模型，对其进行评价，获得如下结果。

整体看，宽阔水自然保护区主要森林植被总体处于较健康以上状态，较健康以上的小班数为 1404 个，占总小班数 69.1%；从面积上看较健康以上小班所占面积比例更大，达 76.94%。从各个功能区来看，各个功能区中大部分森林植被处于较健康以上状态，其中核心区较健康以上状态的小班数量占 76.9%（489 个），优于缓冲区 62.0%（286 个）和实验区 67.3%（629 个）。健康小班数量比例中核心区最大（23.1%），其次缓冲区（22.3%），最次为实验区（21.1%）。

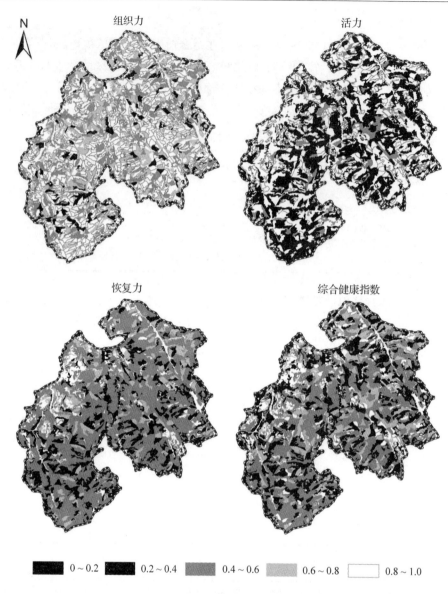

组织力

活力

恢复力

综合健康指数

| ■ 0~0.2 | ■ 0.2~0.4 | ■ 0.4~0.6 | 0.6~0.8 | □ 0.8~1.0 |

图 4.16 保护区小班健康指数

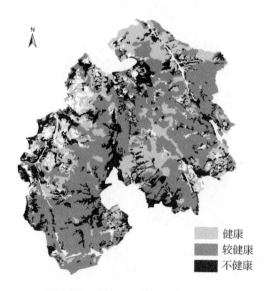

健康
较健康
不健康

图 4.17 保护区森林健康小班分布图

3.2 不同地类森林植被的健康状况

不同的地类，其植被组成、用途等都有较大的区别，在森林植被健康评价中具有较大的影响。不同地类，其森林植被健康状况如表 4.35 和图 4.18 所示。

表 4.35　不同地类其不同健康状况的小班数目及比例（单位：个）

地类	不健康小班数量	较健康小班数量	健康小班数量
≥25°坡耕地	230（36.7%）	0	0
其他灌木林地	9（1.4%）	0	0
宜林荒山荒地	122（19.5%）	0	0
人工造林未成林地	157（25.0%）	1（0.1%）	0
竹　林	0	10（1.0%）	2（0.4%）
国家特别规定灌木林	109（17.4%）	29（3.0%）	0
纯　林	0	149（15.6%）	191（42.7%）
混交林	0	768（80.3%）	254（56.8%）

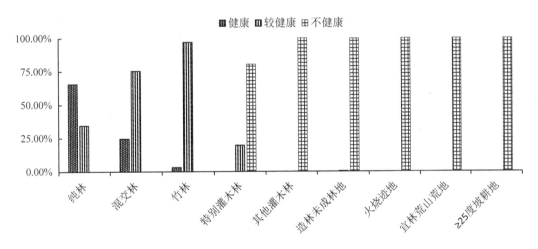

图 4.18　不同地类健康状况

表 4.35 中表明：宽阔水自然保护区森林植被健康状况处于较健康、健康状况的地类主要是混交林，分别占 80.3%、56.8%；不健康状况地类主要是 ≥25°坡耕地（36.7%）、人工造林未成林地（25.0%）、宜林荒山荒地（19.5%）、灌木林（18.8%）），但人工造林未成林地类实际已经有幼苗幼树，经一段时间的恢复可达到健康，国家特别规定灌木林地类往往分布在山顶峭壁，已处于稳定阶段，因此，这两类地类不应成为宽阔水森林植被健康评价的不健康因素。

核心区的不同地类森林植被的不同健康状况如表 4.36，表明：混交林对森林健康贡献最大，占72.79%，起主要作用。不健康的地类主要是 ≥25°坡耕地占 38.10%、宜林荒山荒地占 21.77%，是影响核心区森林健康的主要因素。因此，采取退耕还林、荒山造林植被恢复等措施是恢复核心区森林植被健康的主要措施。

表 4.36　核心区不同地类上森林植被健康状况的小班数目及比例

地类	不健康	较健康	健康
≥25°坡耕地	56(38.10%)	0	0
纯林	0	26(7.60%)	40(27.21%)
国家特别规定灌木林	32(21.77%)	4(1.17%)	0
混交林	0	311(90.94%)	107(72.79%)
其他灌木林地	2(1.36%)	0	0
人工造林未成林地	25(17.01%)	0	0
宜林荒山荒地	32(21.77%)	0	0
竹林	0	1(0.29%)	0

缓冲区与实验区不同地类森林植被的健康状况如表4.37、表4.38，健康类型的森林植被几乎都是混交林、纯林。不健康的地类主要都是≥25°坡耕地占和宜林荒山荒地，严重影响了缓冲区的森林植被健康。因此，退耕还林和宜林荒山荒地森林营造是缓冲区和实验区森林植被健康的主要措施。

表 4.37　缓冲区不同地类森林植被健康状况的小班数目及比例

地类	不健康	较健康	健康
≥25°坡耕地	55(31.43%)	0	0
纯林	0	31(16.94%)	41(39.81%)
国家特别规定灌木林	29(16.57%)	8(4.37%)	0
混交林	0	142(77.60%)	62(60.19%)
其他灌木林地	5(2.86%)	0	0
人工造林未成林地	54(30.86%)	0	0
宜林荒山荒地	32(18.29%)	0	0
竹林	0	2(1.09%)	0

表 4.38　实验区不同地类森林植被健康状况的小班数目及比例

地类	不健康	较健康	健康
≥25°坡耕地	119(39.02%)	0	0
纯林	0	92(21.30%)	110(55.84%)
国家特别规定灌木林	48(15.74%)	17(3.94%)	0
混交林	0	315(72.92%)	85(43.15%)
其他灌木林地	2(0.66%)	0	0
人工造林未成林地	78(25.57%)	1(0.23%)	0
宜林荒山荒地	58(19.02%)	0	0
竹林	0	7(1.62%)	2(1.02%)

4. 小结

依据所构建的森林植被健康评价模型，对宽阔水保护区森林资源二类调查已有的 2031 个小班数据进行计算，得到森林植被总体健康综合指数为 0.479，保护区总体处于较健康等级，其中核心区(HI = 0.510) > 实验区(HI = 0.471) > 缓冲区(HI = 0.451)。

小班水平上，较健康以上的小班数为 1404 个，占总小班数 69.1%，其中核心区 489 个、实验区 629 个、缓冲区 286 个，分别在各个功能区的占比分别为 76.9%、62.0%、67.3%；健康小班数量比例中核心区最大(23.1%)，其次是缓冲区(22.3%)，最次为实验区(21.1%)。

第五章 保护成效与管理建议

第一节 保护成效与问题分析

1. 生物多样性物种丰度

1.1 景观多样性

保护区有 9 个景观类型，分别是常绿阔叶林、常绿针叶林、落叶阔叶林、灌丛、竹林、针阔混交林、空地、水库和经济林。景观多样性指数为 1.34，景观多样性较高。

1.2 植被类型与生态系统多样性

将宽阔水自然保护区具体调查的森林植被划分为针叶林、阔叶林、针阔混交林、竹林、灌草丛 5 个植被型组，亚热带山地暖性针叶林、亚热带针阔混交林、中亚热带常绿阔叶林、中亚热带常绿落叶阔叶混交林、中亚热带落叶阔叶林、中山及亚高山竹林、灌丛、灌草坡 8 个植被型，31 个群系。其中新记录 1 个植被型，2 个群系。

1.3 物种多样性

1.3.1 植物多样性

保护区共有植物 296 科 918 属 2135 种（含种以下分类单位，下同），新记录 536 种。其中苔藓植物 70 科 159 属 420 种，新记录 11 科 16 属 90 种；蕨类植物 28 科 67 属 196 种，新记录 1 科 2 属 18 种；种子植物 159 科 624 属 1369 种，新记录 57 属 268 种。

保护区内有国家重点保护植物有 11 种，新记录 2 种（伯乐树 *Bretschneidera sinensis*、楠木 *Phoebe zhennan*）。其中国家 I 级保护有伯乐树、红豆杉（*Taxus chinensis*）、南方红豆杉（*T. wallichiana* var. *mairei*）、珙桐（*Davidia involucrate*）4 种，国家 II 保护有福建柏（*Fokienia hodginsii*）、鹅掌楸（*Liriodendron chinense*）、黄杉（*Pseudotsuga sinensis*）、楠木等 7 种；其中较为广布的有红豆杉、南方红豆杉、香果树 3 种。

区内有《濒危野生动植物国际贸易公约》（CITES）附录的兰科植物 36 种，新记录 15 种。此外，列入《中国珍稀濒危植物名录》的物种有 3 种，即天麻（*Gastrodia elata*）、黄连（*Coptis chinensis*）、八角莲（*Dysosma versipellis*），主要分布于太阳山林下阴湿处，受干扰严重，数量稀少较为少见。

保护区新发现特有植物 1 种，即宽阔水碎米荠，分布于飘水岩海拔 1420m 的沟边阴湿处，数量及少，分布零星。根据现有资源量及分布情况，按照国际自然及自然资源保护联盟（IUCN）规定的物种濒危标准（IUCN，1994），该种已达到濒危等级。根据《贵州特有及稀有种子植物》，保护区内有贵州特有种子植物多脉贵州报春（*Primula kweichouensis* var. *venbtlosa*）、平坝凤仙花（*Impatiens ganpiuana*）2 种。

1.3.2 动物多样性

保护区内有鸟类 16 目 44 科 197 种，新记录 0 目 2 科 26 种；兽类 7 目 22 科 55 种，新记录 0 目 2 科 5 种；两栖类 2 目 10 科 31 种，新记录 0 目 1 科 4 种；爬行类 3 目 8 科 32 种，新记录 0 目 0 科 1 种；鱼类 5 目 17 科 42 种，新记录 1 目 9 科 7 种。软体动物 9 目 15 科 40 种，新种 3 种。

鸟类中国家 I 级重点保护鸟类 1 种，国家 II 级重点保护鸟类 16 种，被列入 CITES 附录的鸟类共 19

种；监测到的 52 种鸟类中，列入 IUCN 红色名录濒危物种 7 种，其中，近危(NT)物种共有 5 种，易危(VU)物种有 2 种。

兽类 7 目 22 科 55 种，本次监测到 20 种兽类物种，其中国家 I 级重点保护物种 1 种，为黑叶猴(Trachypithecus francoisi)；II 级重点保护物种有 2 种，分别为小灵猫(Viverricula indica)和斑林狸(Prionodon pardicolor)。全部列入 IUCN 红色名录濒危物种，易危(VU)物种 3 种；近危(NT)物种 6 种；

两栖类 2 目 10 科 31 种，30 种种列入 IUCN 红色名录，1 种极危(CR)为大鲵(Andrias davidianus)；近危(NT)物种 3 种；易危(VU)物种 5 种，濒危(EN)1 种；无危(LC)17 种。

爬行类 3 目 8 科 32 种，全部为中国特有种，1 种列入 IUCN 红色名录近危(NT)，为白头蝰(Azemiops feae Boulenger)。

鱼类 5 目 17 科 42 种，全部无危。

1.4 遗传多样性

保护区内遗传资源主要包括作物类遗传资源(98 个品种)、林果类遗传资源(19 个品种)、养殖类遗传资源(29 个品种)、经济昆虫类遗传资源(2 个品种)和水产类遗传资源(12 个品种)。

保护区内作物类植物有 4 大类，分别为粮食作物类(41 个品种)、杂粮作物类(10 个品种)、蔬菜作物类(35 个品种)和经济作物类(12 个品种)。经济林主要为农户栽种的果树及野生植物种质资源，主要经济林木有 12 个品种，重要野生植物种质资源有 7 个品种。养殖动物分为家畜和家禽 2 类，家畜有 17 个品种，家禽有 12 个品种。经济昆虫类资源有蜜蜂，为意峰和中峰。水产类野生动物种质资源 12 个品种。

2. 生态系统健康度

2.1 研究方法

生态系统健康度的管理成效，根据生态系统健康评价中选用的指标、方法和判断标准(见第四章第五节)，基于 2016 年完成的森林资源二类调查数据，进行生态系统健康评价，将评价结果(见图 5.1)与 2010 年数据评价结果进行对比分析，得出 6 年来宽阔水国家自然保护区生态系统健康度的保护成效。

2.2 评价结果

统计不同评价结果统计其小班数量与面积特征(见表 5.1)，总体上评价的小班数量减少，评价的面积增加，从小班数量变化上看，健康小班数、比例均大幅度增加，较健康的小班数和比例均大幅度减少，而不见看的小班数量稍有减少但其所占的比例略有增加。从面积的变动上看，面积和比例变化相当，评价结果为健康的面积增幅巨大，而较健康的面积降幅也很巨大，评价为不健康的面积缩小。

表 5.1　不同健康等级小班 2010~2016 变化特征

	Δ 小班数量	Δ 小班面积(hm²)
健康	249 (16.04%)	9449.85 (34.25%)
较健康	−431 (−18.36%)	−6135.68 (−27.7%)
不健康	−20 (2.32%)	−1228.99 (−6.55%)
总计	−202	1987.94

从健康评价的指数上对比(见表 5.2)看，保护区生态系统健康值从 2010 年~2016 年上升了 0.049，各区域中上升最多的的缓冲区(0.088)，实验区上升也相对较大，而核心区也呈现上升趋势。从健康指数的组织力、活力、恢复力等三个方面看，上升幅度最大的是恢复力(0.155)；组织力总体上下降(0.087)，各个区域的组织力指数均下降，其中下降最多的是核心区(0.177)；活力总体上呈增加，缓

冲区、实验区活力增加幅度较大；恢复力总体上增加，各个区域增加的幅度都很大。

表 5.2 不同功能区生态系统健康评价指数变化(2010~2016)

功能区	Δ 组织力	Δ 活力	Δ 恢复力	Δ 健康综合指数 HI
核心区	−0.177	0.043	0.174	0.014
缓冲区	−0.002	0.125	0.142	0.088
实验区	−0.062	0.101	0.136	0.058
总计	−0.087	0.080	0.155	0.049

从不同功能区评价结果对比(见表5.3)看，核心区生态系统健康评价结果为健康的小班数增加但其数量比例减少，面积增加同时比例也增加，结果为较健康的小班数、比例和面积及其比例均大幅度减少，结果为不健康的小班数、比例和面积及其比例略微减少。

表 5.3 不同功能区划生态系统健康评价结果(2010~2016)变化特征

健康级别	健康		较健康		不健康	
	Δ 小班数量	Δ 面积(hm²)	Δ 小班数量	Δ 面积(hm²)	Δ 小班数量	Δ 面积(hm²)
核心区	40 (−6.02%)	4660.2 (7.99%)	−253 (−18.82%)	−3416.57 (−12.88%)	−6 (−0.21%)	−454.33 (−3.72%)
缓冲区	81 (3.4%)	1594.81 (−5.58%)	−46 (6.93%)	−875.56 (4.86%)	−10 (−0.73%)	−662.48 (−7.01%)
实验区	128 (2.63%)	3193.96 (−2.41%)	−132 (11.89%)	−1843.35 (8.02%)	−4 (0.95%)	−112.61 (10.73%)
总计	249	9448.98	−431	−6135.48	−20	−1229.43

缓冲区评价结果为健康的小班数、比例、面积比呈增加趋势，但面积比例呈降低趋势，评价结果为较健康的小班数和面积均降低，但数量比例和面积比例皆呈现增加趋势，评价为不健康的格小班数、比例和面积及其比例均降低。

实验区评价结果为健康的小班数、小班数比例和面积都呈现增加的趋势，但面积比下降，评价结果为较健康的小班数和面积数都下降较多，小班数量比例和面积比例都呈现增加趋势，评价结果为不健康的小班数量和面积略微下降，但是数量比和面积比均有所上升。

3. 小结

在生态系统健康度方面，宽阔水国家级自然保护区6年(2010~2016年)管理成效显著，健康指数皆有提高，生态系统的活力、恢复力均有增加，整体上往更为健康的生态系统发展。管护使得较健康的生态系统更迅速、大量地发展成健康的生态系统，同时不健康的生态系统也逐渐发展和转变为较健康的生态系统(图5.1)。

保护区就地保护国家重点保护植物11种，就地保护率为12.94%(贵州省85种)。就地保护《濒危野生动植物国际贸易公约》(CITES)附录的兰科植物有36种。

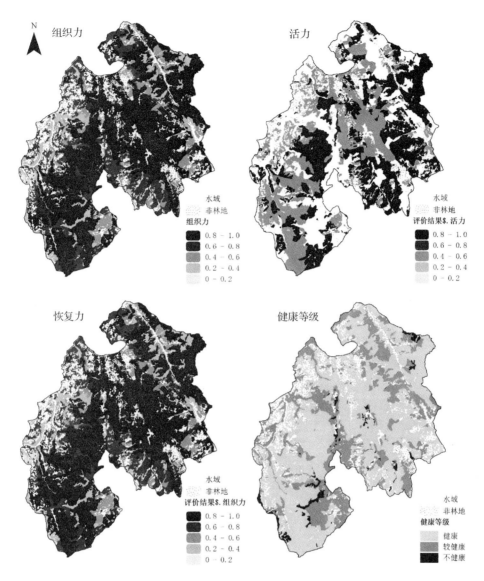

图 5.1　保护区 2016 年生态系统健康评价

第二节　保护管理建议

基于区域特征、生物多样性的构成、主要保护对象的现状、生态地位、生态安全、生态系统健康情况及多年保护呈现的研究结果，从保护功能区调整、生物廊道建设、管控措施改进、生态系统健康提升和保护区战略地位发掘等几个方面给出建议。

1. 物种保护优先序

优先保护序列依照宽阔水保护区目的物种的濒危系数而定。宽阔水国家级自然保护区重点保护野生植物的濒危系数大小分别为：伯乐树（*Bretschneidera sinensis*）＞岩生红豆（*Ormosia saxatilis*）＞珙桐（*Davidia involucrate*）＞楠木（*Phoebe zhennan*）＞峨眉含笑（*Michelia wilsonii*）＞水青树（*Tetracentron sinense*）＞福建柏（*Fokienia hodginsii*）＞青钱柳（*Cyclocarya paliurus*）＞南方红豆杉（*Taxus wallichiana* var.

mairei) >红豆杉(*Taxus chinensis*) >领春木(*Euptelea pleiosperma*)、银鹊树(*Tapiscia sinensis*)、铁杉(*Tsuga chinensis*) >刺楸(*Kalopanax septemlobus*) >香果树(*Emmenopterys henryi*)、鹅掌楸(*Liriodendron chinense*) >黄杉(*Pseudotsuga sinensis*) >川桂(*Cinnamomum wilsonii*) >红花木莲(*Manglietia insignis*) >穗花杉(*Amentotaxus argotaenia*) >白辛树(*Pterostyrax psilophyllus*)、檫木(*Sassafras tzumu*)、三尖杉(*Cephalotaxus fortune*)。保护区重点保护植物濒危系数较高的主要集中在伯乐树、珙桐、楠木等国家重点保护植物，白辛树、三尖杉、檫木等省级保护植物次之。

2. 功能区划优化建议

建议调整保护区核心区南部的功能区划，使更多的的景观战略点、复合交汇处战略点以及复合廊道囊括入缓冲区以内，从而得到更高级别的保护。

特别是将朱家湾－水淹凼－曹家湾－老房子一带纳入核心区，提升保护级别，更好地保护生物交流的廊道。

3. 生物廊道建设建议

规划建设重要通道处的复合森林廊道景观，使得隔离开的岛屿化生境连接起来，减小野生动植物扩散阻力，增加野生动植物的活动和扩散面。保护区内道路对生物生境形成的切割作用，并带来较为显著的边缘效应(12.41km²)。研究结果显示保护区内部以泥土路为主，封路可以使泥土路逐渐恢复为自然生境，而对于必须保留的泥土路(如巡护道路、防火道路)，因其带来的边缘效应可能高于水泥路和砂子路(其差异原因仍然需要进一步研究确定)，建议在道路上辅助建设近自然生境的生物廊道，如仿自然生境桥梁、隧道等，方便动物通行，减少道路切割带来的阻隔影响。

摒弃平面规划思想，建设立体功能区，在重要的战略点和廊道上建立复合型的人工通道。考虑到道路对景观的阻隔和干扰作用，对在重要地形鞍部、重要生物通道处的道路建设生态公路隧道、生态桥梁，实现人与生物各有其道、各行其道，减少人类活动干扰；人工生物隧道建设模式通常有路下式生物通道、路上式生物通道。利用风水岭隧道建设契机，在隧道两端分路进入宽阔水保护区处设置保护站进行管控，在风水岭垭口处建设 200 ~ 300m 宽的空中生物廊道，以降低风水岭垭口道路和居住地的阻隔作用。并可在通道处进行长期的植物群落原生演替定位观测、动物迁徙流量监测、通道选择等科学研究。

4. 管控措施建议

野生动物的活动时间通常在早晚和夜间，而道路对野生动物生境的切割作用，夜间禁止车辆在保护区内道路上通行，可以一定程度上减少野生动植物扩散的干扰。

配合功能区划的调整，生态移民工程向朱家湾－水淹凼－曹家湾－老房子－胡家垱－马家湾－白台村一带倾斜，减少该区域对保护区生物扩散的影响，同时也减轻管控负担。

5. 森林生态系统健康提升建议

(1)基于森林资源二类调查数据，通过对各类指标进行敏感性、相关性、显著性分析，综合筛选出优势种、地类、自然度、郁闭度、龄组、森林灾害等级、海拔、土层厚度、坡度、土壤类型共 10 个指标，据此建立了宽阔水自然保护区森林植被健康评价指标体系，因此，可充分利用每五年一次的保护区森林资源二类型调查数据，长期开展保护区森林植被健康状况的评估与分析，指导制订科学合理保护与管理对策。

(2)依据所构建的森林植被健康评价模型，对宽阔水保护区森林资源二类调查已有的 2031 个小班数据进行计算，得到森林植被总体健康综合指数为 0.479，保护区总体处于较健康等级，其中核心区(HI = 0.510) >实验区(HI = 0.471) >缓冲区(HI = 0.451)，从整体上看，保护区总体健康状况尽管处于较健康状况，但得分较低，需加强保护与管理。

（3）小班水平上，较健康以上的小班数为1404个，占总小班数69.1%，其中核心区489个、实验区629个、缓冲区286个，分别在各个功能区的占比分别为76.9%、62.0%、67.3%；不健康的森林小班主要是由≥25°坡耕地（农用地）、灌木林、人工造林未成林地、宜林荒山荒地组成（这几类地小班数总和占比达90%以上），其中，≥25°坡耕地核心区为38.10%，缓冲区31.43%，实验区39.02%；宜林荒山荒地核心区占21.77%，缓冲区18.29%、实验区19.02%。因此，保护区要以核心区、缓冲区和实验区为先后顺序，加强做好退耕还林工作和宜林荒山荒地的造林工作。特别是对朱家湾 – 水淹凼 – 曹家湾 – 老房子 – 胡家垱 – 马家湾 – 白台村一带集中连片、健康度低的生态系统进行大力的生态修复措施。

（4）在评价上，人工造林未成林地和国家特别规定灌木林虽然不是主要影响因素，但是其幼苗幼树的抚育工作需要做好，在未来的5～10年才能顺利的发展为健康森林植被。总体上，自然保护区的森林植被管理工作，要充分让附近居民意识到爱护森林植被的重要性，积极主动的参与到爱林护林中。

6. 保护区发展战略地位

宽阔水生物多样性在物种层次上，绝对量不突出，属于中等水平的生物多样性，具有一定的特色（植被类型数多、兽类和被子植物发育关系复杂），且与贵州省内其他自然保护区具有较好的生物多样性相似构成基础。同时其在生物省、行政省等空间尺度，处在特别重要的区域中心位置。该保护区是目前贵州省生物多样性扩散生态廊道的最重要的网络中心，也是黔北生物多样性扩散生态廊道网络的中心，具有不可替代的空间和过渡性生物多样性基础优势，在网络的稳定性上具有重要的地位。

参 考 文 献

Akeshi Torimaru, Yuichi Takeda, Michinari Matsushita, Ichiro Tamaki, Junji Sano, Nobuhiro Tomaru. Family-specific responses insurvivorship and phenotypic traits to differentlight environments in a seedling population of Faguscrenatain a cool-temperate forest[J]. The Society Of Population Ecology, 2015, 57: 77 - 91.

Augspurger C. Spatial patterns of damping-off disease during seedling recruitment in tropical forests. In: Burdon JJ, Leather SR (eds) Pests, pathogens and plant communities[J]. Blackwell Scientific, Oxford, pp. 1990: 131 - 144.

Canham C D. Suppression and release during canopy recruitment in Fagus graitdifolia[J]. Bulletin of the Torrey Botanical Club, 1990, 117(1): 1 - 7.

Griscom B W, Ashton P M S. A self-perpetuating bamboo disturbance cycle in a neotropical forest[J]. J Trop Ecol, 2006, 22(5): 587 - 597.

Guo K. Responses on Fagus engleriana seedling to light and nutrient availability[J]. Acta Bot Sin, 2004, 46(5): 533 - 541. doi: 10. 3321/j. issn: 1672 - 9072. 2004. 05. 004.

Holz C A, Veblen T T. Tree regeneration responses to chusquea montana bamboo die off in a subalpine Nothofagus forest in the southern Andes[J]. Journal of Vegetation Science, 2006, 17: 19 - 28.

Ichihara Y, Yamaji K. Effect of light conditions on the resistance of current-year Fagus crenata seedlings against fungal pathogens causing damping-off in a natural beech forest: fungus isolation and histological and chemical resistance[J]. J Chem Ecol, 2009, 35: 1077 - 1085.

Isidori A. Nonlinear control systems[M]. 2nd, New York: Springer Press, 1989. 32 ~ 33.

Konno Y. Feedback regulation of constant leaf standing crop in Sasa tsuboiana grasslands[J]. Ecol Res, 2001, 16(3): 459 - 469. doi: 10. 1046/j. 1440 - 1703. 2001. 00421. x.

Lei Y, Wang Z X, Liu S X, et al. Comparative studies on Faguslucida forests between the south and the north of middle subtropical zones: I. Species composition, structure and regeneration[J]. J C China Norm Univ (Nat Sci), 2005, 39(2): 249 - 255. doi: 10. 3321/j. issn: 1000 - 1190. 2005. 02. 028.

Li N, Bai B, Lu C L. Recruitment limitation of plant population: From seed production to sapling establishment[J]. Acta Ecol Sin, 2011, 31(21): 6624 - 6632.

Martinez D C E, Longares L A, Griðar J, et al. Living on the edge: Contrasted wood-formation dynamics in Fagus sylvatica and Pinus sylvestris under mediterranean conditions[J]. Front Plant Sci, 2016, 7: 370. doi: 10. 3389/fpls. 2016. 00370.

Nakashizuka T. Regeneration dynamics of beech forests in Japan [J]. Plant Ecology, 1987, 69(1 - 3): 169 - 175.

Noguchi M, Yoshida T. Tree regeneration in partially cut coniferhardwood mixed forests in northern Japan: Roles of establishment substrate and dwarf bamboo[J]. For Ecol Manag, 2004, 190(2/3): 335 - 344. doi: 10. 1016/j. foreco. 2003. 10. 024.

Qu Z X, Wen Z W, Zhu K G. An analytical study of the forest of the Spirit valley, Nanking[J]. Acta Bot Sin, 1952, 1(1): 18 - 49.

Suzaki T, Kucne A, Ino Y. Effects of slope and canopy trees on light conditions and biomass of dwarf bamboo under a coppice canopy[J]. Journal of Forest Research, 2005, 10: 151 – 156. .

Taylor A H, Huang J Y, Zhou S Q. Canopy tree development and undergrowth bamboo dynamics in old gavth Ahies Betula forests in southwestern China: a 12-year studs[J]. Forest Ecology and Management, 2004, 200: 347 – 360.

Tian Y Y. Study on the community ecology of Fagus lucidadeciduous broad-leaved forest[D]. Xiamen: Xiamen University, 2014: 1 – 74. KUDO G, AMAGAI Y, HOSHINO B, et al. Invasion of dwarf bamboo into alpine snow-meadows in northern Japan: Pattern of expansion and impact on species diversity[J]. Ecol Evol, 2011, 1(1): 85 – 96. doi: 10. 1002/ece3. 9.

Unterseher M, Siddique A B, Brachmann A, et al. Diversity and composition of the leaf Mycobiome of beech(Fagus sylvatica)are affected by local habitat conditions and leaf biochemistry[J]. PLo S One, 2016, 11 (4): e0152878. doi: 10. 1371/journal. pone. 0152878.

Ying LX, Zhang T T, Chiu C A, et al. The phylogeography of Fagus hayatae(Fagaceae): Genetic isolation among populations[J]. Ecol Evol, 2016, 6(9): 2805 – 2816. doi: 10. 1002/ece3. 2042.

Zheng W N, Wang X A, Guo H, et al. Effects of microhabitat on the growth of Quercus wutaishanica seedlings[J]. Arid Zone Res, 2013, 30(6): 1049 – 1055.

Givnish T J. Adaptation to sun and shade: A whole-plant perspective[J]. Aust J Plant Physiol, 1988, 15 (1/2): 63 – 92. doi: 10. 1071/PP9880063.

Itôh, Hino T. Dwarf bamboo as an ecological filter for forest regeneration[J]. Ecol Res, 2007, 22(4): 706 – 711. doi: 10. 1007/s11284 – 006 – 0066 – 0.

Montti L, Campanello P I, Gatti M G, et al. Understory bamboo flowering provides a very narrow light window of opportunity for canopy-tree recruitment in a neotropical forest of Misiones, Argentina [J]. For Ecol&Manag, 2011, 262(8): 1360 – 1369.

An MT, Lin Y, Yu LF, Yang YB, Cheng GP, Li JQ. Cardamine kuankuoshuiense (Brassicaceae), a new species from Guizhou, China. PHYTOTAXA, 2016, 267(3), 233 – 236.

Anoop K R, Hussain S A. Factors affecting habitat selection by smooth-cooated otters (Lutra perspicillata) in Kerala, India[J]. Zool. Lond, 2004(263): 417 – 423.

Becerra P I, González-Rodríguez V, Smith-Ramírez C, et al. Spatio-temporal variation in the effect of herbaceous layer on woody seedling survival in a Chilean mediterranean ecosystem[J]. J Veget Sci, 2011, 22 (5): 847 – 855. doi: 10. 1111/j. 1654 – 1103. 2011. 01291. x.

Brandon JD, Eudey AA, Geissmann T, et al. Asian Primate Classification. Ernalional Journal of Primatol, 2004, 25(1): 97 – 164.

Chaneton E J, Mazía C N, Kitzberger T. Facilitation vs. apparent competition: Insect herbivory alters tree seedling recruitment under nurse shrubs in a steppe-woodland ecotone[J]. J Ecol, 2010, 98(2): 488 – 497. doi: 10. 1111/j. 1365 – 2745. 2009. 01631. x.

Chen HB, Xiu JF, Zhang CL. A survey of blackflies with three new species from kuankuoshui, Guizhou, China(diptera, simuliidae). Acta Zootaxonomica Sinica, 37 (2) : 382 – 388.

Chen J, Franklin, Spies TA. Contrasting microlimates among clear-cut, edge, and interior of old growth Douglas-fir forest. Agricultural and Forest Meteorlogy, 1993a, 63: 219 – 237.

Csardi Gabor, Nepusz Tamas. The igraph software package for complex network research[J]. InterJournal. 2006, Complex Systems: 1695.

Darabant A, Rai P B, Tenzin K, et al. Cattle grazing facilitates tree regeneration in a conifer forest with palatable bamboo understory [J]. For Ecol Manag, 2007, 252 (1/2/3): 73 – 83. doi: 10. 1016/ j. foreco. 2007. 06. 018.

Davies KF, Margules CR. Effects of habitat fragmentation on carabidbeetles: experimental evidence. Journal of Animal Ecology. 1998, 67: 460 – 471.

Dinata Y, Nugroho A, Haidir I A, et al. Camera trapping rare and threatened avifauna in west-central Sumatra. Bird Conserv Int[J]. Bird Conservation International, 2008, 18(1): 30 – 37.

Falcy M R, Estades C F. Effectiveness of Corridors Relative to Enlargement of Habitat Patches[J]. Conservation Biology, 2007, 21(5): 1341 – 1346

Findlay CS, Houlahan J. Anthropogenic corre lates of species richness in southeastern Ontario wet lands [J]. Conservation Biology, 1997(11): 1000 – 1009.

Forman R T T, Godorn M. Patches and structural components for a landscape ecology[J]. Bioseience, 1981, 31: 733 – 740.

Giordano C V, Sánchez R A, Austin A T. Gregarious bamboo flowering opens a window of opportunity for regeneration in a temperate forest of Patagonia[J]. NewPhytol, 2009, 181(4): 880 – 889. doi: 10.1111/ j. 1469 – 8137. 2008. 02708. x.

González M E, Veblen T T, Donoso C, et al. Tree regeneration responses in a lowland Nothofagus-dominated forest after bamboo dieback in South-Central Chile [J]. Plant Ecol, 2002, 161(1): 59 – 73. doi: 10. 1023/A: 1020378822847.

GreenRA, Bear G D. Seasonal cycles and daily activity patterns of Rocky Mountain elk[J]. Journalof Wildlife Management, 1990, 54(2): 272 – 279.

Haddad Nick M., Brudvig Lars A., Clobert Jean, Davies Kendi F., Gonzalez Andrew, Holt Robert D., Lovejoy Thomas E., Sexton Joseph O., Austin Mike P., Collins Cathy D. Habitat fragmentation and its lasting impact on Earth's ecosystems[J]. Sci Adv. 2015, 1(2): e1500052.

Han Y Z, Wang Z Q. Spatial heterogeneity and forest regeneration[J]. Chin J Appl Ecol, 2002, 13(5): 615 – 619.

Hu Gang, Dong Xin, Luo Hongzhang, et al. 2011. The distribution and population dynamics of Franois' langur over the past two decades in Guizhou, China and threats to its survival [J]. Acta Theriologica Sinica, 2011, 31(3): 306 – 311.

Huang Z L, Peng S L, YI S. Factors affecting seedling establishment in monsoon evergreen broad-leaved forest[J]. J Trop Subtrop Bot, 2001, 9(2): 123 – 128. doi: 10. 3969/j. issn. 1005 – 3395. 2001. 02. 007.

IUCN 2015. The IUCN Red List of Threatened Species. Version 2015 – 4. [M].

IUCN. IUCN red list categoryies[M]. Switzerland IUCN, Gland, 1994. .

Jacob M, Viedenz K, Polle A, et al. Leaf litter decomposition in temperate deciduous forest stands with a decreasing fraction of beech(Fagus sylvatica)[J]. Oecologia, 2010, 164(4): 1083 – 1094. doi: 10. 1007/ s00442 – 010 – 1699 – 9.

Kawanishi K, Sahak A M, Sunquist M. Preliminary analysis on abundance of large mammals at Sungai Relau, Taman Negara[J]. Journal of Wildlife and Parks, 1999, 17: 62 – 82.

Knaapen J P, Scheffer M and Harms B. Estimating habitat isolation in landscape planning. Landscape and Urban Plann, 1992, (23): 1 – 16.

Koide D, Mochida Y. The influence of winter temperature and sika deer on the regeneration of Fagus crenata populations on the Pacific Ocean side of Japan[J]. J Jpn Soc, 2012, 94(2): 68 – 73.

Kolde Raivo. pheatmap: Pretty Heatmaps[Z]. 2018.

Larpkern P, Moe S R, Totlandøt. Bamboo dominance reduces tree regeneration in a disturbed tropical forest[J]. Oecologia, 2011, 165(1): 161 – 168. doi: 10. 1007/s00442 – 010 – 1707 – 0.

Laurance W. F., Clements G. R., Sloan S., OˊConnell C. S., Mueller N. D., Goosem M., Venter

O. , Edwards D. P. , Phalan B. , Balmford A. A global strategy for road building. [J]. Nature. 2014, 513 (7517): 229 – 232.

Lin P, Zhang Y H, Yang Z W, et al. Considerations about the Ecological Constructionof Nature Reserve Network[J]. Journal of Subtropical Resources & Environment, 2006.

Nadler T, Momberg F, Dang NX, et al. 2003. Vietnam Primate Conservation Status Review 2002: Part 2: Leaf monkeys[M. Hanoi: Fauna & Flora International-Vietnam Program and Frankfurt Zoological Society: 33 – 43.

O Connell A F, Nichols J D, Karanth K U. Camera Traps in Animal Ecology: Methods and Analyses[M]. Tokyo: Springer, 2010.

Oksanen Jari, Blanchet F. Guillaume, Friendly Michael, Kindt Roeland, Legendre Pierre, Mcglinn Dan, Minchin Peter R. , O Hara R. B. , Simpson Gavin L. , Solymos Peter, Stevens M. Henry H. , Szoecs Eduard, Wagner Helene. vegan: Community Ecology Package[Z]. 2018.

Prendergast J R, Quinn R M, Lawton J H. The gaps between theory and practice in selecting nature reserves[J]. Conservation biology, 1999, 13(3): 484 – 492.

Rahbek C. The elevational gradient of species richness: a uniform pattern[J]. Ecography, 1995, 18(2): 200 – 205.

RanneyJW, BrunerMC, Levenson JB, 1981. The importance of edge in the structure and dynamics of forest islands. In: Forest is island dynamics iin man-dominated landscapes, ed. Burgess RL and Sharpe DM, New-York: Springer-Verlag.

Revelle William. psych: Procedures for Psychological, Psychometric, and Personality Research [Z]. Evanston, Illinois: 2018.

Rouget M, Cowling R M, Lombard A T, et al. Designing Large-Scale Conservation Corridors for Pattern and Process[J]. Conservation Biology, 2006, 20(2): 549 – 561.

Saunders D A, Hobbs R J, Margules C R. Biological consequences of ecosystem fragmentation: a review [J]. Conservation biology, 1991, 5(1): 18 – 32.

Stephen CT, Christopher A F, Review of Ecological Effects of Roads on Terrestrial and Aquatic Communities[J]. Conservation Biology, 2000, 4(1): 18 – 30.

Team R. Core. R: A Language and Environment for Statistical Computing[Z]. Vienna, Austria: 2018.

Tikka PM, Hogmander H, Koski PS. 2001. Road and railway verges serve as dispersal corridors for grassland plants. Landscape Ecology. 2001, 16(7): 659 – 666.

Townsend CR, Harper JL, Begon M. Essentials of Ecology[J], Malden, Mass: Blackwell Science Publishers, 2000.

Tsvuura Z, Griffiths M E, Gunton R M, et al. Ecological filtering by a dominant herb selects for shade tolerance in the tree seedling community of coastal dune forest[J]. Oecologia, 2010, 164(4): 861 – 870. doi: 10. 1007/s00442 – 010 – 1711 – 4.

Vitousek Peter M. , Mooney Harold A. , Lubchenco Jane, 等. Human domination of Earth's ecosystems [J]. SCIENCE, 1997, 277(5325): 494 – 499.

Wang C H, Li J Q, Chen F Q. Factors affecting seedling regeneration of Liquidambar formosana in the L. formosana forests in hilly regions of southeast Hubei, China[J]. Chin J Plant Ecol, 2011, 35(2): 187 – 194. doi: 10. 3724/SP. J. 1258. 2011. 00187.

Wilson Maxwell C. , Chen Xiao Yong, Corlett Richard T. , Didham Raphael K. , Ding Ping, Holt Robert D. , Holyoak Marcel, Hu Guang, Hughes Alice C. , Jiang Lin. Habitat fragmentation and biodiversity conservation: key findings and future challenges[J]. Landscape Ecology. 2016, 31(2): 1 – 2.

Yamaji K, Ichihara Y. The role of catechin and epicatechin in chemical defense against damping-off fungi of current-year Faguscrenata seedlingsin natural forest[J]. For Pathol, 2012, 42: 1 – 7

Yamamoto S I. Gap dynamics in climax Fagus Crenata Forests [J]. The Botanical Magazine Shokubutsu-gaku-zasshi, 1989, 102(1): 93 – 114.

Yamashita A, Sano J, Yamamoto S. Impact of a strong typhoon on the structure and dynamics of an old-growth beech (Fagus crenata) forest, Southwestern Japan[J]. Folia Geobot, 2002, 37: 5 – 16

Yan X F, Cao M. Effects of light intensity on seed germination and seedling early growth of Shorea wantian-shuea[J]. Chin J Appl Ecol, 2007, 18(1): 23 – 29.

Yin X J, Zhou G S. Climatic suitability of the potential geographic distribution of Fagus longipetiolata in China[J]. Environ Earth Sci, 2015, 73: 1143 – 1149.

Yu, K-J. Security Patterns in Landscape Planning: With a Case In South China. Doctoral Thesis, Harvard Univ ersity, 1995

Zhang M, Xiong G M, Zhao C M, et al. The structures and patterns of a Fagus engleriana-Cyclobalanopsis oxyodon community in Shennongjia Area, Hubei Province[J]. Acta Phytoecol Sin, 2003, 27(5): 603 – 609.

Zhang Q, Wang T, Zhong Q. Forest Eco-Environment Health Assessment[J]. Journal of SoilWater Conservation, 2003.

Zhao L P. Development and Application of Forest Ecosystem Health Theory in ForestEcological Construction of China[J]. Journal of Nanjing Forestry University, 2007: 1 – 7.

Zhu S Q, Yang Y Q. The structure and dynamics of Fagus lucidaforests of Guizhou Province[J]. Acta Phytoecol Geobot Sin, 1985, 9(3): 183 – 191.

Zhu S Q, Yu L F, Xie S X, et al. Fagus forest in China and Fagus lucida forest in Kuankuoshui[C]//Abstract of the Seventh National Congress of the Chinese Ecological Society, China. Beijing: Chinese Society of Ecology, 2004:

布仁仓, 胡远满, 常禹, 等. 景观指数之间的相关分析[J]. 生态学报, 2005, 25(10): 2764 – 2775.

蔡小溪, 林文树, 吴金卓, 等. 森林健康评价研究综述[J]. 森林工程, 2014, 30(5): 22 – 26.

曹伟, 李岩, 丛欣欣. 中国东北濒危植物优先保护的定量评价[J]. 林业科学研究, 2012, 25(2): 190 – 194.

曾琼, 肖礼华, 徐建忠, 等. 贵州省黔北黑猪的形成及利用[J]. 中国猪业, 2015, 10(10): 68 – 70.

曾胜兰. 道路建设对路边植物群落的影响[D]. 复旦大学 2011.

曾娅杰, 徐基良, 李艳春. 自然保护区面积与野生动物空间需求研究进展[J]. 世界林业研究, 2010, 23(4): 46 – 50.

陈汉彬, 修江帆, 张春林. 中国贵州宽阔水自然保护区蚋相初报及三新种描述(双翅目, 蚋科)[J]. 动物分类学报, 2012, 37(2): 382 – 388.

陈利顶, 傅伯杰, 刘雪华. 自然保护区景观结构设计与物种保护: 以卧龙自然保护区为例[J]. 自然资源学报, 2000, 15(2): 164 – 169.

陈世清. 中国自然保护区类型比较与可持续发展思考[J]. 林业资源管理, 2008, (2): 2 – 10.

陈天波, 宋亦希, 陈辈乐, 等. 利用红外线相机监测地表水对广西弄岗国家级自然保护区兽类分布的影响机制[J]. 动物学研究, 2013, 34(3): 145 – 151.

陈望雄. 东洞庭湖区域森林生态系统健康评价与预警研究[D]. 中南林业科技大学, 2012.

陈文波, 肖笃宁, 李秀珍. 景观指数分类、应用及构建研究[J]. 应用生态学报, 2002, 13(1): 121 – 125.

陈永泽, 邹嘉琦. 贵州省畜禽品种志[M]. 贵阳: 贵州科技出版社. 1993, 22(9): 35 – 36.

陈子英, 谢长富, 毛俊杰等. 台湾水青冈冰河孑遗的夏绿林[M]. 台北: 行政院农业委员会林务局,

2011.

程樟峰，郭瑞，翁东明，等．基于红外相机陷阱技术的浙江清凉峰国家级自然保护区龙塘山区域鸟兽物种监测初报[J]．四川动物，2016，35(5)：753－758．

程樟峰，郭瑞，翁东明，等．基于红外相机陷阱技术的浙江清凉峰国家级自然保护区龙塘山区域鸟兽物种监测初报[J]．四川动物，2016，36(5)：753－758．

崔鹏，康明江，邓文洪．繁殖季节同域分布的红腹角雉和血雉的觅食生境选择[J]．生物多样性，2008，16(2)：143－149．

崔绍朋，黄元骏，等．红外相机技术在我国野生动物监测中的应用：问题与限制[J]．生物多样性，2014，22(6)：696－703．

丁宏，金永焕，崔建国，等．道路的生态学影响域范围研究进展[J]．浙江林学院学报．2008，25(6)：810－816．

E P Odum. 生态学基础[M]．孙儒泳，等译．北京：人民教育出版社，1981：8．

樊建霞．北川县自然保护区森林生态系统健康评价研究[D]．四川农业大学，2013．

樊乃卿，张育新，吕一河，邢韶华，马克明．生态系统保护现状及保护等级评估——以江西省为例[J]．生态学报，2014，34(12)：3341－3349．

方精云，郭庆华，刘国华．我国水青冈属植物的地理分布格局及其与地形的关系[J]．植物学报，1999(07)：93－101．

方元平，刘胜祥，汪正祥，等．七姊妹山自然保护区野生保护植物优先保护定量研究[J]．西北植物学报，2007，27(2)：348－355．

封托，王静，张洪峰，等．自动照相系统在野生动物调查中的应用[J]．野生动物，2010，31(3)：161－163．

盖新敏．支提山突脉青冈天然林主要植物种群生态位研究[J]．中南林学院学报，2005(03)：21－24＋77．

高均凯．森林健康基本理论及评价方法研究[D]．北京林业大学，2007．

高鹏，金永焕，王景田，等．长白山自然保护区道路使用对路域植物和土壤的影响[J]．生态科学．2012，31(05)：473－480．

高小红，王一谋，杨国靖．基于 RS 和 GIS 的榆林地区景观格局动态变化研究[J]．水土保持学报，2004，18(1)：168－169．

戈峰．现代生态学[M]．北京：科学出版社，2002：278．

龚石华，熊金荣，李兆元．2007．广西扶绥县黑叶猴的分布和种群数量调查[J]．林业调查规划，32(6)：36－39．

关彩虹，胡炜，成文连，王飞飞．黄山风景胜区生态安全现状分析[J]．安全与环境学报，2005，5(3)：54－56．

贵州梵净山科学考察集编辑委员会．贵州梵净山科学考察集[M]．北京：中国环境科学出版社，1987．

贵州森林编辑委员会．贵州森林[M]．贵阳：贵州科技出版社，1992．

贵州省林业厅．贵州纳雍珙桐自然保护区科学考察研究[M]．北京：中国林业出版社，2000．

贵州省农作物种质资源信息系统：http://www. gznj110. net/zzzy/．

郭峰，何佳，陈丽华，等．华北土石山区典型天然次生林态系统健康评价研究[J]．水土保持研究，2012，19(4)：200－203．

郭柯．米心水青冈幼苗对光照和养分的响应[J]．植物学报，2004，46(5)：533－541．

郭鹏，郑唯．AHP 应用的一些改进[J]．系统工程，1995(1)：28－31．

郭新亮，杨灿朝，李筑眉，等．贵州宽阔水自然保护区 3 种雉科鸟类的种群繁殖密度[J]．海南师范大学学报：自然科学版，2012，25(3)：304 – 306.

郭艳荣，铁牛，张秋良，等．森林健康评价研究综述[J]．林业调查规划，2011，36(1)：26 – 30.

郭卓鑫．马尾松林群落结构和生态效益对不同等级道路的响应[D]．中南林业科技大学 2014.

郭子良，李霄宇，崔国发．自然保护区体系构建方法研究进展[J]．生态学杂志，2013，32(8)：2220 – 2228.

郝建国，徐中兴．绥阳猪种提纯复壮初见成效[J]．贵州畜牧兽医，1985(2)：27.

郝云龙，王林和，张国盛．生态系统概念探讨[J]．中国农学通报，2008，24(2)：353 – 356.

何佰锁，袁朝晖，张希明，等．红外线触发数码相机陷阱技术在大熊猫监测中的应用[J]．西北大学学报：自然科学网络版，2009，7(2)：32 – 36.

何东进，洪伟，胡海清，等．武夷山景区主要景观类型斑块大小分布规律及其等级尺度效应分析[J]．应用生态学报，2004，15(1)：21 – 25.

洪必恭，安树青．中国水青冈属植物地理分布初探[J]．植物学报，1993，35(3)：229 – 233.

呼延佼奇，肖静，于博威，徐卫华．我国自然保护区功能分区研究进展[J]．生态学报，2014，34(22)：6391 – 6396.

胡刚，董鑫，罗洪章，等．过去二十年贵州黑叶猴分布与种群动态及致危因子分析[J]．兽类学报，2011，31(3)：306 – 311.

胡刚．2011．中国黑叶猴资源分布与保护现状[J]．四川省动物学会第九次委员代表大会暨第十届学术研讨会论文集．98 – 100.

胡胜强．北京鸭资源保护利用的回顾与展望[J]．中国家禽，2011，33(9)：5 – 8.

胡正华，于明坚．古田山青冈林优势种群生态位特征[J]．生态学杂志，2005，24(10)：1159 – 1162.

胡忠军，于长青，徐宏发，等．道路对陆栖野生动物的生态学影响[J]．生态学杂志．2005，24(4)：433 – 437.

黄勃，樊美珍，李增智．层束梗抱属一新种．菌物系统，1998，，17(3)：193 – 194.

黄成就，张永田．壳斗科植物摘录(Ⅱ)[J]．植物分类学报，1988，26(2)：111 – 119.

黄威廉，屠玉麟，杨龙．贵州植被[M]．贵阳：贵州人民出版社，1988.

黄忠良，彭少麟，易俗．影响季风常绿阔叶林幼苗定居的主要因素[J]．热带亚热带植物学报，2001，9(2)：123 – 128.

姬玉玲．道路工程的边缘效应与边坡植被恢复[J]．广东化工．2013，40(10)：106 – 107.

贾陈喜，郑光美，周小平，等．卧龙自然保护区血雉的社群组织[J]．动物学报，1999，45(2)：135 – 142.

贾芳墁，易忠经，杨在友，等．遵义烟区规模化繁殖烟蚜茧蜂中繁蚜烤烟品种的筛选[J]．天津农业科学，2015，21(1)：96 – 99.

姜明，武海涛，吕宪国，等．湿地生态廊道设计的理论、模式及实践：以三江平原浓江河湿地生态廊道为例[J]．湿地科学，2009，7(2)：99 – 105.

蒋晓红，张竹青，周洲，等．池塘驯养白甲鱼技术[J]．渔业致富指南，2013(18)：42 – 43.

蒋志刚，纪力强．鸟兽物种多样性测度的 G-F 指数方法[J]．生物多样性，1999，7(3)：220 – 225.

康敏明．基于不同生物多样性支撑功能需求的森林廊道宽度[J]．林业与环境科学．2018，34(03)：42 – 46.

雷耘，汪正祥，刘胜祥，刘林翰，薛约规，Kazue Fujiwara．中亚热带南部与北部的亮叶水青冈林的比较研究——Ⅰ．种组成、结构及更新[J]．华中师范大学学报(自然科学版)，2005(02)：249 – 255.

黎晓亚，马克明，傅伯杰，牛树奎．区域生态安全格局：设计原则与方法[J]．生态学报，2004，24(5)：1055 – 1062.

李博，杨持，林鹏．生态学[M]．北京：高等教育出版社，2005：338－343．

李春涛，曾伯平．遵义山地黄鳝养殖中水蛭的防治[J]．科学养鱼，2014(12)：60－61．

李大星，黄晓坤．宽阔水自然保护区生态旅游气候资源评价[J]，科技信息，2010，25，781－782．

李迪华．碎片化是生物多样性保护的最大障碍[J]．景观设计学．2016，4(3)：34－39．

李迪强，宋延龄．热点地区与GAP分析研究进展[J]．生物多样性，2000，8(2)：208－214．

李广良，李迪强，薛亚东，等．利用红外相机研究神农架自然保护区野生动物分布规律[J]．林业科学，2014，50(9)：97－104．

李广良．神农架保护区川金丝猴活动区域动植物群落研究[D]．中国林业科学研究院，2012．

李贵真，黄贵萍．贵州省宽阔水自然保护区蚤类一新属三新种记述．动物分类学报，1981，6(3)：291－297．

李行，周云轩，况润元，田波．大河口区淤涨型自然保护区功能区划研究——以崇明东滩鸟类国家级自然保护区为例[J]．中山大学学报：自然科学版，2009，48(2)：106－112．

李宏群，韩宗先，吴少斌，等．大木山自然保护区红腹锦鸡对冬季生境的选择性[J]．东北林业大学学报，2011，39(11)：76－78．

李宏群，廉振民，陈存根．陕西黄龙山自然保护区褐马鸡冬季栖息地的选择[J]．林业科学，2010，46(6)：102－106．

李纪宏、刘雪华．基于最小费用距离模型的自然保护区功能分区[J]．自然资源学报．2006，21(2)：217～224．

李杰，高祥，徐光，等．森林健康评价指标体系的研究[J]．中南林业科技大学学报，2013，33(8)：79－82．

李晶，任志远．秦巴山区植被涵养水源价值测评研究[J]．水土保持学报，2003，17(4)：132－134．

李俊清，吴刚，刘雪萍．四川南江两种水青冈种群遗传多样性初步研究[J]．生态学报，1999，19(1)：42－49．

李俊清．中国水青冈种内种间遗传多样性的初步研究[J]．生物多样性，1996，4(2)：63－68．

李俊生，张晓岚，吴晓莆，等．道路交通的生态影响研究综述[J]．生态环境学报．2009，18(3)：1169－1175．

李丽光，何兴元，李秀珍，等．岷江上游干旱河谷农林边缘影响域的研究[J]．应用生态学报．2004．15(10)：1804－1808．

李明晶．1995．贵州黑叶猴生态研究．见：夏武平，张荣祖主编．灵长类研究与保护．北京：中国林业出版社，1995：226－230．

李坡a，贺卫，朱文孝．宽阔水自然保护区地质概况[A]，喻理飞，谢双喜，吴太伦主编．宽阔水自然保护区综合科学考察集[C]．贵阳：贵州科技出版社，2004：19－16．

李坡b，朱文孝．宽阔水自然保护区地貌考察报告[A]，见喻理飞，谢双喜，吴太伦主编．宽阔水自然保护区综合科学考察集[C]．贵阳：贵州科技出版社，2004：27－33．

李坡c，朱文孝．宽阔水自然保护区水文地质考察报告[A]，见喻理飞，谢双喜，吴太伦主编．宽阔水自然保护区综合科学考察集[C]．贵阳：贵州科技出版社，2004：34－41．

李勤，邬建国，寇晓军，等．相机陷阱在野生动物种群生态学中的应用[J]．应用生态学报，2013，24(4)：947－955．

李仁贵，黄金燕，周世强，等．卧龙大熊猫栖息地红腹角雉冬季生境选择的研究[J]．四川林业科技，2011，32(2)：55－59．

李文华，张彪，谢高地．中国生态系统服务研究的回顾与展望[J]．自然资源学报，2009，24(1)：1－10．

李文卫，蒋宗仁．"外二元"母猪与"内二元"母猪繁殖力比较[J]．上海畜牧兽医通讯，2010(1)：

55 – 55.

李欣海, 朴正吉, 武耀祥, 等. 长白山森林动态监测样地鸟兽的红外相机初步监测[J]. 生物多样性, 2014, 22(6): 810 – 812.

李秀珍, 布仁仓, 常禹, 等. 景观格局指标对不同景观格局的反应[J]. 生态学报, 2004, 24(1): 123 – 134.

李友邦和韦振逸. 2012. 广西扶绥弄邓黑叶猴种群数量和保护[J]. 安徽农业科学. 40(26): 12952 – 12953.

李媛, 陶建平, 王永健, 等. 亚高山暗针叶林林缘华西箭竹对岷江冷杉幼苗更新的影响[J]. 植物生态学报, 2007, 31(2): 283 – 290.

李月辉, 胡远满, 常禹, 等. 大兴安岭林区道路对植物多样性的影响域[J]. 应用生态学报. 2010, 21(05): 1112 – 1119.

李月辉, 胡远满, 李秀珍, 等. 道路生态研究进展[J]. 应用生态学报. 2003, 14(3): 447 – 452.

李正玲, 陈明勇, 吴兆录. 生物保护廊道研究进展[J]. 生态学杂志, 2009, 28(3): 523 – 528.

廉振明, 于广志. 边缘效应与生物多样性. [J]. 生物多样性. 2000. 8: 120 – 125.

廖菲, 洪延超, 郑国光. 地形对降水的影响研究概述[J]. 气象科技. 2007, 35(03): 309 – 316.

廖正录, 史忠辉, 陈沙江. 贵州白水牛调查报告[J]. 贵州畜牧兽医, 1998, 22(5): 11212.

林传文. 福建青冈林主要种群生态位的研究[J]. 福建林业科技, 2004, 31(1): 26 – 30.

林宽, 王永茂. 绥阳县肉羊产业发展情况调查报告[J].

刘芳, 李迪强, 吴记贵. 利用红外相机调查北京松山国家级自然保护区的野生动物物种[J]. 生态学报, 2012, 32(3): 730 – 739.

刘芳, 宿秀江, 李迪强, 等. 利用红外相机调查湖南高望界国家级自然保护区鸟兽多样性[J]. 生物多样性, 2014, 22(6): 779 – 784.

刘凤丽. 甘肃省稀有濒危植物物种优先保护评价[D]. 甘肃农业大学, 2013: 99.

刘冀钊, 伍玉容, 杨成永. 层次分析法在自然保护区生态评价中的应用初探[J]. 铁路节能环保与安全卫生, 2003, 30(1): 17.

刘金良, 于泽群, 张顺祥, 等. 渭北黄土高原区刺槐人工林健康评价体系的构建[J]. 西北农林科技大学报: 自然科学版, 2014(6): 93, 2014(6): 93, 2014(6): 93 – 99.

刘良淑. 宽阔水自然保护区苔藓植物生物多样性研究[D]. 贵州大学, 2016.

刘璐. 2006. 宽阔水国家级自然保护区黑叶猴生境利用的初步观察[D]. 贵州师范大学.

刘鹏, 黄晓凤, 顾署生, 等. 江西官山自然保护区四种雉类的生境选择差异[J]. 动物学研究, 2012, 33(2): 170 – 176.

刘世梁, 刘琦, 王聪, 等. 道路建设对区域植被类型的影响[J]. 应用生态学报. 2013, 24(5): 1192 – 1198.

刘文军. 内蒙古大青山白桦林健康评价指标体系研究及应用[D]. 内蒙古农业大学, 2009.

刘璇. 关于草海国家级自然保护区功能区划最优方案的探讨[J]. 贵州师范大学学报(自然科学版), 1999, 17(3): 69 ~ 74.

刘增文, 李雅素, 李文华. 关于生态系统概念的讨论[J]. 西北农林科技大学学报(自然科学版), 2003, 31(6): 204 – 208.

刘志强, 李翠翠, 李俊, 等. 道路的生态学研究进展[J]. 生态经济. 2015, 31(9): 170 – 175.

卢汰春. 中国珍稀濒危雉类研究现状和前景[J]. 生物科学信息, 1990, 2(02): 59 – 60.

卢训令, 丁圣彦, 游莉, 张恒月. 伏牛山自然保护区森林冠层结构对林下植被特征的影响[J]. 生态学报, 2013, 33(15): 4715 – 4723.

鲁庆彬, 游卫云, 高欣, 等. 清凉峰小麂生境选择影响因子评价[J]. 浙江林业科技, 2007, 27(1):

28 – 32.

　　罗旭, 韩联宪, 艾怀森. 高黎贡山冬季白尾梢虹雉运动方式和生境偏好的初步观察[J]. Zoological Research, 2004, 25(1): 48 – 52.

　　吕刚, 顾宇书, 魏忠平, 刘红民, 韩友志, 高英旭. 白石砬子自然保护区几种主要植被类型土壤入渗特性研究[J]. 生态环境学报, 2013, 22(5): 780 – 786.

　　吕一河, 陈利顶, 傅伯杰. 景观格局与生态过程的耦合途径分析[J]. 地理科学进展, 2007, 26(3): 1 – 10.

　　吕一河, 马志敏, 傅伯杰, 高光耀. 生态系统服务多样性与景观多功能性——从科学理念到综合评估[J]. 生态学报, 2013, 33(4): 1153 – 1159.

　　马建章, 宗诚. 中国野生动物资源的保护与管理[J]. 科技导报, 2008, 26(14): 36 – 39.

　　马克明, 傅伯杰, 黎晓亚, 关文彬. 区域生态安全格局: 概念与理论基础[J]. 生态学报, 2004, 24(4): 761 – 768.

　　马克平. 生物多样性科学的若干前沿问题[J]. 生物多样性. 2017, 25(04): 343 – 344.

　　马鸣, 徐峰, Chundawat R S, 等. 利用自动照相术获得天山雪豹拍摄率与个体数量[J]. 动物学报, 2006, 14(4): 788 – 793.

　　马强, 魏宗财. 基于 RS/GIS 的城市景观格局时空演变研究 – 以西安都市圈为例 [J]. 规划广角, 2010, 70 – 74.

　　倪健, 宋永昌. 中国青冈的地理分布与气候的关系[J]. 植物学报, 1997, 39 (5): 451 – 460.

　　欧阳志勤, 杨硕, 卢蕾吉, 等. 云南珍稀濒危植物的保护现状与对策[J]. 环境科学导刊, 2010, 29(5): 31 – 35.

　　朴英超, 关燕宁, 张春燕, 郭杉, 阎保平. 基于小波变换的卧龙国家级自然保护区植被时空变化分析[J]. 生态学报, 2016, 36(9): 1 – 13.

　　奇伟, 曲衍波, 刘洪义, 等. 区域代表性景观格局指数筛选与土地利用分区[J]. 中国土地科学, 2009, 23(1): 33 – 37.

　　钱迎倩, 马克平. 生物多样性研究的原理与方法[M]. 北京: 中国科学技术出版社, 1994: 13 – 36.

　　瞿文元, 路纪琪, 陈晓虹, 牛红星, 吕九全, 牛瑶. 河南省爬行动物地理区划研究[J]. 四川动物. 2002(03): 142 – 146.

　　冉景丞, 陈会明, 粟海军. 宽阔水自然保护区黑叶猴调查. 见: 喻理飞, 谢双喜, 吴太伦. 宽阔水自然保护区综合科学考察集[M]. 贵阳: 贵州科技出版社, 2004, 279 – 285.

　　任德智, 刘悦翠. 区域森林资源健康评价指标体系研究[J]. 西北林学院学报, 2007, 22(2): 194 – 199.

　　任婕, 陈传明, 侯雨峰. 福建武夷山自然保护区植被景观格局研究[J]. 中国农学通报[J]. 2015, 31(22): 206 – 212.

　　沈浩, 登义. 遗传多样性概述[J]. 生物学杂志, 2001, 18(3): 5 – 7.

　　施明辉, 赵翠薇, 郭志华, 等. 森林健康评价研究进展 [J]. 生态学杂志, 2010, 29 (12): 2498 – 2506.

　　史海涛, 郑光美. 红腹角雉取食栖息地选择的研究[J]. 动物学研究, 1999, 20(2): 131 – 136.

　　苏常红, 傅伯杰. 景观格局与生态过程的关系及其对生态系统服务的影响[J]. 自然杂志, 2012, 34(5): 277 – 283.

　　苏化龙, 林英华, 马强, 等. 2002. 重庆市武隆县和彭水县交界处白颊黑叶猴种群初步调查[J]. 兽类学报, 22(3): 169 – 178.

　　粟海军, 喻理飞, 吴际通. 贵州 3 处保护区生物廊道景观格局与连通性浅析[J]. 福建林业科技, 2015, 42(1): 55 – 61.

谈孝凤，金星，袁洁，等．贵州马铃薯主栽品种对晚疫病的田间抗性评价[J]．种子，2009，28（3）：45－48．

谭三清，王湘衡，肖维，等．基于复杂网络的森林健康评价研究［D］．中南林业科技大学，2015．

汤国安，杨昕．ArcGIS 地理信息系统空间分析实验教程[M]．北京：科学出版社，2006．

唐华兴，陈天波，刘晟源，等．2011．广西弄岗自然保护区黑叶猴的种群动态［J］．四川动物，30（1）：138－142．

陶晶，华朝朗，莫景林．云南哈巴雪山自然保护区景观生态分类及其特征研究[J]．西部林业科学，2012，41（5）：8－12．

田超，杨新兵，刘阳．边缘效应及其对森林生态系统影响的研究进展[J]．应用生态学报．2011，22（8）：2184－2192．

田宇英．亮叶水青冈落叶阔叶林的群落生态学研究[D]．厦门大学，2014．

汪书丽，罗建，郎学东，等．色季拉山珍稀濒危植物优先保护研究[J]．西北植物学报，2013，33（01）：177－182．

汪松．2004．中国物种红色名录[M]．北京：高等教育出版社．

汪永会，刘化铸．松浦镜鲤为主多品种套养模式养殖技术[J]．新农村，2014（10）：216－216．

汪正祥，雷耘，Kazue Fujiwara，等．亚热带山地亮叶水青冈林的群落分类及物种组成与更新[J]．生物多样性，2006，14（01）：29－40．

王佳佳，余志刚，李筑眉，等．贵州宽阔水自然保护区鸟类地面巢捕食者的调查[J]．生态学杂志，2014，33（2）：352－357．

王丽娜，姜小龙，雷耘，张明理．北温带水青冈属的间断分布及其泛生物地理学解释[J]．植物生态学报，2012，36（05）：393－402．

王娜，杨灿朝，梁伟．红嘴相思鸟的种群繁殖密度与杜鹃巢寄生率的关系[J]．海南师范大学学报：自然科学版，2012，25（3）：300－303．

王念奎，李海燕，荣俊冬，等．突脉青冈群落乔木层优势种群生态位研究[J]．福建林学院学报，2010，30（2）：128－132．

王乾，罗鹏，吴宁，等．道路对若尔盖高寒地植被的影响研究[J]．世界科技研究与发展．2007，29（3）：54－61．

王述民，李立会，黎裕，等．中国粮食和农业植物遗传资源状况报告（Ⅱ）[J]．植物遗传资源学报，2011，12（2）：167－17．

王献溥，崔国发．自然保护区建设与管理[M]．北京：化学工业出版社，2003．

王献溥，汪健菊，陈偉烈，刘永安，姚良珍，刘民生，陈鼎常．贵州绥阳县宽阔水林区的植被概况及其合理利用的方向[J]．植物生态学报，1965（02）：264－286．

王彦．小陇山国家级自然保护区锐齿栎林生态系统健康评价研究[D]．西北师范大学，2012．

王应祥，蒋学龙，冯庆．1999．中国叶猴类的分类、现状与保护［J］．动物学研究，20（4）：306－315．

王永健，陶建平，李媛．华西箭竹对卧龙亚高山森林不同演替阶段物种多样性与乔木更新的影响[J]．林业科学，2007，43（2）：1－7．

王正祥，雷耘，Kazue Fujiwara，刘林翰，薛跃规．亚热带山地亮叶水青冈林的群落分类及物种组成与更新[J]．生物多样性，2006，14（1）：29－40．

王志波．河北木兰围场人工林健康评价及经营技术研究[D]．内蒙古农业大学，2011．

魏濂艨．贵州省棘蝇属三新种记述．动物分类学报，1990，15（4）：495－499．

温远光，曹坤芳，Peters Rob．亮叶水青冈幼树的生态学研究[J]．广西农业大学学报，1994，13（4）：365－371．

温远光，曹坤芳. 亮叶水青冈林天然更新的研究[J]. 林业科技通讯，1993，10（003）：7-8.

温远光，梁宏温，和太平，等. 大明山退化生态系统群落光照的变化[J]. 广西农业大学学报，1998，17（2）：199-203.

邬建国. 景观生态学-格局、过程、尺度与等级[M]. 北京：高等教育出版社，2000.

吴安康，罗阳，王双玲，等. 2006. 贵州麻阳河自然保护区黑叶猴繁殖周期的初步研究[J]. 兽类学报，26（3）：303-306.

吴昌广，周志翔，王鹏程，等. 2009. 基于最小费用模型的景观连接度评价[J]. 应用生态学报. 2009，20（8）：2042~2048.

吴名川，韦振逸，何农林. 1987. 黑叶猴在广西的分布及生态[J]. 野生动物，4：12-13.

吴太伦. 宽阔水自然保护区社会经济调查报告[A]，见喻理飞，谢双喜，吴太伦主编. 宽阔水自然保护区综合科学考察集[C]. 贵阳：贵州科技出版社，2004：422-424.

吴征镒. 中国植被[M]. 北京：北京科学出版社，1980.

武晶，刘志民. 生境破碎化对生物多样性的影响研究综述[J]. 生态学杂志，2014，33（7）：1946-1952.

肖风劲，欧阳华，傅伯杰，等. 森林生态系统健康评价指标及其在中国的应用[J]. 地理学报，2003，58（6）：803-809.

肖风劲，欧阳华，孙江华，等. 森林生态系统健康评价指标与方法[J]. 林业资源管理，2004（1）：27-30.

肖寒，欧阳志云，赵景柱，等. 海南岛景观空间结构分析[J]. 生态学报，2001，21（1）：20-27.

肖治术. 我国森林动态监测样地的野生动物红外相机监测[J]. 生物多样性，2014，22（6）：808-809.

谢高地，肖玉，鲁春霞. 生态系统服务研究：进展、局限和基本范式[J]. 植物生态学报，2006，30（2）：191-199.

谢佩耘，高明浪，蒋长红，吴春玉，杨应，司建朋，何跃军. 不同林冠环境下箭竹对亮叶水青冈幼苗更新生长的影响[J]. 重庆师范大学学报（自然科学版），2016，33（06）：142-147.

谢佩耘，何跃军，高明浪，蒋长洪，杨应，司建朋，吴春玉. 金佛山方竹对亮叶水青冈幼树种群数量结构的影响[J]. 热带亚热带植物学报，2017，25（03）：225-232.

谢文华，杨锡福，于家捷，等. 运用红外相机对八大公山森林动态样地鸟兽的初步调查[J]. 生物多样性，2014，22（6）：816-818.

熊斯顿. 苏州城市景观格局的演变与优化研究[D]. 上海：华东师范大学，2008.

熊志斌. 贵州茂兰自然保护区的雉类资源及其保护[J]. 贵州林业科技，2010，38（4）：22-24.

徐宁，曾晓茂，傅金钟. 中国拟小鲵属（有尾目，小鲵科）-新种描述[J]. 动物分类学报，2007，32（1）：230-233.

徐中兴. 推广鸡的"二元杂交"提高养鸡商品率[J]. 贵州畜牧兽医科技，1984（1）.

徐祖荫. 贵州养蜂史概述[J]. 贵州畜牧兽医，1990（4）.

许正亮，王德炉，喻理飞，谢双喜，王代兴，龙启德. 宽阔水自然保护区土壤研究[A]，见喻理飞，谢双喜，吴太伦主编. 宽阔水自然保护区综合科学考察集[C]. 贵阳：贵州科技出版社，2004：63-70.

薛亚东，刘芳，郭铁征，等. 基于相机陷阱技术的阿尔金山北坡水源地鸟兽物种监测[J]. 兽类学报，2014，34（2）：164-171.

薛亚东. 基于红外相机的库姆塔格沙漠地区野骆驼活动规律和适宜生境研究[D]. 中国林业科学研究院，2014.

颜忠诚，陈永林. 动物的生境选择[J]. 生态学杂志，1998，17（2）：43-49.

杨怀，戴慧堂，刘丹，等. 鸡公山自然保护区森林生态系统健康性评价初探[J]. 现代农业科技，2010（10）：187-188.

杨建松，黎荣平，宋广禹，张泽俊，廖水木．宽阔水自然保护区气候考察报告[A]，见喻理飞，谢双喜，吴太伦主编．宽阔水自然保护区综合科学考察集[C]．贵阳：贵州科技出版社，2004：42－49．

杨礼旦，王安文，李朝志．水青冈群落物种多样性及乔木种群分布格局[J]．南京林业大学学报，2005，29(3)：107－110．

杨宁，陈璟，杨满元，等．贵州雷公山秃杉林不同林冠环境下箭竹分株种群结构特征[J]．西北植物学报，2013，33(11)：2326－2331．

杨应，谢佩耘，何跃军，高明浪，何敏红，林艳，蒋长洪，司建鹏．宽阔水国家级自然保护区种养殖遗传资源调查[J]．贵州农业科学，2017，45(04)：85－88．

杨志峰，隋欣．基于生态系统健康的承载力评价[J]．环境科学报，2005，25(5)：586～594．

姚小刚，李继祥．宽阔水国家级自然保护区鸟类多样性分析[J]．绿色科技，2014(4)：13－18．

姚小刚，张明明，李继祥，陈光平，胡灿实．贵州宽阔水国家级自然保护区黑叶猴种群数量与分布[J]．四川动物，2016，35(05)：641－647．

姚小刚．宽阔水红外新发现[J]．森林与人类，2018，(03)：106－115．

于法展，张忠启，陈龙乾，沈正平．江西庐山自然保护区主要森林植被水土保持功能评价[J]．长江流域资源与环境[J]．2015，24(4)：578－584．

余辰星，杨岗，李东，等．桂西南喀斯特山地雉类的生态分布和空间生态位分析[J]．动物学研究，2011，32(5)：549－555．

余雪琴，王开运等．上海市公园植被景观格局[J]．生态环境，2008，17(4)：1548－1553．

俞孔坚．景观生态战略点识别方法与理论地理学的表面模型[J]．地理学报．1998，53(增刊)：11～19．

俞孔坚．生物保护的景观生态安全格局[J]．生态学报，1999，19(1)：8－15．

宇振荣．景观生态学[M]．北京：化学工业出版社，2008．1－4．

喻理飞，李明晶，谢双喜．贵州佛顶山自然保护区科学考察集[M]．北京：中国林业出版社，2000．

喻理飞，谢双喜，吴太伦．宽阔水国家级自然保护区综合科学考察集[M]．贵阳：贵州科技出版社，2004．

喻理飞，谢双喜，吴太伦．宽阔水自然保护区科学考察综合报告[A]，见喻理飞，谢双喜，吴太伦主编．宽阔水自然保护区综合科学考察集[C]．贵阳：贵州科技出版社，2004：1－18．

喻理飞，朱守谦，魏鲁明．贵州喀斯特台原亮叶水青冈林种—多度结构研究[J]．山地农业生物学报，1998，17(01)：9－15．

袁金凤．边缘效应对千岛湖陆桥岛屿植物群落结构的影响[D]．浙．江大学2011．

翟惟东，马乃喜．生物多样性自然保护区功能区划方法[J]．西北大学学报(自然科学版)．1999，29(5)：429－432．

翟惟东，马乃喜．自然保护区功能区划的指导思想和基本原则[J]．中国环境科学．2000，20(4)：337－340．

詹伦忠．贵州宽阔水自然保护区[J]．地球，2006，06：31－32．

张超．层次分析法在环境保护中的应用[J]．新疆环境保护，1994(3)：36～39．

张国庆．森林健康与林业有害生物管理[J]．四川林业科技，2008，29(6)：77－80．

张洪峰，封托，孔飞，等．108国道秦岭生物走廊带大熊猫主要伴生动物调查[J]．生物学通报，2011，46(7)：1－3．

张华海，周庆，陈明慧，等．贵州野生珍贵植物资源[M]．北京：中国林业出版社，2000．

张桓，韩海荣，康峰峰，等．自然保护区森林健康评价体系的构建与应用[J]．浙江农林大学学报，2011，28(1)：59－65．

张桓．华北地区自然保护区森林健康评价研究[D]．北京林业大学，2010．

张江．森林健康经营空间途径与评价系统研究[D]．中南林业科技大学，2014．

张进友．特养新品——火鸭[J]．畜牧兽医科技信息，2003，19(6)．

张景华，封志明，姜鲁光，等．道路干扰对澜沧江流域景观格局的影响[J]．自然资源学报．2013，28(06)：969－980．

张琳，王永茂．绥阳县畜禽品牌与销售调研报告[J]．新农村，2014(20)：60．

张明霞，曹林，权锐昌，等．利用红外相机监测西双版纳森林动态样地的野生动物多样性[J]．生物多样性，2014，22(6)：830－832．

张雪峰，牛建明，张庆，董建军，张靖．整合多功能景观和生态系统服务的景观服务制图研究框架[J]．内蒙古大学学报(自然科学版)，2014，45(3)：329－336．

张殷波，苑虎，喻梅．国家重点保护野生植物受威胁等级的评估[J]．生物多样性，2011，19(1)：57－62．

张饮江，金晶，董悦，等．退化滨水景观带植物群落生态修复技术研究进展[J]．生态环境学报，2012(7)：1366－1374．

赵淑清，方精云，雷光春．物种保护的理论基础——从岛屿生物地理学理论到集合种群理论[J]．生态学报．2001(07)：1171－1179．

郑光美．中国濒危雉类生态学研究进展[J]．生物学通报，2004，39(1)：1－3．

郑建州，李德俊．宽阔水林区鱼类资源调查[J]．遵义医学院学报，1986，9(1)：38－41．

郑伟成，朱爱军，张方纲，等．九龙山自然保护区国家重点保护野生植物优先保护序列研究[J]．浙江林业科技，2012，32(06)：39－43．

中国·绥阳县政府门户网：http：//www．suiyang．gov．cn/．

周德强，岳峥，张永泰．绥阳母猪与苏本杂母猪繁殖性能体尺及体重的比较[J]．贵州畜牧兽医，1991(4)：16－18．

周德强．农村"外三元猪"生产技术要领[J]．养殖与饲料，2008(11)：1－3．

周开芳．遵义市红薯生产现状、问题及对策措施浅析[J]．贵州农业科学，2009，37(9)：21－25．

周世强．自然保护区功能区划分的理论、方法及应用[J]．四川林勘设计，1997，(3)：37－40．

周婷，彭少麟，林真光．鼎湖山森林道路边缘效应[J]．生态学杂志．2009．28(3)：433－437．

周先容．金佛山自然保护区珍稀濒危植物评价体系初探[J]．西南农业大学学报(自然科学版)，2005，27(05)：99－102．

周先容．四川省珍稀濒危植物优先保护序列的研究[J]．生命科学研究，2002，6(1)：94－97．

周友兵，徐文婷，赵常明，申国珍，熊高明，樊大勇，谢宗强．神农架世界自然遗产地两片区间连通的可行性分析与技术设计[J]．生态学杂志．2017，36(10)：2988－2996．

周运超，周习会．宽阔水自然保护区土壤研究[A]，见喻理飞，谢双喜，吴太伦主编．宽阔水自然保护区综合科学考察集[C]．贵阳：贵州科技出版社，2004：50－62．

周政贤，董谦，罗蓉，等．宽阔水林区科学考察集[M]．1985．贵阳：贵州人民出版社，161－165．

朱守谦，杨业勤．贵州省宽阔水亮叶水青冈林的数量分类[J]．生态学杂志，1985，1：6－12．

朱守谦，喻理飞，谢双喜，等．中国水青冈林和宽阔水亮叶水青冈林：中国生态学会第七届全国会员代表大会，2004［C]．

诸葛海锦，林丹琪，李晓文．青藏高原高寒荒漠区藏羚生态廊道识别及其保护状况评估[J]．应用生态学报．2015，26(8)：2504－2510．

邹爱平，陈志彪，等．浊溪河流域侵蚀景观格局变化随坡度变化研究[J]．内江师范学院学报，2007．22(6)：85－88．

邹天才．贵州特有及稀有种子植物[M]．贵阳：贵州科技出版社，2001．

附　录

附录 Ⅰ　宽阔水国家级自然保护区浮游植物名录

通过野外调查、查阅文献资料以及对所采标本进行鉴定分析，得出宽阔水自然保护区浮游植物有 39 科 68 属 150 种。

| 分类地位 | 拉丁文 | 管理中心区 | | | | 南部水域 | | | | | | | | | 北部水域 Ⅰ | | | | | | | | 北部水域 Ⅱ | | | | |
| | | | | | | 宽阔水河 | | | | | | | 让水河 | | | | | | | | | | | | | | |
		1号池塘	2号池塘	金子水库	干沟河	宽阔水水库上游	宽阔水水库中游	宽阔水水库大坝	小河沟	罗家沟	冷溪河	长溪河	让水水库	让水水坝	北哨沟的干田堡	北哨沟的湾里	青溪河河源	漫沿河	唐村河河口	白田溪	落台宴	白石溪	苏家沟	底水桥	油桐溪	角口河	马蹄溪
1. 硅藻门 Bacillariophyta																											
中心硅藻纲	Centricae																										
圆筛藻目	Coscinodiscales																										
圆筛藻科	Coscinodiscaceae																										
小环藻属	Cyclotella Kützing ex Brébisson																										
广缘小环藻	C. bodanica Eulenstein	+																									
冠盘藻属	Stephanodiscus Ehrenberg																										
极小小冠盘藻	S. minutulus (Kützing) Cleve et Moeller				+																						
直链藻属	Melosira Agardh																										
颗粒直链藻	M. granulate (Ehr.) Ralfs			+			+					+		+									+				
变异直链藻	M. varians Agardh									+				+			+										
盒形藻目	Biddulphiales																										
盒形藻科	Biddulphiaceae																										
四棘藻属	Attheya West																										
扎卡四棘藻	A. zachariasi Brun			+																							
羽纹硅藻纲	Pennatae																										
无壳缝目	Araphidiales																										
脆杆藻科	Fragilariaceae																										

（续）

分类地位	拉丁文	南部水域														北部水域 I						北部水域 II						
		管理中心区			干沟河	宽阔水河						让水河			北哨沟的干田堡	北哨沟的湾里	青溪河河源	漫沿河	唐村河河口	白田溪	落合宴	白石溪	苏家沟	底水桥	油桐溪	角口河	马蹄溪
		1号池塘	2号池塘	金子水库	干沟河	宽阔水水库上游	宽阔水水库中游	宽阔水水库大坝	小河沟	罗家沟	冷溪河	长溪河	让水水库	让水坝													
针杆藻属	*Synedra* Ehrenberg																										
近缘针杆藻	*S. affinis* Kützing		+																								
尖针杆藻	*S. acus* Kützing	+																+							+		
平片针杆藻	*S. tabulata* (Ag.) Kützing																			+							
肘状针杆藻	*S. ulna* (Nitzsch.) Ehrenberg			+																		+	+				
星杆藻属	*Asterionella* Hassall																										
美丽星杆藻	*A. formosa* Hassal Hassall																					+					
脆杆藻属	*Fragilaria* Lynghye																										
巴豆叶脆杆藻	*F. crotonensis* Kitten																	+									
钝脆杆藻	*F. capucina* Desmaziéres									+								+									
平板藻属	*Tabellaria* Ehrenberg																										
窗格平板藻	*T. fenestrata* (Lyngb.) Kützing																	+									
双壳缝目	Biraphidinales																										
桥弯藻科	Cymbellaceae																										
桥弯藻属	*Cymbella* Agardh																	+									
舟形桥弯藻	*C. naviculiformis* Auersward ex Heib.																										
新月形桥弯藻	*C. cymbiformis* Agardh				+						+			+	+		+										
极小桥弯藻	*C. perpusilla* Cleve																	+	+				+	+	+		
细小桥弯藻	*C. pusilla* Grunow																				+						
偏肿桥弯藻	*C. ventricosa* Kützing									+								+									+

（续）

分类地位	拉丁文	管理中心区			南部水域										北部水域Ⅰ								北部水域Ⅱ				
						宽阔水水库						让水河															
		1号池塘	2号池塘	金子水库	干沟河	宽阔水水库上游	宽阔水水库中游	宽阔水水库大坝	小河沟	罗家沟	冷溪河	长溪河	让水水库	让水水坝	北哨沟的干田堡	北哨沟的湾里	青溪河源	漫沼河	唐村河河口	白田溪	落合宴	白石溪	苏家沟	底水桥	油桐溪	角口河	马蹄溪
披针形桥弯藻	C. lanceolata (Ag.) Agardh																										+
奥地利桥弯藻	C. austriaca Grunow		+																								
优美桥弯藻	C. delicatula Kützing																							+	+		
近缘桥弯藻	C. affinis Kützing																						+		+		
平滑桥弯藻（小桥弯藻）	C. laevis Nägeli ex Kützing								+																		+
纤细桥弯藻	C. gracillis (Rabenh.) Cleve								+														+				+
双眉藻属	Amphora Ehrenberg ex Kützing																										
卵圆双眉藻（椭圆月形藻）	A. ovalis Kützing														+												
舟形藻科	Naviculaceae																										
辐节藻属	Stauroneis Ehrenberg																										
紫心辐节藻	S. phoenicenteron (Nitz.) Ehrenberg																							+			
双头辐节藻线形变型	S. anceps f. linearis (Ehr.) Hustedt									+				+													
尖辐节藻	S. acuta W. Smith											+		+	+			+						+			
双壁藻属	Diploneis Ehrenberg ex Cleve																										
卵圆双壁藻	D. ovalis (Hilse) Cleve										+			+													
椭圆双壁藻	D. puella (Kützing) Cleve														+												
美丽双壁藻	D. puella (Schum.) Cleve									+																	
舟形藻属	Navicula Bory																										
短小舟形藻	N. exigua Gregory ex Grunow														+					+		+	+	+	+	+	
双头舟形藻	N. dicephala (Ehr.) W. Smith			+				+	+						+					+		+	+	+	+	+	

（续）

分类地位	拉丁文	1号池塘	2号池塘	金子水库	干沟河	宽阔水水库上游	宽阔水水库中游	宽阔水水库大坝	小河沟	罗家沟	冷溪河	长溪河	让水水库	让水水坝	北哨沟的干田堡	北哨沟的湾里	青溪河河源	漫沿河	唐村河河口	白田溪	落合宴	白石溪	苏家沟	底水桥	油桐溪	角口河	马蹄溪
隐头舟形藻	N. cryptocephala Kützing																		+		+		+		+		
放射舟形藻	N. radiosa Kützing									+							+									+	+
简单舟形藻	N. simples Krasske																		+								
尖头舟形藻	N. cuspidate Kützing								+																		
椭圆（舍恩菲尔德）舟形藻	N. schonfeldii Hustedt									+																	
羽纹藻属	Pinnularia Ehrenberg																										
同族羽纹藻	P. gentilis（Donk.）Cleve									+																	
布雷羽纹藻	P. brebissonii（Kützing）Rabenhorst																										
著名羽纹藻	P. nobilis（Ehr.）Ehrenberg																+								+		
细条羽纹藻	P. microstauron（Ehr.）Cleve													+													
大羽纹藻	P. major（Kützing）Rabenhorst											+			+												
弯羽纹藻	P. gibba Ehrenberg																+				+						
微绿羽纹藻	P. viridis（Nitzsch.）Ehrenberg																										
异极藻科	Gomphonemaceae																										
异极藻属	Gomphonema Ehrenberg																										
纤细异极藻	G. gracile Ehrenberg, em Heurck	+																									
尖异极藻	G. acuminatum Ehrenberg																						+				
溢缩异极藻	G. constrictum Ehrenberg	+								+						+						+	+				
小形异极藻	G. parvulum（Kütz.）Kützing	+				+																					
溢缩异极藻头状变种	G. constrictum var. capitatum（Ehr.）Grunow																			+			+	+			

（续）

分类地位	拉丁文	1号池塘	2号池塘	金子水库	干沟河	宽阔水库上游	宽阔水库中游	宽阔水库大坝	小河沟	罗家沟	冷溪河	长溪河	让水水库	让水坝	北哨沟的干田堡	北哨沟的湾里	青溪河源	漫沿河	唐村河口	白田溪	落台宴	白石溪	苏家沟	底水桥	油桐溪	角口河	马蹄溪
		管理中心区			南部水域										北部水域 I						北部水域 II						
2. 绿藻门 Chlorophyta																											
绿藻纲	Chlorophyceae																										
绿球藻目	Chlorococcales																										
非集结体亚目	Acoenobianae																										
小球藻科	Chlorellaceae																										
纤维藻属	Ankistrodesmus Coeda																										
镰形纤维藻	A. falcatus (Corda) Ralfs	+	+																						+		
镰形纤维藻奇变异种	A. falcatus var. mirabilis (West et West) G. S. West	+	+				+	+																			
螺旋形纤维藻	A. spiralis (Turn.) Lemmermann			+																							
针形纤维藻	A. acicularis (A. Braun) Korschikoff	+	+	+						+											+						
小球藻属	Chlorella Beijerinck																										
小球藻	C. vulgaris Beijerinck				+			+					+			+							+				
卵囊藻科	Oocystaceae																										
肾形藻属	Nephrocytium Nägeli																										
新月肾形藻	N. lunatum West														+			+						+			
卵囊藻属	Oocystis Nägeli																										
单生卵囊藻	O. solitaria Wittrock																			+							
绿球藻科	Chlorococcaceae																										
粗刺藻属	Acanthosphaera Lemmermann																										
粗刺藻	A. zachariasi Lemmermann					+			+																		
真集结体亚目	Eucoenobianae																										

（续）

| 分类地位 | 拉丁文 | 管理中心区 | | | 南部水域 | | | | | | | | | | 北部水域 I | | | | | | 北部水域 II | | | | | | |
| | | | | | 宽阔水河 | | | | | | | 让水河 | | | | | | | | | | | | | | | |
		1号池塘	2号池塘	金子水库	干沟河	宽阔水水库上游	宽阔水水库中游	宽阔水水库大坝	小河沟	罗家沟	冷溪河	长溪河	让水水库	让水坝	北哨沟的干田堡	北哨沟的湾里	青溪河河源	漫沿河河口	唐村河河口	白田溪	落台宴	白石溪	苏家沟	底水桥	油桐溪	角口河	马蹄溪
栅藻科	Scenedesmaceae																										
栅藻属	Scenedesmus Meyen																										
四尾栅藻	S. quadricauda (Turp.) Brébisson	+	+	+																+							
尖细栅藻	S. acuminatus (Lag.) Chodat		+	+																							
龙骨栅藻	S. carinatus (Lemm.) Chodat																									+	
集星藻属	Actinastrum Lagerheim																										
集星藻	A. hantzschii Lagerheim			+			+		+		+	+		+	+	+	+		+						+	+	+
十字藻属	Crucigenia Morren																										
四足十字藻	C. tetrapedia (Kirchn.) West & West											+															
盘星藻科	Pediastraceae																										
盘星藻属	Pediastrum Meyen																										
盘星藻	P. clathratum Meyen			+											+												
二角盘星藻纤细变种	P. duplex West & West	+												+					+								
单角盘星藻	P. simplex Meyen			+													+	+									
单角盘星藻变种	P. simplex var. simplex Meyen			+																							
水网藻科	Hydrodictyaceae																										
水网藻属	Hydrodictyon Roth																										
水网藻	H. reticulatum (Linn.) Lagerheim				+				+	+	+					+							+	+	+	+	+
四孢藻目	Trasporales																										
四孢藻科	Trasporaceae																										
四孢藻属	Traspora Link																										
湖生四孢藻	T. lacustris Lemmermann	+																									

（续）

分类地位	拉丁文	管理中心区				南部水域									北部水域 I								北部水域 II				
						宽阔水河						让水河														
		1号池塘	2号池塘	金子水库	干沟河	宽阔水水库上游	宽阔水水库中游	宽阔水水库大坝	小河沟	罗家沟	冷溪河	长溪河	让水水库	让水水坝	北哨沟的干田堡	北哨沟的湾里	青溪河河源	漫沿河	唐村河河口	白田溪	落合宴	白石溪	苏家沟	底水桥	油桐溪	角口河	马蹄溪
团藻目	Volvcales																										
团藻科	Volvcaceae Cohn																										
空球藻属	Eudorina Ehrenberg																										
空球藻	E. elegans Ehrenberg					+	+	+																			
衣藻科	Chlamydomonadaceae																										
绿梭藻属	Chlorogonium Ehrenberg																										
长绿梭藻	Ch. elongatum Dangeard													+													
丝藻目	Ulotrichales																										
丝藻科	Ulotrichaceae																										
丝藻属	Ulothrix Kuetzing																										
单型丝藻（相似丝藻）	U. aequali Kuetzing														+												
环丝藻	U. zonata (Weber et Mohr) Kuetzing																	+	+	+				+	+	+	
颤丝藻	U. oscillatoria Kuetzing																		+	+			+	+	+		
细丝藻	U. tenerrina Kuetzing						+																	+			
多形丝藻	U. variabilis Kuetzing																										+
克里藻属	Klebsormidium Silva, Mattox et Blackwell																										
软克里藻（链丝藻）	K. flaccidum (Kuetzing) Silva, Mattox et Blackwell																			+	+	+				+	
尾丝藻属	Uronema Lagerheim																										
尾丝藻	U. confervicolum Lagerheim																		+						+		
刚毛藻目	Cladophorales																										
刚毛藻科	Cladophoraceae																										

（续）

分类地位	拉丁文	南部水域													北部水域 I						北部水域 II						
		管理中心区				宽阔水河							让水河														
		1号池塘	2号池塘	金子水库	干沟河	宽阔水水库上游	宽阔水水库中游	宽阔水水库大坝	小河沟	罗家沟	冷溪河	长溪河	让水水库	让水水坝	北哨沟沟的干田堡	北哨沟沟的湾里	青溪河河源	漫沿河	唐村河河口	白田溪	落台宴	白石溪	苏家沟	底水桥	油桐溪	角口河	马蹄溪
基枝藻属	*Basicladia* Hoffm. et Tild.																										
基枝藻	*B. crassa* Hoffm. et Tild.		+	+					+	+	+			+	+	+	+			+		+	+	+		+	+
刚毛藻属	*Cladophora* Kützing																										
疏枝刚毛藻	*C. insignis* (Ag.) Kützing																				+						
根枝藻属	*Rhizoclonium* Kützing																										
孤枝根枝藻	*Rh. hieroglyphicum* (Ag.) Kützing															+								+			+
双星藻纲	Zygnematophyceae																										
鼓藻目	Desmidiales																										
鼓藻科	Desmidiaceae																										
鼓藻属	*Cosmarium* Corda ex Ralfs																										
厚皮鼓藻	*C. pachydermum* Lundell				+			+																			
新月藻属	*Closterium* Nitzsch																										
拔针新月藻	*C. lanceolatum* Kützing			+																							+
膨胀新月藻	*C. tumidum* Johnson										+							+									
项圈新月藻(念珠新月藻)	*C. moniliferum* (Bory) Ehrenberg															+			+								
厚顶新月藻	*C. dianae* Ehrenberg											+															
反曲新月藻	*C. sigmoideum* Lagerheim et Nordstedt										+																
月牙新月藻	*C. cynthia* De Notaris																				+						
柱形鼓藻属	*Penium* de Brébisson																										
圆柱形鼓藻	*P. cylindrus* (Her.) Brébisson ex Ralfs	+	+		+				+			+			+												
螺旋(螺纹)柱形鼓藻	*P. spirostriolatum* Barker					+														+							
纺锤柱形鼓藻	*P. libellula* (Fock.) Nordst																		+					+			

（续）

分类地位	拉丁文	管理中心区			南部水域										北部水域Ⅰ					北部水域Ⅱ							
		1号池塘	2号池塘	金子水库	干沟河	宽阔水水库上游	宽阔水水库中游	宽阔水水库大坝	小河沟	罗家沟	冷溪河	长溪河	让水水库	让水坝	北哨沟的干田堡	北哨沟的湾里	青溪河河源	漫沿河	唐村河口	白田溪	落台宴	白石溪	苏家沟	底水桥	油桐溪	角口河	马蹄溪
角星藻属	*Staurastrum* Meyen																										
纤细角星藻	*S. gracile* Ralfs ex Ralfs					+	+	+																			
具齿角星藻	*S. indentatum* West et West					+	+	+				+															
广西角星藻	*S. kwangsiense* Jao					+			+																		
矩形（星形）角星藻	*S. asterioideum* var. *nanum* Fott																			+							
宽带藻属	*Pleurotaenium* Nägeli																										
宽带藻	*P. trabecula*（Ehr.）Nägeli	+																			+						
大宽带藻	*P. maximum*（Reinsch）Lundell						+																				+
埃伦宽带藻	*P. ehrenbergii*（Bréb.）De Bary								+																		
四棘藻属	*Arthrodesmus* Ehrenberg																										
英克斯四棘藻	*A. incus*（Bréb.）Hassal ex Ralfs			+			+																				
棒形藻属	*Gonatozygon* De Bary																										
棒形藻	*G. monotaenium* De Bary			+						+				+			+	+			+		+				
基纳棒形藻	*G. kinahani*（Arch.）Rabenhorst																				+				+		
顶接藻属	*Spondylosium* Brébisson ex Kützing																										
平顶顶接藻	*S. planum*（Wolle）West et West							+																			
角丝藻属	*Desmidium* Agardh ex Ralfs																										
角丝藻	*D. swartzii* Agardh ex Ralfs							+																			
矩形角丝藻	*D. baileyi*（Ralfs）Nordstedt							+															+				
微星藻属	*Micrasterias* Agardh ex Ralfs																										
辐射微星藻	*M. raiata* Hassal				+																						
双星藻目	Zygnematales																										

（续）

分类地位	拉丁文	1号池塘	2号池塘	金子水库	干沟河	宽阔水水库上游	宽阔水水库中游	宽阔水水库大坝	小河沟	罗家沟	冷溪河	长溪河	让水水库	让水坝	北哨沟的干田堡	北哨沟的弯里	青溪河河源	漫沿河	唐村河口	白田溪	落台宴	白石溪	苏家沟	底水桥	油桐溪	角口河	马蹄溪
		管理中心区			南部水域											北部水域 I									北部水域 II		
双星藻科	Zynemataceae																										
转板藻属	Mougeotia Agardh																										
小转板藻	M. parvula Hassal	+					+																+				
球果转板藻	M. sphaerocarpa Wolle						+	+								+			+								
球孢转板藻	M. globulispora Jao															+				+						+	
梯接转板藻	M. scalaris Hassal																		+	+		+				+	+
亮绿转板藻	M. laetevirens (Braun) Wittrock								+															+			
水绵属	Spirogyra Link																										
普通水绵	S. communis (Hass.) Kützing													+		+				+		+				+	
李氏水绵	S. lians Transeau																			+		+				+	
长形水绵	S. longata (Vauch.) Kützing																					+					
链形水绵	S. eatenaeformis (Hass.) Kützing														+												+
美纹水绵	S. pulchrifigurata Jao																				+						
中带藻科	Mesotaniaceae																										
中带藻属	Mesotaenium Nägeli																										
中带藻	M. endlicherianum Nägeli																			+							
3. 蓝藻门 Cyanophyta																										
蓝藻纲	Cyanophyceae																										
颤藻目	Osillatoriales																										
席藻科	Phormidiaceae																										
席藻亚科	Phormidioideae																										
席藻属	Phormidium Kützing ex Gom.																										

（续）

分类地位	拉丁文	管理中心区			南部水域 宽阔水河							南部水域 让水河			北部水域 I						北部水域 II						
		1号池塘	2号池塘	金子水库	干沟河	宽阔水水库上游	宽阔水水库中游	宽阔水水库大坝	小河沟	罗家沟	冷溪河	长溪河	让水水库	让水坝	北哨沟的干田堡	北哨沟的湾里	青溪河河源	漠沿河	唐村河河口	白田溪	落台宴	白石溪	苏家沟	底水桥	油桐溪	角口河	马蹄溪
小席藻	*Ph. tenus* (Menegh) Gom.		+			+		+					+			+		+	+	+	+		+		+	+	
阿氏席藻	*Ph. allorgei* (Frémy) Anagn. et Kom.																		+								
利斯席藻	*Ph. lismorense* (Playe.) Anagn. et Kom.													+							+						
尖头席藻	*Ph. acutissimum* (Kuffer) Anagn. et Kom.																										
窝形席藻	*Ph. foveolarum* (Mont.) Gom.								+																		
颤藻科	Osillatoriaceae																										
螺旋藻亚科	Spirulinoideae																										
螺旋藻属	*Spirulina* Turpin em. Gardner																										
大螺旋藻	*S. major* Kützing ex Gomont				+										+	+		+			+			+			+
颤藻亚科	Osillatorioideae																										
颤藻属	*Osillatoria* Vauch. ex Gom. Oscillariées																										
绿色颤藻	*O. chlorina* Kützing													+													
美丽颤藻	*O. formosa* Bory.				+										+												
鞘丝藻属	*Lyngbya* C. Ag. ex Gom.																										
湖生鞘丝藻	*L. limnetica* Lemm.											+															
色球藻目	Choococcales																										
平裂藻科	Merismopediaceae																										
平裂藻亚科	Merismopedioideae																										
隐球藻属	*Aphanocapsa* Näg.																										
高氏隐球藻	*A. koordersii* Strom	+																									
平裂藻属	*Merismopedia* Meyen																										
微小平裂藻	*M. tenuissima* Lemm.			+														+									

（续）

分类地位	拉丁文	南部水域													北部水域 I								北部水域 II				
		1号池塘	2号池塘	金子水库	干沟河	宽阔水水库上游	宽阔水水库中游	宽阔水水库大坝	小河沟	罗家沟	冷溪河	长溪河	让水水库	让水坝	北哨沟的干田堡	北哨沟的湾里	青溪河河源	漫沿河	曹村河河口	白田溪	落台宴	白石溪	苏家沟	底水桥	油桐溪	角口河	马蹄溪
优美平裂藻	*M. elegans* A Br.																+										
点状（点形）平裂藻	*M. punctate* Meyen																							+			
束球藻亚科	Gomphosphaerioideae																										
腔球藻属	*Coelosphaerium* Näg. Gatt.																										
纳氏腔球藻	*C. naegelianum* Unger.																										+
色球藻科	Chroococcaceae Näeli.																										
色球藻属	*Chroococcus* Näg. Gatt. Eing.																										
微小色球藻	*C. minutus*（Kützing）Näg.			+						+					+												
微囊藻科	Microcystaceae																										
微囊藻属	*Microcystis* Kützing																										
不定微囊藻	*M. incerta* Lemm.				+	+	+	+								+		+									
具缘（边缘）微囊藻	*M. marginata*（Menegh.）Kützing				+	+	+	+		+																	
苍白微囊藻	*M. pallida*（Farlow）Lemm.															+											
水华微囊藻	*M. flos-aquae*（Wittr.）Kirchner			+																							
念珠藻目	Nostocales																										
念珠藻科	Nostocaceae																										
鱼腥藻亚科	Anabaenoideae																										
小尖头藻属	*Raphidiopsis* Fritsch et Rich.																										
弯形小尖头藻	*R. curvata* Fritsch et Rich.																										
鱼腥藻属	*Anabaena* Bory Dict.																										
多变鱼腥藻	*A. variabilis* Kützing																		+							+	
念珠藻亚科	Nostocoideae																										

（续）

分类地位	拉丁文	管理中心区			南部水域											北部水域 I					北部水域 II							
		1号池塘	2号池塘	金子水库	干沟河	宽阔水水库上游	宽阔水水库中游	宽阔水水库大坝	小河沟	罗家沟	冷溪河	长溪河	让水水库	让水水坝	北哨沟的干田堡	北哨沟的湾里	青溪河河源	漫沿河	唐村河河口	白田溪	落台宴	白石溪	苏家沟	底水桥	油桐溪	角口河	马蹄溪
念珠藻属	Nostoc Vauch.																										
溪生念珠藻	N. rivulare Kützing													+					+								+
胶须藻科	Rivulariaceae Rabenh.																										
胶须藻属	Rivularia（Roth.）Ag.																										
贝克胶须藻	R. beccariana（De Not.）Born. et Flash.								+																		
胶刺藻属	Gloeotrichia Ag. Maris Medit. et Adriat.																										
刺泡胶刺藻	G. echinulata（J. E. Smith）P. Richter				+																						
4. 金藻门 Chrysophyta																											
金藻纲	Chrysophyceae																										
色金藻目	Chromulinaceae																										
锥囊藻科	Dinobryonaceae																										
锥囊藻属	Dinobryon Ehrenberg																										
长锥形锥囊藻	D. bavaricum Imhof	+	+			+	+	+																			
分歧锥囊藻	D. divergens Imhof	+	+			+	+	+																			
密集锥囊藻	D. sertularia Ehrenberg			+																							
黄群藻纲	Synurophyceae																										
黄群藻目	Synurales																										
鱼鳞藻科	Mallomonadaceae																										
鱼鳞藻属	Mallomonas Perty																										
具尾鱼鳞藻	M. caudate Ivanov		+																								
延长鱼鳞藻	M. elongate Reverdin					+	+	+													+						
5. 裸藻门 Euglenophyta																											

（续）

分类地位	拉丁文	管理中心区			南部水域										北部水域 I									北部水域 II			
		1号池塘	2号池塘	金子水库	干沟河	宽阔水水库上游	宽阔水水库中游	宽阔水水库大坝	小河沟	罗家沟	冷溪河	长溪河	让水水库	让水坝	北哨沟的干田堡	北哨沟的湾里	青溪河河源	漫沿河	唐村河河口	白田溪	落台宴	白石溪	苏家沟	底水桥	油桐溪	角口河	马蹄溪
裸藻纲	Euglenophyceae																										
裸藻目	Euglenales																										
裸藻科	Euglenaceae																										
裸藻属	Euglena Ehrenberg																										
硬化亚属	subgenus Rigidae Pringsheim																										
梭形裸藻	E. acus Ehrenberg		+	+																							
囊裸藻属	Trachelomonas Ehrenberg																										
棘刺囊裸藻	T. hispida (Perty) Stein em.																+		+							+	
6. 甲藻门 Dinophyta																											
甲藻纲	Dinophyceae																										
甲藻亚纲	Dinophycidae																										
多甲藻目	Peridiniales																										
角甲藻科	Ceratiaceae																										
角甲藻属	Ceratium Schrank																										
飞燕角甲藻	C. hirundinella (Müller) Schrank			+		+	+	+				+	+						+								
7. 黄藻门 Xanthophyta																											
黄藻纲	Xanthophyceae																										
黄丝藻目	Tribonematales																										
黄丝藻科	Tribonemataceae																										
黄丝藻属	Tribonema Terbes et Solier																										
普通黄丝藻	T. vulgare Pasch					+													+								
丝状黄丝藻	T. bombycium Derb et Sol.											+															

附录 II　宽阔水国家级自然保护区苔藓植物名录

通过对采集自宽阔水地区的 530 份标本和收集自标本室的 589 份标本进行鉴定和统计，得出该地区苔藓植物共计 70 科 160 属 410 种 8 变种 3 亚种，其中藓类植物有 41 科 120 属 294 种 4 变种 1 亚种，苔类及角苔类植物有 29 科 40 属 116 种 4 变种 2 亚种。名录编号中前面的字母表示采集地，其中 SY 代表绥阳，K 代表宽阔水。

一、泥炭藓科 Sphagnaceae

（一）泥炭藓属 *Sphagnum*

1. 卵叶泥炭藓 *S. ovatum* L. SY. X962001，天平梁子，1586m（海拔高度，下同）。

二、细叶藓科 Seligeraceae

（一）小穗藓属 *Blindia* Bruch et Schimp.

1. 小穗藓 *B. acuta*（Hedw.）Bruch et Schimp. SY[65]。

三、牛毛藓科 Ditrichaceae

（一）牛毛藓属 *Ditrichum* Hampe

1. 细叶牛毛藓 *D. pusillum*（Hedw.）Hampe. K20141125062，天鹅湖 1450m。

2. 短齿牛毛藓 *D. brevidens* Nog. K0308169，中心管理站 1500m。

3. 黄牛毛藓 *D. pallidum*（Hedw.）Hampe K0308142，天鹅湖 1500m。

（二）对叶藓属 *Distichium* Bruch et Schimp.

1. 对叶藓 *D. capillaceum*（Hedw.）Bruch et Schimp. SY[30]。

四、曲尾藓科 Dicranaceae

（一）曲柄藓属 *Campylopus* Brid.

1. 黄曲柄藓 *C. schmidii*（Müll. Hal.）A. Jaeger K20141124095，钢厂湾，1370m；K20141125006，土槽，1480m；K20150516024，金子村，1245mSY. X962002。

2. 毛叶曲柄藓 *C. ericoides*（Griff.）A. Jaeger K0308118，马鞍山，1580m；K0308038，太阳山，1600m。

3. 脆枝曲柄藓 *C. fragilis*（Brid.）Bruch et Schimp. K20151011010，茶林 1540m。

（二）青毛藓属 *Dicranodontium* Bruch et Schimp.

1. 山地青毛藓 *D. didictyon*（Mitt.）A. Jaeger K20141125147，钢厂湾 1370m；K20150516036，王家水库 1490m。

2. 毛叶青毛藓 *D. filifolium* Broth. K20141124020，天星桥 1375m；K0308066a，大洞 1400m；K20141125015，土槽 1480m；K20141124040，钢厂湾 1370m。

3. 青毛藓 *D. denudatum*（Brid.）E. Britton ex Williams SY. X94212，金子村 1255m。

4. 粗叶青毛藓 *D. asperulum*（Mitt.）Broth. K0308123，天鹅湖 1505m。

5. 丛叶青毛藓 *D. caespitosum*（Mitt.）Paris K0308067，大洞 1405m。

（三）曲尾藓属 *Dicranum* Hedw.

1. 硬叶曲尾藓 *D. lorifolium* Mitt. K20141125183，太阳山 1580m；SY. J0081218，金林山 1455m。

2. 日本曲尾藓 *D. japonicum* Mitt. K20141124059，天鹅湖 1450m；K20150517033，王家水库，1490m；K20150517073，王家水库，1490m。

3. 焦氏曲尾藓 *D. cheoi* E. B. Bartram SY. X94345，大面坡 1400m。

4. 东亚曲尾藓 *D. nipponense* Besch. K0308122，天鹅湖 1505m。

5. 曲尾藓 *D. scoparium* Hedw. K0308143,天鹅湖 1505m；K0308196,王家水库 1490m。

6. 细叶曲尾藓 *D. muehlenbeckii* Bruch et Schimp. SY. X94301,金林山 1455m；SY94330,太阳山 1580m。

7. 绿色曲尾藓 *D. viride*（Sull. et Lesq.）Lindb. SY. X94337,茶林 1540m。

（四）小曲尾藓属 *Dicranella*（Müll. Hal.）Schimp.

1. 偏叶小曲尾藓 *D. subulata*（Hedw.）Schimp. K20141125151,大洞 1400m。

2. 南亚小曲尾藓 *D. coarctata*（Müll. Hal.）Bosch et Sande Lac. K20151011032,王家水库 1490m；K20151011013,王家水库,1490m。

3. 史贝小曲尾藓 *D. schreberiana*（Hedw.）Hilf. ex H. A. Crum et L. E. Anderson SY32917。

4. 变形小曲尾藓 *D. varia*（Hedw.）Schimp. K20151011015,茶林 1540m；SY32779b,金林山 1455m。

（五）长帽藓属 *Atractylocarpus* Mitt.

1. 中华长帽藓 *A. sinensis*（Broth.）Herz. K0308066,太阳山 1580m。

（六）锦叶藓属 *Dicranoloma*（Renauld）Renauld

1. 脆叶锦叶藓 *D. fragile* Broth. 绥阳 1994。

（七）极地藓属 *Arctoa* Bruch et Schimp.

1. 极地藓 *A. fulvella*（Dicks.）Bruch et Schimp. 绥阳 1994。

（八）苞领藓属 *Holomitrium* Brid.

1. 柱鞘苞领藓 *H. cylindraceum*（P. Beauv.）Wijk et Marg. SY. X94325,天平梁子 1545m；K1990,钟本固。

五、白发藓科 Leucobryaceae

（一）白发藓属 *Leucobryum* Hampe

1. 白发藓 *L. glaucum*（Hedw.）Aöngstr. K20141125181,天鹅湖 1450m；K20141124105,土槽 1480m。

2. 桧叶白发藓 *L. juniperoideum*（Brid.）Müll. Hal. K20141124099,土槽 1480m；K0308073,钢厂湾 1350m；K308035,天鹅湖 1450m；K308282,王家水库 1490m。

3. 绿叶白发藓 *L. chlorophyllosum* Müll. Hal. K20151011031,烟灯垭口 1380m；K20150516058,王家水库,1490m；K20151011026,烟灯垭口,1380m。

4. 狭叶白发藓 *L. bowringii* Mitt. K0308348,土槽 1480m；K3008092,钢厂湾 1370m；K0308212,太阳山 1588m。

六、凤尾藓科 Fissidentiaceae

（一）凤尾藓属 *Fissidens* Schimp.

1. 延叶凤尾藓 *F. perdecurrens* Besch. K20141125181,天鹅湖 1450m；K20141125099,土槽 1480m；K20141125181,天鹅湖 1450m。

2. 卷叶凤尾藓 *F. dubius* P. Beauv. K20141125014,天鹅湖 1450m；K20141124010,土槽 1480m；K20141124030,钢厂湾 1370m；K20141124012,土槽 1480m；K20141124091,钢厂湾 1370m；K20141124042,钢厂湾 1370m；K20150516041,王家水库 1490m；K20141125026,太阳山 1588m；K20141125185,钢厂湾 1370m；K0308086,K0308051,太阳山 1588m；K0308101,大洞 1400m；K0308319,金子村 1245m；K0308356,王家水库 1485m；K0308184,中心管理站 1500m。

3. 异形凤尾藓 *F. anomalus* Mont. K20141125073,太阳山 1588m；K20141124034,土槽 1480m；K20151011050,烟灯垭口 1380m；K0308262,SY. X962009。

4. 鳞叶凤尾藓 *F. taxifolius* Hedw. K20141125080,天鹅湖 1450m；K20150517067,金子村 1245m；K20150516053,王家水库 1490m；K20150518004,王家水库 1485m；K0308096。

5. 小凤尾藓 *F. bryoides* Hedw. K20141125179,天鹅湖 1450m；K20141125138,天鹅湖 1450m。

6. 裸萼凤尾藓 *F. gymnogynus* Besch. K20141125176,钢厂湾 1370m;K33236,天鹅湖 1450m。

7. 网孔凤尾藓 *F. polypodioides* Hedw. K20141125146,天鹅湖 1450m;K20141125004,大洞 1400m。

8. 羽叶凤尾藓 *F. plagiochiloides* Besch. K20141125042,中心管理站 1500m;K0308127,土槽 1480m。

9. 二形凤尾藓 *F. geminiflorns* Dozy et Molk. K20141125013,太阳山 1588m;K0308311,天星桥 1375m;K0308002,天鹅湖 1450m;K0308133,中心管理站 1500m;K0308327,金子村 1245m;K0308237,钢厂湾 1370m;K0308345,烟灯垭口 1380m;K0308161,王家水库 1490m;K0308193,太阳山 1588m;K0308137,太阳山 1588m。

10. 大凤尾藓 *F. nobilis* Griff. K20141124086,土槽 1480m;K0308094,天星桥 1375m。

11. 透明凤尾藓 *F. hyalinus* Hook. et Wilson SY. [46]。

12. 大叶凤尾藓 *F. grandifrons* Brid. K20150517061,天星桥 1375m;K0308211,大洞 1400m。

13. 南京凤尾藓 *F. adelphinus* Hedw. K0308254,天星桥 1375m。

14. 内卷凤尾藓 *F. involutus* Wilson ex Mitt. K0308145,大洞 1400m;K0308127,太阳山 1588m;K0308098,中心管理站 1500m。

15. 蕨叶凤尾藓 *F. adianthoides* Hedw. K0308262,钢厂湾 1370m。

16. 黄边凤尾藓 *F. geppii* M. Fleisch. K0308245,天鹅湖 1450m。

17. 拟粗肋凤尾藓 *F. ganguleei* Nork. ex Gangulee K0308070,天鹅湖 1450m。

18. 曲肋凤尾藓 *F. oblongifolius* Hook. f. et Wilson K0308094,太阳山 1588m。

19. 暖地凤尾藓 *F. flaccidus* Mitt. K(32940,33212),王家水库 1490m;K0308127,王家水库 1490m。

20. 垂叶凤尾藓 *F. obsurus* Mitt. K0308134,烟灯垭口 1380m。

七、丛藓科 Pottiaceae

（一）毛口藓属 *Trichostomum* Bruch

1. 卷叶毛口藓 *T. hattorianum* B. C. Tan et Z. Iwats. K20141125165,天鹅湖 1450m;K20141125180,太阳山 1588m;K0308188,中心管理站 1500m。

2. 皱叶毛口藓 *T. crispulum* Bruch K20141125055,天鹅湖 1450m;K0308344,太阳山 1588m。

3. 毛口藓 *T. brachydontium* Bruch K0308323,大洞 1400m。

4. 波边毛口藓 *T. tenuirostre* (Hook. f. et Taylor) Lindb. SY29。

（二）扭口藓属 *Barbula* Hedw.

1. 尖叶扭口藓 *B. constricta* Mitt. K20141125173,天鹅湖 1450m;K20141124013,钢厂湾 1370m;K20150517028,天鹅湖 1450m;K0308233,天星桥 1375m。

2. 剑叶扭口藓 *B. rufidula* Müll. Hal. K20141124100,大洞 1400m;K20141124094,钢厂湾 1370m;K20141125029,天鹅湖 1450m。

3. 北地扭口藓 *B. fallax* Hedw. K20141124074,土槽 1480m;SY(29,83123)。

4. 小扭口藓 *B. indica* (Hook.) Spreng. K0308259,中心管理站 1500m;K0308261,天星桥 1375m。

5. 东亚扭口藓 *B. subcomosa* Broth. K0308258,大洞 1400m;SY(990811,66),天鹅湖 1450m。

6. 大扭口藓 *B. giganteus* Funck. SY[74]。

7. 扭口藓 *B. unguiculata* (Lorentz) M. Fleisch. SY96819020,天鹅湖 1450m;SY96819019,王家水库 1490m。

（三）净口藓属 *Gymnostomum* Nees et Hornsch.

1. 铜绿净口藓 *G. aeruginosum* Smith. K20141125011,钢厂湾 1370m。

2. 硬叶净口藓 *G. subrigidulum* (Broth.) Chen K20141125034,天鹅湖 1450m。

3. 净口藓 *G. calcareum* Nees et Hornsch. K0308104,大面坡,1400m。

（四）反纽藓属 *Timmiella* (De Not.) Limpr.

1. 反纽藓 *T. anomala* (Bruch et Schimp.) Limpr. K20141125039,天鹅湖 1450m;K20141124101,钢

厂湾 1370m；K20141125104，太阳山 1600m；K20150518017，大面坡 1400m。

（五）石灰藓属 *Hydrogonium*（**C. Muell.**）**Jaeg.**

1. 砂地石灰藓 *H . arcuatum*（Griff.）Wijk et Marg. K0308290，大面坡 1400m；K0308221，天鹅湖 1450m。

2. 钝叶石灰藓 *H. williamsii* Chen K0308339，天星桥 1375m；K0308221，钢厂湾 1370m。

（六）湿地藓属 *Hyophila* **Brid.**

1. 卷叶湿地藓 *H. involuta*（Hook.）A. Jaeger K0308325，天鹅湖 1450m。

2. 花状湿地藓 *H. nymaniana*（M. Fleisch.）Menzel SY968190，中心管理站 1500m。

（七）仰叶藓属 *Reimersia* **P. C. Chen**

1. 仰叶藓 *R. inconspicua*（Griff.）P. C. Chen K0308205，大面坡 1400m；K0308206，天星桥 1375m；K0308294，钢厂湾 1370m。

（八）纽藓属 *Tortella*（**Lindb.**）**Limpr.**

1. 长叶纽藓 *T. tortuosa*（Hedw.）Limpr. K0308286，天鹅湖 1450m。

（九）拟合睫藓属 *Pseudosymblepharis* **Broth.**

1. 狭叶拟合睫藓 *P. angustata*（Mitt.）Hilp. SY990110121，太阳山 1600m；SY990103，王家水库 1490m；SY. 74。

（十）小石藓属 *Weisia* **Hedw.**

1. 缺齿小石藓 *W. edentula* Mitt. K0308031，钢厂湾 1370m。

2. 皱叶小石藓 *W. crispa* Mitt. K0308330，天鹅湖 1450m。

八、缩叶藓科 Ptychomitriaceae

（一）缩叶藓属 *Ptychomitrium* **Fürnr.**

1. 狭叶缩叶藓 *P. linearifolium* Reimers K20150518021，王家水库 1490m；K0308107，天星桥 1375m。

2. 多枝缩叶藓 *P. gardneri* Lesq. SY.［74］。

3. 齿边缩叶藓 *P. dentatum*（Mitt.）A. Jaeger SY.［29］。

九、紫萼藓科 Grimmiaceae

（一）连轴藓属 *Schistidium* **Bruch et Schimp.**

1. 圆蒴连轴藓 *S. apocarpum*（Hedw.）Bruch et Schimp. SY.［74］。

2. 粗疣连轴藓 *S. strictum*（Turner）Loeske ex Mörtensson SY［74］。

十、葫芦藓科 Funariaceae

（一）葫芦藓属 *Funaria* **Hedw.**

1. 葫芦藓 *F. hygrometrica* Hedw. K20141124022，中心管理站 1500m；K20141125175，天鹅湖 1450m；SY. X962131，天星桥 1375m。

2. 狭叶葫芦藓 *F. attenuate*（Dicks.）Lindb. K20141125040，天鹅湖 1500m；K0308185，中心管理站 1500m。

（二）立碗藓属 *Physcomitrium*（**Brid.**）**Brid.**

1. 立碗藓 *P. sphaericum*（Ludw.）Fürnr. K20141125050，天鹅湖 1450m；K20141125012，王家水库 1490m；K20151011064，茶林 1540m；K20141125182，钢厂湾 1370m。

十一、四齿藓科 Tetraphidaceae

（一）四齿藓属 *Tetraphis* **Hedw.**

1. 四齿藓 *T. pellucida* Hedw. SY.［74］。

十二、真藓科 Bryaceae

（一）真藓属 *Bryum* Hedw.

1. 细叶真藓 *B. capillare* Hedw. K20141124079，天鹅湖 1450m；K20141124003，王家水库 1490m。

2. 真藓 *B. argenteum* Hedw. K20141125054，钢厂湾 1370m；K20141125087，天鹅湖 1500m；K20141124004，王家水库 1490m；K0308159，中心管理站 1500m。

3. 柔叶真藓 *B. cellulare* Hook. K20141125059，天鹅湖 1450m。

4. 丛生真藓 *B. caespiticium* Hedw. K20150517020，钢厂湾 1370m。

5. 比拉真藓 *B. billardieri* Schwögr. K20150516022，天星桥 1375m。

6. 弯叶真藓 *B. recurvulum* Mitt. K0308174，天鹅湖 1450m。

（二）短月藓属 *Brachymenium* Schwögr.

1. 多枝短月藓 *B. leptophyllum*（Müll. Hal.）A. Jaeger K20141124096，大面坡 1400m。

2. 饰边短月藓 *B. longidens* Renauld et Cardot K20141125161，太阳山 1600m；K0308102，天平梁子 1548m；K0308068，天星桥 1375m。

（三）丝瓜藓属 *Pohlia* Hedw.

1. 疣齿丝瓜藓 *P. flexuosa* Harv. K20141125154，天鹅湖 1450m；K20150517048，天平梁子 1548m。

2. 卵蒴丝瓜藓 *P. proligera*（Kindb.）Lindb. ex Arnell K20150516027，金子村 1245m。

（四）银藓属 *Anomobryum* Schimp.

1. 芽孢银藓 *A. gemmigerum* Broth. K20141125034，天鹅湖 1450m；K20141125037，中心管理站 1500m。

2. 银藓 *A. julaceum*（Görtn.，Meyer et Scherb.）Schimp. SY.［65］。

（五）大叶藓属 *Rhodobryum*（Schimp.）Hampe

1. 暖地大叶藓 *R. giganteum*（Schwögr.）Paris K0308109，天星桥 1375m。

十三、提灯藓科 Minaceae

（一）提灯藓属 *Mnium* Hedw.

1. 具缘提灯藓 *M. marginatum*（With.）P. Beauv. K20141125047，天星桥 1375m；K0308113，金子村 1245m。

2. 平肋提灯藓 *M. laevinerve* Cardot K20141125075，天平梁子 1548m；K20141125070，天鹅湖 1450m；K20141125053，王家水库 1490m。

3. 长叶提灯藓 *M. lycopodioides* Schwögr. K20150517016，太阳山 1600m；K20150517050，中心管理站 1500m；K20150518010，茶林 1540m；SY. X33483，天星桥 1375m。

4. 异叶提灯藓 *M. heterophyllum*（Hook.）Schwögr. K20151011036，大面坡 1358m；K0308255，太阳山 1600m。

5. 偏叶提灯藓 *M. thomsonii* Schimp. SY. X33684，中心管理站 1500m。

（二）匐灯藓属 *Plagiomnium* T. J. Kop.

1. 尖叶匐灯藓 *P. acutum*（Lindb.）T. J. Kop. K20141125103，茶林 1540m；K20141125090，天星桥 1375m；K20141125188，王家水库 1490m；K20150517036，太阳山 1600m；SY. X33069。

2. 全缘匐灯藓 *P. integrum*（Bosch et Sande Lac.）T. J. Kop. K20141125064，SY. X33683。

3. 匐灯藓 *P. cuspidatum*（Hedw.）T. J. Kop. K20141125118，太阳山，1600m；K20141124082，大面坡 1358m；K0308270，中心管理站 1500m。

4. 钝叶匐灯藓 *P. rostratum*（Schrad.）T. J. Kop. SY. X33160，SY. X33481。

5. 大叶匐灯藓 *P. succulentnm*（Mitt.）T. J. Kop. K20141124035，王家水库 1490m；K20141125164，太阳山 1600m；K2015516021，王家水库 1490m；K0308167，太阳山 1600m；K0308065，王家水库 1490m。

6. 圆叶匐灯藓 *P. vesicatum*（Besch.）T. J. Kop. K20141125016，天星桥 1375m；K20150516042，太阳山 1600m；K20150517024，王家水库 1490m；K20150516019，天星桥 1375m；SY33160，王家水库 1490m。

7. 阔边匐灯藓 *P. ellipticum*（Brid.）T. J. Kop. K20150518009，太阳山 1600m。

8. 侧枝匐灯藓 *P. maximoviczii*（Lindb.）T. J. Kop. K0308044，天星桥 1375m。

9. 日本匐灯藓 *P. japonicum*（Lindb.）T. J. Kop. K0308084，天星桥 1375m；K0308128，中心管理站 1500m。

10. 瘤柄匐灯藓 *P. venustum*（Mitt.）T. J. Kop K0308241，王家水库 1490m；K0308300，太阳山 1600m；K0308292，金子村 1245m。

11. 皱叶匐灯藓 *P. arbusculum*（Müll. Hal.）T. J. Kop SY. X33063，烟灯垭口 1368m。

12. 粗齿匐灯藓 *P. drummondii*（Bruch et Schimp.）T. J. Kop. SY. X33436，太阳山 1600m。

（三）疣灯藓属 *Trachycystis* Lindb.

1. 疣灯藓 *T. microphylla*（Dozy et Molk.）Lindb. K20141124071，太阳山，1600m；K20150516029，太阳山 1600m；SY. X32970，烟灯垭口 1368m。

2. 树形疣灯藓 *T. ussuriensis*（Maack et Regel）T. J. Kop. K20150517025，钢厂湾 1370m；K20150517008，太阳山 1600m；K20150516005，王家水库 1490m；K20150516005，中心管理站 1500m。

（四）毛灯藓属 *Rhizomnium*（Mitt. ex Broth.）T. J. Kop.

1. 小毛灯藓 *R. parvulum*（Mitt.）T. J. Kop. K0308131a，天星桥 1350m。

十四、桧藓科 Rhizogoniaceae

（一）桧藓属 *Pyrrhobryum* Mitt.

1. 大桧藓 *P. dozyanum*（Sande Lac.）Manuel K20150517055，钢厂湾 1370m；K20150517031，王家水库 1490m。

2. 阔叶桧藓 *P. latifolium*（Bosch et Sande Lac.）Mitt. K0308115，大面坡 1358m。

十五、珠藓科 Bartramiaceae

（一）泽藓属 *Philonotis* Brid.

1. 东亚泽藓 *P. turneriana*（Schwögr.）Mitt. K20150517076，王家水库 1490m；K20150517074，天平梁子 1548m；K0308079，茶林 1540m；K0308155，天鹅湖 1450m；K0308117，中心管理站 1500m；K0308019，天鹅湖 1450m；K0308053，钢厂湾 1370m。

2. 毛尖泽藓 *P. capilliformis* Lou et Wu K0308285，天鹅湖 1450m。

3. 偏叶泽藓 *P. falcata*（Hook.）Mitt. K0308146，茶林 1540m；K0308289，天鹅湖 1450m。

4. 泽藓 *P. fontana*（Hedw.）Brid. K0309305，中心管理站 1500m。

5. 柔叶泽藓 *P. mollis*（Dozy et Molk.）Mitt. SY.［74］。

（二）珠藓属 *Bartramia* Hedw.

1. 亮叶珠藓 *B. halleriana* Hedw. K0308114，钢厂湾 1370m；K0308085，天鹅湖 1450m；K0308141，钢厂湾 1370m；K0308078，天鹅湖 1450m；K0308116，王家水库 1490m。

2. 直叶珠藓 *B. ithyphylla* Brid. K0308085，钢厂湾 1370m。

（三）平珠藓属 *Plagiopus* Brid.

1. 寒地平珠藓 *P. Oederiana*（Sw.）Crum et Anderson K0308150，大洞 1395m。

十六、木灵藓科 Orthotrichaceae

（一）蓑藓属 *Macromitrium* Brid.

1. 福氏蓑藓 *M. ferriei* Cardot et Thér. K20141125119，王家水库 1490m；SY96011，钢厂湾 1370m。

2. 木灵藓属 *O. rthotrichum* Hedw.

3. 毛帽木灵藓 *O. dasymitrium* Lewinsky K20141124093，天鹅湖 1450m。

4. 台湾木灵藓 *O. taiwanense* Lewinsky K20141125086,天平梁子 1548m。

5. 红叶木灵藓 *O. erubescens* Müll. Hal. K〔Y5〕。

（二）卷叶藓属 *Ulota D. Mohr*

1. 大卷叶藓 *U. robusta* Mitt. K20141125048,中心管理站 1500m;K20141125134,钢厂湾 1370m。

十七、卷柏藓科 Racopilaceae

（一）卷柏藓属 *Racopilum* P. Beauv.

1. 薄壁卷柏藓 *R. cuspidigerum*（Schwögr.）öngström K0308210,天鹅湖 1450m。

十八、蔓枝藓科 Bryowijkiaceae

（一）蔓枝藓属 *Bryowijkia* Nog.

1. 蔓枝藓 *B. ambigua*（Hook.）Nog. SY98441,天星桥 1350m。

十九、白齿藓科 Leucodontaceae

（一）白齿藓属 *Leucodon* Schwögr.

1. 中华白齿藓 *L. sinensis* Thér. K20150517081,天星桥 1350m;SY〔中国志〕。

（二）拟白齿藓属 *Pterogoniadelphus* M. Fleisch.

1. 拟白齿藓 *P. esquirolii*（Thér.）Ochyra et Zijlstra K0308320,钢厂湾 1370m。

二十、扭叶藓科 Trachypodaceae

（一）扭叶藓属 *Trachypus* Reinw. et Hornsch.

1. 扭叶藓 *T. bicolor* Reinw. et Hornsch. K20141125052,天星桥 1350m;K20141124045,王家水库 1490m;K20141125108,金子村 1245m;K20150516006,王家水库 1490m;K20150517015,太阳山 1600m。

2. 小扭叶藓 *T. humilis* Lindb. SY.〔74〕。

（二）绿锯藓属 *Duthiella* Müll. Hal. ex Broth.

1. 绿锯藓 *D. wallichii*（Mitt.）Broth. K20141125036,天星桥 1350m。

2. 台湾绿锯藓 *D. formosana* Nog. K20141125157。

3. 软枝绿锯藓 *D. flaccida*（Cardot）Broth. K0308363,钢厂湾 1370m;K0308213,王家水库 1490m。

4. 美绿锯藓 *D. speciosissima* Broth. ex Cardot M. Fleisch. K20150518020,金子村 1245m。

（三）拟扭叶藓属 *Trachypodopsis* M. Fleisch.

1. 拟扭叶藓卷叶变种 *T. serrulata* var. *crispatula*（Hook.）Zanten K0308209,天星桥 1350m。

二十一、蕨藓科 Pterobryaceae

（一）耳平藓属 *Calyptothecium* Mitt.

1. 急尖耳平藓 *C. hookeri*（Mitt.）Broth. K0308312,天平梁子 1548m。

2. 耳平藓 *C. urvilleanum*（Müll. Hal.）Broth. K0308229,钢厂湾 1370m。

二十二、蔓藓科 Meteoriaceae

（一）新丝藓属 *Neodicladiella*（Nog.）W. R. Buck

1. 新丝藓 *N. pendula*（Sull.）W. R. Buck K20141124063,天星桥 1350m;K0308257,钢厂湾 1370m;K0308165,金子村 1245m。

（二）灰气藓属 *Aerobryopsis* M. Fleisch.

1. 纤细灰气藓 *A. subleptostigmata* Broth. et Paris K20141124078,中心管理站 1500m。

2. 大灰气藓长尖亚种 *A. subdivergens* subsp. *scariosa*（E. B. Bartram）Nog. K0308157,天星桥 1350m。

（三）气藓属 *Aerobryum* Dozy et Molk.

1. 气藓 *A. speciosum* Dozy et Molk. K20141124023,天星桥 1350m;K0308172,太阳山 1590m;K0308202,茶林 540m;K0308005,大面坡 1400m。

（四）悬藓属 *Barbella* **M. Fleisch.**

1. 悬藓 *B. compressiramea*（Renauld et Cardot）M. Fleisch. K20141125018，钢厂湾 1370m。

2. 尖叶悬藓 *B. spiculata*（Mitt.）Broth. K0308240，天星桥 1350m。

（五）丝带藓属 *Floribundaria* **M. Fleisch.**

1. 四川丝带藓 *F. setschwanica* Broth. K20150517041，钢厂湾 1370m；K20150517046，太阳山 1590m；K20150516010，天平梁子 1548m；SY[29]。

2. 丝带藓 *F. floribunda* Thér. K0308033。

（六）毛扭藓属 *Aerobryidium* **M. Fleisch.**

1. 毛扭藓 *A. filamentosum*（Hook.）M. Fleisch. K0308318，天星桥 1350m；K0308315，钢厂湾 1370m。

2. 卵叶毛扭藓 *A. aureo-nitens*（Schwögr.）Broth. K0309308，天星桥 1350m。

（七）蔓藓属 *Meteorium* **Dozy et Molk.**

1. 蔓藓 *M. polytrichum* Dozy et Molk. K0308349，天鹅湖 1450m。

2. 细枝蔓藓 *M. papillarioides* Nog. SY.[29]。

3. 粗枝蔓藓 *M. subpolytrichum*（Besch.）Broth. SY. X0200316，王家水库 1490m。

（八）假悬藓属 *Pseudobarbella* **Nog.**

1. 假悬藓 *P. levieri*（Renauld et Cardot）Nog. SY[65]。

二十三、平藓科 Neckeraceae

（一）树平藓属 *Homaliodendron* **M. Fleisch.**

1. 刀叶树平藓 *H. scalpellifolium*（Mitt.）M. Fleisch. K20141124031，金子村 1245m；K20150517027，王家水库 1490m；K20151011057，天星桥 1350m；K0308021，钢厂湾 1370m。

2. 树平藓 *H. flabellatum*（Sm.）M. Fleisch. K0308236，天平梁子 1548m；K0308365，大面坡 1400m；K0308197，大面坡 1400m。

3. 疣叶树平藓 *H. papillosum* Broth. K20150518022，钢厂湾 1370m。

（二）平藓属 *Neckera* **Hedw.**

1. 短齿平藓 *N. yezoana* Besch. K20150517030，茶林 1540m；SY.[30]。

2. 延叶平藓 *N. decurrens* Broth. SY.[30]。

3. 四川平藓 *N. setschwanic* Broth. SY.[30]。

（三）拟平藓属 *Neckeropsis* **Reichardt**

1. 东亚拟平藓 *N. calcicola* Nog. K0308324，天平梁子 1548m；K0308293，大面坡 1400m；K0308314，天星桥 1350m。

（四）扁枝藓属 *Homalia* **Brid.**

1. 扁枝藓 *H. trichomanoides*（Hedw.）Brid. SY.[30]。

二十四、木藓科 Thamnobryaceae

（一）木藓属 *Thamnobryum* **Nieuwl.**

1. 匙叶木藓 *T. subseriatum*（Mitt. ex Sande Lac.）B. C. Tan K20141125071，天星桥 1350m；K20141125131，太阳山 1600m；K20141125117，天星桥 1350m；K20141125143，大面坡 1400m。

2. 褶叶木藓 *T. plicatulum*（Sande Lac.）Z. Iwats. K0308242，天鹅湖 1450m；K308364，天星桥 1350m；K308203，茶林 1540m；K308009，天星桥 1350m。

3. 南亚木藓 *T. subserratum*（Hook.）Nog. et Z. Iwats. K20141125155，天平梁子 1548m；K20141125166，天平梁子 1548m。

（二）羽枝藓属 *Pinnatella* **M. Fleisch.**

1. 东亚羽枝藓 *P. makinoi*（Broth.）Broth. K20141125140，天鹅湖 1450m；SY.[7]。

二十五、船叶藓科 Lembophyllaceae

（一）拟船叶藓属 *Dolichomitriopsis* S. Okamura

1. 尖叶拟船叶藓 *D. diversiformis*（Mitt.）Nog. K20141125133，天星桥 1350m；K20141125160，太阳山 1600m；K20141125168，天鹅湖 1450m；SY. [29]。

二十六、油藓科 Hookeriaceae

（一）油藓属 *Hookeria* Sm.

1. 尖叶油藓 *H. acutifolia* Hook. et Grev. K20150517001，天星桥 1350m；K20150516043，太阳山 1600m；K20141125028，钢厂湾 1370m；K0308166，太阳山 1600m；K0308113，太阳山 1600m。

（二）黄藓属 *Distichophyllum* Dozy et Molk.

1. 东亚黄藓 *D. maibarae* Besch. K0308098，天星桥 1350m；K0308166，烟灯垭口 1380m。

（三）毛柄藓属 *Calyptrochaeta* Desv.

1. 日本毛柄藓 *C. japonica*（Cardot et Thér.）Z. Iwats. et Nog. K20151011040，中心管理站 1500m；K0308362，太阳山 1590m。

二十七、孔雀藓科 Hypopterygiaceae

（一）雉尾藓属 *Cyathophorella* P. Beauv.

1. 小雉尾藓 *C. intermedia*（Mitt.）Broth. K20141124043，太阳山 1590m。

2. 黄雉尾藓 *C. burkillii*（Dix.）Broth. K20150516038，中心管理站 1500m；K20151011065，天星桥 1350m；K0308352a，钢厂湾 1370m。

（二）孔雀藓属 *Hypopterygium* Brid.

1. 拟东亚孔雀藓 *H. fauriei* Besch. K20141125097，中心管理站 1500m。

2. 毛尖孔雀藓 *H. aristatum* Bosch et Lac. K20141125051，天星桥，1350m；K20141125031，天鹅湖 1450m；K0308343，钢厂湾 1370m；K0308239，王家水库 1490m；K0308265，大洞 1400m。

二十八、鳞藓科 Theliaceae

（一）粗疣藓属 *Fauriella* Besch.

1. 小粗疣藓 *F. tenerrima* Broth. K20150517012，太阳山 1590m；K20151011063，天鹅湖 1450m；K20151011046，太阳山 1590m；K0308097，天鹅湖 1450m。

二十九、碎米藓科 Fabroniaceae

（一）拟附干藓属 *Schwetschkeopsis* Broth.

1. 台湾拟附干藓 *S. formosana* Nog. K20150517072，钢厂湾 1370m。

2. 拟附干藓 *S. fabronia*（Schwögr.）Broth. K20151011044，大面坡 1400m。

（二）小柔齿藓属 *Iwatsukiella* W. R. Buck et H. A. Crum

1. 小柔齿藓 *I. leucotricha*（Mitt.）W. R. Buck et H. A. Crum K0308328，太阳山 1600m。

（三）碎米藓属 *Fabrobia* Raddi

1. 东亚碎米藓 *F. matsumurae* Besch. K20141124008，王家水库 1490m。

三十、薄罗藓科 Leskeaceae

（一）多毛藓属 *Lescuraea* Bruch et Schimp.

1. 多毛藓 *L. mutabilis*（Brid.）Lindb. SY. X962123，天星桥 1357m。

（二）细枝藓属 *Lindbergia* Kindb.

1. 中华细枝藓 *L. sinensis*（Müll. Hal.）Broth. SY. [30]。

三十一、牛舌藓科 Anomodontaceae

(一)牛舌藓属 *Anomodon* Hook. et Taylor

1. 尖叶牛舌藓 *A. giraldii* Müll. Hal. K20141124070,金子村 1245m;K20141124081,金子村 1245m。

2. 皱叶牛舌藓 *A. rugelii* (Müll. Hal.) Keissl. K0308336,王家水库 1490m。

(二)多枝藓属 *Haplohymenium* Dozy et Molk.

1. 台湾多枝藓 *H. formosanum* Nog. K20150517005,太阳山 1600m;K20150517002,中心管理站 1500m;K20150517007,土槽 1480m;K0308062,中心管理站 1500m。

2. 拟多枝藓 *H. pseudo-triste* (Müll. Hal.) Broth. K0308194,中心管理站 1505m。

3. 暗绿多枝藓 *H. triste* (Ces.) Kindb. K0308072,金子村 1245m。

(三)羊角藓属 *Herpetineuron* (**Müll. Hal.**) **Cardot**

1. 羊角藓 *H. toccoae* (Sull. et Lesq.) Cardot K0308307,太阳山 1600m。

三十二、羽藓科 Thuidiaceae

(一)羽藓属 *Thuidium* Bruch et Schimp.

1. 大羽藓 *T. cymbifolium* (Dozy et Molk.) Dozy et Molk. K20141125158,太阳山 1600m;K20141124047,王家水库 1490m;K20141124055,天星桥 1357m;K0308074,中心管理站 1500m;K0308251,金子村 1245m。

2. 灰羽藓 *T. pristocalyx* (Müll. Hal.) A. Jaeger K20141124088,钢厂湾 1370m;K0308054,大面坡 1400m;K0308100,太阳山 1585m;K0308076,王家水库 1490m。

3. 拟灰羽藓 *T. glaucinoides* Broth. K20150517066,王家水库 1490m。

4. 绿羽藓 *T. assimile* (Mitt.) A. Jaeger K0308105,大面坡 1400m;K0308027,王家水库 1490m;K0308030,天星桥 1357m。

5. 亚灰羽藓 *T. subglaucinum* Cardot K0308111,K0308353。

6. 短肋羽藓 *T. kanedae* Sakurai K0308163,王家水库 1490m;K0308032,大面坡 1400m;K0308334,天星桥 1357m;K0308190,大面坡 1400m。

(二)小羽藓属 *Haplocladium* (**Müll. Hal.**) **Müll. Hal.**

1. 狭叶小羽藓 *H. angustifolium* (Hampe et Müll. Hal.) Broth. K20141124097,天星桥 1357m;K20150517037,王家水库 1490m;K20150518012,天星桥 1357m;K20150518012,王家水库 1490m;K0308015a,大面坡 1400m。

三十三、柳叶藓科 Amblystegiaceae

(一)镰刀藓属 *Drepanocladus* (**Müll. Hal.**) **G. Roth**

1. 镰刀藓直叶变种 *D. aduncus* var. *kneiffii* (Bruch et Schimp.) Mönk. K20141125016,天星桥 1357m。

(二)大湿原藓属 *Calliergonella* Loeske

1. 大湿原藓 *C. cuspidata* (Hedw.) Loeske K20150516051,王家水库 1490m。

(三)牛角藓属 *Cratoneuron* (**Sull.**) **Spruce**

1. 牛角藓 *C. filicinum* (Hedw.) Spruce K0308304,大面坡 1400m;SY[74]。

(四)湿原藓属 *Calliergon* (**Sull.**) **Kindb.**

1. 湿原藓 *C. cordifolium* (Hedw.) Kindb. K308313,天星桥 1357m;K309302,大面坡 1400m;K0308130,天星桥 1357m;K309316,钢厂湾 1370m;K0308158,大面坡 1400m。

(五)细柳藓属 *Platydictya* Berk.

1. 细柳藓 *P. jungermannioides* (Brid.) H. A. Crum SY.[30]。

三十四、青藓科 Brachytheciaceae

（一）同蒴藓属 *Homalothecium* Bruch et Schimp.

1. 无疣同蒴藓 *H. laevisetum* Sande Lac. K20141125058，大洞 1405m。

（二）长喙藓属 *Rhynchostegium* Bruch et Schimp.

1. 匐枝长喙藓 *R. serpenticaule*（Müll. Hal.）Broth. K20141125017，王家水库 1490m；K20150518005，大洞 1405m；K20150516002，天星桥 1357m；K20150517017，钢厂湾 1370m。

2. 淡枝长喙藓 *R. pallenticaule* Müll. Hal. K20141125057，钢厂湾 1370m；K20141125085，王家水库 1490m；K20141125137，天星桥 1357m。

3. 水生长喙藓 *R. riparioides*（Hedw.）Cardot K20141125023，王家水库 1490m。

4. 狭叶长喙藓 *R. fauriei* Cardot K20141125150，大洞 1405m。

（三）褶叶藓属 *Palamocladium* Müll. Hal.

1. 褶叶藓 *P. nilgheriense*（Hook.）E. Britton K20141125167，大洞 1405m。

2. 深绿褶叶藓 *P. euchloron*（Müll. Hal.）Wijk et Margad. K20141125153，钢厂湾 1370m；K20141125043，大洞 1405m；K20141125159，钢厂湾 1370m；K20150517044，天星桥 1357m；K0308275，天星桥 1357m。

（四）青藓属 *Brachythecium* Bruch et Schimp.

1. 卵叶青藓 *B. rutabulum*（Hedw.）Bruch et Schimp. K20141125152，钢厂湾 1370m；K20141125139，天星桥 1357m；K0308010，天鹅湖 1500m。

2. 羽枝青藓 *B. plumosum*（Hedw.）Bruch et Schimp. K20141124066，钢厂湾 1370m；K20141124092，天鹅湖 1500m。

3. 多褶青藓 *B. buchananii*（Hook.）A. Jaeger K0308192，钢厂湾 1370m；K0308331，天星桥 1375m。

4. 亚灰白青藓 *B. subalbicans* Broth. K20141124065，钢厂湾 1370m；K20141125038，钢厂湾 1370m。

5. 毛尖青藓 *B. piligerum* Cardot K20150516049，金子村 1255m；K20141125171，钢厂湾 1370m；K20150516035，中心管理站 1500m。

6. 悬垂青藓 *B. pendulum* Takaki K20141125149。

7. 绒叶青藓 *B. velutinum*（Hedw.）Bruch et Schimp. K0308349a，K0308256，天鹅湖 1500m。

8. 勃氏青藓 *B. brotheri* Paris K0308276，中心管理站 1500m；K0308276，天鹅湖 1500m。

9. 灰白青藓 *B. albicans*（Hedw.）Bruch et Schimp. K0308080，钢厂湾 1370m。

10. 田野青藓 *B. campestre*（Müll. Hal.）Schimp. K0308015b。

11. 溪边青藓 *B. rivulare* Bruch et Schimp. SY960123，天鹅湖 1500m；SY040023，中心管理站 1500m。

12. 长肋青藓 *B. populeum*（Hedw.）Bruch et Schimp. SY.［30］。

13. 皱叶青藓 *B. kuroishicum* Besch. K20151011067，金子村 1255m；K20150518023，天鹅湖 1500m。

14. 石地青藓 *B. glareosum*（Spruce）Bruch et Schimp. K20150516059。

（五）美喙藓属 *Eurhynchium* Bruch et Schimp.

1. 短尖美喙藓 *E. angustirete*（Broth.）T. J. Kop. K20141125068，中心管理站 1500m；K20141125156，天鹅湖 1500m。

2. 扭尖美喙藓 *E. kirishimense* Takaki K20141124035，大面坡 1405m；K20141124083，金子村 1255m；K20141124085，中心管理站 1500m；K20150516014，大面坡 1405m。

3. 疏网美喙藓 *E. laxirete* Broth. K20141124103，大面坡 1405m；K20141125163，中心管理站 1500m；K20141125169，金子村 1255m；K0308352b，天鹅湖 1500m。

4. 尖叶美喙藓 *E. eustegium*（Besch.）Dixon K20150516056，金子村 1255m。

5. 密叶美喙藓 *E. savatieri* Schimp. ex Besch. K0308338，中心管理站 1500m；K0308028，天鹅

湖 1500m。

（六）燕尾藓属 *Bryhnia* Kaurin

1. 燕尾藓 *B. novae-angliae*（Sull. et Lesq.）Grout K20150516017，金子村 1255m；K0308247，天鹅湖 1500m。

（七）细喙藓属 *Rhynchostegiella*（Bruch et Schimp. in B. S. G.）Limpr.

1. 光柄细喙藓 *R. laeviseta* Broth. K20150518014，中心管理站，1500m；K20150516032，大面坡 1405m。

三十五、绢藓科 Entodontaceae

（一）绢藓属 *Entodon* Müll. Hal.

1. 厚角绢藓 *E. concinnus*（De Not.）Paris K20141125067，天星桥 1375m；K0308037a，天鹅湖 1500m。

2. 宝岛绢藓 *E. taiwanensis* C. K. Wang et S. H. Lin K20150518011，天鹅湖 1500m。

3. 长柄绢藓 *E. macropodus*（Hedw.）Müll. Hal. K20141125174，大洞 1405m；K0308333，天星桥 1375m；K0308269，王家水库 1495m。

4. 绿叶绢藓 *E. viridulus* Cardot K0309322，王家水库 1495m；K0309288，大洞 1405m。

5. 广叶绢藓 *E. flavescens*（Hook.）A. Jaeger K0308156，天星桥 1375m。

6. 深绿绢藓 *E. luridus*（Griff.）A. Jaeger K0308280，王家水库 1495m。

7. 亚美绢藓 *E. sullivantii*（Müll. Hal.）Lindb. K20141125093，王家水库 1495m。

8. 亚美绢藓异色变种 *E. sullivantii* var. *versicolor*（Besch.）Mizush K0308049，天星桥 1375m。

（二）斜齿藓属 *Mesonodon* Hampe

1. 黄色斜齿藓 *M. flavescens*（Hook.）W. R. Buck SY002a，王家水库 1495m。

三十六、棉藓科 Plagiotheciaceae

（一）棉藓属 *Plagiothecium* Bruch et Schimp.

1. 直叶棉藓原变种 *P. eurphyllum*（Cardot et Thér.）Z. Iwats. K20141124037，天鹅湖，1500m；K20141125132，天星桥 1375m；K20141125046，王家水库 1495m；K20141124029，大洞 1405m；K20141124016；K20150516040。

2. 直叶棉藓短尖变种 *P. eurphyllum* var. *brevirameum*（Cardot）Z. Iwats. K20141124107，天鹅湖 1500m；K20150517023，天星桥 1375m；K0308047，王家水库 1495m。

3. 扁平棉藓 *P. neckeroideum* Bruch et Schimp. SY. X950123。

4. 棉藓 *P. denticulatum*（Hedw.）Bruch et Schimp. K20141124025，天星桥 1375m；K0308054a，天鹅湖 1500m。

5. 阔叶棉藓 *P. platyphyllum* Mönk. K20141124050。

6. 台湾棉藓 *P. formosicum* Broth. et Yasuda K20141125033，天星桥 1375m；K20150516016，王家水库 1495m；K20150516015，天星桥 1375m；K20150516048，大洞 1405m；K0308008，天鹅湖 1500m。

7. 光泽棉藓 *P. laetum* Bruch et Schimp. K20150517011，王家水库 1495m；K0308040，天鹅湖 1500m；K0308016，大洞 1405m；K0308081，天星桥 1375m；K0308100a，茶林 1550m。

三十七、锦藓科 Sematophyllaceae

（一）毛锦藓属 *Pylaisiadelpha* Cardot

1. 短叶毛锦藓 *P. yokohamae*（Broth.）W. R. Buck K20141124067，茶林 1550m；K0308003，大洞 1405m；K0308027，茶林 1550m。

（二）小锦藓属 *Brotherella* Loeske ex M. Fleisch.

1. 赤茎小锦藓 *B. erythrocaulis*（Mitt.）M. Fleisch. K20141125144，王家水库 1495m；K20141124106，天星桥 1375m；K20150517047，大洞 1405m；K20150516001，王家水库 1495m；K0308083a，茶林 1550m。

2. 南方小锦藓 *B. henonii*（Duby）M. Fleisch. SY[30]。

3. 东亚小锦藓 *B. fauriei*（Cardot）Broth. K20141125074，茶林 1550m；K20141124056，王家水库，1495m。

（三）拟疣胞藓属 *Clastobryopsis* M. Fleisch.

1. 粗枝拟疣胞藓 *C. robusta*（Broth.）M. Fleisch. K20141124076，天星桥 1375m；K20141125077，天星桥 1375m；K20150517026，茶林 1550m。

2. 拟疣胞藓 *C. planula*（Mitt.）M. Fleisch. K20151011003，天星桥 1375m；K030815-c，天星桥 1375m。

（四）锦藓属 *Sematophyllum* Mitt.

1. 橙色锦藓 *S. phoeniceum*（Müll. Hal.）M. Fleisch K20141124096，天星桥 1375m；K20150518002，王家水库 1495m。

2. 矮锦藓 *S. subhumile*（Müll. Hal.）M. Fleisch. K20150517069，茶林 1550m；K20151011028，天鹅湖 1500m。

（五）刺枝藓属 *Wijkia*（Mitt.）H. A. Crum

1. 角状刺枝藓 *W. hornschuchii*（Dozy et Molk.）H. A. Crum K20141125101，王家水库 1495m；K20141124104，茶林 1550m；K20141125186，天星桥 1375m；K20150517054，茶林 1550m；K0308056，王家水库 1495m。

2. 弯叶刺枝藓 *W. deflexifolia*（Renauld et Cardot）H. A. Crum K20151011034，天星桥 1375m；K0308083a，天鹅湖 1500m。

（六）丝灰藓属 *Giraldiella* C. Muell.

1. 丝灰藓 *G. levieri* C. Muell. K20141124073，茶林 1550m；K20150516051，天星桥 1375m；K20150517039，茶林 1550m。

（七）厚角藓属 *Gammiella* Broth.

1. 厚角藓 *G. pterogonioides*（Griff.）Broth K20141125032，王家水库 1495m。

（八）刺疣藓属 *Trichosteleum* Mitt.

1. 全缘刺疣藓 *T. lutschianum*（Broth. et Paris）Broth. K20141125190；K20151011043，茶林 1550m。

（九）拟刺疣藓属 *Papillidiopsis* W. R. Buck et B. C. Tan

1. 褶边拟刺疣藓 *P. macrosticta*（Broth. et Paris）W. R. Buck et B. C. Tan SY. X961012，王家水库 1495m。

（十）疣胞藓属 *Clastobryum* Dozy et Molk.

1. 三列疣胞藓 *C. labrescens*（Z. Iwats.）B. C. Tan K20151011023，天星桥 1375m；K20151011018，茶林 1550m。

三十八、灰藓科 Hypnaceae

（一）粗枝藓属 *Gollania* Broth.

1. 中华粗枝藓 *G. sinensis* Broth. et Paris K20141125089，天鹅湖 1500m。

2. 扭尖粗枝藓 *G. clarescens*（Mitt.）Broth. K20150517062，烟灯垭口 1380m。

3. 大粗枝藓 *G. robusta* Broth. K20141125017，烟灯垭口 1380m；K20151011012，茶林 1550m；K0308136，天星桥 1375m。

4. 多变粗枝藓 *G. varians*（Mitt.）Broth. K20150517071，天鹅湖 1500m。

5. 皱叶粗枝藓 *G. ruginosa*（Mitt.）Broth. K0308200，天鹅湖 1500m；K0308013，天星桥 1375m；K0308178，天鹅湖 1500m。

（二）偏蒴藓属 *Ectropothecium* Mitt.

1. 卷叶偏蒴藓 *E. ohsimese* Cardot et Thér. K20141125005，茶林 1540m。

（三）梳藓属 *Ctenidium*（**Schimp.**）**Mitt.**

1. 毛叶梳藓 *C. capilifolium*（Mitt.）Broth. K20141124080，茶林 1550m。

2. 梳藓 *C. molluscum*（Hedw.）Mitt. K0308173，天星桥 1375m。

3. 戟叶梳藓 *C. hastile*（Mitt.）Lindb. K20150517064，茶林 1540m；K20150517021，天星桥 1375m。

4. 弯叶梳藓 *C. lychnites*（Mitt.）Broth. K20150517065，钢厂湾 1375m。

（四）灰藓属 *Hypnum* **Hedw.**

1. 大灰藓 *H. plumaeforme* Wilson K0308181，茶林 1550m；K0308037，钢厂湾 1375m。

2. 尖叶灰藓 *H. callichroum* Brid. K0308033a。

3. 多蒴灰藓 *H. fertile* Sendtn. K0308171。

4. 卷叶灰藓 *H. revolutum*（Mitt.）Lindb. K0308182，茶林 1540m。

5. 弯叶灰藓 *H. hamulosum* Schimp. K0308250，钢厂湾 1375m。

6. 钙生灰藓 *H. calcicola* Ando K20150515060，茶林 1550m。

（五）鳞叶藓属 *Taxiphyllum* **M. Fleisch.**

1. 鳞叶藓 *T. taxirameum*（Mitt.）M. Fleisch. K0309298，天星桥 1375m；K0309297，茶林 1550m；K0308124，钢厂湾 1375m；K0308361，王家水库 1495m；K0308132，王家水库 1495m。

2. 陕西鳞叶藓 *T. giraldii*（Müll. Hal.）M. Fleisch. K0308224，王家水库 1495m；K0308295，王家水库 1495m。

（六）拟鳞叶藓属 *Pseudotaxiphyllum* **Z. Iwats.**

1. 东亚拟鳞叶藓 *P. pohliaecarpum*（Sull. et Lesq.）Z. Iwats. K20151011009，钢厂湾 1375m。

三十九、塔藓科 Hylocomiaceae

（一）假蔓藓属 *Loeskeobryum* **M. Fleisch. ex Broth.**

1. 船叶假蔓藓 *L. cavifolium*（Sande Lac.）M. Fleisch. ex Broth. SY.［30］。

四十、短颈藓科 Diphysciaceae

（一）短颈藓属 *Diphyscium* **D. Mohr**

1. 东亚短颈藓 *D. fulvifolium* Mitt. K20141125019，王家水库 1495m；K20150516046，钢厂湾 1375m；K20141125035，茶林 1540m；K20150517057，王家水库 1495m；SY.［74］。

2. 短颈藓 *D. foliosum*（Hedw.）D. Mohr K0308164，王家水库 1495m；K0308055，天星桥 1375m；K0308046，王家水库 1495m。

四十一、金发藓科 Polytrichaceae

（一）仙鹤藓属 *Atrichum* **P. Beauv.**

1. 薄壁仙鹤藓 *A. subserratum*（Hook.）Mitt. K20141124007，王家水库 1495m。

2. 东亚仙鹤藓 *A. yakushimense*（Horik.）Mizut. K20141125170，天星桥 1375m。

3. 小胞仙鹤藓 *A. rhystophyllum*（Müll. Hal.）Paris SY.［74］。

4. 小仙鹤藓 *A. crispulum* Schimp. ex Besch. K20150516018，王家水库 1495m；K0308351，钢厂湾 1375m；SY. X962021，王家水库 1495m。

（二）小金发藓属 *Pogonatum* **P. Beauv.**

1. 硬叶小金发藓 *P. neesii*（Müll. Hal.）Dozy K20141125100，王家水库 1495m。

2. 苞叶小金发藓 *P. spinulosum* Mitt. K20141125177，天星桥 1375m；K0308153，钢厂湾 1375m。

3. 东亚小金发藓 *P. inflexum*（Lindb.）Sande Lac. K20141124075，王家水库 1495m；K0308249，钢厂湾 1375m；K0308075，天星桥 1375m；K0308024，钢厂湾 1375m；K0308272，天星桥 1375m。

4. 小金发藓 *P. aloides*（Hedw.）P. Beauv. K0308160，茶林 1540m。

5. 南亚小金发藓 *P. proliferum*（Griff.）Mitt. K0308135，天星桥 1375m。

6. 半栉小金发藓 *P. subfuscatum* Broth. SY. [74]。

（三）拟金发藓属 *Polytrichastrum* **G. L. Sm.**

1. 大拟金发藓 *P. formosum* （Hedw.） G. L. Sm. K0308017，钢厂湾 1375m。

2. 细叶拟金发藓 *P. longisetum* （Sw. ex Brid.） G. L. Sm. K0308018，王家水库 1495m。

四十二、剪叶苔科 Herbertaceae

（一）剪叶苔属 *Herbertu* **S. Gray**

1. 南亚剪叶苔 *H. ceylanicus* （Steph.） H. A. Mill. K20141125178，太阳山 1590m。

2. 鞭枝剪叶苔 *H. mastigophoroides* H. A. Mill. K20141124005，太阳山 1590m。

四十三、绒苔科 Trichocoleaceae

（一）绒苔属 *Trichocolea* **Dumort.**

1. 绒苔 *T. tomentella* （Ehrh.） Dumort. K20141125049，天星桥 1375m；K0308119，天星桥 1375m；K0308108b，天星桥 1375m。

四十四、指叶苔科 Lepidoziaceae

（一）鞭苔属 *Bazzania* **S. Gray**

1. 白叶鞭苔 *B. albifolia* Horik. K20141124014，太阳山 1570m；K20141125095，王家水库 1495m；K20141124015，钢厂湾 1370m；K20141124019，大面坡 1405m；K20150517053，太阳山 1570m；K0308093，天星桥 1375m。

2. 白边鞭苔 *B. oshimensis* （Steph.） Horik. K20141125082，天星桥 1375m；K20141124033，王家水库 1495m；K20141125091，天星桥 1375m；K20150516039，钢厂湾 1370m；K0308125，大面坡 1405m。

3. 卷叶鞭苔 *B. yoshinagana* （Steph.） Steph. ex Yasuda K20150517022。

4. 阿萨密鞭苔 *B. assamica* （Steph.） S. Hatt. K20141125102，钢厂湾 1370m。

5. 三裂鞭苔 *B. tridens* （Reinw.，Blume. et Nees） Trevis. K20151011035，大面坡 1405m；K82148a，天星桥 1375m。

6. 尖齿鞭苔 *B. pompeana* （Sande Lac.） Mitt. K82212。

（二）指叶苔属 *Lepidozia* **（Dumort.） Dumort.**

1. 指叶苔 *L. reptans* （L.） Dumort. K20151011066，大面坡 1405m。

四十五、护蒴苔科 Calypogiaceae

（一）护蒴苔属 *Calypogia* **Raddi**

1. 双齿护蒴苔 *C. tosana* （Steph.） Steph. K20141124062，王家水库 1495m；K20141124052，天星桥 1375m；K20141125030，钢厂湾 1370m；K20141124089，大面坡 1405m；K20150517049，天星桥 1375m；K20151011047，钢厂湾 1370m；K20151011041，茶林 1558m。

2. 刺叶护蒴苔 *C. arguta* Nees et Mont. ex Nees K20151011007，王家水库 1495m；K20151011056，钢厂湾 1370m；K20150516052，王家水库 1495m。

3. 护蒴苔 *C. fissa* （L.） Raddi K20150517078，钢厂湾 1370m。

4. 钝叶护蒴苔 *C. neesiana* （C. Massal. et Carest.） K. Müller ex Loeske K20150517034，王家水库 1495m。

四十六、大萼苔科 Caphaloziaceae

（一）大萼苔属 *Cephalozia* **（Dumort.） Dumort.**

1. 毛口大萼苔 *C. lacinulata* （J. B. Jack） Spruce K20150517006，王家水库 1495m。

（二）裂齿苔属 *Odontoschisma* **（Dumort.） Dumort.**

1. 湿生裂齿苔 *O. Sphagni* （Dicks.） Dumort. K20151011048，天星桥 1375m。

四十七、拟大萼苔科 Cephaloziellaceae

（一）拟大萼苔属 *Cephaloziella*（Spruce.）Schiffn.

1. 挺枝拟大萼苔 *C. divaricata*（Sm.）Schiffn. K20151011030，钢厂湾 1370m。

四十八、叶苔科 Jungermanniaceae

（一）叶苔属 *Jungermannia* L.

1. 深绿叶苔 *J. atrovireus* Dumort. K20141125009，钢厂湾 1370m；K20150517075，茶林 1558m；K20150516007，王家水库 1495m；K20151011005，天星桥 1375m；K20151011033，天星桥 1375m；K20151011024，钢厂湾 1370m。

2. 截叶叶苔 *J. truncate* Nees K20141124060，天星桥 1375m。

3. 褐绿叶苔 *J. infusca*（Mitt.）Steph. K20150517080，钢厂湾 1370m；K20150516030，王家水库 1495m。

4. 光萼叶苔 *J. leiantha* Grolle. K20150516047，钢厂湾 1370m。

5. 狭叶叶苔 *J. subulata* Evans K20150517038，天星桥 1375m。

6. 直立叶苔 *J. erecta*（Amak.）Amak. K20150517056，天鹅湖 1495m；K20150516003，天星桥 1375m；K20150516003，钢厂湾 1370m。

7. 疏叶叶苔 *J. laxifolia* C. Gao et J. Sun K20150516050，天鹅湖 1495m。

8. 小萼叶苔 *J. parviperiantha* Gao et Bai K20151011011，王家水库 1495m；K20151011021，天鹅湖 1495m。

（二）被蒴苔属 *Nardia* S. Gray

1. 细茎被蒴苔 *N. leptocaulis* C. Gao K20150516023，钢厂湾 1370m。

2. 南亚被蒴苔 *N. assamica*（Mitt.）Amakawa K20150517042，天星桥 1375m。

（三）小萼苔属 *Mylia* S. Gray

1. 小萼苔 *M. taylori*（Hook.）S. Gray K20151011022，钢厂湾 1370m。

四十九、合叶苔科 Scapaniaceae

（一）合叶苔属 *Scapania*（Dumort.）Dumort.

1. 斯氏合叶苔 *S. stephanii* K. Müller K20150516044，天鹅湖 1495m；K20150516028，王家水库 1495m；K20150516012，王家水库 1495m；K0308110，天星桥 1375m。

2. 短合叶苔 *S. curta*（Mart.）Dumort. K20141125092，大洞 1400m。

3. 刺边合叶苔 *S. ciliata* Sande Lac. K0308149，钢厂湾 1375m。

五十、地萼苔科 Geocalycaceae

（一）裂萼苔属 *Chiloscyphus* Corda

1. 尖叶裂萼苔 *Ch. cuspidatus*（Nees）J. J. Engel et R. M. Schust. K20141124079，钢厂湾 1375m；K20141125135，天星桥 1375m；K20141125150，王家水库 1495m。

2. 裂萼苔 *Ch. polyanthus*（L.）Corda K0308266a，大洞 1400m；K0308195，钢厂湾 1375m。

3. 芽孢裂萼苔 *Ch. minor*（Nees）J. J. Engel et R. M. Schust. K20151011004，钢厂湾 1375m；K0308131，王家水库 1495m。

4. 异叶裂萼苔 *Ch. profundus*（Nees）J. J. Engel et R. M. Schust. K20150518016，王家水库 1495m。

5. 全缘裂萼苔 *Ch. integristipulus*（Steph.）J. J. Engel et R. M. Schust. K0308001，王家水库 1495m。

6. 中华裂萼苔 *Ch. sinensis* J. J. Engel et R. M. Schust. K20151011019，钢厂湾 1375m。

7. 双齿裂萼苔 *Ch. latifolius*（Nees）J. J. Engel et R. M. Schust. K20151011025，天星桥 1375m。

8. 疏叶裂萼苔 *Ch. itoana*（Inoue）J. J. Engel et R. M. Schust. K20151011039，钢厂湾 1375m；

K20151011014,王家水库 1495m;K20151011002,钢厂湾 1375m。

（二）异萼苔属 *Heteroscyphus* **Schiffn.**

1. 四齿异萼苔 *H. argustus*（Reinw., Blume et Nees）Schiffn. K20141124054,大洞 1400m; K20141125066,天星桥 1375m;K20150516009,王家水库 1495m;K20150517063,大洞 1400m; K20150517063,钢厂湾 1375m;K20151011049,天星桥 1375m;K20151011038,钢厂湾 1375m。

2. 全缘异萼苔 *H. saccogynoides* Herzog K20141125101,天星桥 1375m;K20150517040,钢厂湾 1375m。

3. 南亚异萼苔 *H. zollingeri*（Gottsche）Schiffn. K20141125011,王家水库 1495m。

4. 双齿异萼苔 *H. coalitus*（Hook.）Schiffn. K20150516004,天鹅湖 1495m;K20150516004,金子村 1245m。

5. 平叶异萼苔 *H. planus*（Mitt.）Schiffn. K0308089,天星桥 1375m。

五十一、羽苔科 Plagiochilacea

（一）羽苔属 *Plagiochila*（Dumort.）Dumort.

1. 中华羽苔 *P. chinensis* Steph. K20141124053,金子村 1245m;K20141125094,天鹅湖 1495m; K20141124002,天星桥 1375m;K20141124024,王家水库 1495m;K0308108a,钢厂湾 1375m; K20141124057,大面坡 1425m;K20150517010,金子村 1245m;K20150516054,大面坡 1425m;K0308030a, 大面坡 1425m。

2. 刺叶羽苔 *P. sciophila* Nees ex Lindenb. K20141124051,天星桥 1375m;K20141124009,天鹅湖 1495m;K20150516013,王家水库 1495m;K20151011062,大面坡 1425m;K20151011052,王家水库 1495m; K0308329,大洞 1400m。

3. 密鳞羽苔 *P. durelii* Schiffn. K20151011045,天星桥 1375m;K0308042,金子村 1245m;K0308277a, 大洞 1400m。

4. 古氏羽苔 *P. grollei* Inoue K0308253,钢厂湾 1375m。

5. 尖齿羽苔 *P. pseudorenitens* Schiffn. K20150518001,大面坡 1425m;K20150518003,金子村 1245m。

6. 多齿羽苔 *P. perserrata* Herzog K20150517018,天星桥 1375m;K0308186,钢厂湾 1375m。

7. 福氏羽苔 *P. fordiana* Steph. K0308352,金子村 1245m。

8. 落叶羽苔 *P. defolians* Grolle et M. L. So K20151011052,天星桥 1375m;K20150516031,天鹅湖 1495m;K20151011063,天星桥 1375m;K20151011055,王家水库 1495m。

9. 拟波氏羽苔 *P. pseudopoeltii* Inoue K0308244。

10. 臧氏羽苔 *P. zangii* Grolle et M. L. So K20151011059,天鹅湖 1495m;K20151011061,天星桥 1375m。

11. 狭叶羽苔 *P. trabeculata* Steph. K20151011060,钢厂湾 1375m。

（二）平叶苔属 *Pedinophyllum*（Lindb.）Lindb.

1. 平叶苔 *P. truncatum*（Steph.）Inoue K20150518008,天星桥 1375m。

五十二、扁萼苔科 Radulaceae

（一）扁萼苔属 *Radula* **Dumort.**

1. 尖瓣扁萼苔 *R. apiculata* Sande Lac. ex Steph. K20141125081,王家水库 1495m;K20141125060,钢厂湾 1375m;K20141125045,天星桥 1375m;K20141125041,王家水库 1495m。

2. 尖叶扁萼苔 *R. kojana* Steph. K20150516015,钢厂湾 1375m;K0308216,王家水库 1495m。

3. 芽胞扁萼苔 *R. constricta* Steph. K20141124039,中心管理站 1500m;K0308198,王家水库 1495m。

4. 大瓣扁萼苔 *R. cavifolia* Hampe K20150517070,天星桥 1375m。

5. 东亚扁萼苔 *R. oyamensis* Steph. K20150517004,王家水库 1495m;K20150517013,王家水库 1495m。

五十三、光萼苔科 Porellaceae

（一）光萼苔属 *Porella* L.

1. 毛边光萼苔原变种 *P. perrottetiana*（Mont.）Trevis. K8229b，王家水库 1495m。

2. 毛边光萼苔齿叶变种 *P. perrottetiana* var. *ciliatodentata*（P. C. Chen et P. C. Wu）S. Hatt. K20141125083，钢厂湾 1375m；K20141124087，王家水库 1495m；K20141124048，钢厂湾 1375m；K20150517032，天星桥 1375m；K20150516008，王家水库 1495m。

3. 卷叶光萼苔陕西变种 *P. revoluta* var. *propinqua*（C. Massal.）S. Hatt. K20141124027，王家水库 1495m。

4. 高山光萼苔 *P. oblongifolia* S. Hatt. K20141125010，天星桥 1375m。

5. 钝叶光萼苔鳞叶变种 *P. obtusata* var. *macroloba*（Taylor）Trevis. K0308322，钢厂湾 1375m。

6. 小叶光萼苔 *P. fengii* P. C. Chen et S. Hatt. K20150518018，天星桥 1375m。

7. 光萼苔 *P. pinnata* L. K20150518013，钢厂湾 1375m；K8272a，天星桥 1375m。

8. 丛生光萼苔原变种 *P. caespitans*（Steph.）S. Hatt. K0308103，中心管理站 1500m。

9. 丛生光萼苔日本变种 *P. caespitans* var. *nipponica* S. Hatt. K0308199，钢厂湾 1375m。

10. 尖瓣光萼苔 *P. acutifolia*（Lehm. et Lindb.）Trevis. K20141125002，中心管理站 1500m。

五十四、耳叶苔科 Frullaniaceae

（一）耳叶苔属 *Frullania* Raddi.

1. 盔瓣耳叶苔 *F. muscicola* Steph. K20141124044，天星桥 1375m；K20150517003，钢厂湾 1375m。

2. 列胞耳叶苔 *F. moniliata*（Reinw.）Mont. K20141124049，钢厂湾 1375m；K20141125142，中心管理站 1500m；K20141124032，天星桥 1375m；K20141124090，茶林 1550m；K20150517019，茶林 1550m；K20150517059，天星桥 1375m；K20151011037，中心管理站 1500m；K0308277，钢厂湾 1375m。

3. 欧耳叶苔 *F. tamarisci*（L.）Dumort. K20141124001，中心管理站 1500m；K20141124006，钢厂湾 1375m；K20141125008，天星桥 1375m；K0308244a，茶林 1550m。

4. 兜瓣耳叶苔 *F. neurota* Taylor K20141124064。

5. 齿叶耳叶苔 *F. serrata* Gottsche K0308175，中心管理站 1500m。

6. 塔拉大克耳叶苔 *F. taradakensis* Steph. K20150516037，茶林 1550m。

7. 弯瓣耳叶苔 *F. linii* S. Hatt. K20141125076，钢厂湾 1375m。

8. 圆叶耳叶苔 *F. inouei* S. Hatt. K20141125134，天星桥 1375m；K2015101102，钢厂湾 1375m。

五十五、毛耳苔科 Jubulaceae

（一）毛耳苔属 *Jubula* Dumort.

1. 日本毛耳苔 *J. japonica* Steph. K20151011042，钢厂湾 1375m。

2. 毛耳苔爪哇亚 *J. hutchinsiae* subsp. *javanica*（Steph.）Verd. K20141125141，钢厂湾 1375m。

五十六、细鳞苔科 Lejeuneaceae

（一）细鳞苔属 *Lejeunea* Lib.

1. 狭瓣细鳞苔 *L. anisophylla* Mont. K20141124011，茶林 1550m；K20141124072，中心管理站 1500m；K20150517079，钢厂湾 1375m；K0308060，烟灯垭口 1380m。

2. 弯叶细鳞苔 *L. curviloba* Steph. K20151011002，烟灯垭口 1380m；K0308317，烟灯垭口 1380m。

3. 瓣叶细鳞苔 *L. cocoes* Mitt. K20151011058，钢厂湾 1375m；K0308220，烟灯垭口，1380m。

4. 小叶细鳞苔 *L. parva*（S. Hatt.）Mizut. K20141124068，中心管理站 1500m；K20141125044，天星桥 1375m；K0308274，钢厂湾 1375m。

5. 疣萼细鳞苔 *L. tuberculosa* Steph. K0308177a，茶林 1558m。

6. 魏氏细鳞苔 *L. wightii* Lindenb. K20141125056，烟灯垭口 1380m。

7. 双齿细鳞苔 *L. bidentula* Herzog K20141125022，天星桥 1375m。

8. 暗绿细鳞苔 *L. obscura* Mitt. K20141125022，天星桥 1375m；K0308222，天星桥 1375m。

9. 黄色细鳞苔 *L. flava*（Sw.）Nees K20151011020。

10. 斑叶细鳞苔 *L. punctiformis* Taylor K20151011051，中心管理站 1500m；K20151011008。

（二）疣鳞苔属 *Cololejeunea*（Spruce）Schiffn.

1. 尖叶疣鳞苔 *C. pseudocristallina* P. C. Chen et P. C. Wu K0308219，中心管理 1500m；K0308225，天星桥 1375m。

（三）角鳞苔属 *Drepanolejeunea*（Spruce）Schiffn.

1. 日本角鳞苔 *D. erecta*（Steph.）Mizut. K20151011051，天星桥 1375m。

五十七、小叶苔科 Fossombroniaceae

（一）小叶苔属 *Fossombronia* Raddi

1. 多脊小叶苔 *F. wondraczekii*（Corda）Dumort. K20151011001，金子村 1245m。

五十八、溪苔科 Pelliaceae

（一）溪苔属 *Pellie* Raddi

1. 花叶溪苔 *P. endiviaefolia*（Dicks.）Dumort K20141124084，天星桥 1375m；K20141125001，金子村 1245m；K20141125112，天星桥 1375m；K20141124108，大洞 1400m；K20141125111，大洞 1400m。

2. 溪苔 *P. epiphylla*（L.）Corda K20150517029，中心管理站 1520m；K20150517060，天星桥 1375m；K20150517068，大洞 1400m；K0308267，中心管理站 1520m。

五十九、带叶苔科 Pallaviciniaceae

（一）带叶苔属 *Pallavicinia* Gray

1. 长刺带叶苔 *P. subcilliata*（Austin）Steph. K20141125061，金子村 1245m。

2. 带叶苔 *P. lyellia*（Hook.）Gray K82195。

3. 多形带叶苔 *P. ambigua*（Mitt.）Steph. K20150517051，金子村 1245m。

六十、壶苞苔科 Blasiaceae

（一）壶苞苔属 *Blasia* L.

1. 壶苞苔 *B. pusilla* L. K20141125189，王家水库 1496m。

六十一、绿片苔科 Aneuraceae

（一）片叶苔属 *Riccardia* Gray

1. 掌状片叶苔 *R. apalmate*（Hedw.）Carr. K20141125024，天星桥 1375m；K20141125088，大洞 1400m。

2. 羽枝片叶苔 *R. multifida* Horik. K0308063，王家水库 1496m；K308071，金子村 1245m；K308011，王家水库 1496m。

3. 中华片叶苔 *R. chinensis* C. Gao K20150516055，大洞 1400m；K0308082，天星桥 1375m；K0308023，王家水库 1496m。

（二）绿片苔属 *Aneura* Dumort.

1. 绿片苔 *A. pinguis*（L.）Dumort. K0308181，王家水库 1496m。

六十二、叉苔科 Metzgeriaceae

（一）叉苔属 *Metzgeria* Raddi

1. 平叉苔 *M. conjugata* Lindb. K20141125025，金子村 1245m；K20141124028，大洞 1400m；K20150516034，天星桥 1375m；K20150518006，王家水库 1496m。

2. 狭尖叉苔 *M. consanguinea* Schiffn. K20141125020，王家水库 1496m；K20141125069，天星桥 375m；K20150517009，金子村 1245m；K20150518019，中心管理站 1520m。

3. 背胞叉苔 *M. novicrassipilis* Kuwah. K20141125065，王家水库 1496m，K0308207，茶林 1558m。

4. 长叉苔 *M. mauina* Steph. K0308041，金子村 1245m；K0308087，中心管理站 1520m；K0308266，天星桥 1375m；K0308026，茶林 1558m；K0308099，王家水库 1496m。

六十三、光苔科 Cythodiaceae

（一）光苔属 *Cythodium* Kunze
1. 光苔 *C. smaragdinum* Kunze K0308342，大洞 1400m。

六十四、魏氏苔科 Wiesnerellaceae

（一）毛地钱属 *Dumortiera* Nees
1. 毛地钱 *D. hirsute*（Sw.）Nees K20141124017，大洞 1400m；K20150517014，天星桥 1375m；K0308346，金子村 1245m；K0308014，中心管理站 1520m。

六十五、蛇苔科 Conocephalaceae

（一）蛇苔属 *Conocephalum* F. H. Wigg.
1. 小蛇苔 *C. japonicum*（Thunb.）Grolle K20141125007，天星桥 1375m；K20150517043，中心管理站 1520m；K20150516045，茶林 1558m；K20150517045，茶林 1558m。

2. 蛇苔 *C. conicum*（L.）Dumort. K20141125063；K20150517058，金子村 1245m；K20150517077，天星桥 1375m；K20150518007，茶林 1558m；K0308106，中心管理站 1520m；K0308180，天星桥 1375m；K0308138，中心管理站 1520m。

六十六、瘤冠苔科 Aytoniaceae

（一）石地钱属 *Reboulia* Raddi
1. 石地钱 *R. hemisphaerica*（L.）Raddi K20150516020，中心管理站 1520m。

六十七、星孔苔科 Claveaceae

（一）星孔苔属 *Sauteria* Nees
1. 星孔苔 *S. alpina*（Nees et Bisch）Nees K82160，大洞 1400m。

六十八、地钱科 Marchantiaceae

（一）地钱属 *Marchantia* L.
1. 地钱 *M. polymorpha* L. K20141125027，天星桥 1375m；K20141125187，金子村 1245m。

2. 粗裂地钱原亚种 *M. paleacea* Bertol. K0308006，K0308191。

3. 粗裂地钱风兜亚种 *M. paleacea* subsp. *diptera*（Nees et Mont.）Inou K0308278，K0308058，星桥 1375m。

4. 拳卷地钱 *M. subintegra* Mitt. K0308299，烟灯垭口 1380m。

六十九、钱苔科 Ricciaceae

（一）钱苔属 *Riccia* L.
1. 稀枝钱苔 *R. huebeneriana* Lindenb K20141125105，茶林 1540m。

七十、角苔科 Anthocerotaceae

（一）褐角苔属 *Folioceroas* D. C. Bhardwaj
1. 褐角苔 *F. fuciformis*（Mont.）Bhardwaj K20141125136，钢厂湾 1490m；K0309301，大洞 1410m；K308043，金子村 1245m。

（二）黄角苔属 *Phaeoceros* Prosk.

1. 黄角苔 *Ph. laevis*（L.）Prosk. K20150516025，中心管理站 1500m；K20150517052，王家水库 1540m；K20150516026，天星桥 1385m；K20151011054，天鹅湖 1450m。

（三）角苔属 *Anthoceros* L.

1. 角苔 *A. punctatus* L. K0308037a，中心管理站 1500m。

附录Ⅲ　宽阔水国家级自然保护区蕨类植物名录

该名录中，有采集号的为本次调查到的种类；蕨类植物共 28 科 67 属 194 种。☆来自于《宽阔水林区科学考察集》；☆☆由王培善研究员提供；☆☆☆来自于《宽阔水自然保护区综合科学考察集》。

一、石杉科 Huperziaceae

（一）石杉属 *Huperzia Bernh.*

1. 蛇足石杉 *H. Serrata*（Thunb.）Trev. kks-030，金金林山 1445m。

二、石松科 Lycopodiaceae

（一）石松属 *Lycopodium* Linnaeus

1. 石松 *L. Japonicum* Thunb. ex Murray kks-015，金子村 1375m。

三、卷柏科 Selaginellaceae

（一）卷柏属 *Selaginella Beauv.*

1. 江南卷柏 *S. moellendorffii* Hieron kks-115，中心管理站 1505m。
2. 伏地卷柏 *S. nipponica* Franch. et Sav. kks-065，大洞 1407m。
3. 薄叶卷柏 *S. delicatula*（Desv.）Als1ton kks-016，金子村 1370m。
4. 疏叶卷柏 *S. remotifolia* Spring kks-112，茶林 1540m。
5. 细叶卷柏 *S. labordei* Hieron. kks-062，大洞 1402m。
6. 剑叶卷柏 *S. xipholepis* Baker kks-145，大平梁子 1540m。
7. 兖州卷柏 *S. involvens*（SW.）Spring kks-073，土槽 1480m。

四、木贼科 Equisetaceae

（一）问荆属 *Equisetum* L.

1. 披散问荆 *E. diffusum* Don kks-053，王家水库 1405m。
2. 犬问荆 *E. palustre* L. kks-117，中心管理站 1504m。

（二）木贼属 *Hippochaete Milde*

1. 笔管草 *H. debilis*（Roxb. ex Vaucher）Holub kks-052，王家水库 1412m。

五、阴地蕨科 Botrychiaceae

（一）蕨萁属 *Botrypus Michx*

1. 蕨萁 *B. virginianus*（L.）Holub ☆☆。

（二）阴地蕨属 *Botrychium Sw.*

1. 华东阴地蕨 *B. japonicum*（Prantl）Underw. kks-025，金林山 1422m。
2. 阴地蕨 *B. ternatum*（Thunb）Sw. kks-120，中心管理站 1502m。

六、紫萁科 Osmundaceae

（一）紫萁属 *Osmunda L.*

1. 紫萁 *O. japonica* Thunb. kks-032，金金林山 1440m。

七、瘤足蕨科 Plagiogyriaceae

（一）瘤足蕨属 *Plagiogyria*（Kze.）Mett.

1. 华东瘤足蕨 *P. japonica* Nakai kks-041，天鹅湖 1505m。

2. 华中瘤足蕨 *P. euphlebia*（Kze.）Mett. kks-111，大面坡 1400m。

3. 耳形瘤足蕨 *P. stenoptera*（Hance）Diels ☆ ☆。

八、里白科 Gleicheniaceae

（一）芒萁属 *Dicranopteris* Bernh.

1. 芒萁 *D. pedata*（Houtt.）Nakaike kks-114，烟登垭口 1380m。

（二）里白属 *Diplopterygium*（Diels）Nakai

1. 里白 *D. glaucum*（Thunb. ex Houtt.）Nakai kks-081，钢厂沟 1370m。

九、海金沙科 Lygodiaceae

（一）海金沙属 *Lygodium* Sw.

1. 海金沙 *L. japonicum*（Thunb.）Sw. kks-125，中心管理站 1504m。

十、膜蕨科 Hymenophyllaceae

（一）蕗蕨属 *Mecodium* Presl

1. 蕗蕨 *M. badium*（Hook. et Grev.）Copel. kks-043，天鹅湖 1515m。

（二）瓶蕨属 *Trichomanes* L.

1. 漏斗瓶蕨 *T. striatum* Don ☆ ☆ ☆。

十一、碗蕨科 Dennstaedtiaceae

（一）碗蕨属 *Dennstaedtia* Bernh.

1. 碗蕨 *D. scabra*（Wall. ex Hook.）Moore kks-076，土槽 1485m。

2. 细毛碗蕨 *D. hirsuta*（Sw.）Mett. ex Miq. kks-087，钢厂沟 1375m。

（二）鳞盖蕨属 *Microlepia* Presl

1. 边缘鳞盖蕨 *M. marginata*（Panzer）C. Chr. kks-139，大平梁子 1545m。

十二、鳞始蕨科 Lindsaeaceae

（一）乌蕨属 *Sphenomeris* Maxon

1. 乌蕨 *S. chinensis*（L.）Maxon kks-126，中心管理站 1506m。

十三、蕨科 Pteridiaceae

（一）蕨属 *Pteridium* Scopoli

1. 蕨 *P. aquilinum*（L.）Kuhn var. *latiusculum*（Desv.）Underw. ☆ ☆ ☆。

2. 毛轴蕨 *P. revolutum*（Bl.）Nakai kks-61，天星桥 1506m。

十四、凤尾蕨科 Ptreidaceae

（一）凤尾蕨属 *Pteris* L.

1. 凤尾蕨 *P. cretica* L. kks-128，中心管理站 1501m。

2. 狭叶凤尾蕨 *P. henryi* Christ kks-088，钢厂沟 1377m。

3. 中华凤尾蕨 *P. sinensis* Ching ☆ ☆。

4. 蜈蚣草 *P. vittata* L. kks-063，天星桥 1379m。

5. 溪边凤尾蕨 *P. exclesa* Gaud. ☆ ☆ ☆。

6. 岩凤尾蕨 *P. deltodon* Bak. kks-067，天星桥 1380m。

7. 傅氏凤尾蕨 *P. fauriei* Hieron. ☆ ☆。

8. 鸡爪凤尾蕨 *P. gallinopes* Ching ex Ching et S. H. Wu kks-070,大洞 1385m。

9. 刺齿凤尾蕨 *P. dispar* Kze. kks-092,钢厂沟 1375m。

十五、中国蕨科 Sinopteridaceae

(一)中国蕨属 *Sinopteris* C. Chr. et Ching

1. 小叶中国蕨 *S. albofusca*(Bak.)Ching ☆☆☆。

(二)金粉蕨属 *Onychium* Kaulf.

1. 野鸡尾金粉蕨 *O. japonicum*(Thunb.)Kze. kks-077,土槽 1485m。

十六、铁线蕨科 Adiantaceae

(一)铁线蕨属 *Adiantum* L.

1. 铁线蕨 *A. capillus-veneris* L. kks-045,天鹅湖 1515m。

2. 肾盖铁线蕨 *A. erythrochlamys* Diels ☆☆☆。

3. 小铁线蕨 *A. mariesii* Bak kks-038,金林山 1575m。

4. 灰背铁线蕨 *A. myriosorum* Bak ☆☆☆。

5. 蜀铁线蕨 *A. refractum* Christ ☆☆。

十七、姬蕨科 Hypolepidaceae

(一)姬蕨属 *Hypolepis* Bernh.

1. 姬蕨 *H. punctata*(Thunb.)Mett. kks-127,中心管理站 1500m。

十八、裸子蕨科 Hemionitidaceae

(一)凤了蕨属 *Coniogramme* Fée

1. 普通凤了蕨 *C. intermedia* Hieron. kks-055,王家水库 1495m。

2. 光叶凤了蕨 *C. intermedia* var. *glabra* Ching kks-079,土槽 1505m。

3. 黑轴凤了蕨 *C. robusta* Christ ☆☆☆。

4. 尾尖凤了蕨 *C. caudiformis* Ching et Shing ☆☆。

5. 乳头凤了蕨 *C. rosthornii* Hieron ☆☆☆。

6. 上毛凤了蕨 *C. suprapilosa* Ching ☆☆☆。

7. 疏网凤了蕨 *C. wilsonii* Hieron ☆☆。

十九、蹄盖蕨科 Athyriaceae

(一)蹄盖蕨属 *Athyrium* Roth.

1. 华东蹄盖蕨 *A. niponicum*(Mett.)Hance kks-100,钢厂沟 1378m。

2. 轴果蹄盖蕨 *A. epirachis*(Christ)Ching kks-018,金子村 1255m。

3. 光蹄盖蕨 *A. otophorum*(Miq.)Koidz. kks-141,大平梁子 1540m。

4. 尖头蹄盖蕨 *A. vidalii*(Franch. et Sav.)Nakai kks-047,天鹅湖 1512m。

5. 坡生蹄盖蕨 *A. clivicola* Tagawa ☆☆☆。

6. 合欢蹄盖蕨 *A. cryptogrammoides* Hayata ☆☆☆。

7. 薄叶蹄盖蕨 *A. delicatulum* Ching et S. K. Wu kks-080 土槽,1485m。

8. 密羽蹄盖蕨 *A. imbricatum* Christ ☆☆。

9. 华中蹄盖蕨 *A. wardii*(Hook)Makino ☆☆。

10. 绿柄蹄盖蕨 *A. pubicostatum* Ching et Z. Y. Liu kks-060,太阳山 1588m。

(二)假蹄盖蕨属 *Athyriopsis* Ching

1. 毛轴假蹄盖蕨 *A. petersenii*(Kze.)Ching ☆☆。

2. 美丽假蹄盖蕨 *A. concinna* Z. R. Wang ☆☆☆。

3. 金佛山假蹄盖蕨 *A. jinfoshanensis* Ching et Z. Y. Liu ☆☆☆。

4. 南谷假蹄盖蕨 *A. minamitanii*（Serizawa）Z. R. Wang kks-020，金林山 1460m。

（三）蛾眉蕨属 *Lunathyrium* Koidz.

1. 华中蛾眉蕨 *L. shennongense* Ching，Boufford et Shing kks-071，大洞 1410m。

（四）介蕨属 *Dryoathyrium* Ching

1. 华中介蕨 *D. okuboanum*（Makino）Ching kks-022，金子村 1256m。

2. 绿叶介蕨 *D. viridifrons*（Makino）Ching ☆☆。

3. 峨眉介蕨 *D. unifurcatum*（Bak）Ching kks-056，王家水库 1495m。

（五）亮毛蕨属 *Acystopteris* Nakai

1. 亮毛蕨 *A. japonica*（Luerss.）Nakai ☆☆☆。

（六）双盖蕨属 *Diplazium* Sw.

1. 单叶双盖蕨 *D. subsinuatum*（Wall. ex Hook. et Grev.）Tagawa ☆☆☆。

（七）肠蕨属 *Diplaziopsis* C. Chr

1. 川黔肠蕨 *D. cavaleriana*（Christ）C. Chr ☆☆☆。

（八）短肠蕨属 *Allantodia* R. Br.

1. 淡绿短肠蕨 *A. virescens*（Kze.）Ching ☆☆☆。

2. 江南短肠蕨 *A. metteniana*（Miq.）Ching kks-023，金子村 1260m。

3. 鳞轴短肠蕨 *A. hirtipes*（Christ）Ching ☆☆☆。

4. 假耳羽短肠蕨 *A. okudairai*（Makino）Ching kks-102，钢厂沟 1375m。

5. 有鳞短肠蕨 *A. Virescens*（Kze）Ching ☆☆。

二十、金星蕨科 Thelypteridaceae

（一）金星蕨属 *Parathelypteris* Ching

1. 金星蕨 *P. glanduligera*（Kze.）Ching ☆☆。

2. 长根金星蕨 *P. beddomei*（Bak.）Ching kks-048，天鹅湖 1505m。

3. 光脚金星蕨 *P. japonica*（Bak.）Ching kks-104，钢厂沟 1378m。

（二）凸轴蕨属 *Metathelypteris*（H. Ito）Ching

1. 疏羽凸轴蕨 *M. laxa*（Franch. et Sav.）Ching ☆☆。

2. 林下凸轴蕨 *M. hattori*（H. Ito.）Ching ☆☆☆。

（三）针毛蕨属 *Macrothelypteris*（H. Ito）Ching

1. 雅致针毛蕨 *M. oligophlebia*（Bak.）Ching var. *elegans*（Koidz.）Ching ☆☆。

（四）卵果蕨属 *Phegopteris* Fée

1. 延羽卵果蕨 *Ph. decursive-pinnata*（Van Hall）Fée kks-113，茶林 1538m。

（五）紫柄蕨属 *Pesudophegopteris* Ching

1. 紫柄蕨 *P. phyrrhorachis*（Kze.）Ching ☆☆☆。

（六）茯蕨属 *Leptogramma* J. Sm.

1. 毛叶茯蕨 *L. tottoides* H. Ito ☆☆。

2. 峨眉茯蕨 *L. scallani*（Christ）Ching ☆☆。

3. 小叶茯蕨 *L. tottoides* H. Ito kks-072，大洞 1418m。

（七）方秆蕨属 *Glaphyropteridopsis* Ching

1. 方秆蕨 *G. erubescens*（Wall. ex Hook）Ching ☆☆☆。

2. 粉红方秆蕨 *G. rufostraminea*（Christ）Ching ☆☆☆。

（八）假毛蕨属 *Pseudocyclosorus* Ching

1. 普通假毛蕨 *P. subochthodes*（Ching）Ching ☆。

（九）毛蕨属 *Cyclosorus* Link

1. 渐尖毛蕨 *C. acuminatus*（Houtt.）Nakai kks-068，天星桥 1380m。

2. 秦氏毛蕨 *C. chingii* Z. Y. Liu ☆☆。

（十）溪边蕨属 *Stegnogramma* Bl.

1. 波叶溪边蕨 *S. cyrtomioides*（C. Chr.）Ching kks-024，金子村 1302m。

（十一）新月蕨属 *Pronephrium* Presl

1. 披针新月蕨 *P. penangianum*（Hook.）Holtt. kks-069，天星桥 1382m。

二十一、铁角蕨科 Aspleniaceae

（一）铁角蕨属 *Asplenium* L.

1. 长叶铁角蕨 *A. prolongatum* Hook. kks-105，钢厂沟 1375m。

2. 半边铁角蕨 *A. unilaterale* Lam. ☆☆。

3. 三翅铁角蕨 *A. tripteropus* Nakai kks-142，大平梁子 1545m。

4. 华中铁角蕨 *A. sareli* Hook. ☆☆。

5. 虎尾铁角蕨 *A. ncisum* Thunb. kks-129，中心管理站 1505m。

6. 变异铁角蕨 *A. varians* wall. ex Hook. et Grev. kks-057，王家水库 1492m。

7. 北京铁角蕨 *A. pekinense* Hance ☆。

8. 切边铁角蕨 *A. excisum* Presl kks-143，大平梁子 1548m。

9. 线裂铁角蕨 *A. pulcherrimum* Ching ex Tard -Blot kks-106，钢厂沟 1378m。

10. 铁角蕨 *A. trichomanes* L. kks-039，金林山 1456m。

11. 疏齿铁角蕨 *A. wrightioides* Christ ☆☆☆。

12. 阴地铁角蕨 *A. fugax* Christ kks-049，天鹅湖 1506m。

二十二、球子蕨科 Onocleaceae

（一）荚果蕨属 *Matteuccia* Todaro

1. 东方荚果蕨 *M. orientalis*（Hook.）Trev. kks-130，中心管理站 1508m。

二十三、乌毛蕨科 Blechnaceae

（一）狗脊属 *Woodwardia* Sm.

1. 狗脊蕨 *W. japonica*（L. f.）Sm. kks-144，大平梁子 1550m。

2. 单牙狗脊蕨 *W. unigemmata*（Makino）Nakai kks-059，太阳山 1588m。

（二）荚囊蕨属 *Struthiopteris* Scop

1. 荚囊蕨 *S. eburnea*（Christ）Ching kks-040，金林山 1462m。

二十四、鳞毛蕨科 Dryopteridaceae

（一）鳞毛蕨属 *Dryopteris* Adans.

1. 红盖鳞毛蕨 *D. erythrosora*（Eaton）O. Ktze. kks-131，中心管理站 1510m。

2. 阔鳞鳞毛蕨 *D. championii*（Benth.）C. Chr. ex Ching ☆☆☆。

3. 变异鳞毛蕨 *D. varia*（L.）O. Ktze. kks-014，金子村 1260m。

4. 川西鳞毛蕨 *D. rosthornii*（Diels.）C. Chr. ☆☆☆。

5. 三角鳞毛蕨 *D. subtriangularis*（Hope）C. Chr ☆☆。

6. 桫椤鳞毛蕨 *D. cycadina*（Franch. et Sav.）C. Chr. kks-082，钢厂沟 1381m。

7. 囊鳞鳞毛蕨 *D. cystolepidota*（Miq. ）C. Chr ☆☆。

8. 狭基鳞毛蕨 *D. dickinsii*（Franch. et Sav.）C. Chr. kks-066，天星桥 1382m。

9. 黑足鳞毛蕨 *D. fuscipes* C. Chr ☆☆。

10. 齿头鳞毛蕨 *D. labordei*（Christ）C. Chr ☆☆☆。

11. 半岛鳞毛蕨 *D. peninsulae* Kitagawa ☆☆。

12. 密鳞鳞毛蕨 *D. pycnopteroides*（Christ）C. Chr kks-013，金子村 1270m。

13. 两色鳞毛蕨 *D. varia*（Thunb.）Akasawa ☆☆。

14. 道真鳞毛蕨 *D. daozhenensis* P. S. Wang et X. Y. Wang kks-013，土槽 1270m。

15. 台湾鳞毛蕨 *D. formosana*（Christ）C. Chr ☆☆。

（二）毛枝蕨属 *Leptorumohra*（H. Ito）H. Ito

1. 四回毛枝蕨 *L. quadripinnata*（Hayata）H. Ito ☆。

2. 无鳞毛枝蕨 *L. sino-miquiliana*（Ching）Tagawa ☆☆。

3. 毛枝蕨 *L. miquiliana*（Maxim. ex Franch . et Sav.）H. Ito ☆☆。

（三）耳蕨属 *Polystichum* Roth

1. 对生耳蕨 *P. deltodon*（Bak.）Diels kks-145，大平梁子 1550m。

2. 刀羽耳蕨 *P. deltodon*（Bak.）Diels var. cultripinnum W. M. Chu et Z. R. He ☆☆☆。

3. 钝齿耳蕨 *P. deltodon*（Bak.）Diels var. henryi Christ kks-145，金子村 1300m。

4. 黑鳞耳蕨 *P. makinoi* Tagawa kks-074，土槽 1510m。

5. 对马耳蕨 *P. tsus-simense*（Hook.）J. Sm kks-011，金子村 1306m。

6. 革叶耳蕨 *P. xiphophyllum*（Bak.）Diels kks-050，天鹅湖 1508m。

7. 鞭叶耳蕨 *P. ceaspedosorum*（Maxim.）Diels kks-042，天鹅湖 1508m。

8. 尖齿耳蕨 *P. acutidens* Christ kks-132，中心管理站 1511m。

9. 角状耳蕨 *P. alcicorne*（Bak.）Diels kks-146，大平梁子 1557m。

10. 克氏耳蕨 *P. christii* Ching ☆☆☆。

11. 杰出耳蕨 *P. excelsius* Ching et. Z. Y. Liu ☆☆。

12. 芒齿耳蕨 *P. hecatopteron* Diels ☆☆。

13. 草叶耳蕨 *P. herbaceum* Ching et Z. Y. Liu ☆☆。

14. 金佛山耳蕨 *P. jinfoshanense* Ching et Z. Y. Liu ☆☆。

15. 亮叶耳蕨 *P. lanceolatum*（Bak.）Diels kks-075，土槽 1510m。

16. 新裂耳蕨 *P. neolobatum* Nakai kks-054，王家水库 1492m。

17. 三叉耳蕨 *P. tripteron*（Kze.）Presl kks-147，大平梁子 1550m。

18. 正宇耳蕨 *P. öliui* Ching kks-010，金子村 1317m。

（四）柳叶蕨属 *Crytogonellum Ching*

1. 离脉柳叶蕨 *C. caducum* Ching ☆☆☆。

2. 柳叶蕨 *C. fraxinellum*（Christ）Ching kks-107，钢厂沟 1407m。

3. 斜基柳叶蕨 *C. inaequale* Ching ☆☆☆。

（五）贯众属 *Cyrtomium Presl*

1. 贯众 *C. fortunei* J. Sm. kks-083，钢厂沟 1372m。

2. 刺齿贯众 *C. caryotideum*（Wall. ex Hook. et Grev.）Presl ☆☆☆。

3. 大叶贯众 *C. macrophyllum*（Makino）Tagawa kks-148，大平梁子 1552m。

4. 线羽贯众 *C. urophyllum* Ching ☆☆☆。

5. 贯众小羽变型 *C. fortunei* J. Sm. f. *polypterum*（Diels）Ching ☆☆☆。

6. 低头贯众 *C. nephrolepioides*（Christ）Copel ☆☆☆。

7. 秦岭贯众 *C. tsinglingense* Ching et Shing ☆☆。

8. 齿盖贯众 *C. tukusicola* Tagawa kks-009，金子村 1330m。

（六）复叶耳蕨属 *Arachniodes* **Bl.**

1. 中华复叶耳蕨 *A. chinensis*（Rosenst.）Ching ☆。

2. 华西复叶耳蕨 *A. simulans*（Ching）Ching ☆☆。

3. 斜方复叶耳蕨 *A. rhomboidea*（Wall. ex Mett）Ching ☆☆☆。

4. 尾形复叶耳蕨 *A. caudata* Ching ☆☆☆。

5. 长尾复叶耳蕨 *A. simplicior*（Makino）Ohwi kks-051，天鹅湖 1512m。

6. 小叶复叶耳蕨 *A. sporadosora*（Kze.）Nakaike ☆☆。

7. 毒参叶复叶耳蕨 *A. coniifolia*（Moore）Ching kks-008，金子村 1312m。

二十五、三叉蕨科 Aspidiaceae

（一）轴鳞蕨属 *Dryopsis* **Holtt. & Edwards**

1. 泡鳞轴鳞蕨 *D. mariformis*（Rosenst.）Holtt. et Edwards ☆☆。

2. 阔鳞轴鳞蕨 *D. maximowicziana*（Miq.）Holtt. et Edwards ☆☆。

（二）肋毛蕨属 *Ctenitis* **C. Chr**

1. 虹鳞肋毛蕨 *C. membranifolia* Ching et C. H. Wang kks-110，大面坡 1552m。

（三）三叉蕨属 *Tectaria* **Cav..**

1. 大齿三叉蕨 *T. coadunate*（J. Sm）C. Chr ☆☆☆。

二十六、肾蕨科 Bolbitidaceae

（一）肾蕨属 *Nephrolepis* **Schott**

1. 肾蕨 *N. auriculata*（L.）Trimen kks-149，大平梁子 1554m。

二十七、水龙骨科 Polypodiaceae

（一）水龙骨属 *Polypodiodes* **Ching**

1. 友水龙骨 *P. amoena*（Wall. ex Mett.）Ching kks-007，金子村 1352m。

（二）盾蕨属 *Neolepisorus* **Ching**

1. 盾蕨 *N. ovatus*（Bedd.）Ching kks-133，中心管理站 1512m。

2. 三角叶盾蕨（变型）*N. ovatus* f. *deltoideus*（Bak.）Ching ☆☆☆。

（三）瓦韦属 *Lepisorus*（**J. Sm.**）**Ching**

1. 黄瓦韦（变型）*L. macrosphaerus* var. *asterolepis*（Bak.）Ching ☆☆☆。

2. 拟瓦韦 *L. contortus*（Christ）Ching kks-150，大平梁子 1556m。

3. 瓦韦 *L. thunbergianus*（Kaulf.）Ching ☆。

4. 大瓦韦 *L. macrosphaerus*（Bak.）Ching ☆。

5. 扭瓦韦 *L. contortus*（Christ）Ching ☆☆。

6. 粤瓦韦 *L. obscurevenulosusö*（Hayata）Ching. kks-006，金子村 1286m。

（四）骨牌蕨属 *Lepidogrammitis* **Ching**

1. 抱石莲 *L. drymoglossoides*（Bak.）Ching ☆。

2. 披针骨牌蕨 *L. diversa*（Rosenst.）Ching kks-084，钢厂沟 1466m。

（五）鳞果星蕨属 *Lepidomicrosorium* **Ching et Shing**

1. 鳞果星蕨 *L. buergerianum*（Miq.）Ching et Shing ☆☆☆。

（六）石韦属 *Pyrrosia* **Mirbel**

1. 石韦 *P. lingua*（Thunb.）Farwell kks-155，大平梁子 1566m。

2. 庐山石韦 *P. sheareri*（Bak.）Ching kks-004，金子村 1288m。

（七）节肢蕨属 *Arthromeris*（**Moore**）**J. Sm.**

1. 节肢蕨 *A. lehmanni*（Mett.）Ching ☆。

（八）星蕨属 *Microsorium* **Link**

1. 江南星蕨 *M. henryi*（Christ）C. M. Kuo kks-089，钢厂沟 1416m。

（九）线蕨属 *Colysis* **Presl**

1. 宽羽线蕨 *C. pothifolia*（Don）Presl ☆。
2. 曲边线蕨 *C. flexiloba*（Christ）Ching kks-137，中心管理站 1516m。
3. 矩圆线蕨 *C. henryi*（Bak.）Ching ☆☆☆。

二十八、剑蕨科 Loxogrammaceae

（一）剑蕨属 *Laxogramme*

1. 褐柄剑蕨 *L. duclouxii* Christ ☆☆☆。
2. 匙叶剑蕨 *L. grammitoides*（Bak.）C. Ch ☆☆。

附录 IV　宽阔水国家级自然保护区种子植物名录

通过野外调查、查阅文献资料以及对所采标本进行鉴定分析，得出宽阔水自然保护区种子植物有159 科 624 属 1369 种。其中裸子植物 7 科 15 属 22 种；被子植物 152 科 610 属 1347 种（单子叶植物 21 科114 属 209 种，双子叶植物 131 科 495 属 1138 种）。裸子植物采用郑万均系统，被子植物采用克朗奎斯特系统。

裸子植物门 GYMNOSPERMA

一、银杏科 Ginkgoaceae

（一）银杏属 *Ginkgo* **Linn**

1. 银杏 *G. biloba* L. 林岩 1300m。

二、松科 Pinaceae

（一）黄杉属 *Pseudotsuga* **Carr.**

1. 黄杉 *P. sinensis* Dode 马蹄溪 1350～1500m；大石板垭口 1240m；王家水库；大湾坪上 1419m；月亮关 1365m；大屯。

（二）松属 *Pinus* **Linn.**

1. 华山松 *P. armandi* Franch. 百台 1200～1500m；大石板垭口 1240m；蚂蝗沟；大湾坪上；大山 1201m。
2. 海南五针松 *P. fenzeliana* Hand. -Mazz. 区内 1100m 以上分布或栽培；王家水库。
3. 马尾松 *P. massoniana* Lamb. 区内 1300m 以下常见；大石板垭口 1240m；王家水库。
4. 黑松 *P. thunbergii* Parl. 百台 1350～1500m 有栽培；蚂蝗沟；坟档；凉水井 1422m。

（三）铁杉属 *Tsuga* **Carr.**

1. 铁杉 *T. chinensis*（Franch.）Pritz. 桦稿坪 1250m 山脊有分布；桦稿坪 1350m；王家水库。

三、杉科 Taxodiaceae

（一）柳杉属 *Cryptomeria* **D. Don**

1. 柳杉 *C. fortunei* Hooibrenk ex Otto et Dietr. 区内常见栽培；王家水库。

（二）杉属 *Cunninghamia* **R. Br.**

1. 杉木 *C. lanceolata*（Lamb.）Hook. 王家水库；红光坝 1164m。

（三）水杉属 *Metasequoia* **Miki ex Hu et Cheng**

1. 水杉 *M. glyptostroboides* Hu et Cheng 区内栽培；牛尾塘 850m。

四、柏科 Cupressaceae

（一）柏木属 *Cupressus* Linn.

1. 柏木 *C. funebris* Endl. 百台、底水常见；王家水库。

（二）刺柏属 *Juniperus* Linn.

1. 刺柏 *J. formosana* Hayata 中洞 1250m；王家水库。

（三）福建柏属 *Fokienia* Henry et Thomas

1. 福建柏 *F. hodginsis*（Dunn）Henry et Thomas 中洞 950m 有分布；大苦子塘湾 960m；王家水库；大屯；大石板。

（四）圆柏属 *Sabina* Mill.

1. 龙柏 *S. chinensis*（L.）Ant. cv. Kaizuca 茶场附近有栽培；王家水库。

五、罗汉松科 Podocarpaceae

（一）罗汉松属 *Podocarpus* L. Her. ex Persoon

1. 百日青 *P. neriifolius* D. Don 底水 900m～1050m；百台 1000～1250m 有分布；大石板垭口 1200m；王家水库；大湾坪上。

2. 罗汉松 *P. macrophyllu*（Thunb.）D. Don 中洞 970m；大岩品 900m；王家水库；大山 1201m；龙塘 1250m；大火土 1365m。

六、三尖杉科 Cephalotaxaceae

（一）三尖杉属 *Cephalotaxus* Sieb. et Zucc. ex Endl.

1. 三尖杉 *C. fortunei* Hook. f. 百台 1100m；太阳山 1600m；茶场 1520m；大石板垭口 1200m；大岩品 900m；王家水库；杉郎树 1487m；死水氹 1336m；月亮关 1365m。

2. 篦子三尖杉 *C. oliveri* Mast. 苦草垭有栽培 1400m。

七、红豆杉科 Taxaceae

（一）红豆杉属 *Taxus* Linn.

1. 红豆杉 *T. chinensis*（Pilg.）Rehd. 沙湾 1050m 有分布；大坪梁子 1470m；大石板垭口 1200m；大岩品 900m。

2. 南方红豆杉 *T. chinensis*（Pilger）*Rehd.* var. *mairei*（Lemee et Levl.）Cheng et L. K. Fu 区内普遍散生 728-1384m。

（二）穗花杉属 *Amentotaxus* Pilg.

1. 穗花杉 *A. argotoenia*（Hance）Pilg. 中洞 1050m；白石溪沟 680m；王家水库。

被子植物门 ANGIOSPERMAE

双子叶植物纲 DICOTYLEDONEAE

一、木兰科 Magnoliaceae

（一）鹅掌楸属 *Liriodendron* L.

1. 鹅掌楸（马褂木）*L. chinense*（Hemsl.）Sargent 大滴水 1255m；火基坪（大园子）1256m；刘家岭 1544m；杉树林 1384m；凉水井 1422－1461m；红光坝 1164m。

（二）含笑属 *Michelia* L.

1. 含笑 *M. figo*（Lour.）Spreng. 区内栽培。

2. 黄心夜合 *M. martinii*（Levl.）Levl. 区内零星分布于 783～1384m。

3. 乐昌含笑 *M. chapensis* Dandy 太阳山 1600m；牛尾塘 850m。

4. 峨嵋含笑 *M. wilsonii* Finet et Gagnep. 烟灯桠 1400m。

（三）木兰属 *Magnolia* L.

1. 玉兰 *M. denudata* Desr. 区内栽培，大洞 1610m；高坪 1342m；牛尾塘 850m。

2. 厚朴 *M. officinalis* Rehd. et Wils. 牛尾塘 850m。

3. 武当木兰 *M. sprengeri* Pamp. 太阳山 1600m；太阳山 1760m；芹菜塘 1541m。

（四）木莲属 *Manglietia* **Blume**

1. 红花木莲 *M. insignis*（Wall.）Blume 中洞 980m；钻子沟 740m；大湾坪上 1419m；半半河 872m；大干沟 1049m；猴子沟 1293m；大火土 1365m；月亮关 1365m。

2. 木莲 *M. fordiana*（Hemsl.）Oliv. 中洞 980m。

二、樟科 Lauraceae

（一）檫木属 *Sassafras* **Trew.**

1. 檫木 *S. tzumus*（Hemsl.）Hemsl. 散生于 1300~1600m 亮叶水青冈林及次生林中。

（二）黄肉楠属 *Actinodaphne* **Nees**

1. 红果黄肉楠 *A. cupularis*（Hemsl.）Gamble 白石溪沟 680~728m；半坡 852m；白哨 783m；青半河；三岔河 803m；猴子沟 1293m。

2. 柳叶黄肉楠 *A. lecomtei* Allen 袁家沟 1227m；猴子沟 1293m。

（三）木姜子属 *Litsea* **Lam.**

1. 粉叶新木姜子 *L. aurata* var. *glauca* Yang 太阳山顶 1760m。

2. 红叶木姜子 *L. rubescens* Lec. 太阳山附近 1520~1650m；半河；下坝 1182m；三角坝 127m；红光坝。

3. 湖北木姜子 *L. hupehana* Hemsl. 洞 1050m。

4. 黄丹木姜子 *L. elongata* var. *elongate*（Wall. ex Nees）Benth. et Hook. f. 太阳山 1620m。

5. 近轮叶木姜子 *L. elongate* var. *subverticillata*（Yang）Yang et P. H. Huang 桦槁坪 1250m。

6. 毛叶木姜子 *L. mollis* Hemsl. 太阳山 1680m；大湾 1531m；袁家沟 1227m。

7. 木姜子 *L. pungens* Hemsl. 一碗水 1030m。

8. 清香木姜子 *L. euosma* W. W. Smith 中洞 1200m。

9. 山鸡椒（山苍子）*L. cubeba*（Lour.）Pers. 桦槁坪 1320m；分水岭丫口。

10. 栓皮木姜子 *L. suberosa* Yang et P. H. Huang 中洞 1100m。

（四）楠木属 *Phoebe* **Nees**

1. 白楠 *Ph. neurantha*（Hemsl.）Gamble 桦槁坪 1250m。

2. 光枝楠 *Ph. neuranthoides* S. Lee 中洞 950m；河家坡 715m；半河 872m；龙塘 1250m。

3. 竹叶楠 *Ph. fabric*（Hemsl.）Chun 中洞 930m。

4. 紫楠 *Ph. sheareri*（Hemsl.）Camble 底水附近 850~1100m 有分布。

5. 楠木 *Ph. zhennan* S. Lee 红光坝 1182m；砖房组 910m。

（五）润楠属 *Machilus* **Nees**

1. 川黔润楠 *M. chuanchienensis* S. Lee 大滴水 1255m。

2. 小果润楠 *M. microcarpa* Hemsl. 鸡公顶 1050m。

3. 狭叶润楠 *M. rehderii* Allen 大湾坪上 1419m。

4. 宜昌润楠 *M. ichangensis* Rehd. et Wils. var. *ichangensis* 中洞 900m；飘水岩 1420m。

（六）山胡椒属 *Lindera* **T hunb.**

1. 香叶树 *L. communis* Hemsl. 中洞 900m；大竹坝 1380m；大岩品 900m；凉水井 1422m；分水岭丫口；半河；下坝 1182m；毛家林口；李家坡 1368m；打鼓丫 1384m。

2. 峨眉钓樟 *L. prattii* Gamble 华槁坪 1260m；钻子沟 830m；大竹坝 1320m。

3. 香粉叶 *L. pulcherrima* var. *attenuata* Allen. 煤场湾 1540m。

4. 川钓樟 *L. pulcherrima* var. *hemsleyana*（Dies.）H. P. Tsui 胡家坡 1250m。

5. 黑壳楠 *L. megaphylla* Hemsl. f. *megaphylla* 中洞 950m；大竹坝 1380m；大岩品 900m；玉石庙沟 865m；半坡 1060m；白哨 783m；龙塘 1250m。

6. 绿叶甘橿 *L. fruticosa* Hemsl. 观音岩沟 1450m。

7. 绒毛山胡椒 *L. nacusua*（D. Don）Merr. 华槁坪 1420m。

8. 三桠乌药 *L. obtusiloba* Bl. Mus. Bot. 龚家坝 950m。

9. 山橿 *L. reflexa* Hemsl. 大岩品 1240m；马蹄溪 950m～1200m 有分布。

10. 山胡椒 *L. glauca*（Sieb. et Zucc.）BI. 区内灌丛中常见，杉树林 1384m；烧灰窑；死水凼 1393m；下坝 1182m；三岔河 803m；龙塘 1250m；李家坡 1312m；打鼓丫 1384m。

11. 香叶子 *L. fragrans* Oliv. 一碗水 1150m 次生林下灌丛常见。

（七）新木姜子属 *Neolitsea* Merr.

1. 新木姜 *N. aurata*（Hay.）Koidz. var. *aurata* 中洞 930m。

2. 大叶新木姜 *N. levinei* Merr. 区内阔叶林中分布。

（八）樟属 *Cinnamomum* Trew

1. 川桂 *C. wilsonii* Gamble 中洞 1000m；大岩品 900m；桦槁坪 1350m；宽阔水广山；大湾坪上；凉水井 1422m；分水岭丫口；死水凼 1393m；白哨 783m；三角坝 1255m；袁家沟 1227m；沈家湾 1274m；毛家沟 1248m；李家坡 1312m；大火土 1365m。

2. 猴樟 *C. bodinieri* Levl. 三角坝 1273m。

3. 少花桂 *C. pauciflorum* Nees 一碗水 960m。

4. 云南樟 *C. glanduliferum*（Wall.）Nees 太阳山 1650m；下坝 1182m；李家坡 1312m。

三、金粟兰科 Chloranthaceae

（一）草珊瑚属 *Sarcandra* Gardn.

1. 草珊瑚 *S. glabra*（Thunb.）Nakai

（二）金粟兰属 *Chloranthus* Hemsl.

1. 多穗金粟兰 *C. multistachys* Pei

2. 华南金粟兰 *C. sessilifolius* K. T. Wall

3. 及己 *C. serratus*（Thunb.）Roem et Schult

4. 宽叶金粟兰 *C. henryi* Hemsl. 天生桥 1567m；红光坝 1164m。

四、三白草科 Saururaceae

（一）蕺菜属 *Houttuynia* Thunb.

1. 鱼腥草 *H. cordata* Thunb. 飘水岩 1440m；红沙地 1500m。

五、胡椒科 Piperaceae

（一）胡椒属 *Piper* Linn.

1. 山蒟 *P. hancei* Maxim. 半坡 1060m。

六、马兜铃科 Aristolochiaceae

（一）马兜铃属 *Aristolochia* Linn.

1. 背蛇生 *A. tuberosa* C. F. Liang et S. M. Hwang

2. 广西马兜铃 *A. kwangsiensis* Chun et How 胡家坡 1200m。

3. 马兜铃 *A. debilis* Sieb. et Zucc. 茶场后山 1450m。

（二）细辛属 *Asarum* L.

1. 白毛细辛 *A. pulchellum* Hemsl. 区内林下有分布。

2．单叶细辛 *A. himalaicum* Hook. f.

3．地花细辛 *A. geophilum* Hemsl.

4．青城细辛 *A. chingchengese* C. Y. Chey et C. S Yang 瓦房王家 1280m。

5．双叶细辛 *A. caulescens* Maxim.

6．短尾细辛 *A. caudigerellum* C. Y. Cheng et C. S. Yang 红光坝 1180m。

7．尾花细辛 *A. caudigerum* Hance 钻子沟 740 – 830m；一线天 1550m。

8．细辛 *A. sieboldii* Miq. 红光坝 1164m；龙塘 1250m。

七、八角科 Illiciaceae

（一）八角属 *Illicium* L.

1．红茴香 *I. henry* Diels 中洞 1000m。

2．披针叶八角 *I. lanceolatum* A. C. Smith 饭甑山 1310m；钻子沟 830m；大屯。

八、五味子科 Schisandraceae

（一）南五味子属 *Kadsura* Juss.

1．冷饭团 *K. coccinea*（Lem.）A. C. Smith 底水 1050m。

2．南五味子 *K. longipedunculata* Finet et Gagnep. 一碗水 1100m。

3．异型南五味子 *K. heteroclita*（Roxb.）Craib 白石溪 980m。

（二）五味子属 *Schisandra* Michx.

1．华中五味子 *S. sphenanthera* Rehd. et Wils. 一碗水 1100m。

2．翼梗五味子 *S. henryi* Clarke 百台 1030m。

九、金鱼藻科 Ceratophyllaceae

（一）金鱼藻属 *Ceratophyllum* L.

1．金鱼藻 *C. demirsum* Linn.

十、毛茛科 Ranunculaceae

（一）翠雀属 *Delphinium* Linn.

1．大花还亮草 *D. anthriscifolium* Hance var. *majus* Pamp. 太阳山 1690m。

（二）黄连属 *Coptis* Salisb.

1．黄连 *C. chinensis* Franch. 区内有分布，稀少；天生桥 1567m。

（三）毛茛属 *Ranunculus* L.

1．茴茴蒜 *R. chinensis* Bunge 区内林缘、水库、沟边湿润处有分布。

2．毛茛 *R. japonicus* Thunb. 区内林缘、水库、沟边处有分布；林岩 1273m；广山；十八节 1338m；红光坝 1164m；袁家沟 1222m。

3．石龙芮 *R. sceleratus* L. 区内分布。

4．扬子毛茛 *R. sieboldii* Miq.

5．禺毛茛 *R. cantoniensis* DC.

（四）人字果属 *Dichocarpum* W. T. Wang et Hsiao

1．蕨叶人字果 *D. dalzielii*（Drumm. et Hutch.）W. T. Wang et Hsiao 白石溪沟 680m。

（五）升麻属 *Cimicifuga* L.

1．小升麻 *C. acerina.*（Sieb. et Zucc.）Tanaka 区内沟边有分布。

（六）唐松草属 *Thalictrum* L.

1．东亚唐松草 *T. minus* Linn. var. *hypoleucum*（Sieb. et Zucc）Miq.

2．尖叶唐松草 *T. acutifolium*（Hand. -Mazz.）Boivin 林下阴湿处有分布。

3. 唐松草 *T. aquilegifolium* var. sibiricum Regel et Tiling 飘水岩 1420m;大洞 1610m;边江 1450m;半坡 852m。

4. 西南唐松草 *T. fargesii* Franch. ex Finet et Gagnep.

5. 盾叶唐松草 *T. ichangense* Lecoy. ex Oliv. 让水峰 1100m。

(七)天葵属 *Semiaquilegia* Makino

1. 天葵 *S. adoxoides*(DC.)Makino 底水 950m。

(八)铁线莲属 *Clematis* L.

1. 粗齿铁线莲 *C. argentilucida*(Lévl. et Vant.)W. T. Wang 胡家坡 1100m;大竹坝 1380m。

2. 单叶铁线莲 *C. henryi* Oliv. 白石溪沟 680m。

3. 女萎 *C. apiifolia* DC. 胡家坡 1000m。

4. 威灵仙 *C. chinensis* Osbeck 红光坝 1180m。

5. 尾叶铁线莲 *C. urophylla* Franch. 茶场 1520m。

6. 小木通 *C. armandii* Franch. 百台 1050m;1124m,三角坝 127m;苏家沟。

7. 锈毛铁线莲 *C. leschenaultiana* DC. 白石溪沟 728m。

(九)尾囊草属 *Urophysa* Ulbr.

1. 尾囊草 *U. henryi*(Oliv.)Ulbr. 区内有分布。

(十)乌头属 *Aconitum* L.

1. 高乌头 *A. sinomontanum* Nakai.

2. 乌头 *A. carmichaeli* Debx. 大干沟 1099m。

3. 岩乌头 *A. racemulosum* Franch.

(十一)星果草属 *Asteropyrum* Drumm. et Hutch.

1. 裂叶星果草 *A. cavaleriei*(Lévl. et Vant.)Drumm. et Hutch. 百台 1000m。

2. 星果草 *A. peltatum*(Franch.)Drumm. et Hutch. 烟灯垭口 1572m。

(十二)银莲花属 *Anemone* L.

1. 草玉梅 *A. rivularis* Buch. -Ham. ex DC. 龚家河坝路边灌丛常见。

2. 打破碗花花(野棉花)*A. hupehensis* Lem. 区内林下、农地、草坡有分布,毛家林口。

3. 大火草 *A. tomentosa*(Maxim.)Pei

4. 卵叶银莲花 *A. begoniifolia* Levl. et Vant. 钻子沟 740m;鸢都岩。

(十三)耧斗菜属 *Aquilegia* L.

1. 耧斗菜 *A. viridiflora* Pall. 大竹坝 1320m。

十一、小檗科 Berberidaceae

(一)鬼臼属 *Dysosma* Woodson

1. 八角莲 *D. versipellis*(Hance)M. Cheng ex Ying 茶场后山 1500m。

(二)牡丹草属 *Leontice* L.

1. 类叶牡丹 *L. robustum*(Maxim.)Diels

(三)南天竹属 *Nandina* Thunb.

1. 南天竹 *N. domestica* Thunb. 河家坡 715m;白石溪沟 680m;砖房组 910m;白哨 783m。

(四)十大功劳属 *Mahonia* L.

1. 华南十大功劳 *M. japonica*(Thunb.)DC.

2. 阔叶十大功劳 *M. bealei*(Fort.)Carr. 大湾坪上;十八节 1338m;袁家沟 1227m;毛家沟 1248m。

3. 平坝十大功劳 *M. ganpinensis*(Lévl.)Fedde 白石溪沟 700m;大湾坪上。

4. 小果十大功劳 *M. bodinieri* Gagnep. 大洞 1610m。

5. 湖北十大功劳 *M. fortunei*（Lindl.）Fedde 让水峰 1100m。

（五）小檗属 *Berberis* **L.**

1. 蠔猪刺 *B. julianae* Schneid.

2. 峨眉小檗 *B. aemulans* Schneid. 大竹坝 1320m。

（六）淫羊藿属 *Epimedium* **L.**

1. 粗毛淫羊藿 *E. acuminatum* Franch. 大竹坝 1380m；大湾坪上；十八节 1338m；鸢都岩。

2. 三枝九叶草 *E. sagittatum*（Sieb. et Zucc.）Maxim.

3. 淫羊藿 *E. grandiflorum* Morr.

十二、大血藤科 Sargentodoxaceae

（一）大血藤属 *Sargentodoxa* **Rehd. et Wils.**

1. 大血藤 *S. cuneata*（Oliv.）Rehd. et Wils. 百台 1000m；红光坝 1164m。

十三、木通科 Lardizabalaceae

（一）八月瓜属 *Holboellia* **Wall.**

1. 牛姆瓜 *H. garndiflora* Reaub. 桦槁坪 1400m。

2. 五风藤 *H. fargesii* Reaub. 区内林缘、灌丛有分布。

（二）猫儿屎属 *Decaisnea* **Hook. f. et Thoms.**

1. 猫儿屎 *D. fargesii* Franch. 烟灯垭口 1650m；红光坝 1182m；边江 1450m。

（三）木通属 *Akebia* **Decne**

1. 白木通 *A. trifoliate*（Thunb.）Koidz. var. *australis*（Diels）Rehd. 刘家沟 1300m。

2. 三叶木通 *A. trifoliate*（Thunb.）Koidz. var. *trifoliate* 碑桠口；广山；风水桠管理站 1200m。

（四）野木瓜属 *Stauntonia* **DC.**

1. 椭圆野木瓜 *S. elliptica* Hemsl. 中洞 1150m。

2. 五指那藤 *S. hexaphylla*（Thunb.）Decne f. *intermedia* Wu 饭甑山 1150m。

3. 西南野木瓜 *S. cavalerieana* Gagnep. 太阳山 1570m；三角坝 1273m；红光坝 1164m。

十四、防己科 Menispermaceae

（一）防己属 *Sinomenium* **Diels**

1. 防己 *S. acutum*（Thunb.）Rehd. et Wils. 区内路边、林缘有分布。

（二）木防己属 *Cocclus* **DC.**

1. 木防己 *C. orbiculatus* C. K. Schneid. 白石溪 1100m。

2. 樟叶木防己 *C. laurifolius* DC. 底水 1050m。

（三）千金藤属 *Stephania* **Lour.**

1. 金线吊乌龟 *S. cepharantha* Hayata 百台 1100m。

（四）青牛胆属 *Tinospora* **Miers ex Hook. f. et Thoms.**

1. 金果榄 *T. capillipes* Gagnep. 马蹄溪 1240m。

2. 青牛胆 *T. sagittata*（Oliv.）Gagnep. 区内山沟林下有分布。

十五、马桑科 Coriariaceae

（一）马桑属 *Coriaria* **L.**

1. 马桑 *C. sinica* Maxim. 区内次生林及荒山荒坡常见。

十六、清风藤科 Sabiaceae

（一）泡花树属 *Meliosma* **Bl**

1. 笔罗子 *M. rigida* Sieb. et Zucc. 茶厂后山 1580m。

2. 垂枝泡花树 *M. flexuosa* Pamp. 中洞 1100m。

3. 红柴枝 *M. oldhamii* Maxim. 太阳山 1630m。

4. 暖木 *M. veitchiorum* Hemsl. 烟灯垭口 1660m。

5. 泡花树 *M. cuneifolia* Franch. 观音岩下 1350m。

6. 云南泡花树 *M. yunnanensis* Franch. 煤厂湾 1650m。

7. 贵州泡花树 *M. henryi* Diels 袁家沟 1227m。

（二）清风藤属 *Sabia* Colebr.

1. 阔叶清风藤 *S. yunnanensis* Franch. subsp. *latifolia*（Rehd. et Wils.）Y. F. Wu 中洞 1020m。

2. 四川清风藤 *S. schumaniana* Diels 太阳山 1650m。

十七、罂粟科 Papaveraceae

（一）血水草属 *Eomecon* Hance

1. 血水草 *E. chionantha* Hance 区内林下阴湿处有分布。

（二）荷青花属 *Hylomecon* Maxim.

1. 荷青花 *Hylomecon japonica*（Thunb.）Prantl et Kundig 太阳山脚 1450m。

十八、紫堇科 Fumariaceae

（一）紫堇属 *Corydalis* Vent.

1. 地锦苗 *C. sheaerei* S. Moore

2. 石生黄堇 *C. saxicola* Bunting

3. 紫堇 *C. edulis* Maxim. 观音岩 1450m；大竹坝 1380m；苏家沟；宽阔水中心站珙桐沟 1540m。

4. 美丽紫堇 *C. adrienii* Prain 宽阔水中心站珙桐沟 1540m。

十九、水青树科 Tetracentraceae

（一）水青树属 *Tetracentron* Oliv.

1. 水青树 *T. sinense* Oliv. 煤厂湾 1585m；太阳山大洞 1680m；钢厂湾 1590m；烟灯垭口1572～1695m；宽阔水水库 1410m；飘水岩 1404m；大湾 1531m；王家水库。

二十、领春木科 Eupteleaceae

（一）领春木属 *Euptelea* Sieb. et Zucc.

1. 领春木 *E. pleioperma* Hook. f. et Thoms. 飘水岩 1420m；大山 1201m；元龙山 1166m；半河；红光坝1164m；袁家沟 1225－1340m；烧鸡湾 1314m；打鼓丫 1384m。

二十一、悬铃木科 Platanaceae

（一）悬铃木属 *Platanus* L.

1. 二球悬铃木 *P. acerifolia*（Ait.）Willd. 区内常见栽培。

二十二、金缕梅科 Hamamelidaceae

（一）蜡瓣花属 *Corylopsis* Sieb. et Zucc.

1. 大果蜡瓣花 *C. multiflora* Hance 中洞 1050m。

2. 中华蜡瓣花 *C. sinensis* Hemsl. 观音岩下 1360m。

3. 圆叶蜡瓣花 *C. rotundifolia* Chang 余家沟 1258m。

（二）蚊母树属 *Distylium* Sieb. et Zucc.

1. 屏边蚊母树 *D. pingpienense*（Hu）Walk. 沙湾 1260m。

（三）枫香树属 *Liquidambar* L.

1. 枫香树 *L. formosana* Hance 见于区内阔叶林中。

2. 山枫香树 *L. formosana* var. *monticola* Rehd. et Wils. 胡家坡 1400m。

二十三、交让木科 Daphniphyllaceae

（一）交让木属 *Daphniphyllum* Bl.

1. 交让木 *D. macropodum* Miq. 胡家坡 1150m；红光坝 1182m；凉水井 1422m；分水岭丫口；沈家湾 1274m；高坎子 1282m。

2. 虎皮楠 *D. oldhamii*（Hemsl.）Ro senth. 大干沟 1099m。

二十四、杜仲科 Eucommiaceae

（一）杜仲属 *Eucommia* Oliv.

1. 杜仲 *E. ulmoides* Oliv. 区内有栽培；大竹坝 1380m。

二十五、榆科 Ulmaceae

（一）糙叶树属 *Aphananthe* Planch.

1. 糙叶树 *A. aspera*（Bl.）Planch. 太阳山 1600m；沙湾 1400m；高坪 1342m。

（二）榉属 *Zelkova* Spach

1. 光叶榉 *Z. serrata*（Thumb.）Makino 底水 1130m；袁家沟 1227m；打鼓丫 1384m。

2. 大叶榉树 *Z. sechneideriana* Hand. -Mazz. 沈家湾 1274m。

（三）朴树属 *Celtis* L.

1. 朴树 *C. tetrandra* Roxb. ssp. *sinensis*（Pers）Y. C. Tang 饭甑山 1270m；死水凼 1336m；三角坝 1255m。

2. 小叶朴 *C. bungeana* Bl. 中洞 950m。

（四）山黄麻属 *Trema* Lour.

1. 山油麻 *T. cannabina* Lour. var. *dielsiana*（Hand. -Mazz.）C. J. Chen 观音岩下 1400m。

（五）榆属 *Ulmus* L.

1. 多脉榆 *U. castaneifolia* Hemsl. 太阳山 1600m；飘水岩 1420m。

二十六、大麻科 Cannabaceae

（一）葎草属 *Humulus* L.

1. 葎草 *H. scandens*（Lour.）Merr.

二十七、桑科 Moraceae

（一）构属 *Broussonetia* Vent.

1. 构树 *B. papyrifera*（Linn.）L'Her. ex Vent. 太阳山 1650m；红光坝 1164m。

2. 小构树 *B. raempferi* Sieb. et Zucc. 太阳山 1650m；苦草垭 1400m；下坝 1182m；十八节 1338m。

（二）榕属 *Ficus* L.

1. 地果 *F. tikoua* Bur. 区内常见；煤厂沟 1200m；杉郎树 1487m；下坝 1182m。

2. 尖叶榕 *F. henryi* Warb. ex Diels 白石溪沟 728m；半坡 852m。

3. 爬藤榕 *F. sarmentosa* var. *impressa*（Champ.）Corner 区内常见；李家坡 1312m。

4. 琴叶榕 *F. pandurata* Hance 宽阔水水库 1480m，瓦房王家 1280m；火基坪（大园子）1256m。

5. 异叶榕 *F. heteromorpha* Hemsl. 观音岩下 1400m；飘水岩 1410m；大竹坝 1380m；边江 1450m；里头湾；元龙山 1166m；下坝 1182m；红光坝 1164m；李家坡 1368m；打鼓丫 1384m。

6. 杂色榕 *F. tsiangii* Merr. et Corner 白石溪沟 728m；钻子沟 740m；苏家沟。

7. 珍珠榕 *F. sarmentosa* var. *henryi*（King ex D. Oliver）Corner 区内常见。

8. 竹叶榕 *F. stenophylla* Hemsl. 沙湾 1300m。

（三）桑属 *Morus* L.

1. 鸡桑 *M. australis* Poir. 太阳山 1630m。

2. 桑树 *M. alba* L. 太阳山 1600m;李家坡 1312m。

(四)柘属 *Cudrania* Trec.

1. 柘树 *C. tricuspidata*(Carr.)Bur. ex Lavallee 白台村寨附近有分布。

2. 构棘 *C. cochinchinensis*(Lour.)Kudo et Masam. 白石溪沟 728m。

二十八、荨麻科 Urticaceae

(一)艾麻属 *Laportea* Gaudich.

1. 艾麻 *L. macrostachya*(Maxim.)Ohwi 太阳山 1600m;飘水岩 1410m。

2. 珠芽艾麻 *L. bulbifera*(Sieb. et Zucc.)Wedd 太阳山 1500 m;常见于路边荒坡。

(二)赤车属 *Pellionia* Gaudich.

1. 赤车 *P. radicans*(Sieb. et Zucc.)Wedd. 钻子沟 720m;火基坪(大园子)1256m;王家水库。

2. 蔓赤车 *P. scabra* Benth. Fl. Hongk.

3. 曲毛赤车 *P. retrohispida* W. T. Wang 钻子沟 740m。

(三)假楼梯草属 *Lecanthus* Wedd.

1. 假楼梯草 *L. peduncularis*(Royle)Wedd. 中洞 1050m;龙塘 1250m。

(四)冷水花属 *Pilea* Lindl.

1. 波缘冷水花 *P. cavaleriei* Levl. 飘水岩 1440m。

2. 翅茎冷水花 *P. subcoriacea*(Hand. -Mazz.)C. J. Chen 林下阴湿处有分布。

3. 冷水花 *P. notata* C. H. Wright 中洞 1030m;钻子沟 740m;王家水库。

4. 镰叶冷水花 *P. semisessilis* Hand. -Mazz. 钻子沟 740m。

5. 透茎冷水花 *P. pumila*(L.)A. Gray 罗家湾 1500m。

6. 心托冷水花 *P. cordistipulata* C. J. Chen 白石溪沟 680m;让水峰 1100m。

7. 疣果冷水花 *P. verrucosa* Hand. -Mazz. 一线天 1550m。

8. 毛茎冷水花 *P. villicaulis* Hand. -Mazz.

(五)楼梯草属 *Elatostema* Forst.

1. 楼梯草 *E. involucratum* Franch. et Savat. 林下阴湿处有分布;半坡 852m;袁家沟 1227m;太阳山 1500 m;牛尾塘 850m。

2. 托叶楼梯草 *E. nasutum* Hook. f. 太阳山 1500m;牛尾塘 850m。

3. 对叶楼梯草 *E. sinense* H. Schroter 王家水库。

4. 宜昌楼梯草 *E. ichangense* H. Schroter 王家水库;牛尾塘 850m。

(六)糯米团属 *Gonostegia* Turcz.

1. 糯米团 *G. hirta*(Bl.)Miq. 林岩 1273m。

(七)荨麻属 *Urtica* Linn.

1. 裂叶荨麻 *U. lobatifolia* S. S. Ying 半坡 852m。

(八)水麻属 *Debregeasia* Gaudich.

1. 水麻 *D. orientalis* C. J. Chen 分水岭丫口;白哨。

(九)微柱麻属 *Chamabinia* Wight

1. 微柱麻 *C. cuspidata* Wight

(十)苎麻属 *Boehmeria* Jacq.

1. 苎麻 *B. nivea*(L.)Gaudich. 区内常见野生

2. 水苎麻 *B. macrophylla* Hornem. 石连沟 1279m;中心站附近 1511m;分水岭丫口;龙塘 1250m;飘水岩 1440m;王家水库。

(十一)紫麻属 *Oreochnide* Gaud.

1. 紫麻 *O. frutescens*(thunb.)Miq. 白石溪沟 680m。

二十九、胡桃科 Juglandaceae

（一）枫杨属 *Pterocarya* Kunth

1. 枫杨 *P. stenoptera* C. DC. 龚家河坝上 1200m。

（二）胡桃属 *Juglans* L.

1. 核桃 *J. regia* Linn. 区内栽培。

2. 野核桃 *J. cathayensis* Dode 太阳山 1650m；天生桥 1567m；罗家湾 1480m；飘水岩 1420m；王家水库。

（三）化香树属 *Platycarya* Sieb. et Zucc.

1. 化香树 *P. strobilacea* Sieb. et Zucc. 灌丛及次生林中有分布；大山 1201m。

2. 圆果化香 *P. longipes* Wu 灌丛及次生林中有分布；大岩品 1240m；大湾 1531m；半坡 1052m；三角坝 1255m；大干沟 1049m；打鼓丫 1384m。

（四）黄杞属 *Engelhardtia* Lesch. ex Bl.

1. 黄杞 *E. roxburghiana* Wall. 中洞 1050m；大岩品 900m；大山 1201m；半河 872m；分水岭丫口；下坝 1182m；大干沟 1049m；打鼓丫 1384m；大火土 1365m。

（五）青钱柳属 *Cyclocarya* Iljinskaja

1. 青钱柳 *C. paliurus*（Batal.）Iljinskaja 刘家沟 1430m；大竹坝 1340m；红光坝 1182m；煤厂沟 1200m；毛家沟 1248m；打鼓丫 1384m。

三十、杨梅科 Myricaceae

（一）杨梅属 *Myrica* L.

1. 杨梅 *M. rubra*（Lour.）Sieb. et Zucc. 区内栽培；下坝 1182m；李家坡 1312m。

三十一、壳斗科 Fagaceae

（一）锥栗属 *Castnopsis* Spach.

1. 钩锥 *C. tibetana* Hance 分水岭丫口。

2. 厚皮锥 *C. chunii* Cheng 太阳山附近 1600。

3. 湖北锥 *C. hupehensis* C. S. Chao 太阳山 1620m；沙湾 1250m。

4. 栲 *C. fargesii* Franch. 桦槁坪 1350m；瓦房王家 1280m；元龙山 1166m；半坡；高坎子 1282m。

5. 甜槠 *C. eyrei*（Champ.）Tutch. 沙湾 1250m；大干沟 1099m；大火土。

6. 瓦山锥 *C. ceratacamtha* Rehd. et Wils. 中洞 1100m。

7. 米槠 *C. carlesii*（Hemsl.）Hay. 沙湾 1300m。

（二）栎属 *Quercus* L.

1. 槲栎 *Q. aliena* Bl. 三岔河 803m。

2. 巴东栎 *Q. engliana* Seem. 沙湾 1380m；太阳山 1650m。

3. 白栎 *Q. fabri* Hance 分布于区内次生林中。

4. 麻栎 *Q. acutissima* Carr. 分布于区内次生林中。

5. 乌冈栎 *Q. phillyraeoides* A. Gray 沙湾 1250m；大岩品 900m；桦槁坪 1350m；大湾坪上 1378m；月亮关 1365m。

（三）栗属 *Castanea* Mill.

1. 板栗 *C. mollissima* Bl. 区内栽培；半坡 773m；下坝 1182m；红光坝 1164m；李家坡 1368m。

2. 茅栗 *C. seguinii* Dode 区内常见于次生灌丛中。

（四）青冈属 *Cyclobalanopsis* Oerst.

1. 窄叶青冈 *C. augustinii*（Skan）Schott. 太阳山 1600m。

2. 多脉青冈 *C. multinervis* C heng et T. Hong 胡家坡 1100m；太阳山 1650m；白石溪沟 728m；大苦子

塘湾 960m；烟灯垭口 1695m；三角坝 1273m；毛家沟 1248m；李家坡 1312m。

3. 贵州青冈 *C. argyrotricha*（A. Camus）Chun et Y. T. Chang ex Y. C. Hsu et H. W. Jen 太阳山 1650m；沙湾 1300m。

4. 毛枝青冈 *C. kerrii*（Craib.）Hu 三角坝 1273m。

5. 青冈 *C. glauca*（Thunb.）Oerst. 太阳山 1610m；沙湾 1350；宽阔水水库 1410m；半河；三角坝 1255m；三岔河 803m；大干沟 1049m。

6. 细叶青冈栎 *C. gracilis*（Rehd. et Wils.）W. C. Cheng et T. Hong 鸡公顶 1400；下坝 1182m。

7. 小叶青冈 *C. myrsinifolia*（Bl.）Oerst. 中洞 1000m；胡家坡 1100m。

8. 云山青冈 *C. sessilifolia*（Blume）Schott. 一碗水 1200m。

（五）柯属 *Lithocarpus* Bl.

1. 短尾柯 *L. brevicaudatus*（Skan）Hay. 龚家河坝上 1250m；胡家坡 1100m；罗家湾 1500m。

2. 包果柯 *L. cleistocarpus* Rehd. et Wils. 中洞 1130m。

3. 粗穗石栎 *L. spicatus* Rehd. et Wils. 刘家沟 1200m。

4. 大叶柯 *L. megalophyllus* Rehd. et Wils.. 宽阔水水库 1480m。

5. 多穗石栎 *L. polystachyus*（Wall.）Rehder 沙湾 1240m；烧鸡湾 1314m。

6. 柯 *L. glaber*（Thunb.）Nakai 大滴水 1255m；三角坝 1273m；大火土。

7. 硬壳柯 *L. hancei*（Benth.）Rehd. 太阳山 1600m；太阳山顶 1760m；宽阔水水库 1410m；三角坝 1255m；李家坡 1312m；打鼓丫 1384m。

8. 圆锥柯 *L. paniculatus* Hand. -Mazz. 底水 1200m。

9. 窄叶柯 *L. confinis* C. C. Huang ex Y. C. Hsu et H. W. Jen 太阳山 1620m；分水岭丫口；十八节 1338m。

（六）水青冈属 *Fagus* L.

1. 亮叶水青冈 *F. lucida* Rehd. et Wils. 太阳山 1760m；罗家湾 1498m；宽阔水水库 1480m；太阳山大洞 1680m；烟灯垭口 1695m；李家坡 1312m。

2. 水青冈 *F. longipetiolata* Seem. 飘水岩 1440m；宽阔水水库 1480m；瓦房王家 1280m。

三十二、桦木科 Betulaceae

（一）鹅耳枥属 *Carpinus* L.

1. 川黔千斤榆 *C. fangiana* Hu 底水 960m。

2. 雷公鹅耳枥 *C. viminea* Wall. 水库附近 1530m。

3. 云贵鹅耳枥 *C. pubescens* Burkill 中洞 1150m；火基坪（大园子）1256m；分水岭丫口；十八节 1338m；打鼓丫 1384m。

（二）桦木属 *Betula* L.

1. 华南桦 *B. austrosinensis* Chun ex P. C. Li 宽阔水水库 1500m。

2. 亮叶桦（光皮桦）*B. luminifera* Winkler 区内次生林中常见。

（三）桤木属 *Alnus* Mill.

1. 桤木 *A. cremastogyne* Burkill 沙湾 1340m。

（四）榛属 *Corylus* L.

1. 华榛 *C. chinensis* Franch. 中洞 980m。

2. 川榛 *C. heterophylla* var. *sutchuenensis* Franch. 区内荒坡灌丛中常见。

3. 绒毛华榛 *C. chinensis* var. *fargesii*（Franch.）Hu 红光坝 1182m；十八节 1338m。

三十三、商陆科 Phytolaccaceae

（一）商陆属 *Phytolacca* L.

1. 商陆 *Ph. acinosa* Roxb. 区内沟谷林下、林缘有分布；让水峰蚂蝗沟950m。

三十四、藜科 Chenopodiaceae

（一）地肤属 *Kochia* Roth.

1. 地肤 *K. scoparia*（L.）Schrad.

（二）藜属 *Chenopodium* L.

1. 藜 *C. album* L. 胡家坡1250m。

2. 土荆芥 *C. ambrosioides* L. 区内村旁、河边有分布。

3. 小藜 *C. serotinum* L. 观音岩下1300m。

三十五、苋科 Amaranthaceae

（一）莲子草属 *Alternanthera* Forsk.

1. 空心莲子草 *A. pliloxerides*（Matt）Griseb

（二）牛膝属 *Achyranthes* L.

1. 牛膝 *A. bidentata* Bl. 百台1100m；大竹坝1380m；半坡852m；毛家林口。

（三）苋属 *Amaranthus* L.

1. 皱果苋 *A. viridis* Linn.

2. 凹头苋. *A. lividus* L. 区内农田、草坡有分布。

三十六、马齿苋科 Portulacaceae

（一）马齿苋属 *Portulaca* L.

1. 马齿苋 *P. oleracea* Linn.

（二）土人参属 *Talinum* Adans..

1. 土人参 *T. paniculatum*（Jacq.）Gaertu.

三十七、落葵科 Basellaceae

（一）落葵属 *Basella* L.

1. 落葵 *B. alba* L.

三十八、粟米草科 Molluginaceae

（一）粟米草属 *Mollugo* L.

1. 粟米草 *M. stricta* L. 中洞1100m。

三十九、石竹科 Caryophyllaceae

（一）繁缕属 *Stellaria* L.

1. 繁缕 *S. media*（L.）Cyr. 区内田间、路旁有分布。

2. 雀舌草 *S. alsine* Grimm.

3. 箐姑草 *S. vestita* Kurz. 胡家坡1200m。

4. 中国繁缕 *S. chinensis* Regel 观音岩1450m。

（二）狗筋蔓属 *Cucubalus* L.

1. 狗筋蔓 *C. baccifer* L. 茶场后山1400m。

（三）孩儿参属 *Pseudostellaria* Pax

1. 细叶孩儿参 *P. sylvatica*（Maxim.）Pax 饭甑山1250m。

（四）剪秋罗属 *Lychnis* L.

1. 剪秋罗 *L. fulgens* Fisch.

（五）卷耳属 *Cerastium* L.

1. 球序卷耳 *C. glomeratum* Thillia 区内田间、路旁有分布。

（六）蝇子草属 *Silene* Linnaeus.

1. 坚硬女娄菜 *S. firma* Sieb. et Zucc.

2. 女娄菜 *S. aprica* Turcz. ex Fisch. et Mey.

（七）石竹属 *Dianthus* L.

1. 石竹 *D. chinensis* L. 区内草地荒坡中有分布。

（八）漆姑草属 *Sagina* L.

1. 漆姑草 *S. japonica*（Sw.）Ohwi 百台 1100m；苦草垭 1400m。

（九）无心菜属 *Arenaria* L.

1. 无心菜 *A. serpyllifoila* L. 区内路旁、农地田间有分布。

四十、蓼科 Polygonaceae

（一）大黄属 *Rheum* L.

1. 药用大黄 *Rh. officinale* Baill. 饭甑山 1250m。

（二）金线草属 *Antenoron* Raf.

1. 短毛金线草 *A. filiforme*（Thunb.）Rob. et Vaut. var. *neofiliforme*（Nakai）A. J. Li 茶场后山 1400m。

2. 金线草 *A. filiforme*（Thunb.）Rob. et Vaut. 百台 1000m；芹菜塘 1462m；半坡 852m；龙塘 1250m。

（三）蓼属 *Polygonum* L.

1. 萹蓄 *P. aviculare* L. 底水 1000m。

2. 蚕茧草 *P. japonicum* Linn.

3. 草血竭 *P. paleaeum* Wall.

4. 赤胫散 *P. runcinatum* Buch. ‐ Ham. ex D. Don. 石连沟 1279m。

5. 丛枝蓼 *P. posumbu* Buch. -Ham. ex D. Don 观音岩下 1400m。

6. 酸模叶蓼 *P. lapathifolium* L. 胡家坡 1250m。

7. 杠板归 *P. perfoliatum* L. 区内草地、灌丛及农地四周有分布。

8. 何首乌 *P. multiflorum* Thunb. 区内林缘、农地四周有有分布。

9. 虎杖 *P. cuspidatum* Sieb. et Zucc. 区内山谷溪边有分布。

10. 戟叶蓼 *P. thunbergii* Sieb. et Zucc. 飞龙苗丫口 1592m。

11. 金荞麦 *P. cymosum* Trew 区内村寨四周阴湿、肥沃处有分布。

12. 尼泊尔蓼 *P. nepalense* Meism. 王家水库。

13. 荞麦 *P. fagopyrum* Linn.

14. 水蓼 *P. hydropiper* Linn. 里头湾；白哨。

15. 习见蓼 *P. plebeium* R. Br. 百台 1050m。

16. 羽叶蓼 *P. runcinatum* Buch. ‐ Ham. ex D. Don. 林岩 1300m。

17. 圆穗蓼 *P. macrophylllum* D. Don

18. 长鬃蓼 *P. longisetum* De Brugn

（四）酸模属 *Rumex* L.

1. 齿果酸膜 *R. dentatus* Linn.

2. 尼泊尔酸模 *R. nepalensis* Spreng. 区内溪沟边林下阴湿处有分布。

3. 酸模 *R. acetosa* Linn. 余家沟 1258m。

4. 羊蹄 *R. japonicus* Houtt..

四十一、芍药科 Paeoniaceae

（一）芍药属 *Paeonia* L.

1. 牡丹 *P. suffruticosa* Andr. 区内栽培。

2. 芍药 *P. lactiflora* Pall. 区内栽培。

四十二、山茶科 Theaceae

（一）杨桐属 *Adinandra* Jack.

1. 川杨桐 *A. bockiana* Pritzel ex Diels 底水 1300m。

（二）山茶属 *Camellia* L.

1. 茶树 *C. sinensis*（L.）Oktze. 区内栽培。

2. 西南红山茶 *C. pitardii* Cohen Stuart 龚家河坝 1100m；大洞 1610m；袁家沟 1227m。

3. 油茶 *C. oleifera* Abel. 区内常见。

（三）大头茶属 *Gordonia* Ellis.

1. 黄药大头茶 *G. chrysandra* Cowon 胡家弯 1300m。

2. 四川大头茶 *G. szechuanensis* Chang 沙湾 1320m；大湾坪上；大山 1201m；元龙山 1166m。

（四）红淡比属 *Cleyera* Thunb.

1. 凹脉红淡比 *C. incornata* Y. C. Wu 中洞 1100m。

2. 红淡比 *C. japonica* Thunb. 太阳山附近 1580m。

（五）厚皮香属 *Ternstroemia* Mutis et L. f.

1. 厚皮香 *T. gymnanthera*（Wight et Arn.）Sprague 刘家沟 1300m；桦槁坪 1350m。

2. 尖萼厚皮香 *T. luteaflora* Hu et L. K. Ling 饭甑山 1250m。

（六）柃属 *Eurya* Thunberg

1. 短柱柃 *E. brevistyla* Kobuski 胡家坡 1100m；中心站附近 1511m。

2. 药柃 *E. muricata* Dunn 沙湾 1300m；沈家湾 1274m。

3. 黄背叶柃木 *E. nitida* var. *aureascens*（Rehd. et Wils.）Kobuski 胡家坡 1150m。

4. 柃木 *E. japonica* Thunb. 胡家坡 1350m。

5. 细齿叶柃木 *E. nitida* Korthals 太阳山 1600m；大苦子塘湾 960m；刘家岭 1544m；半河 872m；烧鸡湾 1314m。

6. 贵州毛柃 *E. kueichowensis* Hu et L. K. Ling 红光坝 1164m。

（七）木荷属 *Schima* Reinw

1. 木荷 *S. superba* Gardn. et Champ. 桦槁坪 1400m；凉水井 1412m。

2. 小花木荷 *S. parviflora* Cheng et Chang 茶厂 1570m。

四十三、猕猴桃科 Actinidiaceae

（一）猕猴桃属 *Actinidia* Lindl.

1. 革叶猕猴桃 *A. rubricaulis* var. *coriaces*（Finet et Gagnep.）C. F. Liang 中洞 1150m；三岔河 803m。

2. 黑蕊猕猴桃 *A. melanandra* Franch. 白石溪 1130m。

3. 红茎猕猴桃 *A. rubricaulis* Dunn 沙湾 1250m

4. 毛花杨桃 *A. eriantha* Benth.

5. 硬齿猕猴桃 *A. callosa* Lindl. 桦槁坪 1440m；宽阔水水库 1410m；风水桠管理站 1200m；王家水库。

6. 中华猕猴桃 *A. chinensis* Planch. 飘水岩 1410m；红光坝 1182m；中心站附近 1511m；分水岭丫口；白哨；下坝 1182m；毛家林口；打鼓丫 1384m。

（二）藤山柳属 *Clematoclethra* Maxim.

1. 贵州藤山柳 *C. guizhouensis* C. F. Liang et Y. C. Chen 桦槁坪 1400m。

四十四、藤黄科 Clusiaceae

（一）金丝桃属 *Hypericum* L.

1. 遍地金 *H. wightianum* Wall. ex Wight. et Arn. 区内草地、农地四周有分布。

2. 地耳草 *H. japonicum* Thunb. ex Murray 饭甑山 1280m。

3. 贯叶连翘 *H. perforatum* L. 区内林缘、农地、草坡均有分布。

4. 黄海棠 *H. ascyron* L. 刘家沟 1350m。

5. 金丝梅 *H. patulum* Thunb. ex Murray 一碗水 1100m。

6. 金丝桃 *H. monogynum* L. 区内草地、林缘有分布；白哨；下坝 1182m；红光坝 1164m。

7. 贵州金丝桃 *H. kouytchense* Levl. 大竹坝 1380m。

8. 小连翘 *H. erectum* Thunb. ex Murray 刘家湾 1450m。

9. 杨子小连翘 *H. faberi* R. Keller

10. 元宝草 *H. sampsonii* Hance 半坡 852m。

四十五、杜英科 Elaeocarpaceae

（一）杜英属 *Elaeocarpus* L.

1. 日本杜英 *E. japonicus* Sieb. et Zucc. 饭甑山 1200m；转子沟 726m；煤厂沟 1200m；半河；红光坝 1164m。

2. 灰毛杜英 *E. limitaneus* Hand. -Mazz. 大屯。

四十六、椴树科 Tiliaceae

（一）椴树属 *Tilia* L.

1. 椴树 *T. tuan* Szyszyl. 饭甑山 1200m。

2. 峨眉椴 *T. omeiensis* Fang 太阳山 1650m。

四十七、梧桐科 Sterculiaceae

（一）梧桐属 *Firmiara* Marsili

1. 梧桐 *F. platanifolia*（L. f.）Marsili 罗家湾 1498m；白哨；三岔河 803m；李家坡 1312m。

四十八、锦葵科 Malvaceae

（一）锦葵属 *Malva* L.

1. 冬葵 *M. crispa* L. 中洞 1170m。

2. 野葵 *M. verticillata* L. 马蹄溪 1100m。

3. 圆叶锦葵 *M. rotundifolia* L. 刘家坡 1200m。

（二）木槿属 *Hibiscus* L.

1. 木槿 *H. syriacus* L. 区内栽培。

2. 野西瓜苗 *H. trionum* L. 底水 1300m。

（三）秋葵属 *Abelmoschus* Medicus

1. 黄蜀葵 *A. manihot*（Linn.）Medicus

（四）蜀葵属 *Althaea* L.

1. 蜀葵 *A. rosea*（L.）Cav.

四十九、大风子科 Flacourtiaceae

（一）山桐子属 *Idesia* Maxim.

1. 毛叶山桐子 *I. polycarpa* Maxim. var. *vestita* Diels. 胡家坡 1050m；沈家湾 1274m。

2. 山桐子 *I. polycarpa* Maxim. 罗家湾 1498m；下坝 1182m；红光坝 1164m；袁家沟 1222m；李家坡 1368m。

（二）山羊角树属 *Carrierea* **Franch.**

1. 山羊角树 *C. calycina* Franch. 大滴水 1255m；边江 1450m。

（三）柞木属 *Xylosma* **Forster.**

1. 柞木 *X. japonicum*（Walp.）A. Gray. 桦槁坪 1380m。

五十、旌节花科 Stachyuraceae

（一）旌节花属 *Stachyurus* **Sieb. ex Zucc.**

1. 柳叶旌节花 *S. salicifolius* Franch. var. *lancifolius* C. Y. Wu 胡家坡 1240m。

2. 云南旌节花 *S. yunnanensis* Franch. 区内灌丛中有分布。

3. 中国旌节花 *S. chinensis* Franch. 区内灌丛中有分布；石连沟 1279m；飘水岩 1420m；广山；分水岭丫口；三角坝 127m；红光坝 1164m；毛家林口；风水桠管理站 1200m。

4. 西域旌节花 *S. himalaicus* Hook. f. et Thoms ex Benth. 宽阔水水库 1410m。

5. 矩圆叶旌节花 *S. oblongifolius* Wang et Tang 让水峰 1100m。

五十一、堇菜科 Violaceae

（一）堇菜属 *Viola* **L.**

1. 紫花地丁 *V. philippica* Cav

2. 光叶堇菜 *V. sumatrana* Miquel 太阳山 1690m。

3. 萱 *V. moupinensis* Franch.

4. 鸡腿堇菜 *V. acuminate* Ledeb. 煤厂沟 1200m。

5. 戟叶堇菜 *V. betonicifolia* W. W. Sm. 分布于区内农地四周、草坡。

6. 堇菜 *V. verecunda* A. Gray 区内林下可见。

7. 蔓茎堇菜 *V. diffusa* Ging. 太阳山 1570m。

8. 毛果堇菜 *V. collina* Bess. 白石溪 1050m。

9. 毛堇菜 *V. thomsonii* Oudem. 钻子沟 720m。

10. 浅圆齿堇菜 *V. schneideri* W. Beck. 大石板。

11. 柔毛堇菜 *V. principis* H. de Boiss 太阳山 1690m；飞龙苗丫口 1592m；苏家沟；白石溪沟。

12. 深圆齿堇菜 *V. davidii* Franch. 区内林下可见。

13. 长萼堇菜 *V. inconspica* Bl. 饭甑山 1300m。

14. 紫花堇菜 *V. grypoceras* A. Gray 区内林下可见。

五十二、葫芦科 Cucurbitaceae

（一）绞股蓝属 *Gynostemma* **Bl.**

1. 绞股蓝 *G. pentaphyllum*（Thunb.）Mak. 白石溪 1050m；王家水库。

（二）栝楼属 *Trichosanthes* **L.**

1. 栝楼 *T. kirilowii* Maxim. 让水峰 1100m。

2. 中华栝楼 *T. rosthornii* Harms

（三）雪胆属 *Hemsleya* **Cogn.**

1. 肉花雪胆 *H. carnosiflora* C. Y. Wu et Z. L. Chen 胡家坡 1130m。

2. 蛇莲 *H. sphaerocarpa* Kuang et A. M. Lu 让水峰 1100m。

（四）赤瓟属 *Thladiantha*

1. 大苞赤瓟 *T. cordifolia*（Bl.）Cogn.

五十三、秋海棠科 Begoniaceae

（一）秋海棠属 *Begonia* **L.**

1. 独牛 *B. henryi* Hemsl. 白石溪沟 680m。

2. 秋海棠 *B. grandis* Dryand. 中洞林下阴湿处有分布；让水峰 1100m。

3. 掌叶秋海棠 *B. hemsleyana* Hook. f. 碑桠口。

五十四、杨柳科 Salicaceae

（一）柳属 *Salix* L.

1. 垂柳 *S. babylonica* Linn. 龚家河坝。

2. 翻白柳 *S. hypoleuca* Seem. 分布于区内荒坡灌丛中。

3. 皂柳 *S. wallichiana* Anderss. 一碗水 1150m。

4. 中华柳 *S. cathayana* Diels 分布于区内荒坡灌丛中。

（二）杨属 *Populus* L.

1. 响叶杨 *P. adenopoda* Maxim. 区内常见。

五十五、十字花科 Brassicaceae

（一）豆瓣菜属 *Nasturtium* R. Br.

1. 豆瓣菜 *N. officinale* R. Br.

（二）独行菜属 *Lepidium* L.

1. 北美独行菜 *L. virginicum* Linn.

2. 独行菜 *L. apetalum* Willd 区内林下路旁有分布。

（三）蔊菜属 *Rorippa* Scop.

1. 无瓣蔊菜 *R. dubia*（Pers.）Hara 区内林下路旁有分布；让水峰蚂蝗沟 950m。

2. 印度蔊菜 *R. indica*（Linn.）Hern

（四）荠属 *Capsella* Medic.

1. 荠 *C. bursapastoris*（Linn.）Medic. 区内农地路旁有分布。

（五）碎米荠属 *Cardamine* L.

1. 白花碎米荠 *C. leucantha*（Tausch）O. E. Schulz

2. 宽阔水碎米荠 *C. kuankuoshuiense* M. T. An, Yun Lin et Y. B. Yang 飘水岩 1420m。

3. 碎米荠 *C. hirsuta* Linn. 龙塘 1250m；让水峰蚂蝗沟 950m。

4. 弯曲碎米荠 *C. flexuosa* With.

5. 大叶碎米荠 *C. macrophylla* Willd. var. *macrophylla* 太阳山脚 1450m。

（六）菥蓂属 *Thlaspi* L.

1. 菥蓂 *T. arvense* L.

五十六、山柳科 Clethraceae

（一）山柳属 *Clethra* Gronov. ex L.

1. 鄂西山柳 *C. fargesii* Franch. 饭甑山 1250m。

五十七、杜鹃花科 Ericaceae

（一）扁枝越桔属 *Hugeria* Small

1. 扁枝越桔 *H. vaccinioides*（Lévl.）Hara 桦槁坪 1350m。

（二）越桔属 *Vaccinium* L.

1. 江南越桔 *V. mandarinorum* Diels 桦槁坪 1350m；刘家岭 1544m。

2. 短尾越桔 *V. carlesii* Dunn. 沙湾 1310m。

（三）吊钟花属 *Enkianthus* Lour.

1. 齿缘吊钟花 *E. serrulatus*（Wils.）Schneid. 大坪梁子 1513m；沙湾 1320m；太阳山顶 1760m。

2. 灯笼树 *E. chinensis* Franch. 饭甑山 1300m。

（四）白珠树属 *Gaultheria* **Kalm. ex L.**

1. 滇白珠树 *G. leucocarpa* Bl. var. *crenulata*（Kurz）T. Z. Hsu 鸡公顶 1300m。

（五）杜鹃花属 *Rhododendron* **L.**

1. 喇叭杜鹃 *Rh. fortunei* Lindl. subsp. *discolor*（Franch.）Chamb. 太阳山 1690m。

2. 宝兴杜鹃 *Rh. moupinense* Franch. 煤厂湾附近 1630m。

3. 大白杜鹃 *Rh. decorum* Franch. 太阳山 1650m。

4. 大钟杜鹃 *Rh. ririei* Hemsl. et Wils. 桦槁坪 1500m。

5. 杜鹃（映山红）*Rh. simsii* Planch. 桦槁坪 1350m；打鼓丫 1384m；大火土；太阳山顶 1760m。

6. 光枝杜鹃 *Rh. haofui* Chun et Fang 大岩品 900m。

7. 亮叶杜鹃 *Rh. vernicosum* Franch. 鸡公顶 1360m。

8. 麻叶杜鹃 *Rh. coeloneurum* Diels 桦槁坪一带有分布。

9. 满山红 *Rh. mariesii* Hemsl. et Wils. 沙湾 1350m；桦槁坪 1350m。

10. 美容杜鹃 *Rh. calophytum* Franch. 太阳山 1300m。

11. 云锦杜鹃 *Rh. fortunei* Lindl. 太阳山 1500m；大洞 1610m；宽阔水水库 1410m。

12. 长鳞杜鹃 *Rh. longesquamatum* Schneid. 沙湾 1400m；大火土。

13. 长蕊杜鹃 *Rh. stamineum* Franch. 沙湾 1450m；大石板垭口 1240m；大湾坪上；李家坡 1368m。

14. 鹿角杜鹃 *Rh. latoucheae* Franch. 太阳山 1570m；飞龙苗丫口 1592m。

（六）南烛属 *Lyonia* **Nutt.**

1. 南烛 *L. ovalifolia*（Wall.）Drude var. *ovalifolia* 区内林下有分布。

2. 小果南烛 *L. ovalifolia*（Wall.）Drude var. *elliptica*（Sieb. et Zucc.）Hand. -Mazz. 区内林下有分布。

五十八、鹿蹄草科 Pyrolaceae

（一）松下兰属 *Hypopitys* **Hill.**

1. 毛松下兰 *H. monotropa* L. var. *hirsute* Roth 区内林下分布。

五十九、柿树科 Ebenaceae

（一）柿树属 *Diospyros* **L.**

1. 君迁子 *D. lotus* L. 水库附近 1500m。

2. 柿树 *D. kaki* Thunb. 区内有栽培。

3. 野柿 *D. kaki* var. *silvestris* Makino 三岔河 803m；龙塘 1250m；打鼓丫 1384m。

4. 乌柿 *D. cathayensis* A. N. Steward 观音岩下 1400m；半河。

六十、安息香科 Styracaceae

（一）赤杨叶属 *Alniphyllum* **Matsum.**

1. 赤杨叶 *A. fortunei*（Hemsl.）Perk. 鸡公顶 1430m。

（二）白辛树属 *Pterostyrax* **Sieb. et Zucc.**

1. 白辛树 *P. psilophyllus* Diels ex Perk. 太阳山 1600m；沙湾 1350m；烟灯垭口 1640m；红光坝 1182m；罗家湾 1498m；大坪梁子 1470m；太阳山 1690m；宽阔水水库 1410m；飞龙苗丫口 1592m。

（三）野茉莉属 *Styrax* **L.**

1. 野茉莉 *S. japonicus* Sieb. et Zucc. var. *japonicus* 李家坡 1368m。

六十一、山矾科 Symplocaceae

（一）山矾属 *Symplocos* **Jacq.**

1. 白檀 *S. paniculata*（Thunb.）Miq. 沙湾 1300m。

2. 薄叶山矾 *S. anomala* Brand. 桦槁坪 1500m;天生桥 1567m。

3. 茶条果 *S. lucida* (Thunb.) Sieb. et Zucc. 中洞 1050m;大岩品 900m;大洞 1610m。

4. 光叶山矾 *S. lancifolia* Sieb. et Zucc. 沙湾 1350m;观音岩下。

5. 老鼠矢 *S. stellaris* Brand. 饭甑山 1320m;大山 1201m;大火土。

6. 南岭山矾 *S. confusa* Brand 胡家坡 1100m。

7. 山矾 *S. sumuntia* Buch. – Ham. ex D. Don 桦槁坪 1450m;大屯。

8. 腺柄山矾 *S. adenopus* Hance 煤厂湾 1600m;大屯。

六十二、紫金牛科 Myrsinaceae

(一)杜茎山属 *Maesa* Forsk

1. 杜茎山 *M. japonica* (Thunb.) Moritzi. ex Zoll. 桦槁坪 1350m;钻子沟 830m。

(二)铁仔属 *Myrsine* L.

1. 光叶铁仔 *M. stolonifera* (Koidz.) Walker 刘家湾 1300m。

2. 铁仔 *M. africana* L. 区内次生林下有分布。

(三)紫金牛属 *Ardisia* Swartz

1. 百两金 *A. crispa* (Thunb.) A. DC. 风水桠管理站 1200m;大坪梁子 1473m。

2. 江南紫金牛 *A. faberi* Hemsl. 白石溪沟 680m。

3. 九节龙 *A. pusilla* A. DC. 底水 1000m。

4. 血党 *A. brevicaulis* Diels 百台 1050m。

5. 朱砂根 *A. crenata* Sims 沙湾 1150m。

6. 紫金牛 *A. japonica* (Thunb.) Blume. 中洞 1100m;罗家湾 1498m;白石溪沟 680m;钻子沟 740m。

六十三、报春花科 Primulaceae

(一)报春花属 *Primula* L.

1. 鄂报春 *P. obconica* Hance 观音岩下 1400m;钢厂湾 1590m;飞龙苗丫口 1592m;坟档;袁家沟 1227m;毛家沟 1248m;苏家沟。

(二)点地梅属 *Androsace* L.

1. 贵州点地梅 *A. kouytchensis* Bonat 百台 950m。

(三)珍珠菜属 *Lysimachia* L.

1. 临时救 *L. congestiflora* Hemsl. 茶厂后山 1550m;天生桥 1560m。

2. 落地梅 *L. paridiformis* Franch. 刘家沟 1450m;飘水岩 1420m;太阳山 1760m;白石溪沟 680m;灰矸 1250m;飘水岩 1420m。

3. 显苍过路黄 *L. rubiginosa* Hemsl. 饭甑山 1300m。

4. 过路黄 *L. christinae* Hance 王家水库。

5. 五岭管茎过路黄 *L. fistulosa* Hand. -Mazz. var. *wulingensis* Chen et C. M. Hu 让水峰 1100m。

6. 腺药珍珠菜 *L. stenosepala* Hemsl. 饭甑山 1200m;飘水岩 1420m。

7. 星宿菜 *L. fortunei* Maxim.

8. 叶头过路黄 *L. phyllocephala* Hand. -Mazz. 茶厂后山 1450m。

9. 长蕊珍珠菜 *L. lobelioides* Wall.

10. 矮桃 *L. clethroides* Duby 胡家坡 1100m,太阳山 1630m;太阳山 1500m。

六十四、海桐花科 Pittosporaceae

(一)海桐花属 *Pittosporum* Banks

1. 柄果海桐 *P. podocarpum* Gagnep. 沙湾 1250m。

2. 大叶海桐 *P. adaphniphylloides* Hu et Wang 底水 1200m。

3．海金子 *P. illicioides* Mak. 白石溪沟 700m。

4．光叶海桐 *P. glabratum* Lindl. 桦槁坪 1480m；罗家湾 1498m；烟灯垭口 1572m。

5．稜果海桐 *P. trigonocarpum* Lévl. 沙湾 1250m；元龙山 1166m。

6．狭叶海桐 *P. glabratum* var. *neiriifolium* Rehd. et Wils. 饭甑山 1300m；火基坪（大园子）1256m；十八节 1338m；黄家坳 1272m。

7．崖花子 *P. truncatum* Pritz. 大湾坪上；白哨。

六十五、绣球花科 Hydrangeaceae

（一）赤壁草属 *Decumaria* L.

1．赤壁草 *D. sinensis* Oliv. 茶场后山 1480m。

（二）黄常山属 *Dichroa* Lour.

1．常山 *D. febrifuga* Lour. 胡家坡 1300m；白石溪沟 728m；瓦房王家 1280m；风水桠管理站 1200m。

（三）溲疏属 *Deutzia* Thunb.

1．溲疏 *D. scabra* Thunb. 刘家沟 1370m；半河 872m。

2．四川溲疏 *D. setchuenensis* Franch. 边江 1450m。

（四）绣球属 *Hydrangea* L.

1．八仙柔毛绣球 *H. villosa* Rehd. f. *sterilis* Reh d. 鸡公顶 1400m。

2．八仙蜡莲绣球 *H. strigosa* f. *sterilis* Rehd. 白石溪 1100m。

3．大枝绣球 *H. rosthornii* Diels 中洞 1050m。

4．挂苦绣球 *H. xanthoneura* Diels 桦槁坪 1450m。

5．冠盖绣球 *H. anomala* D. Don 太阳山附近 1550m。

6．蜡莲绣球 *H. strigosa* Rehd. 沙湾 1320m；观音岩 1450m；红光坝 1180m。

7．柔毛绣球 *H. villosa* Rehd. 茶场 1520m；飘水岩 1420m。

8．绣球 *H. macrophylla*（Thunb.）DC. 区内栽培。

9．长柄绣球 *H. longipes* Franch. 大竹坝 1340m；红光坝 1199m；三角坝 1255m。

六十六、景天科 Crassulaceae

（一）红景天属 *Rhodiola* L.

1．豌豆七 *Rh. henryi*（Diels）S. H. Fu 茶厂后山 1450m。

（二）景天属 *Sedum* L.

1．凹叶景天 *S. emarginatum* Migo 鸡公顶 1200m；大水滴 1255m；让水峰谷底蚂蝗沟 950m；苦草垭 1400m；杉郎树 1487m。

2．垂盆草 *S. sarmentosum* Bunge 白溪沟石；苦草垭 1400m；杉郎树 1487m；让水峰谷底 950m。

3．山飘风 *S. majus*（Hemsley）Migo 飘水岩 1420m。

4．细叶景天 *S. elatinoides* Franch. 煤厂沟 1200m。

（三）石莲属 *Sinocrassula* Berger

1．石莲 *S. indica*（Decne.）Berger 区内岩石上有分布。

六十七、虎耳草科 Saxifragaceae

（一）虎耳草属 *Saxifraga* L.

1．虎耳草 *S. stolonifera* Meerb. 区内林下阴湿有分布。

（二）黄水枝属 *Tiarella* L.

1．黄水枝 *T. polyphylla* D. Don 林下阴湿地及沟边岩石上有分布；天生桥 1567m。

（三）金腰属 *Chrysosplenium* L.

1．大叶金腰 *Ch. macrophyllum* Oliv. 大石板垭口 1200m；太阳山大洞 1680m；飞龙苗丫口 1592m；袁

家沟 1227m;龙塘 1250m。

2. 绣毛金腰 *Ch. davidianum* Decne. 白石溪 1100m。

3. 天胡荽金腰 *Ch. hydrocotylifolium* Lévl. et Vaniot 半坡 852m。

（四）落新妇属 *Astilbe* Buch. -Ham.

1. 落新妇 *A. chinensis*（Max.）Franch. et Savat. 观音岩下 1350m;袁家沟 1227m。

2. 大落新妇 *A. grandis* Stapf. ex Wils. 茶厂后山 1500m;飘水岩 1440m。

（五）鼠刺属 *Itea* L.

1. 滇鼠刺 *E. yunnanenis* Franch. 桦槁坪 1560m;河家坡 715m;半河 872m;杉郎树 1487m;半坡 852m;月亮关 1365m。

2. 月月青 *E. ilicifolia* Oliv. 饭甑山 1300m。

六十八、蔷薇科 Rosaceae

（一）草莓属 *Fragaria* L.

1. 黄毛草莓 *F. nilgerrensis* Schlecht. ex Gay 山坡草地常见;桦槁坪 1350m;宽阔水飞龙苗丫口 1592m;李家坡 1368m。

（二）稠李属 *Padus* Mill

1. 灰叶稠李 *P. grayana* Max. 沙湾 1450m;太阳山 1570m。

2. 细齿稠李 *P. vaniotii* Lévl. 桦槁坪 1400m。

3. 绢毛稠李 *P. sericea*（Batal.）Kochne 灰矸 1250m。

4. 棣棠花属 *Kerria* DC.

5. 棣棠花 *K. japonica*（Linn.）DC. 桦槁坪 1430m;广山。

（三）红果树属 *Stranvaesia* Lindl.

1. 毛萼红果树 *S. amphidoxa* Schneid. 太阳山一带 1500～1650m;刘家岭 1544m。

2. 红果树 *S. davidiana* Dcne. 太阳山顶 1760m;茶场 1520m。

（四）花楸属 *Sorbus* L.

1. 大果花楸 *S. megalocarpa* Rehd. 分布于水库至茶场一带。

2. 华西花楸 *S. wilsoniana* Schneid 白石溪 1250m。

3. 毛背花楸 *S. aronioides* Rehd. 太阳山 1650m。

4. 美脉花楸 *S. caloneura*（Stapf.）Rehd. 沙湾 1500m。

5. 石灰花楸 *S. folgneri*（Schneid.）Rehd. 太阳山 1630m;太阳山 1760m;中心站附近 1511m;沈家湾 1274m。

6. 水榆花楸 *S. alnifolia* Munch. 太阳山顶 1760m。

7. 长果花楸 *S. zahlbruckneri* Schneid. 桦槁坪 1440m。

（五）火棘属 *Pyracantha* Rocm.

1. 火棘 *P. fortuneana*（Maxim.）Li 区内次生林及荒山荒坡中常见。

2. 全缘火棘 *P. atalantioides*（Hance）Stapf 中洞 1100m。

（六）梨属 *Pyrus* L.

1. 沙梨 *P. pyrifolia*（Burm. f.）Nakai 下嗣村坪上 1568m。

（七）李属 *Prunus* L.

1. 大叶桂樱 *P. zippenliana* Miq. 太阳山附近有分布;灰矸 1250m。

2. 华中樱 *P. conradinae* Koehne 桦槁坪 1350m。

3. 李 *P. salicina* Linn. 区内栽培及野生;王家水库。

4. 毛樱桃 *P. tomentosa* Thunb. 胡家坡 1150m。

5. 梅 *P. mume* Sieb. et Zucc. 区内栽培。

6. 南方桂樱 *P. australis*（Yu et Lu）C. H. Chen 白石溪沟 728m。

7. 山樱花 *P. serrulata*（Lindl.）G. Don ex London 太阳山 1650m；碑桠口。

8. 桃树 *P. persica*（L.）Batsch. 区内栽培。

9. 杏 *P. armeniaca* Linn. 区内栽培。

10. 崖樱桃 *P. scopulorum*（Koehne）Yu et Li 观音岩沟 1400m；大洞 1610m。

11. 樱桃 *P. pseudocerasus*（Lindl.）G. Don 区内栽培。

（八）龙牙草属 *Agrimonia* L.

1. 龙牙草 *A. pilosa* Ledeb. var. *pilosa* 分布于区内路边荒坡。

（九）木瓜属 *Chaenomeles* Lindl.

1. 木瓜 *C. sinensis*（Thouin）Koehne 区内野生及栽培。

（十）枇杷属 *Eriobotrya* Lindl.

1. 枇杷 *E. japonica*（Thunb.）Lindl. 区内栽培；半河 872m；红光坝 1164m；大干沟 1049m。

（十一）苹果属 *Malus* Mill.

1. 花红 *M. asiatica* Nakai 区内栽培。

2. 三叶海棠 *M. sieboldii*（Regel.）Rehd. 太阳山 1600m。

（十二）蔷薇属 *Rosa* L.

1. 刺梨 *R. roxburghii* Tratt. f. *roxburghii* 区内次生林及荒山荒坡中常见；大竹坝 1380m。

2. 单瓣缫丝花 *R. roxburghii* f. *normalis* Rehd. et Wils. 十八节 1338m；李家坡 1368m。

3. 黄泡 *R. pectinellus* Maxim. 天生桥 1567m。

4. 金樱子 *R. laevigata* Michx. 分布于底水、马蹄溪灌丛中。

5. 亮叶月季 *R. lucidissima* Lévl. 大山 1201m。

6. 小果蔷薇 *R. cymosa* Tratt. 区内次生林及荒山荒坡中常见。

7. 悬钩子蔷薇（茶子藦）*R. rubus* Lévl. et Vant 一碗水 1150m；元龙山 1166m。

8. 野蔷薇 *R. multiflora* Thunb. var. *multiflora* 区内灌丛中有分布。

（十三）蛇莓属 *Duchesnea* J. E. Smith

1. 蛇莓 *D. indica*（Andr.）Focke 山坡草地常见。

（十四）石楠属 *Photinia* Lindl.

1. 椤木石楠 *Ph. davidsoniae* Rehd. et Wils. 中洞 950m。

2. 绒毛石楠 *Ph. schneideriana* Rehd. et Wils. 罗家湾 1498m。

3. 小叶石楠 *Ph. parvifolia*（Pritz.）Schneid. 宽阔水水库附近 1500m；中心站附近 1511m。

4. 中华石楠 *Ph. beauverdiana* Schneid. 太阳山一带 1530m。

（十五）水杨梅属 *Geum* L.

1. 柔毛水杨梅 *G. japonicum* Thunb. var. *chinense* Bolle. 胡家坡小路边 1100m；王家水库。

2. 水杨梅 *G. aleppicum* Jacq. 区内路边常见。

（十六）委陵菜属 *Potentilla* L.

1. 翻白草 *P. discolor* Bge. 中洞 1200m。

2. 三叶委陵草 *P. freyniana* Borum.

3. 西南委陵菜 *P. fulgens* Wall. ex Hook. 山坡草地常见。

4. 蛇含委陵菜 *P. kleiniana* Wight et Arn. 桦槁坪 1350m；林岩 1300m。

（十七）绣线菊属 *Spiraea* L.

1. 中华绣线菊 *S. chinensis* Maxim. 一碗水 1180m；014，下坝 1182m；三角坝 1255m。

2. 翠兰绣线菊 *S. henryi* Hemsl. var. *henryi* 桦槁坪 1350m。

3. 粉花绣线菊 *S. japonica* L. f. var. *japonica* 太阳山 1600m；林岩 1300m；中心站附近 1511m。

4. 光叶绣线菊 *S. japonica* var. *fortunei*（Planchon）Rehd. 沙湾 1320m。

5. 毛叶绣线菊 *S. mollifolia* Rehd. 太阳山 1630m。

6. 狭叶绣线菊 *S. japonica* var. *acuminata* Franch. 观音岩 1480m。

（十八）绣线梅属 *Neillia* D. Don

1. 中华绣线梅 *N. sinensis* Oliv. 太阳山 1620m。

（十九）悬钩子属 *Rubus* L.

1. 白叶莓 *R. innominatus* S. Moore var. *innominatus* 沙湾 1160m；王家水库；白哨 783m；下坝 1182m。

2. 插田泡 *R. coreanus* Miq. var. *coreanus* 区内荒坡、灌丛地常见。

3. 川莓 *R. setchuenensis* Bur. et Franch. 区内荒坡、灌丛地常见。

4. 盾叶莓 *R. peltatus* Maxim. 太阳山 1550m。

5. 粉枝莓 *R. biflorus* Buch. -Ham. ex Smith 杉树林 1384m；苦草垭 1400m；白哨 783m；下坝 1182m。

6. 高梁泡 *R. lambertianus* Ser. var. *lambertianus* 胡家坡 1150m；风水桠管理站 1200m。

7. 红毛悬钩子 *R pinfaensis* Lévl. et Vant. 区内荒坡、灌丛地常见；钻子沟 830m；半河 872m；三岔河 803m。

8. 黄脉莓 *R. xanthoneurus* Focke 大湾坪上。

9. 灰毛泡 *R. irenaeus* Focke 龚家河坝 900m。

10. 毛萼莓 *R. chroosepalus* Focke 胡家坡 1050m。

11. 茅莓 *R. parvifolius* L. 荒山灌丛均分布。

12. 木莓 *R. swinhoei* Hance 宽阔水水库 1410m。

13. 三花悬钩子 *R. trianthus* Focke 分布于 950～1400m 荒山灌丛；飘水岩 1440m；茶场 1520m；宽阔水水库 1410m；飘水岩 1420m；中心站 1511m；大湾坪上 1378m；杉郎树 1487m；红光坝 1164m；李家坡 1368m。

14. 山莓 *R. corchorifolius* L. 区内荒坡、灌丛地常见；村下坝 1182m；毛家林口；大干沟 1049m。

15. 棠叶悬钩子 *R. malifolius* Focke 茶场 1600m。

16. 无腺白叶莓 *R. innominatus* S. Moore var. *kuntzeanus* Bailey 底水 1150m；灌丛有分布。

17. 五叶鸡爪茶 *R. playfairianus* Hemsl. ex Focke. 中洞 1050m。

18. 喜阴悬钩子 *R. mesogaeus* Focke 分布于白石溪 900～1200m。

19. 宜昌悬钩子 *R. ichangensis* Hemsl. et Ktze. 钻子沟 740m；林岩 1300m；元龙山 1166m；半河 872m；白哨；烧鸡湾 1314m。

（二十）栒子属 *Cotoneaster* B. Ehrhart

1. 川康栒子 *C. ambigums* Rehd. et Wils. 鸡公顶 1340m。

2. 麻核栒子 *C. foveolatus* Rehd. et Wils. 中洞 1050m。

3. 平枝栒子（铺地蜈蚣）*C. horizontalis* Dcne 分布于区内荒坡灌丛中；大竹坝 1320m。

4. 西南栒子 *C. franchetii* Bois 一碗水 1150m；罗家湾 1498m。

5. 小叶平枝栒子 *C. horizontalis* var. *perpusillus* Schneid. 碑桠口。

6. 皱叶栒子 *C. rhytidophyllus* Rehd. 大湾坪上；杉郎树 1487m。

7. 柳叶栒子 *C. salicifolius* Franch. 大竹坝 1380 m。

六十九、含羞草科 Mimosaceae

（一）合欢属 *Albizia* Durazz.

1. 合欢 *A. julibrissin* Durazz. 三岔河 803m。

2. 山合欢 *A. kalkora*（Roxb.）Prain 观音岩下 1330m。

七十、云实科 Caesalpiniaceae

（一）老虎刺属 *Pterolobium* **R. Br. ex Wigth et Arn.**

1. 老虎刺 *P. punctatum* Hemsl. 荒坡灌丛常见。

（二）云实属 *Caesalpinia* **L.**

1. 云实 *C. decapetala*（Roth.）Alston 常见于荒坡灌丛。

（三）皂荚属 *Gleditsia* **L.**

1. 皂荚 *G. sinensis* Lam. 村寨附近常栽培。

（四）紫荆属 *Cercis* **L.**

1. 紫荆 *C. chinensis* Bunge 三岔河 803m；沈家湾 1274m。

2. 云南紫荆 *C. yunnanensis* Hu et Cheng 底水 1250m。

七十一、蝶形花科 Fabaceae

（一）百脉根属 *Lotus* **L.**

1. 百脉根 *L. corniculatus* L. 区内山坡、草地、田间有分布。

（二）草木樨属 *Melilotus* **Mill.**

1. 草木樨 *M. suaveolens* Ledeb. 区内农田周围、西边有分布。

（三）车轴草属 *Trifolium* **L.**

1. 白车轴草（白三叶草）*T. repen* L. 区内农地周围、荒草坡常见。

2. 红车轴草（红三叶草）*T. pretense* L. 区内农地周围、荒草坡有分布。

（四）刺槐属 *Robinia*

1. 刺槐 *R. pseudoacacia* L. 见于次生林及灌丛中。

（五）葛属 *Pueraria* **DC.**

1. 峨眉葛藤 *P. omeiensis* Wang et Tang 刘家坡 1430m。

2. 野葛 *P. lobata*（Willd.）Ohwin 分布于次生林。

（六）杭子梢属 *Campylotropis* **Bunge.**

1. 西南杭子梢 *C. delavayi*（Franch.）Schindl. 区内荒坡、灌丛中有分布。

（七）胡枝子属 *Lespedeza* **Michx.**

1. 截叶胡枝子 *L. cuneata*（Dum. Cours.）G. Don 分布于山坡草地。

2. 美丽胡枝子 *L. formosa*（Vog.）Kothne 区内次生林中有分布。

3. 铁马鞭 *L. pilosa*（Thunb.）Sieb. et Zucc. 区内草坡及农地四周有分布。

（八）槐属 *Sophora* **L.**

1. 苦参 *S. flavescens* Aiton 底水 1050～1200m。

（九）红豆属 *Ormosia* **Jacks.**

1. 岩生红豆 *O. saxatilis* K. M. Lan 宽阔镇九龙村大屯。

（十）黄芪属 *Astragalus* **L.**

1. 紫云英 *A. sinicus* L. 区内农地四周、草坡有分布，袁家沟 1222m；余家沟 1258m。

（十一）黄檀属 *Dalbergia* **L. f.**

1. 含羞草叶黄檀 *D. mimosoides* Franch. 飘水岩 1404m。

2. 黄檀 *D. hupeana* Hance 底水 1100m。

3. 藤黄檀 *D. hancei* Benth. 中洞 1150m；半坡 852m；下坝 1182m；三岔河 803m；李家坡 1312m。

（十二）鸡眼草属 *Kummerowia* **Schindl.**

1. 短萼鸡眼草 *K. stipulacea*（Mixim.）Makino 底水 1150m。

（十三）锦鸡儿属 *Caragana* Fabr.

1. 锦鸡儿 *C. sinica*（Buchog.）Rehd. 底水、白石溪次生林中有分布。

（十四）木蓝属 *Indigofera* L.

1. 马棘 *I. pseudotinctoria* Matsum. 白石溪 1150m；白哨 783m。

（十五）苜蓿属 *Medicago* L.

1. 天蓝苜蓿 *M. lupulina* L. 区内农地路旁有分布。

（十六）山蚂蝗属 *Desmodium* Desv.

1. 山蚂蝗 *D. raemosum*（Thunb.）DC. 桦槁坪 1450m。

2. 波叶山蚂蝗 *D. sequax* Wall. 白哨；三岔河 803m。

（十七）香槐属 *Cladratis* Raf.

1. 小花香槐 *C. sinensis* Hemsl. 太阳山 1620m。

（十八）崖豆藤属 *Millettia* Wight et Arn.

1. 亮叶崖豆藤 *M. nitida* Benth. 龚家河坝 960m；半坡 852m。

2. 香花崖豆藤 *M. dielsiana* Harms 一碗水 1250m。

3. 锈毛崖豆藤 *M. sericosema* Hance 胡家坡 1300m。

4. 厚果崖豆藤 *M. pachycarpa* Benth. 李家坡 1312m。

（十九）羊蹄甲属 *Bauhinia* Linn.

1. 马鞍羊蹄甲 *B. brachycarpa* Wall. 半坡 852m。

（二十）野碗豆属 *Vicia* L.

1. 广布野豌豆 *V. cracca* Linn. 余家沟 1258m。

2. 四籽野豌豆 *V. terarsperma*（Linn.）Moench.

3. 野碗豆 *V. sepium* L. 分布于草地荒坡。

（二十一）猪屎豆属 *Crotalaria* L.

1. 假苜蓿 *C. medicaginea* Lam. 区内路边农地有分布。

（二十二）野扁豆属 *Dunbaria* Wight et Arn.

1. 圆叶野扁豆 *D. rotundifolia*（Lour.）Merr.

七十二、胡颓子科 Elaeagnaceae

（一）胡颓子属 *Elaeagnus* L.

1. 巴东胡颓子 *E. difficilis* Serv. 宽阔水水库 1410m。

2. 蔓胡颓子 *E. glabra* Thunb. 观音岩 1500m。

3. 胡颓子 *E. pungens* Thunb. 水广山；下坝 1182m；烧鸡湾 1314m；顺河半坡。

4. 披针叶胡颓子 *E. lanceolata* Ward. ex Diels 饭甑山 1150m；铁厂坪 1520m。

5. 宜昌胡颓子 *E. henryi* Warb. ex Diels 刘家沟 1300m；白石溪沟 700m。

七十三、小二仙草科 Haloragaceae

（一）小二仙草属 *Haloragis* J. R. et Forster.

1. 小二仙草 *H. micrangtha*（Thunb.）R. Br. ex Sieb. et Zucc. 百台 950m。

（二）狐尾藻属 *Myriophyllum* L.

1. 狐尾藻 *M. spicatum* L. 百台 1100m。

七十四、千屈菜科 Lythraceae

（一）节节菜属 *Rotala* L.

1. 节节菜 *R. indica*（Willd.）Koehne 区内农地路旁常见。

2. 圆叶节节菜 *R. rotundifolia*（Roxb.）Koehne 区内农地路旁常见。

（二）紫薇属 *Lagerstromia* **Linn.**

1. 紫薇 *L. indica* Linn. 区内栽培。

2. 川黔紫薇 *L. excelsa*（Dode）Chun ex S. Lee et L. Lau 马蹄溪 1039m；大岩品 900m；大水滴 1255m。

七十五、瑞香科 **Thymelaeaceae**

（一）荛花属 *Wikstroemia* **Endl.**

1. 小黄构 *W. micrantha* Hemsl. 中洞 970m。

2. 了哥王 *W. indica*（Linn.）C. A. Mey. 袁家沟 1227m。

（二）瑞香属 *Daphne* **L.**

1. 白瑞香 *D. payracea* Wall. ex Steud. 胡家坡 1050m。

2. 尖瓣瑞香 *D. acutiloba* Rehd. 茶场 1520m；白石溪沟 680m；大湾坪上 1378m；凉水井 1422m；元龙山 1166m。

七十六、桃金娘科 **Myrtaceae**

（一）蒲桃属 *Syzygium* **Gaertn.**

1. 赤楠 *S. buxifolium* Hook. et Arn.

七十七、石榴科 **Punicaceae**

（一）石榴属 *Punica* **L.**

1. 石榴 *P. granatum* L. 区内栽培。

七十八、柳叶菜科 **Onagraceae**

（一）柳叶菜属 *Epilobium* **L.**

1. 柳叶菜 *E. hirsutum* L. 区内林下溪边有分布。

2. 锐齿柳叶菜 *E. kermodei* Raven

3. 小花柳叶菜 *E. parviflorum* Schreb. 区内林下溪边有分布。

4. 长籽柳叶菜 *E. pyrricholophum* Franch. et Savat. 刘家沟 1350m。

5. 中华柳叶菜 *E. sinense* Lévl. 刘家沟 1250m。

（二）露珠草属 *Circaea* **L.**

1. 谷蓼 *C. erubescens* Franch. et Savat. 区内林下沟边有分布。

2. 露珠草 *C. cordata* Royle 飘水岩 1420；钻子沟 720m。

3. 南方露珠草 *C. mollis* Sieb. et Zucc. 观音岩 1450m；飘水岩 1410；让水峰谷底 950m；王家水库。

4. 牛泷草 *C. cordata* Royle 区内林下阴湿处有分布。

（三）月见草属 *Oenothera* **L.**

1. 月见草 *O. biensis* Linn. 区内荒坡路旁常见。

七十九、野牡丹科 **Melastomataceae**

（一）金锦香属 *Osbeckia* **L.**

1. 朝天罐 *O. crinita* Benth. 区内路边荒坡、灌丛有分布。

（二）野牡丹属 *Melastoma* **Linn.**

1. 地菍 *M. dodecandrum* Lour. 刘家沟 1250m。

（三）肉穗草属 *Sarcopyramis* **Wall.**

1. 肉穗草 *S. bodinieri* Lévl. et. Van. 飘水岩 1440m；王家水库。

八十、八角枫科 **Alangiaceae**

（一）八角枫属 *Alangium* **Lam.**

1. 八角枫 *A. chinense*（Lour.）Harms subsp. *chinense* 观音岩下 1300m；沙湾 1200m；半坡 852m。

2. 瓜木 *A. platanifolium*（Sieb. et Zucc.）Harms 桦槁坪 1450m；分水岭丫口；三岔河 803m；毛家林口；李家坡 1312m。

3. 小花八角枫 *A. faberi* Oliv. 中洞 1000m。

八十一、蓝果树科 Nyssaceae

（一）喜树属 *Camptotheca* Decne.

1. 喜树 *C. acuminata* Decne. 区内有栽培。

（二）紫树属 *Nyssa* Gronov. ex L.

1. 紫树（蓝果树）*N. sinensis* Oliv. 白石溪 1130m；瓦房王家 1280m。

（三）珙桐属 *Davidia* Baill.

1. 珙桐 *D. involucrata* Baill. 太阳山一带；中心站公路旁 1487m；大洞 1680m；钢厂湾 1590m；烟灯垭口 1695m；穿洞（一线天）1593m。

八十二、山茱萸科 Cornaceae

（一）梾木属 *Cornus* L.

1. 灯台树 *C. controversa* Hemsl. ex Prain 飘水岩 1410 m。

2. 梾木 *C. macrophylla* Wall. 中洞 1200m，太阳山 1610m；沙湾 1450m。

（二）青荚叶属 *Helwingia* Willd.

1. 中华青荚叶 *Helwingia chinensis* Batal. 鸡公顶 1280m；灰矸 1250m；飘水岩 1420m；飘水岩 1420m。

2. 青荚叶 *H. japonica*（Thunb.）Dietr. 中洞 1050m；刘家沟 1400m；红光坝 1182m；里头湾；分水岭丫口；下坝 1182m；袁家沟 1222m；打鼓丫 1384m。

（三）山茱萸属 *Macrocarpium*（Spach.）Nakai

1. 川鄂山茱萸 *M. chinensis*（Wanger.）Hutch. 一碗水 1300m。

（四）四照花属 *Dendrobenthamia* Hutch.

1. 尖叶四照花 *D. angustata*（Chun）Fang 胡家坡 1150m；大湾坪上 1378m；半坡 852m；大干沟 1049m。

2. 四照花 *D. japonica*（A. P. DC.）Fang var. *chinensis*（Osbrn）Fang 罗家湾 1498m；宽阔水水库 1410m；红光坝 1164m；毛家林口；打鼓丫 1384m。

3. 头状四照花 *D. capitata*（Wall.）Hutch. 刘家沟 1180m。

4. 香港四照花 *D. hongkongensis*（Hemsl.）Hutch. 鸡公顶 1400m。

（五）桃叶珊瑚属 *Aucuba* Thunb.

1. 桃叶珊瑚 *A. chionensis* Benth. 饭甑山 1290m；白石溪沟 680m；赶场湾 1600m；元龙山 1166m。

2. 长叶桃叶珊瑚 *A. himalaica* var. *dolichophylla* Fang 底水 1340m。

3. 喜马拉雅珊瑚 *A. himalaica* Hook. f. et Thoms. 天生桥 1567m。

4. 倒心叶珊瑚 *A. obcordata*（Rehder）Fu ex W. K. Hu et Soong 大石板。

（六）鞘柄木属 *Torricellia* DC.

1. 有齿角叶鞘柄木 *T. angulata* Oliv. var. *intermedia*（Harms）Hu. 大竹坝 1340m；桦槁坪 1350m；里头湾；分水岭丫口；下坝 1182m；红光坝 1164m；袁家沟 1227m；打鼓丫 1384m；大火土 1365m。

八十三、铁青树科 Olacaceae

（一）青皮木属 *Schoepfia* Schreb.

1. 青皮木 *S. jasminodora* Sieb. et Zucc. 太阳山 1600m；513，太阳山 1760m。

八十四、桑寄生科 Loranthaceae

（一）钝果寄生属 *Taxillus* Van. Tiegh.

1. 桑寄生 *T. sutchuensis*（Lecomte）Danser. 林中多有分布。

八十五、蛇菰科 Balanophoraceae

（一）蛇菰属 Balanophora Forst.

1. 蛇菰 B. japonica Makiro 刘家沟 1300m。

2. 穗花蛇菰 B. spicata Hayata 马蹄溪 1039m。

八十六、卫矛科 Celastraceae

（一）假卫矛属 Microtropis Wall.

1. 三花假卫矛 M. triflora Merr. et Freem. 烟灯垭口 1660m。

（二）南蛇藤属 Celastrus L.

1. 短梗南蛇藤 C. rosthornianus Loes. 刘家沟 1350m。

2. 显柱南蛇藤 C. stylosus Wall. 胡家坡 1150m；桦槁坪 1480m；王家水库。

3. 大芽南蛇藤 C. gemmatus Loes. 下坝 1182m；王家水库。

4. 南蛇藤 C. orbiculatus Thunb. 红光坝 1164m；沈家湾 1274m；王家水库。

（三）卫矛属 Euonymus L.

1. 刺果卫矛 E. acanthocarpus Franch. 中洞 1050m。

2. 大果卫矛 E. myrianthus Hemsl. 观音岩 1350m；罗家湾 1498m。

3. 冬青卫矛 E. japonicus Thunb. 区内栽培。

4. 黄刺卫矛 E. aculeatus Hemsl. 白石溪 1250m。

5. 裂果卫矛 E. dielsianus Loes. 饭甑山 1300m。

6. 石枣子 E. sanguineus Loes. ex Diels 底水 1100m。

7. 卫矛 E. alatus（Thunb.）Sieb. 龚家河坝 950m；桦槁坪 1350m；林岩 1300m；大湾 1531m；烧灰窑；下坝 1182m；四湾 1182m。

8. 西南卫矛 E. hamiltonianus Wall. f. hamiltonianus 桦槁坪 1480m。

八十七、冬青科 Aquifoliaceae

（一）冬青属 Ilex L.

1. 刺叶珊瑚冬青 I. coralliana Franch. var. aberrans Hand. -Mazz. 中洞 1130m；半河。

2. 大果冬青 I. macrocarpa Oliv. 沙湾 1350m；风水桠管理站 1200m；红光坝 1180m。

3. 镰尾冬青 I. cyrtura Merr. 刘家湾 1300m。

4. 猫儿刺 I. penryi Franch. 中洞 1150m。

5. 山枇杷 I. frachetiana Loes. 沙湾 1300m。

6. 凸脉冬青 I. edicostata Hu et Tang 煤厂湾 1600m。

7. 狭沟冬青 I. dunniana Lévl. 太阳山 1630m。

8. 香冬青 I. suaveolens（Lévl.）Loes. 鸡公顶 1350m。

9. 中型冬青 I. intermedia Loes. et Diels 饭甑山 1320m。

10. 紫果冬青 I. tsoii Merr. et Chun 桦槁坪 1450m。

11. 刺叶冬青 I. bipritsensis Hayata 大山 1201m；月亮关 1365m。

八十八、茶茱萸科 Icacinaceae

（一）假柴龙树属 Nothapodytes Bl.

1. 马比木 N. pittosporoides（Oliv.）Sleum. 大岩品 900m。

八十九、黄杨科 Buxaceae

（一）黄杨属 Buxus L.

1. 大花黄杨 B. henryi Mayr. 白石溪沟 700m；大岩品 900m；大湾坪上；月亮关 1365m。

2. 黄杨 *B. sinica*（Rehd. et Wils.）Cheng 饭甑山 1300m。

3. 匙叶黄杨（雀舌黄杨）*B. bodinieri* Lévl. 林岩 1300m。

4. 狭叶黄杨 *B. stenophylla* Hance 中洞 1300m。

（二）野扇花属 *Sarcococca* Lindl.

1. 野扇花 *S. ruscifolia* Stapf 中洞 980；半坡 852m；荣垭口；毛家沟 1248m；李家坡 1312m；猴子沟 1293m。

九十、大戟科 Euphorbiaceae

（一）蓖麻属 *Ricinus* L.

1. 蓖麻 *R. communis* Linn. 区内荒地常见。

（二）大戟属 *Euphorbia* L.

1. 地锦 *E. humifusa* Willd.

2. 水黄花 *E. chrysocoma* Lévl. et. Vant. 中洞 1000m；鸢都岩。

3. 泽漆 *E. helioscopia* Linn. 区内农地常见。

（三）算盘子属 *Glochidion* Forst.

1. 算盘子 *G. puberum*（Linn.）Hutch. 观音岩下 1400m；半河；李家坡 1368m。

（四）铁苋菜属 *Acalypna* L.

1. 铁苋菜 *A. autralis* L. 底水 1250m。

（五）乌桕属 *Sapium* Jacquin.

1. 乌桕 *S. sebiferum*（L.）Roxb. 区内栽培，三岔河 803m。

2. 圆叶乌桕 *S. rotundifolium* Hemsl.

（六）野桐属 *Mallotus* Lour.

1. 粗糠柴 *M. philippinensis*（Lam.）Muell. -Arg. 中洞 1150m；大岩品 900m；元龙山 1166m；猴子沟 1293m。

2. 扛青藤 *M. repandus* var. *chrysocarpus*（Pamp.）S. M. Hwang 饭甑山 11340m。

3. 野桐 *V. japonicus* var. *floccosus*（Muell. -Arg.）S. M. Huang 大竹坝 1380m；红光坝 1182m；煤厂沟 1200m；下坝 1182m；烧鸡湾 1314m；毛家林口。

4. 石岩枫 *M. repandus*（Willd.）Muell. Arg. 大干沟 1099m。

5. 毛桐 *M. barbatus*（Wall.）Muell. -Arg. 白哨；三岔河 803m。

（七）叶下珠属 *Phyllanthus* L.

1. 蜜柑草 *Ph. ussuriensis* Rupr. et Maxim. 沙湾 1350m。

2. 叶下珠 *Ph. urinaria* L. 一碗水 1200m。

3. 余甘子 *Ph. embellica* Linn. 刘家弯 1480m。

（八）油桐属 *Vernicia* Lour.

1. 油桐 *V. fordii*（Hemsl.）Airy Shaw 砖房组 910m；半河；三岔河 803m。

（九）雀舌木属 *Leptopus* Decne.

1. 尾叶雀舌木 *L. esquirolii*（Levl.）P. T. Li 牛尾塘 850m。

九十一、鼠李科 Rhamnaceae

（一）鼠李属 *Rhamnus* L.

1. 薄叶鼠李 *Rh. leptophylla* Schneid. 太阳山 1670m；飘水岩 1420m；死水氹 1336m；十八节 1338m；袁家沟 1222m；毛家沟 1248m；李家坡 1312m。

2. 钩齿鼠李 *Rh. lamprophylla* Schneid. 钢厂沟 1520m。

3. 贵州鼠李 *Rh. esquirolii* Lévl. 中洞 1000m。

4. 亮叶鼠李 *Rh. hemsleyana* Schneid. 底水 1100m。

5. 毛叶鼠李 *Rh. henryi* Schneid. 龚家河坝 1050m。

6. 小冻绿树 *Rh. rosthornii* Pritz. 沙湾 1400m。

7. 异叶鼠李 *Rh. heterophylla* Oliv. 一碗水 1230m。

8. 长叶冻绿 *Rh. crenata* Sieb. et Zucc. 沙湾 1220m。

（二）雀梅藤属 *Sageretia* Brongn.

1. 峨眉雀梅藤 *S. omeiensis* Schenid. 分布于区内灌丛中。

2. 雀梅藤 *S. theezana* Brongn. 大湾坪上；三岔河 803m；红光坝 1164m；袁家沟 1227m。

3. 皱叶雀梅藤 *S. rugosa* Hance 桦槁坪 1400m。

（三）枣属 *Ziziphus* Mill.

1. 枣树 *Z. jujuba* Mill. 白台有栽培。

（四）勾儿茶属 *Berchemia* Neck

1. 多花勾儿茶 *B. floribunda* Brongn. 分布于山坡灌丛中。

2. 勾儿茶 *B. sinica* Schneid. 龚家河坝 1180m；大竹坝 1320m。

3. 光枝勾儿茶 *B. polyphylla* var. *leioclada* Hand. – Mazz. 白哨。

（五）枳椇属 *Hovenia* Thunb.

1. 北枳椇 *H. dulcis* Thunb. 分布于村寨四旁。

2. 毛果枳椇 *H. trichocarpa* Chun et Tsiang 分布于村寨四旁。

3. 枳椇 *H. acerba* Lindl. 林岩 1300m；白哨；下坝 1182m。

九十二、葡萄科 Vitaceae

（一）爬山虎属 *Parthenocissus* Planch.

1. 三叶爬山虎 *P. himalayana* (Royle) Planch. 区内灌丛、草坪中有分布。

2. 异叶爬山虎 *P. heterophylla* (Bl.) Merr. 区内灌丛、草坪中有分布。

3. 爬山虎 *P. tricuspidata* (Sieb. et Zucc.) Planch. 大干沟 1099m。

（二）葡萄属 *Vitis* L.

1. 毛葡萄 *V. quinquangularis* Rehd. 煤厂湾 1600m；大竹坝 1380m。

2. 美丽葡萄 *V. bellula* (Rehd.) W. T. Wang 饭甑山 1250m。

（三）蛇葡萄属 *Ampelopsis* Michx.

1. 蛇葡萄 *A. sinica* (Miq.) W. T. Wang 大山 1201m。

2. 羽叶蛇葡萄 *A. chaffanjonii* (Lévl.) Rehd. 太阳山 1580m。

（四）乌蔹莓属 *Cayratia* Juss.

1. 乌蔹莓 *C. japonica* (Thunb.) Gagnep. 太阳山 1620m；分水岭丫口。

2. 大叶乌蔹莓 *C. oligocarpa* (Lévl. et Vant.) Gagnep. 死水凼 1393m；下坝 1182m。

（五）崖爬藤属 *Tetrastigma* Planch

1. 三叶崖爬藤 *T. hemsleyanum* Diels et Gilg 桦槁坪 1450m。

2. 狭叶崖爬藤 *T. hypoglaucum* Planch. 白石溪 1050m。

九十三、远志科 Polygalaceae

（一）远志属 *Polygala* L.

1. 瓜子金 *P. japonica* Houtt. 区内山坡、草地有分布。

2. 荷包山桂花 *P. arillata* Buch. -Ham. ex D. Don 刘家沟 1350m。

3. 黄花倒水莲 *P. fallax* Hemsl. 底水 1050m；飘水岩 1404m。

4. 尾叶远志 *P. caudata* Rehd. et Wils. 中洞 1180m；白石溪沟 680m；十八节 1338m；月亮关 1365m；

让水峰谷底 950m。

5. 小扁豆 *P. tatarinowii* Regel 区内草坡灌丛有分布。

九十四、省沽油科 Staphyleaceae

（一）山香圆属 *Turpinia* Vent.

1. 山香圆 *T. montana*（Bl.）Kurz. 中洞 1050m。

（二）省沽油属 *Staphylea* L.

1. 嵩明省沽油 *S. forrestii* Balf. f. 中洞 1050m。

（三）野鸦椿属 *Euscaphis* Sieb. et Zucc.

1. 野鸦椿 *E. japonica*（Thunb.）Dippel 区内次生灌丛有分布。

（四）银鹊树属 *Tapiscia* Oliv.

1. 银鹊树 *T. sinensis* Oliv. 灰矸 1250m；宽阔水水库 1410m；高坪 1342m。

九十五、伯乐树科 Bretschneideraceae

（一）伯乐树属 *Bretschneidera* Hemsl.

1. 伯乐树 *B. sinensis* Hemsl. 石连沟 1470m。

九十六、七叶树科 Hippocastanaceae

（一）七叶树属 *Aesculus* L.

1. 七叶树 *A. chinensis* Bunge 煤厂沟 1200m。

2. 天师栗 *A. wilsonii* Rehd. 桦槁坪 1450m；半坡 1060m。

九十七、槭树科 Aceraceae

（一）槭树属 *Acer* L.

1. 飞蛾槭 *A. oblongum* Wall. ex DC. 大干沟 1099m；打鼓丫 1384m。

2. 光叶槭 *A. laevigatum* Wall. 中洞 1000m。

3. 红果罗浮槭 *A. fabri* Hance var. *rubrocarpum* Metc. 大干沟 1099m。

4. 建始槭 *A. henyi* Pax 底水 1200m。

5. 罗浮槭 *A. fabri* Hance 中坝 1300m。

6. 青榨槭 *A. davidii* Franch. 饭甑山 1300m；瓦房王家 1280m；里头湾；芹菜塘 1541m；凉水井 1422m；死水凼 1336m；下坝 1182m；袁家沟 1222m；烧鸡湾 1314m；龙塘 1250m；毛家林口；李家坡 1312m；打鼓丫 1384m。

7. 三峡槭 *A. wilsonii* Rehd. 中洞 950m；红光坝 1180m；宽阔水水库 1410m。

8. 五裂槭 *A. oliverianum* Pax 沙湾 1350m。

9. 樟叶槭 *A. cinnamomifolium* Hayata 龚家屋基 850m。

10. 中华槭 *A. sinense* Pax 鸡公顶 1500m；赶场湾 1600m；飞龙苗丫口 1592m；杉树林 1384m。

11. 紫叶五尖槭 *A. maximowiczii* Pax subsp. *porphyrophyllum* Fang 胡家坡 1350m。

九十八、漆树科 Anacardiaceae

（一）黄连木属 *Pistacia* L.

1. 黄连木 *P. chinensis* Bunge 胡家坡 1250m；半坡 852m；白哨 783m。

（二）黄栌属 *Cotinus*（Tourn.）Mill

1. 黄栌 *C. coggygria* Scop. 白哨。

（三）南酸枣属 *Choerospondias* Burtt et Hill

1. 南酸枣 *C. axillaris*（Roxb.）Burtt et Hill. 飘水岩 1410m；红光坝 1180m；半坡 852m；三岔河 803m。

（四）漆树属 *Toxicodendron*（**Tourn.**）**Mill.**

1. 漆树 *T. vernicifluum*（Stokes.）F. A. Barkel. 区内野生或栽培。

2. 野漆树 *T. succedaneum*（L.）O. Kuntze 区内荒坡及次生林中常见。

（五）盐肤木属 *Rhus*（**Tourn**）**L.**

1. 红肤杨 *R. punjabensis* Stew. var. *sinica*（Diels）Rehd. et Wils. 中洞 1180m；大竹坝 1340m；边江 1450m；三岔河 803m。

2. 盐肤木 *R. chinensis* Mill. 区内荒坡及次生林中常见。

九十九、苦木科 Simaroubaceae

（一）苦木属 *Picrasma* **Bl.**

1. 苦木 *P. quassioides*（D. Don）Benn. 桦槁坪 1400m。

一百、楝科 Meliaceae

（一）楝属 *Melia* **L.**

1. 苦楝 *M. azedarach* L. 区内栽培及野生。

（二）香椿属 *Toona*（**Endl.**）**Roem.**

1. 香椿 *T. sinensis*（A. Juss.）Roem. 村寨四旁常栽培，散生于荒坡灌丛中。

一百〇一、芸香科 Rutaceae

（一）臭常山属 *Orixa* **Thunb.**

1. 臭常山 *O. japonica* Thunb. 胡家坡 1200m。

（二）飞龙掌血属 *Toddalia* **Juss.**

1. 飞龙掌血 *T. asiatica*（L.）Lan. 区内荒坡、灌丛中常见；让水峰谷底 950m。

（三）柑橘属 *Citrus* **L.**

1. 柑橘 *C. reticulata* Blanch. 区内栽培。

2. 宜昌橙 *C. ichangensis* Swingle 水库附近；太阳山 1500m；太阳山顶 1760m；罗家湾 1500m；大岩品 900m；烟灯垭口 1572m；穿洞（一线天）1593m；刘家岭 1544m；袁家沟 1227m。

（四）花椒属 *Zanthoxylum* **L.**

1. 异叶花椒 *Z. dimorphophyllum* Hemsl. 区内荒坡、灌丛中常见。

2. 刺异叶花椒 *Z. dimorphophyllum* var. *spinifolium* Rehd. et Wils. 大岩品 900m。

3. 花椒 *Z. bungeanum* Maxim. 区内栽培。

4. 蚬壳花椒 *Z. dissitum* Hemsl. 一碗水 1200m；烧灰窑；十八节 1338m；红光坝 1164m；龙塘 1250m；打鼓丫 1384m。

5. 竹叶椒 *Z. planispinum* Sieb. et Zucc. 区内荒坡、灌丛中常见。

（五）黄檗属 *Phellodendron* **Rupr.**

1. 黄檗 *Ph. amurense* Rupr. 大竹坝 1380m；栽培较多；茶场；林岩 1300m；下坝 1182m。

（六）松风草属 *Boenninghausenia* **Reichb.**

1. 松风草 *B. albiflora*（Hook.）Meiss. 饭甑山 1150m；红光坝 1180m；火基坪 1256m；飘水岩 1420m；王家水库。

（七）吴茱萸属 *Evodia* **Forst**

1. 臭辣树 *E. fargesii* Dode 刘家沟 1360m。

2. 楝叶吴茱萸 *E. meliifolia* Benth. 三角坝 1273m。

3. 吴茱萸 *E. rutaecarpa*（Juss.）Benth. 百台 1000m；白哨；下坝 1182m。

（八）茵芋属 *Skimmia* **Thunb.**

1. 乔木茵芋 *S. arborescens* T. Anders. 太阳山 1260m。

2. 茵芋 *S. reevesiana* Fortune 水库附近；太阳山 1760m。

一百○二、酢浆草科 Oxalidaceae

(一)酢浆草属 *Oxalis* L.

1. 山酢浆草 *O. grifithii* Edgew. et Hook. f. 天生桥 1567m；灰矸 1250m；袁家沟 1225m；龙塘 1250m。

2. 铜锤草 *O. corymbosa* DC. 区内农地路旁常见。

3. 酢浆草 *O. corniculata* L. 区内农地常见。

一百○三、牻牛儿苗科 Geraniaceae

(一)老鹳草属 *Geranium* L.

1. 东亚老鹳草 *G. nepalense* Sweet var. *thunbergii* (Sieb. et Zucc.) Kudo 飘水岩 1440m；区内草地、路边、田间有分布。

2. 老鹳草 *G. wilfordii* Maxim. 区内灌丛草地有分布。

一百○四、凤仙花科 Balsaminaceae

(一)凤仙花属 *Impatiens* L.

1. 凤仙花 *I. balsamina* Linn. 大湾 1531m；让水峰谷底 950m；王家水库；牛尾塘 850m；风水桠管理站 1200m。

2. 红纹凤仙花 *I. rubrostriata* Hook. f. 一线天 1550m。

3. 黄金凤 *I. siculifer* Hook. f. 观音岩下 1400m；太阳山 1550m；赶场湾 1600m；火基坪(大园子) 1256m；十二背后；飘水岩 1410m；王家水库。

4. 睫毛萼凤仙花 *I. blepharosepala* Pritz. ex Diels. 飘水岩 1421m。

5. 平坝凤仙花 *I. ganpiuana* Hook. f. 观音岩下 1350m。

6. 细柄凤仙花 *I. icptocaulon* Hook. f. 胡家坡 1150m。

一百○五、五加科 Araliaceae

(一)常春藤属 *Hedera* L.

1. 常春藤 *H. nepalensis* K. Koch var. *sinensis* (Tobl.) Rehd. 龚家河坝 1210m；煤厂沟 1200m；大湾坪上；半坡 852m；毛家沟 1248m。

(二)刺楸属 *Kalopanax* Miq.

1. 刺楸 *K. septemlobus* (Thunb.) Koidz. 村寨四旁及次生林中有分布。

(三)楤木属 *Aralia* L.

1. 楤木(刺老包)*A. chinensis* L. 区内次生林中常见分布。

2. 棘茎楤木 *A. echinocaulis* Hand. -Mazz. 区内次生林中常见分布。

(四)鹅掌柴属 *Schefflera* J. R. et G. Forst.

1. 短序鹅掌柴 *S. bodinieri* (Lévl.) Rehd. 沙湾 1240m；白石溪沟 700m；大石板垭口 1200m。

2. 穗序鹅掌柴 *S. delavayi* (Franch.) Harms ex Diels 区内林下常见。

(五)梁王茶属 *Nothopanax* Miq.

1. 异叶梁王茶 *N. davidii* (Franch.) Harms et Diels 桦槁坪至沙湾一带；飘水岩 1420m；大山 1201m；元龙山 1166m；分水岭丫口；下坝 1182m；红光坝 1164m；毛家沟 1248m；大火土 1365m。

(六)罗伞属 *Brassaiopsis* Decne et Planch.

1. 罗伞 *B. glomerulata* (Bl.) Rege

(七)树参属 *Dendropanax* Decne et Planch.

1. 树参 *D. dentigerus* (Harms) Merr. 沙湾 1420m；里头湾。

(八)通脱木属 *Tetrapanax* K. Koch

1. 通脱木 *T. papyriferus* (Hook.) K. Koch 底水 1060m。

（九）五加属 *Acanthopanax* **Miq.**

1. 白簕 *A. trifoliatus*（Linn.）Merr. var. *trifoliatus* 刘家沟 1470m；半坡 852m；十八节 1338m；大干沟 1049m。

2. 粗叶藤五加 *A. leucorrhizus* var. *fulvescens* Harms et Rehd. 沙湾 1370m。

3. 刚毛五加 *A. simonii* Schneid. var. *simonii* 观音岩下 1420m。

4. 藤五加 *A. leucorrhizus*（Oliv.）Harms var. *leucorrhizus* 太阳山 1620m。

5. 吴茱萸五加 *A. evodiaefolius* Franch. var. *evodiaefolius* 桦槁坪 1500m。

6. 五加 *A. gracilistylus* W. W. Smith var. *gracilistylus* 桦槁坪 1500m；大竹坝 1380m；下坝 1182m。

7. 中华五加 *A. sinensis* Hoo 饭甑山 1310m。

一百〇六、伞形科 **Apiaceae**

（一）变豆菜属 *Sanicula* **L.**

1. 薄片变豆菜 *S. lamelligera* Hance

2. 变豆菜 *S. chinensis* Bunge 区内林下有分布。

3. 天蓝变豆菜 *S. coerulescens* Franch.

4. 直刺变豆菜 *S. orchacantha* Moore 百台 1050m；大湾坪上；红光坝 1164m。

（二）柴胡属 *Bupleurum* **L.**

1. 小柴胡 *B. tenue* Buch. -Ham. ex Don 胡家坡 1300m。

2. 竹叶柴胡 *B. marginatum* Wall. ex DC. 底水 1050m。

（三）当归属 *Angelica* **L.**

1. 紫花前胡 *A. decursiva*（Miq.）Franch. et Sav. Enum.

（四）独活属 *Heracleum* **L.**

1. 短毛独活 *H. moellendorffii* Hance 饭甑山 1200m。

（五）防风属 *Saposhnikovia* **Schischk.**

1. 防风 *S. divaricata*（Turcz.）Schischk. 区内林下有分布。

（六）藁本属 *Ligusticum* **L.**

1. 川芎 *L. wallichii* Franch. 茶厂后山 1550m。

（七）胡萝卜属 *Daucus* **L.**

1. 野胡萝卜 *D. carota* L. 区内路边、林缘、田间有分布。

（八）茴芹属 *Pimpinella* **L.**

1. 革叶茴芹 *P. corialea*（Franch.）Boiss.

2. 异叶茴芹 *P. diversifolia* DC.

（九）积雪草属 *Centella* **L.**

1. 积雪草 *C. asiatica*（L.）Urban 区内田间、地边有分布。

（十）马蹄芹属 *Dickinsia* **Franch.**

1. 马蹄芹 *D. hydrocotyloides* Franch. 区内林下有分布。

（十一）囊瓣芹属 *Pternopetalum* **Franch.**

1. 膜蕨囊瓣芹 *P. trichomanifolium*（Fr.）Hand. -Mazz. 观音岩下 1300m；大苦子塘湾 960m；碑桠口；袁家沟 1227m；龙塘 1250m；苏家沟。

（十二）前胡属 *Peucedanum* **L.**

1. 华中前胡 *P. medicum* Dunn.

（十三）窃衣属 *Torilis* **Adans.**

1. 小窃衣 *T. japonica*（Houtt.）DC.

2. 窃衣 *T. scabra*（Thunb.）DC. 区内林缘、荒地路边有分。

（十四）水芹属 *Oenanthe* L.

1. 卵叶水芹 *O. rosthornii* Diels 区内林缘阴湿处有分布；王家水库。

2. 水芹 *O. javanica*（Blume）DC. 林岩 1300m；红光坝 1164m。

3. 西南水芹 *O. dielsii* Boiss 溪沟边林下阴湿处有分布。

（十五）天胡荽属 *Hydrocotyle* L.

1. 红马蹄草 *H. nepalensis* Hook Exot. Bot. 让水峰 1100m。

2. 中华天胡荽 *H. shanii*（Dunn）Craib

3. 天胡荽 *H. sibthorpioides* Lam. 区内沟边林下阴湿地有分布。

（十六）鸭儿芹属 *Cryptotaenia* DC.

1. 鸭儿芹 *C. japonica* Hasskarl 飘水岩 1410m。

（十七）芫荽属 *Coriandrum* L.

1. 芫荽 *C. sativum* L. 区内有栽培。

一百〇七、龙胆科 Gentianaceae

（一）匙叶草属 *Latouchea* Franch.

1. 匙叶草 *L. fokiensis* Franch. 大岩品 900m。

（二）花锚属 *Halenia* Borckh.

1. 椭圆叶花锚 *H. elliptica* D. Don

（三）龙胆属 *Gentiana* L.

1. 红花龙胆 *G. rhodantha* Franch. ex Hemsl. 区内草坡、灌丛中有分布；飘水岩 1440m。

2. 深红龙胆 *G. rubicunda* Fr.

（四）獐牙菜属 *Swertia* L.

1. 獐牙菜 *S. bimaculata*（Sieb. et Zucc.）Hook. f. et Thoms. 区内草坡有分布。

一百〇八、夹竹桃科 Apocynaceae

（一）络石属 *Tachelospermum* Lem.

1. 络石 *T. jasminoides*（Lindle.）Lem. 胡家坡 1200m；让水峰 1100m。

2. 石血 *T. jasminoides*（Lindle.）Lem. var. *heterophyllum* Tsiang 饭甑山 1150m。

3. 紫花络石 *T. axillare* Hook. f. 观音岩下 1350m。

（二）山橙属 *Melodinus* J. R. et G. Forst.

1. 尖山橙 *M. fusiformis* Champ. ex Benth. 白石溪沟 680～700m。

一百〇九、萝藦科 Asclepiadaceae

（一）鹅绒藤属 *Cynanchum* L.

1. 景东拓冠藤 *C. kintungense*

2. 牛皮消 *C. auriculatum* Royle ex Wight 分布于区内林缘处。

3. 青羊参 *C. octophyllum* Schneid. 茶厂后山 1600m。

4. 硃砂藤 *C. officinale*（Hemsl.）Tsiang et Zhang 百台 1250m。

（二）杠柳属 *Periploca* L.

1. 杠柳 *P. sepium* Bunge

2. 黑龙骨 *P. forrestii* Schltr. 白哨；三岔河 803m。

（三）萝藦属 *Metaplexis* R. Br.

1. 华萝藦 *M. hemsleyana* Oliv. 百台 950m；王家水库。

（四）牛奶菜属 *Marsdenia* **R. Br.**

1. 云南牛奶菜 *M. balansae* Cost. 钻子沟 720m。

（五）南山藤属 *Dregea* **E. Mey.**

1. 苦绳 *D. sinensis* Hemsl.

（六）石萝藦属 *Pentasacme* **Wall. et Wight**

1. 石萝藦 *P. championii* Benth.

（七）娃儿藤属 *Tylophora* **R. Br.**

1. 七层楼 *T. floribunda* Miq. 刘家沟 1400m。

一百一十、茄科 Solanaceae

（一）红丝线属 *Lycianthes*（**Dunal**）**Hassl.**

1. 单花红丝线 *L. lysimachioides*（Wall.）Bitter 风水丫 1200m。

2. 大齿红丝线 *L. macrodon*（Wall.）Bitter 让水峰 1100m。

（二）龙珠属 *Tubocapsicum*（**Wettst.**）**Makino**

1. 龙珠 *T. anomalum*（Franch. et Sav.）Makino in Bot.

（三）曼陀罗属 *Datura* **L.**

1. 曼陀罗 *D. stramonium* Linn. 区内荒地有分布。

（四）茄属 *Solanum* **Linn.**

1. 癫茄 *S. surattense* Burm. F. 区内荒地有分布。

2. 龙葵 *S. nigru* L. 区内林间有分布；让水峰谷底 950m。

3. 千年不烂心 *S. cathayamum* C. Y. Wu et S. C. Huang 观音岩下 1450m；让水峰谷底 950m。

4. 珊瑚豆 *S. pseudocapsicum* var. *diflorum*（Vell）Bitter 中洞 1150m。

（五）酸浆属 *Physalis* **L.**

1. 酸浆 *Ph. angulata* L. 区内荒地路旁有分布。

2. 小酸浆 *Ph. minima* L. 区内荒地路旁有分布。

一百一十一、旋花科 Convolvulaceae

（一）打碗花属 *Calystegia* **R. Br.**

1. 打碗花 *C. hederacea* Wall. 区内路边田间有分布。

2. 旋花（篱天剑）*C. sepium*（Linn.）R. Br.

（二）马蹄金属 *Dichondra* **J. R. et G. Forst.**

1. 马蹄金 *D. repens* Forst.

（三）牵牛属 *Pharbitis* **Choisy**

1. 牵牛 *Ph. nil*（Linn.）Choisy

2. 圆叶牵牛 *Ph. purpurea*（Linn.）Voigt

一百一十二、菟丝子科 Cuscutaceae

（一）菟丝子属 *Cuscuta* **L.**

1. 菟丝子 *C. chinensis* Lam. 区内林下有分布。

一百一十三、紫草科 Boraginaceae

（一）盾果草属 *Thyrocarpus* **Hance**

1. 盾果草 *Th. sampsonii* Hance 大竹坝 1312m。

（二）附地菜属 *Trigonotis* **Stev.**

1. 大叶附地菜 *T. macrophylla* Vantiot var. *macrophylla* 沙湾 1300m。

2. 峨眉附地菜 *T. omeiensis* Matsuda 区内山坡草地有分布。

3. 附地菜 *T. peduncularis*（Trev.）Benth. ex Baker et Moore 红沙地 1500m；飘水岩 1420m；半坡 852m。

（三）琉璃草属 *Cynoglossum* L.

1. 琉璃草 *C. zeylanicum*（Vahl）Thunb. ex Lehm. 中洞 1050m；大竹坝 1312m；半河。

2. 小花琉璃草 *C. lanceolatum* Forsk. 茶厂后山 1500m。

（四）厚壳树属 *Ehretia* L.

1. 粗糠树 *E. macrophylla* Wall.

一百一十四、马鞭草科 Verbenaceae

（一）大青属 *Clerodendrum* L.

1. 臭牡丹 *C. bungei* Steud. 区内林下有分布。

2. 大青 *C. cyrtophyllum* Turcz. 宽阔水水库 1480m。

3. 光叶海州常山 *C. trichotomum* Thunb. var. *fargesii*（Dode）Rehd. 茶厂后山 1620m。

4. 龙吐珠 *C. thomsonae* Balf. 太阳山 1600m。

（二）豆腐柴属 *Premna* L.

1. 豆腐柴 *P. microphylla* Turcz. 中洞 1150m；半河 872m；三岔河 803m；高坎子 1282m。

（三）马鞭草属 *Verbena* L.

1. 马鞭草 *V. officinalis* L. 区内林边路旁、草地均有分布。

（四）牡荆属 *Vitex* L.

1. 黄荆 *V. negundo* L. 沙湾 1300m。

（五）紫珠属 *Callicarpa* L.

1. 白棠子树 *C. dichotoma*（Lour.）Koch 百台 1000m；太阳山 1760m。

2. 大叶紫珠 *C. macrophylla* Vant. 茶厂后山 1600m；白哨；下坝 1182m。

3. 红紫珠 *C. rubella* Lindle 刘家沟 1430m。

4. 珍珠枫（紫珠）*C. bodinieri* Lévl. 胡家坡 1050m。

5. 狭叶红紫珠 *C. rubella* var. *angustata* Péi 半河 872m。

6. 紫珠 *C. bodinieri* Levl. 三岔河 803m。

一百一十五、透骨草科 Phrymataceae

（一）透骨草属 *Phryma* L.

1. 透骨草 *Ph. leptostachya* L. 区内林下有分布；一线天 1550m。

一百一十六、唇形科 Lamiaceae

（一）糙苏属 *Phlomis* L.

1. 糙苏 *Ph. umbrosa* Turcz. 龚家河坝 1050m。

（二）动蕊花属 *Kinostemon* Kudo

1. 动蕊花 *K. ornatum*（Hemsl.）Kudo 茶厂后山 1650m。

（三）风轮草属 *Clinopodium* L.

1. 寸金草 *C. megalanthum*（Diels）C. Y. Wu et Hsuan ex H. W. Li 区内阳坡、草地、路边有分布。

2. 灯笼草（风轮草）*C. polycephalum*（Vaniot）C. Y. Wu et Hsuan ex Hsu 胡家坡 1250m。

3. 风轮菜 *C. chinense*（Benth.）O. Ktze. 林岩 1273m。

4. 邻近风轮菜 *C. confine*（Hance）O. Ktze. 茶场 1520m。

5. 细风轮菜 *C. gracile*（Benth.）Matsum.

（四）黄芩属 *Scutellaria* **L.**

1. 岩藿香 *S. franchetiana* Lévl. 底水 950m。

（五）筋骨草属 *Ajuga* **Linn.**

1. 金疮小草 *A. decumbens* Thunb. 大滴水 1255m；飘水岩 1420m；大山 1201m。

（六）荆芥属 *Nepeta* **L.**

1. 荆芥 *N. cataria* L.

（七）假糙苏属 *Paraphlomis* **Prain**

1. 假糙苏 *P. javanica*（Bl.）Prain 钻子沟 740m。

（八）龙头草属 *Meehania* **Britt. ex Small et Vaill.**

1. 龙头草 *M. henryi*（Hemsl.）Sun ex C. Y. Wu 太阳山一带林下有分布；王家水库。

2. 圆茎龙头草 *M. henryi* var. *stachydifolia*（Lévl.）C. Y. Wu 太阳山一带林下有分布。

（九）石荠苎属 *Mosla* **Buch. -Ham. ex Maxim.**

1. 少花荠苎 *M. pauciflora*（C. Y. Wu）C. Y. Wu et H. W. Li 饭甑山 1250m。

2. 石香薷 *M. chinensis* Maxim.

3. 小花仙草 *M. dianthera*（Buch. -Ham.）Maxim.

（十）鼠尾草属 *Salvia* **L.**

1. 佛光草 *S. substolonifera* Stib. 茶厂后山 1600m。

2. 血盆草 *S. cavaleriei* Lévl. var. *simplicifolia* Stib. 饭甑山 1100m。

3. 硬毛地梗鼠尾草 *S. scapiformis* Hance var. *hirsuta* Stib. 底水 1000m。

4. 紫背贵州鼠尾草 *S. cavaleriei* Lévl. var. *erythrophylla*（Hemsl.）Stib. 百台 950m；半坡 852m。

（十一）水苏属 *Stachys* **L.**

1. 甘露子 *S. sieboldii* Miq.

（十二）筒冠花属 *Siphocranion* **Kudo**

1. 光柄筒冠花 *S. nudipes*（Hemsl.）Kudo 中洞 1000m。

（十三）夏枯草属 *Prunella* **L.**

1. 夏枯草 *P. vulgaris* L. 区内林缘、草地常见。

（十四）香茶菜属 *Rabdosia*（**Bl.**）**Hassk.**

1. 碎米桠 *R. rubescens*（Hemsl.）Hara

2. 细锥香茶菜 *R. Coetsa*（Brch. -Ham. ex D. Don）Hara

（十五）香科科属 *Teucrium* **L.**

1. 长毛香科科 *T. pilosum*（Pamp.）C. Y. Wu. et S. Chow

2. 二齿香科科 *T. bidentatum* Hemsl. 钻子沟 720m。

（十六）香薷属 *Elsholtzia* **Willd.**

1. 香薷 *E. ciliate*（Thunb.）Hyland 茶场 1520m。

（十七）益母草属 *Leonurus* **L.**

1. 益母草 *L. artemisia*（Lour.）S. Y. Hu 区内林缘、草地有分布。

（十八）紫苏属 *Perilla* **L.**

1. 紫苏 *P. frutescens*（L.）Britt. 胡家坡 1200m；大竹坝 1380m。

（十九）锥花属 *Gomphostemma* **Wall. ex Benth.**

1. 中华锥花 *G. chinense* Oliv.

一百一十七、车前科 **Plantaginaceae**

（一）车前属 *Plantago* **L.**

1. 车前草 *P. asiatica* L. 区内路边、沟边有分布。

2. 长柱车前 *P. cavaleriei* Lévl. 胡家坡 1200m。

3. 大车前 *P. major* L. 区内路边、沟边、田间有分布。

一百一十八、醉鱼草科 Buddlejaceae

（一）醉鱼草属 *Buddleja* L.

1. 大叶醉鱼草 *B. davidii* Franch. ex Sinarum 区内林缘有分布。

2. 密蒙花 *B. officinalis* Maxim. 半坡 1052m。

一百一十九、木犀科 Oleaceae

（一）白蜡树属 *Fraxinus* L.

1. 白蜡树 *F. chinensis* Roxb. 胡家坡 1200m；苦草垭 1400m。

2. 苦枥木 *F. floribunda* Wall. subsp. *insularis*（Hemsl.）S. S. Sun 饭甑山 1300m。

（二）木犀属 *Osmanthus* Lour.

1. 木犀（桂花）*O. fragrans* Lour. 区内栽培。

2. 月桂 *O. marginatus*（Champ. ex Benth.）Hemsl. 煤厂湾 1600m。

3. 野桂花 *O. yunnanensis*（Franch.）P. S. Green

（三）素馨属 *Jasminum* L.

1. 青藤仔 *J. nervosum* Lour. 白石溪 1150m。

2. 清香藤 *J. lanceolarium* Roxb. 沙湾 1250m；芹菜塘 1462m；让水峰 1100m。

（四）女贞属 *Ligustrum* L.

1. 粗壮女贞 *L. robustum* Bl. 大竹坝 1340m；白石溪沟 680m。

2. 多毛小蜡 *L. sinense* Lour. var. *coryanum*（W. W. Sm.）Hand. -Mazz. 白石溪沟 728m；半坡 852m；三角坝 127m；三岔河 803m；黄家坳 1272m。

3. 女贞 *L. lucidum* Ait. 区内栽培或野生；玉石庙沟 865m。

4. 小蜡 *L. sinense* Lour. 太阳山 1600m。

5. 兴山蜡树 *L. henryi* Hemsl. 百台 1050m。

6. 小叶女贞 *L. quihoui* Carr. 飘水岩 1420m；凉水井 1412m；杉郎树 1487m。

一百二十、玄参科 Scrophulariaceae

（一）腹水草属 *Veronicastrum* Heist ex Farbic.

1. 四方麻 *V. caulopterum*（Hance）Yamazaki 区内溪边林下有分布。

2. 细穗腹水草 *V. stenostachyum*（Hemsl.）Yamazaki subsp. 白石溪沟 680m。

（二）沟酸浆属 *Mimulus* L.

1. 沟酸浆 *M. tenellus* Bunge 区内溪边、田间有分布。

（三）来江藤属 *Brandisia* Hook. f. et Thoms.

1. 来江藤 *B. hancei* Hook. f. 刘家沟 1450m；半河；十八节 1338m；三岔河 803m；黄家坳 1272m；李家坡 1312m；大干沟 1099m。

（四）泡桐属 *Paulownia* Sieb. et Zucc.

1. 川泡桐 *P. fargesii* Franch. 区内分布或栽培；灰矸 1250m。

2. 锈毛泡桐 *P. tomentosa*（Thunb.）Steud.（原考察集为泡桐）、区内分布或栽培。

（五）婆婆纳属 *Veronica* L.

1. 疏花婆婆纳 *V. laxa* Benth. 茶厂后山 1600m；红沙地 1500m。

2. 波斯婆婆纳 *V. persica* Poir.

3. 婆婆纳 *V. polita* Fries 区内农地荒坡常见。

（六）通泉草属 *Mazus* **Lour.**

1. 通泉草 *M. japonicus*（Thunb.）O. Kuntze 饭甑山 1250m。

2. 岩白翠 *M. omeiensis* Li 烧鸡湾 1314m。

（七）玄参属 *Scrophularia* **L.**

1. 玄参 *S. ningpoensis* Hemsl. 桦槁坪 1400m。

一百二十一、列当科 Orobanchaceae

（一）假野菰属 *Christisonia* **Gardn**

1. 假野菰 *C. hookeri* C. B. Clarke 百台 950m。

（二）豆列当属 *Mannagettaea* **H. Smith**

1. 豆列当 *M. labiata* H. Smith 王家水库；宽阔水中心站。

一百二十二、苦苣苔科 Gesneriaceae

（一）半蒴苣苔属 *Hemiboea* **Clarke**

1. 半蒴苣苔 *H. henryi* Clarke 区内林下湿地有分布，袁家沟 1227m。

2. 柔毛半蒴苣苔 *H. mollifolia* W. T. Wang 煤厂沟 1200m。

3. 降龙草 *H. subcapitata* Clarke 大苦子塘湾 960m；大湾坪上；龙塘 1250m。

（二）唇柱苣苔属 *Chirita* **Buch. -Ham. ex D. Don**

1. 牛耳朵 *C. eburnea* Hance 中洞 1180m；白石溪沟 680m；烧灰窑。

（三）吊石苣苔属 *Lysionotus* **D. Don**

1. 吊石苣苔 *L. pauciflorus* Maxim. 区内山谷岩石上有分布；大竹坝 1312m。

（四）粗筒苣苔属 *Briggsia* **Craib**

1. 川鄂粗筒苣苔 *B. rosthornii*（Diels）Burtt 区内沟边石壁上有分布。

2. 革叶粗筒苣苔 *B. mihieri*（Franch.）Craib 白石溪沟 680m；大苦子塘湾 960m；半坡 852m；半河；袁家沟 1227m；龙塘 1250m；让水峰 1100m。

（五）横蒴苣苔属 *Beccarinda* **Kuntze**

1. 横蒴苣苔 *B. tonkinensis*（Pellegr.）Burtt 大岩品 900m。

（六）漏斗苣苔属 *Didissandra* **Clarke**

1. 大苞漏斗苣苔 *D. begonifolia* Lévl. 反甑山 1150m；大苦子塘湾 960m。

（七）蛛毛苣苔属 *Paraboea*（**Clarke**）**Ridley**

1. 宽萼蛛毛苣苔 *P. sinensis*（Oliv.）Burtt 底水 1000m。

（八）苦苣苔属 *Conandron* **Sieb. et Zucc.**

1. 苦苣苔 *C. ramondioides* S. et Z.

一百二十三、爵床科 Acanthaceae

（一）白接骨属 *Asystasiella*

1. 白接骨 *A. neesiana*（Wall.）Lindau 牛尾塘 850m；王家水库；让水峰蚂蝗沟 950m。

（二）九头狮子草属 *Peristrophe* **Ness**

1. 九头狮子草 *P. japonica*（Thunb.）Bremek 刘家沟 1250m。

（三）爵床属 *Justicia* **Linn.**

1. 爵床 *J. procumbens* Linn.

（四）马蓝属 *Strobilanthes* **Bl.**

1. 贵州马蓝 *S. chaffanjonii* levl. 白石溪沟 700m。

2. 三花马蓝 *S. triflorus* Y C Tang 白石溪沟 728m。

3. 腺毛马蓝 *S. forrestii* Diels 半坡 852m；龙塘 1250m；让水峰 1100m。

（五）野靛棵属 *Mananthes* **Bremek.**

1. 紫苞野靛棵 *M. latiflora*（Hemsl.）C. Y. Wu et C. C. Hu 转子沟 726m。

（六）金足草属 *Goldfussia* **Nees**

1. 圆苞金足草 *G. pentstemonoides* Nees

（七）假杜鹃属 *Barleria* **L.**

1. 假杜鹃 *B. cristata* L. 飘水岩 1410m。

一百二十四、紫葳科 Bignoniaceae

（一）梓树属 *Catalpa* **Scop.**

1. 川楸 *C. fargesii* Bureau 区内栽培。

一百二十五、桔梗科 Campanulaceae

（一）党参属 *Codonopsis* **Wall.**

1. 羊乳 *C. lanceolata*（Sieb. et Zucc.）Trautv. 胡家坡 1150m。

（二）桔梗属 *Platycodon* **A. DC.**

1. 桔梗（泡参）*P. grandiflorus*（Jacq.）A. DC 区内草坡有分布。

（三）牧根草属 *Asyneuma* **Griseb. et Schenk.**

1. 球果牧根草 *A. chinense* Hong 刘家沟 1350。

（四）沙参属 *Adenophora* **Fisch.**

1. 轮叶沙参 *A. tetraphylla*（Thunb.）Fisch. 饭甑山 1200m。

2. 丝裂沙参（泡参）*A. capillaris* Hemsl. 区内草坡有分布。

3. 无柄沙参 *A. stricta* Miq. subsp. *sessilifolia* Hong 桦槁坪 1450m。

4. 杏叶沙参 *A. hunanensis* Nannf. 胡家坡 1350m；茶场 1520m；王家水库。

（五）铜锤玉带属 *Pratia* **Gaudich.**

1. 铜锤玉带草 *P. nummularia*（Lam.）A. Br. et Aschers. 区内林下有分布；大岩品 900m。

（六）同钟花属 *Homocodon* **Hong**

1. 同钟花 *H. brevipes*（Hemsl.）Hong 牛尾塘 850m。

一百二十六、茜草科 Rubiaceae

（一）钩藤属 *Uncaria* **Schreb.**

1. 华钩藤 *U. sinensis*（Oliv.）Havil. 中洞 1150m。

2. 钩藤 *U. rhynchophylla*（Miq.）Miq. 大山 1201m；大屯。

（二）虎刺属 *Damnacanthus* **Rehd.**

1. 短刺虎刺 *D. indicus*（L.）Gaertn. f. 饭甑山 1300m。

（三）鸡矢藤属 *Paederia* **L.**

1. 鸡矢藤 *P. scandens*（Lour.）Merr. 胡家坡 1150m；半坡 852m；白哨。

2. 绒毛鸡矢藤 *P. scandens*（Lour.）Merr. var. *tomentosa*（Bl.）Hand. -Mazz. 中洞 1000m。

（四）拉拉藤属 *Galium* **L.**

1. 四叶葎 *G. bungei* Steudel 区内常见。

2. 猪殃殃 *G. aparine* L. var. *tenerum*（Gren. et Godr.）Rcbb. 太阳山 1600m。

3. 六叶葎 *G. asperuloides* Edgew. subsp. *hoffmeisteri*（Klotzsch）Hara 灰矸 1250m；半坡 852m；十八节 1338m；龙塘 1250m。

（五）六月雪属 *Serissa* **Comm.**

1. 白马骨 *S. serissoides*（DC.）Druce 区内阳坡林缘、草地、路边有分布。

（六）密脉木属 *Myrioneuron* R. Br.

1. 密脉木 *M. faberi* Hemsl. 白石溪沟 680m。

（七）鸡仔木属 *Sinoadina* Ridsdale.

1. 鸡仔木 *S. racemosa*（Sieb. et Zucc.）Ridsdale 烧灰窑；死水氹 1393m；下坝 1182m。

（八）茜草属 *Rubia* L.

1. 茜草 *R. cordifolia* L. 区内常见。

2. 大叶茜草 *R. leiocaulis* Biels 芹菜塘 1462m；半坡 852m。

3. 披针叶茜草 *R. lanceolata* Hayata 白哨。

（九）蛇根草属 *Ophiorrhiza* L.

1. 广州蛇根草 *O. cantonensis* Hance 百台 1100m。

2. 日本蛇根草 *O. japonica* Bl. 白石溪沟 680m；红光坝 1164m；苏家沟。

3. 滇南蛇根草 *O. austroyunnanensis* Lo 让水峰 1100m。

（十）香果树属 *Emmenopterys* Oliv.

1. 香果树 *E. henryi* Oliv. 区内林中或区内附近零星分布；大竹坝 1380m。

（十一）玉叶金花属 *Mussaenda* L.

1. 大叶白纸扇 *M. esquirolii* Levl. 三岔河 803m。

2. 玉叶金花 *M. pubescens* Ait. f. 区内灌丛草坡有分布。

（十二）栀子属 *Gardenia* Ellis

1. 栀子 *G. jasminoides* Ellis 区内栽培。

一百二十七、忍冬科 Caprifoliaceae

（一）荚蒾属 *Viburnum* L.

1. 巴东荚蒾 *V. henryi* Hemsl. 区内林下常见；让水峰谷底 950m。

2. 蝶花荚蒾 *V. hanceanum* Maxim. 饭甑山 1250m；大洞 1610m；烟灯垭口 1695m；飘水岩 1420m；芹菜塘 1462m。

3. 短序荚蒾 *V. brachybotryum* Hemsl. 饭甑山 1300m。

4. 合轴荚蒾 *V. sympodiale* Graeb. 太阳山 1630m。

5. 蝴蝶戏珠花 *V. plicatum* Thunb. var. *tomentosum*（Thunb.）Miq. 林岩 1300m。

6. 蝴蝶荚蒾 *V. plicatum* Thunb. var. *tomentosum*（Thunb.）Miq. 刘家坡 1400m。

7. 桦叶荚蒾 *V. betulifolium* Batal. 一碗水 1200m。

8. 金佛山荚蒾 *V. chinshanense* Graeb. 桦槁坪 1270m；大竹坝 1380m；广山；凉水井 1412m；李家坡 1368m；苏家沟。

9. 南方荚蒾 *V. fordiae* Hance 茶场 1520m；罗家湾 1498m。

10. 枇杷叶荚蒾 *V. rhytidophyllum* Hemsl. 赶场湾 1600m。

11. 球核荚蒾 *V. propinquum* Hemsl. 马蹄溪 1250m；大岩品 1240m；里头湾；凉水井 1422m；三角坝 1255m；黄家坳 1272m；大火土 1365m。

12. 三叶荚蒾 *V. ternutum* Rehd. 刘家沟 1270m；河家坡 715m；大岩品 900m。

13. 少花荚蒾 *V. oliganthum* Batal. 马蹄溪 1230m。

14. 水红木 *V. cylindricum* Buch. -Ham. ex D. Don 一碗水 1160m；大竹坝 1320m；中心站附近 1511m。

15. 汤饭子 *V. setigerum* Hance 区内普遍分布。

16. 烟管荚蒾（冷饭团）*V. utile* Hemsl. 白石溪 1030m；河家坡 715m。

17. 宜昌荚蒾 *V. erosum* Thunb. 观音岩 1450m。

18. 直角荚蒾 *V. foetidum* Wall. var. *rectangulatum*（Graeb.）Rehd 中洞 1050m。

19. 显脉荚蒾 *V. nervosum* D. Don 让水峰 1100m。

（二）接骨木属 *Sambucus* L.

1. 接骨草 *S. chinensis* L. 底水 970m；龙塘 1250m；李家坡 1312m。

2. 接骨木 *S. williamsii* Hance 刘家沟 1230m；太阳山 1760m；杉树林 1384m。

（三）锦带花属 *Weigela* Thunb.

1. 木绣球 *W. japonica* Thunb. var. *sinica*（Rehd.）Bailey 太阳山 1620m；石连沟 1470m；飘水岩 1420m。

2. 半边月 *W. japonica* Thunb. var. *sinica*（Rehd.）Bailey 飘水岩 1410m。

（四）六道木属 *Abelia* Br.

1. 短枝六道木 *A. engleriana*（Graeb.）Rehd. 白石溪 1050m。

2. 二翅六道木 *A. macroptera*（Graeb. et Buch.）Rehd. 太阳山 1600m；太阳山 1760m。

3. 六道木 *A. biflora* Turcz. 袁家沟 1227m。

（五）忍冬属 *Lonicera* L.

1. 光枝柳叶忍冬 *L. lanceolata* var. *glabra* Chien ex Hsu et H. J. Wang 中洞 1150m。

2. 袋花忍冬 *L. saccata* Rehd. 鸡公顶 1360m。

3. 短柄忍冬 *L. pampaninii* Lévl. 马蹄溪 950m；桦槁坪 1270m。

4. 灰毡毛忍冬 *L. macranthoides* Hand. -Mazz. 底水 980m；林岩 1300m。

5. 金银忍冬 *L. maackii*（Rup r.）Max. 沙湾 1350m。

6. 女贞叶忍冬 *L. ligustrina* Wall. 天生桥 1567m；大屯。

7. 匍匐忍冬 *L. crassifolia* Batal. 底水 1060m。

8. 忍冬 *L. japonica* Thunb. 区内常见，大湾坪上；白哨 783m。

9. 蕊帽忍冬 *L. pileata* Oliv. 白石溪 1030m；火基坪（大园子）1256m；里头湾；苏家沟。

10. 细毡毛忍冬 *L. similis* Hemsl. 观音岩下 1370m。

（六）双盾木属 *Dipelta* Maxim.

1. 云南双盾木 *D. yunnanensis* Franch. 底水 1330m。

一百二十八、败酱科 Valerianaceae

（一）败酱属 *Patrinia* Juss.

1. 白花败酱 *P. sinensis*（Lévl.）Koidz. 刘家沟 1400m；红光坝 1180m；茶场 1520m；王家水库。

2. 窄叶败酱 *P. angustifolia* Hemsl. 桦槁坪 1450m。

3. 黄花败酱 *P. scabiosaefolia* Fisch. 底水 1150m；让水峰谷底 950m。

（二）缬草属 *Valeriana* L.

1. 蜘蛛香 *V. jatamansi* Jones 饭甑山 1200m；大湾坪上；龙塘 1250m。

2. 缬草 *V. officinalis* L. 百台 1050m；灰矸 1250m。

一百二十九、川续断科 Dipsacaceae

（一）川续断属 *Dipsacus* L.

1. 川续断 *D. asper* Wall. 观音岩下 1300m；林岩 1300m；中心站附近 1511m；红光坝 1164m；余家沟 1258m。

一百三十、菊科 Asteraceae

（一）白酒草属 *Conyza* Less.

1. 白酒草 *C. japonica*（Thunb.）Less. 袁家沟 1222m。

2. 小蓬草 *C. canadensis*（L.）Cronq. 区内荒地路旁常见。

（二）艾纳香属 *Blumea* **DC.**

1. 东风草 *B. megacephala*（Randeria）Chang et Tseng 白石溪沟 680m。

（三）苍耳属 *Xanthium* **L.**

1. 苍耳 *X. sibiricum* Patrin ex Widd. 区内荒地路旁有分布。

（四）大丁草属 *Leibnitzia* **Cass.**

1. 大丁草 *L. anandria*（L.）Nakai 沙湾 1250m。

（五）飞廉属 *Carduus* **L.**

1. 丝毛飞廉 *C. crispus* L. 区内阳坡路边草地有分布。

（六）飞蓬属 *Erigeron* **L.**

1. 一年蓬 *E. annuus*（L.）Pers. 区内田间路边有分布。

（七）风毛菊属 *Saussurea* **DC.**

1. 雀花风毛菊 *S. oligantha* Franch. 百台 1000m。

（八）橐吾属 *Ligularia* **Cass.**

1. 齿叶橐吾 *L. dentate*（A. Gray）Hara 区内林下有分布；王家水库。

2. 肾叶橐吾 *L. fischerii*（Ledeb.）Turcz. 区内林下有分布；风水桠管理站 1200m；钻子沟 740m；飘水岩 1440 m。

（九）鬼针草属 *Bidens* **L.**

1. 鬼针草 *B. pilosa* L. 区内农地路旁常见。

（十）蒿属 *Artemisia* **L.**

1. 黄花蒿 *A. annua* L. 区内阳坡草地、林缘、灌丛中有分布。

2. 牡蒿 *A. japonica* Thunb. 区内草坡有分布。

3. 小花牡蒿 *A. japonica* Thunb. var. *parviflora* Pamp. 饭甑山 1250m。

4. 茵陈蒿 *A. capillaris* Thunb. 玉石庙沟 865m。

（十一）和尚菜属 *Adenocaulon* **Hook.**

1. 和尚菜 *A. himalaicum* Edgew. 区内沟边、河旁阴湿林下有分布。

（十二）华千里光属 *Sinosenecio* **B. Nord.**

1. 蒲儿根 *S. oldhamianus*（Maxim.）B. Nord. 飘水岩 1420m；钢厂湾 1590m。

（十三）黄鹌菜属 *Youngia* **Cass.**

1. 黄鹌菜 *Y. japonica*（L.）DC. 林岩 1273m。

2. 红果黄鹌菜 *Y. erythrocarpa*（Van.）Babc. et Stebb. 林岩 1300m。

3. 异叶黄鹌菜 *Y. heterophylla*（Hemsl.）Babcock et Stebbins 风水丫 1200m；火基坪（大园子）1256m；广山。

（十四）火绒草属 *Leontopodium* **R. Brown**

1. 华火绒草 *L. sinense* Hemsl. 百台 1000m。

（十五）蓟属 *Cirsium* **Mill.**

1. 蓟 *C. japonicum* Fisch. et DC. 区内林下有分布。

2. 刺儿菜 *C. setosum*（Willd.）MB. 区内农地路旁常见。

（十六）菊属 *Dendranthema*（**DC.**）**Des Moul.**

1. 野菊 *D. indicum*（L.）Des. Moul. 阳坡灌丛中有分布。

（十七）苦苣菜属 *Sonchus* **L.**

1. 苦苣菜 *S. oleraceus* L. 区内农地路旁有分布。

（十八）苦荬菜属 *Ixeris* **Cass.**

1. 山苦荬 *I. chinensis*（Thunb.）Nakai 区内农地路旁有分布。

（十九）马兰属 *Kalimeris* Cass.

1. 马兰 *K. indica*（L.）Sch. -Bip. 区内林下有分布，林岩 1273m。

（二十）牛蒡属 *Arctium* L.

1. 牛蒡 *A. lappa* L. 马蹄溪 1200m。

（二十一）牛膝菊属 *Galinsoga* Ruiz et Pav.

1. 牛膝菊（辣子草）*G. parviflora* Cav. 区内农地路旁常见。

（二十二）蒲公英属 *Taraxacum* Weber.

1. 蒲公英 *T. mongolicum* Hand. -Mazz. 区内田野、路边、草坡常见。

（二十三）鳍蓟属 *Olgaea* Iljin

1. 鳍蓟 *O. leucophylla* Iljin 区内农地路旁有分布。

（二十四）千里光属 *Senecio* L.

1. 菊状千里光 *S. laetus* Edgew. 饭甑山 1150m；大竹坝 1320m。

2. 蕨叶千里光 *S. pteridophyllus* Franch. 大湾坪上。

3. 千里光 *S. scandeus* Buch. － Ham. ex D. Don 区内林缘、灌丛中有分布。

4. 岩生千里光 *S. wightii*（DC. ex Wight）Benth. 区内林缘、岩壁上有分布。

（二十五）秋分草属 *Rhynchospermum* Reinw. ex Blume.

1. 秋分草 *R. verticillatum* Reinw. 区内草地有分布。

（二十六）蓍属 *Achillea* L.

1. 云南蓍 *A. wilsoniana* Heimerl ex Hand. -Mazz. 茶场 1520m。

（二十七）鼠麴草属 *Gnaphalium* L.

1. 鼠麴草（清明菜）*G. affine* D. Don 区内路边草坡有分布。

（二十八）天名精属 *Carpesium* L.

1. 暗花金挖耳 *C. triste* Maxim. 区内林下 1300m 有分布。

2. 金挖耳 *C. divaricatum* Sieb. et Zucc. 白石溪 1100m。

3. 天名精 *C. abrotanoides* L. 龚家河坝 1030m；三岔河 803m；王家水库。

4. 烟管头草 *C. cernuum* L. 区内阳坡路边草地有分布。

（二十九）兔儿风属 *Ainsliaea* DC.

1. 粗齿兔儿风 *A. grossedentata* Franch. 区内林下有分布；白石溪沟 680m。

2. 光叶兔儿风 *A. glabra* Hemsl. 白石溪沟 680m。

（三十）香青属 *Anaphalis* DC.

1. 珠光香青（原变种）*A. margaritacea*（L.）Benth. et Hook. f. var. *margaritacea* 茶场 1520m。

（三十一）豨莶属 *Siegesbeckia* L.

1. 豨莶（虾柑草）*S. orientalis* L. 区内农地路边有分布；王家水库。

2. 腺梗豨莶 *S. pubescens*（Makino）Makino 饭甑山 1200m。

（三十二）蟹甲草属 *Cacalia* L.

1. 无毛蟹甲草 *C. subglabra* Chang 百台 1100m。

（三十三）野茼蒿属 *Crassocephalum* Moench

1. 野茼蒿 *C. crepidioides*（Benth.）S. Moore 沙湾 1300m。

（三十四）一点红属 *Emilia*（Cass.）Cass.

1. 一点红 *E. sonchifolia*（L.）DC. ex Wight 桦槁坪 1430m。

（三十五）鱼眼草属 *Dichrocephala* Löherit. ex DC.

1. 小鱼眼草 *D. benthamii* C. B. Clarke 罗家湾 1498m。

(三十六)一枝黄花属 *Solidago* L.

1. 一枝黄花 *S. decurrens* Lour. 茶厂后山 1600m。

(三十七)泽兰属 *Eupatoium* L.

1. 多须公(华泽兰)*E. chinense* L. 百台 1100m。

2. 异叶泽兰 *E. heterophyllum* DC. 桦槁坪 1550m;煤厂沟 1200m;飘水岩 1440m。

(三十八)粘冠草属 *Myriactis* Less.

1. 圆舌粘冠草 *M. nepalensis* Lees. 区内山坡林下有分布。

(三十九)紫菀属 *Aster* L.

1. 三脉紫菀 *A. ageratoides* Turcs. 飘水岩 1440m;瓦房王家 1280m; 半坡 852m;十八节 1338m。

2. 钻形紫菀 *A. subulatus* Michx.

(四十)泥胡菜属 *Hemistepta* Bunge

1. 泥胡菜 *H. lyrata*(Bunge)Bunge 余家沟 1258m。

单子叶植物纲 MONOCOTYLEDONEAE

一、泽泻科 Alismataceae

(一)慈姑属 *Sagittaria* L.

1. 慈姑 *S. sagittifolia* L. 林岩 1300m。

(二)泽泻属 *Alisma* L.

1. 窄叶泽泻 *A. canaliculatum* A. Br. et Bouche 桦槁坪 1250m。

二、水鳖科 Hydrocharitaceae

(一)黑藻属 *Hydrilla* Rich.

1. 黑藻 *H. verticillata*(Linn. f.)Royle

(二)苦草属 *Vallisneria* Mich. ex. L.

1. 苦草 *V. natans*(Lour.)Hara

三、眼子菜科 Potamogetonaceae

(一)眼子菜属 *Potamogeton* L.

1. 光叶眼子菜 *P. lucens* Linn.

2. 菹草 *P. cripus* Linn. 飘水岩 1404m。

四、茨藻科 Najadaceae

(一)茨藻属 *Najas* L.

1. 草茨藻 *N. graminea* Del. 白石溪 1250m。

2. 茨藻 *N. japonica* Nakai 沙湾 1200m。

3. 大茨藻 *N. marina* L. 百台 950m。

4. 多孔茨藻 *N. indica*(Willd.)Cham. 白石溪 1250m。

5. 小茨藻 *N. minor* All. 龚家河坝 1050m。

五、棕榈科 Arecaceae

(一)棕榈属 *Trachycarpus* H. Wendl.

1. 棕榈 *T. fortunei*(Hook. f.)H. Wendl. 区内及散生或栽培。

六、天南星科 Araceae

(一)菖蒲属 *Acorus* L.

1. 菖蒲 *A. calamus* L. 区内水凼处有分布。

2. 石菖蒲 *A. tatarinowii* Schott 区内溪边岩石上有分布。

（二）魔芋属 *Amorphophallus* **Blume**

1. 魔芋 *A. rivieri* Durieu 区内有栽培。

2. 野磨芋 *A. variabilis* Blume 半坡 852m。

（三）芋属 *Colocasia* **Schott**

1. 野芋 *C. antiquorum* Schott 火基坪（大园子）1256m。

（四）天南星属 *Arisaema* **Mart.**

1. 刺柄南星 *A. asperatum* N. E. Brown 赶场湾 1600m；碑桠口。

2. 灯台莲 *A. sikokianum* var. *serratum*（Makino）Hand. -Mazt. 白石溪 1130m；灰矸 1250m。

3. 花南星 *A. lobatum* Engl. 布于林下阴湿处。

4. 山珠南星 *A. yunnanense* Buchet 白石溪 1250m。

5. 绥阳雪里见 *A. rhizomatum* var. *nudum* C. E. C. Fischer 底水 1250m。

6. 天南星 *A. heterophyllum* Blume 中洞林下阴湿处有分布。

7. 望谟南星 *A. wangmoensis* M. T. An, H. H. Zhang et Q. Lin 瓦房王家 1280m。

8. 一把伞南星 *A. erubescens*（Wall.）Schott. 林内阴湿处有分布。

（五）半夏属 *Pinellia* **Tenore.**

1. 半夏 *P. ternate*（Thunb.）Breit. 林缘、农地间有分布。

（六）雷公连属 *Amydrium* **Schott**

1. 雷公连 *A. sinense*（Engl.）H. Li 白石溪沟 680m。

七、浮萍科 Lemnaceae

（一）浮萍属 *Lemna* **L.**

1. 浮萍 *L. minor* L 区内常见于水塘。

（二）紫萍属 *Spirodela* **Scheid.**

1. 紫萍 *S. polyrrhiza*（L.）Schleid. 区内常见于水塘。

八、鸭跖草科 Commelinaceae

（一）水竹叶属 *Murdannia* **Royle**

1. 裸花水竹叶 *M. nudiflora*（L.）Brenan 区内沟谷林下有分布。

2. 水竹叶 *M. triquetra*（Wall.）Bruckn. 沟边林下阴湿处有分布。

3. 紫背鹿衔草 *M. divergens*（C. B. Cl.）Brückn. 胡家坡 1200m。

（二）鸭跖草属 *Commelina* **L.**

1. 鸭跖草 *C. communis* L. 水库附近林下有分布。

（三）竹叶子属 *Streptolirion* **Edgew.**

1. 竹叶子 *S. volubile* Edgew. 饭甑山 1250m。

九、灯心草科 Juncaceae

（一）灯心草属 *Juncus* **L.**

1. 灯心草 *J. effusus* L. 下嗣村烂泥涵 1500m。

2. 野灯心草 *J. setchuensis* Buchen 区内有林下阴湿处有分布。

十、莎草科 Cyperaceae

（一）扁莎属 *Pycreus* **P. Beauv.**

1. 宽穗扁莎 *P. iatespicatus*（Bocklr.）C. B. Clarke 胡家坡 1250m。

2. 红鳞扁莎 *P. sanguinolentus*（Vahl）Nees 区内阴湿处有分布。

（二）蔗草属 *Scipus* **L.**

1. 萤蔺 *S. juncoides* Roxb. 底水 1080m。

（三）飘拂草属 *Fimbristylis* **Vahl**

1. 水虱草 *F. miliacea* (Linn.) Vahl.

（四）莎草属 *Cyperus* **L.**

1. 香附子 *C. rotundus* L. 刘家沟 1200m。

（五）水蜈蚣属 *Kyllinga* **Rottb.**

1. 水蜈蚣 *K. brevifolia* Rottb. 马蹄溪 1000m。

（六）苔草属 *Carex L.*

1. 花葶苔草 *C. scaposa* C. B. Clarke 钻子沟 720m;大岩品 900m。

2. 峨眉苔草 *C. omeiensis* Tang et Wang 百台、底水 950~1400m 有分布。

3. 蕨状苔草 *C. filicina* Nees 一碗水 1000~1300m 有分布。

4. 十字苔草 *C. cruciata* Wahlenb. 区内常见。

十一、禾本科 Poaceae

（一）白茅属 *Imperata* **Cyrillo.**

1. 白茅 *I. cylindrica* (L.) Beauv. var. *major* (Nees) C. E. Hubb. 一碗水 1200m;林岩 1300m。

（二）稗属 *Echinochloa* **Beauv.**

1. 稗 *E. crusgalli* (Linn.) Beauv.

（三）棒头草属 *Polypogon* **Desf.**

1. 棒头草 *P. fugax* Nees ex Stead.

（四）野青茅属 *Deyeuxia* **Clarion**

1. 糙野青茅 *D. scabrescens* (Griseb.) Munro ex Duthie 王家水库。

（五）慈竹属 *Neosinocalamus* **Keng f.**

1. 慈竹 *N. affinis* (Rendle) Keng f. 大岩品 900m。

（六）苦竹属 *Pleioblastus* **Nakai**

1. 苦竹 *P. amarus* (Keng) Keng f. 胡家坡 1130m。

（七）毒麦属 *Lolium* **L.**

1. 黑麦草 *L. perenne* Linn.

（八）鹅观草属 *Roegneria* **C. Koch**

1. 鹅观草 *R. kamoji* Ohwi 区内林缘、草坡有分布。

（九）方竹属(寒竹属) *Chimonobambusa* **Makino**

1. 金佛山方竹 *Ch. utilis* (Keng) Keng f. 区内太阳山林下有分布。

2. 方竹 *Ch. quadrangularis* (Fenzi) Makino 白石溪沟 700m;大竹坝 1380m。

3. 狭叶方竹 *Ch. angustifolia* C. D. Chu et C. S. Chao 钻子沟 720m。

（十）刚竹属 *Phyllostachys* **Sieb. et Zucc.**

1. 桂竹(斑竹)*Ph. bambusoides* Sieb. et Zucc. 胡家坡 1130m。

2. 金竹 *Ph. sulphurea* (Carr.) A. et C. Riv. 大滴水 1255m,

3. 水竹 *Ph. heteroclado* Oliv. 区内路边灌丛有分布,大岩品 900m;火基坪(大园子)1256m;王家水库。

4. 紫竹 *Ph. nigra* (Lodd. et Lindl.) Munro 百台村寨四旁有分布。

（十一）沟穗草属 *Aulacolepis* **Hack.**

1. 日本沟穗草 *A. japonica* Hack. 底水 1200m。

（十二）狗尾草属 *Seteria* P. Beauv.

1. 大狗尾草 *S. faberii* Herrm.

2. 狗尾草 *S. viridis*（L.）P. Beauv. 区内常见。

3. 金色狗尾草 *S. glauca*（Linn.）Beauv.

4. 棕叶狗尾草 *S. palmifolia*（Koen.）Stapf 白哨；三岔河 803m。

5. 皱叶狗尾草 *S. plicata*（Lam.）T. cooke 白石溪沟 680m。

（十三）狗牙根属 *Cynodon* Rich.

1. 狗牙根 *C. dactylon*（L.）Pers. 区内路边草地、林缘多分布。

（十四）画眉草属 *Eragrostis* Wolf.

1. 画眉草 *E. pilosa*（Linn.）Beauv.

2. 知风草 *E. ferruginea*（Thunb.）Beauv. 茶场 1520m。

（十五）翦股颖属 *Agrostis* L.

1. 多花翦股颖 *A. myriandra* Hook. f. 龚家河坝 1050m；太阳山 1550m；林岩 1300m。

2. 翦股颖 *A. clavata* Trin. subsp. *matsumurae*（Hack. ex Honda）Tateoka 中洞 950m。

（十六）箭竹属 *Sinarundinaria* Nakai

1. 龙头竹 *S. complanata*（Yi）K. M. Lan 沙湾 1250m；飘水岩 1410m；太阳山顶 1760m；大石板垭口 1240m；烟灯垭口 1550m。

2. 箭竹 *S. spathacea* Franch. 飘水岩 1410m；罗家湾 1498m。

（十七）荩草属 *Arthraxon* Beauv.

1. 荩草 *A. hispidus*（Thunb.）Makino

2. 矛叶荩草 *A. lanceolatus*（Roxb.）Hochst.

（十八）看麦娘属 *Alopecurus* L.

1. 看麦娘 *A. aequalis* Sohol. 林岩 1300m。

（十九）狼尾草属 *Pennisetum* Rich

1. 狼尾草 *P. alopecuroides*（L.）Spreng. 茶场 1520m；王家水库。

（二十）芦苇属 *Phyagmites* Trin.

1. 芦苇 *Ph. communis* Trin. 分布于区内水塘四周。

（二十一）马唐属 *Digitaria* Hall.

1. 马唐 *D. sanguinalis*（Linn.）Scop.

2. 升马唐 *D. adscendens*（HBK）Henr.

3. 长花马唐 *D. longiflora*（Retz.）Pers.

（二十二）芒属 *Miscanthus* Anderss.

1. 芒 *M. sinensis* Anderss. 区内常见。

（二十三）牡竹属 *Dendrocalamus* Nees

1. 梁山慈竹 *D. farinosus*（Keng et Keng f.）Chia et H. L. Fung 鸡公顶 1250m。

（二十四）求米草属 *Oplismenus* Beauv.

1. 求米草 *O. undulatifolius*（Ard.）Beauv. 飘水岩 1410m；李家坡 1312m。

（二十五）雀稗属 *Paspalum* L.

1. 毛花雀稗 *P. dilatatum* Piro.

2. 双穗雀稗 *P. distichum* Linn.

（二十六）雀麦属 *Bromus* L.

1. 扁穗雀麦 *B. catharticus* Vahl

2. 疏花雀麦 *B. remotiflorus*（Steud.）Obwi 大竹坝 1380m。

(二十七) 箬竹属 *Indocalamus* **Nakai**

1. 箬叶竹 *I. longiauritus* Hand. Mazz. 中洞 1050m。

2. 阔叶箬竹 *I. latifolius*（Keng）McCl. 河家坡 715m。

(二十八) 䅟属 *Eleusine* **Gaertn.**

1. 牛筋草 *E. indica*（Linn.）Gaertn.

(二十九) 香茅属 *Cymbopogon* **Spreng.**

1. 芸香草 *C. distans*（Nees.）Wats. 飘水岩 1420m。

(三十) 显子草属 *Phaenosperma* **Munro**

1. 显子草 *Ph. globosum* Munro ex Oliv. Hook. 区内见于荒坡草地。

(三十一) 羊茅属 *Festuca* **L.**

1. 高羊茅 *F. elata* Keng 常见荒坡草地。

(三十二) 薏苡属 *Coix* **L.**

1. 薏苡 *C. lachryam-jobi* Linn.

(三十三) 早熟禾属 *Poa* **L.**

1. 早熟禾 *P. annua* Linn. 区内见于荒坡草地。

(三十四) 金发草属 *Pogonatherum* **Reauv.**

1. 金发草 *P. paniceum*（Lam.）Hack. 白石溪沟 680m。

十二、香蒲科 **Typhaceae**

(一) 香蒲属 *Typha* **L.**

1. 宽叶香蒲 *T. latifolia* L. 胡家坡 1160m。

2. 香蒲 *T. orientalis* Presl. 碑桠口。

十三、芭蕉科 **Musaceae**

(一) 芭蕉属 *Musa* **L.**

1. 芭蕉 *M. sapientum* L. 区内村寨四旁有分布。

十四、姜科 **Zingiberaceae**

(一) 姜属 *Zingiber* **Boehm.**

1. 蘘荷 *Z. mioga*（Thunb.）Rosc. 百台 1000m。

2. 阳荷 *Z. striolatum* Diels 区内栽培及野生,天生桥 1567m;林岩 1300m。

(二) 山姜属 *Alpinia* **Roxb.**

1. 山姜 *A. japonica*（Thunb.）Miq. 半河;猴子沟 1293m。

(三) 舞花姜属 *Globba* **L.**

1. 舞花姜 *G. racemosa* Smith. 饭甑山 1300m。

十五、美人蕉科 **Cannaceae**

(一) 美人蕉属 *Canna* **L.**

1. 美人蕉 *C. indica* L. 区内栽培及野生。

十六、雨久花科 **Pontederiaceae**

(一) 雨久花属 *Monochoria* **Presl**

1. 鸭舌草 *M. vaginalis*（Burm. f.）Presl ex Kunth. 底水 1050m。

十七、百合科 **Liliaceae**

(一) 百合属 *Lilium* **L.**

1. 野百合 *L. brownii* F. E. Brown ex Miellez 沙湾 1300;红光坝 1182m;元龙山 1166m;死水凼 1393m;

三岔河 803m。

2. 湖北百合 *L. henryi* Baker 中洞 1150m；牛尾塘 850m。

（二）葱属 *Allium* L.

1. 薤白 *A. macrostemon* Bunge. 沙湾 1250m。

（三）重楼属 *Paris* L.

1. 华重楼 *P. polyphylla* var. *chinensis*（Franch.）Hara 百台 1020m。

2. 七叶一枝花 *P. polyphylla* Smith 区内林下阴湿处有分布。

3. 球药隔重楼 *P. fargesii* Franch. 底水 1250m。

（四）大百合属 *Cardiocrinum*（Endl.）Lindl.

1. 大百合 *C. giganteum*（Wall.）Makino 赶场湾 1600m；石连沟 1279m；火基坪（大园子）1256m；广山；半坡 852m；下坝 1182m；红光坝 1164m；袁家沟 1227m；龙塘 1250m。

（五）粉条儿菜属 *Aletris* L.

1. 粉条儿菜 *A. spicata*（Thunb.）Franch. 山坡草地灌丛中有分布；大竹坝 1380m。

（六）黄精属 *Polygonatum* Mill.

1. 多花黄精 *P. cyrtonema* Hua 火基坪（大园子）1256m；袁家沟 1227m。

（七）吉祥草属 *Reineckia* Kunth

1. 吉祥草 *R. carnea*（Andr.）Kunth 底水 1200m；钻子沟 830m；煤厂沟 1200m。

（八）藜芦属 *Veratrum* L.

1. 藜芦 *V. nigrum* L. 大石板。

（九）开口箭属 *Tupistra* Ker-Gawl.

1. 开口箭 *T. chinensis* Baker 大苦子塘湾 960m。

（十）山麦冬属 *Liriope* Lour.

1. 阔叶山麦冬 *L. platyphylla* Wang et Tang 白石溪 1000m；钻子沟 720m。

2. 山麦冬 *L. spicata*（Thunb.）Lour. 饭甑山 1350m。

（十一）天门冬属 *Asparagus* L.

1. 天门冬 *A. cochinchinensis*（Lour.）Merr. 中洞 1100m；白石溪沟 680m；元龙山 1166m。

2. 羊齿天门冬 *A. filicinus* Ham. ex D. Don 桦槁坪 1450m。

（十二）万年青属 *Rohdea* Roth.

1. 万年青 *R. japonica*（Thunb.）Roth. 沙湾 1300m。

（十三）万寿竹属 *Disporum* Salisb.

1. 长蕊万寿竹 *D. bodinieri*（Lévl. et Vnt.）Wang et Tang 百台 1000m。

2. 万寿竹 *D. cantoniense*（Lour.）Merr. 白石溪沟 680m；宽阔水广山；元龙山 1166m；三岔河 803m；大屯。

（十四）萱草属 *Hemerocallis* L.

1. 黄花菜 *H. citrina* Baroni 区内林缘、农地周围有分布。

2. 萱草 *H. fulva*（L.）L. 桦槁坪 1400；灰矸 1250m；苦草垭 1400m。

（十五）沿阶草属 *Ophiopogon* Ker-Gawl.

1. 长茎沿阶草 *O. chingii* Wang et Tang 白石溪沟 680m；钻子沟 740m；半河。

2. 麦冬 *O. japonicus*（Linn. f.）Ker-Gawl.

3. 西南沿阶草 *O. mairei* Lévl. 白石溪沟 680m。

4. 狭叶沿阶草 *O. stenophyllus*（Merr.）Rodrig. 白石溪沟 680m。

5. 沿阶草 *O. bodinieri* Lévl. 区内常见，白石溪沟 680m；龙塘 1250m。

（十六）油点草属 *Tricyrtis* **Wall.**

1. 黄花油点草 *T. pilosa* Wallich 钢厂湾 1590m。

2. 毛花油点草 *T. pilosa* wall.

3. 油点草 *T. macropoda* Miq. 百台 1100m。

（十七）玉簪属 *Hosta* **Tratt.**

1. 玉簪 *H. plantaginea*（Lam.）Aschers. 胡家坡 1150m。

2. 紫萼 *H. ventricosa*（Salisb.）Stearn 刘家沟 1100m；飘水岩 1440；灰矸 1250m；飞龙苗丫口 1592m；烧鸡湾 1314m。

（十八）蜘蛛抱蛋属 *Aspidistra* **Ker-Gawl.**

1. 丛生蜘蛛抱蛋 *A. caespitosa* Pei

2. 卵叶蜘蛛抱蛋 *A. typica* Baill. 白石溪沟 680m。

（十九）竹根七属 *Disporopsis* **Hance**

1. 竹根七 *D. fuscopicta* Hance 底水 1000m；大湾坪上。

十八、石蒜科 Amaryllidaceae

（一）石蒜属 *Lycoris* **Herb.**

1. 石蒜 *L. radiata*（L'Her.）Herb. 区内河沟边有分布。

（二）葱莲属 *Zephyranthes* **Herb.**

1. 葱莲 *Z. candida*（Lindl.）Herb.

2. 韭莲 *Z. grandiflora* Lindl.

（三）仙茅属 *Curculigo* **Gaertn.**

1. 大叶仙茅 *C. capitulata*（Lour.）O. Kuntze 大岩品 1240m；半河。

十九、鸢尾科 Iridaceae

（一）射干属 *Belamcanda* **Adans**

1. 射干 *B. chinensis*（L.）DC. 林缘、溪边有分布。

（二）鸢尾属 *Iris* **L.**

1. 扁竹兰 *I. coufusa* Sealy 苏家沟。

2. 单苞鸢尾 *I. anguifugal* Y. T. Zhao et X. J. Xue

3. 蝴蝶花（扁竹根）*I. japonica* Thunb. 林内溪边、沟谷有分布。

（三）扇形鸢尾 *I. wattii* **Baker，Handb.**

1. 鸢尾 *I. tectorum* Maxim 三岔河 803m。

二十、菝葜科 Smilacaceae

（一）菝葜属 *Smilax* **L.**

1. 菝葜 *S. china* L. 胡家坡 1250m；白石溪沟 680m。

2. 抱茎菝葜 *S. ocreata* A. DC. 大湾 1531m。

3. 黑果菝葜 *S. glauco-china* Warb. 钻子沟 740m。

4. 密疣菝葜 *S. chapaensis* Gagnep. 白石溪沟 680m。

5. 牛尾菜 *S. riparia* A. DC. 中洞 1050m。

6. 西南菝葜 *S. bockii* Warb. 桦槁坪 1500m。

二十一、薯蓣科 Dioscoreaceae

（一）薯蓣属 *Dioscorea* **L.**

1. 叉蕊薯蓣 *D. collettii* Hook. f.

2．光亮薯蓣 *D. nitens* Prain et Burkill 桦槁坪 1350m。

3．毛胶薯蓣 *D. subcalva* Prain et Burkill 罗家湾 1498m。

4．日本薯蓣 *D. japonica* Thunb. 胡家坡 1050m。

5．薯蓣 *D. opposite* Thunb.

二十二、兰科 Orchidaceae

（一）白及属 *Bletilla* Rchb. f.

1．白及 *B. stiata*（Thunb.）Rchb. f. 元生坝、中心站 900～1600m。

2．黄花白及 *B. ochracea* Schltr 底水 1230m；元生坝、中心站 1050～1300m。

（二）斑叶兰属 *Goodyera* R. Br.

1．斑叶兰 *G. schlechtendaliana* Rchb. F 分水岭 1165m；马蹄溪 1039m；大门阡 938m；大岩品 1240m；瓦房王家 1280m；大山 1201m；鸢都岩。

2．大花斑叶兰 *G. biflora* Rchb. f. 底水 1220m。

（三）杜鹃兰属 *Cremastra* Lindl.

1．杜鹃兰 *C. appendiculata*（D. Don）Makino 分水岭 1000m；马蹄溪 1039m；碑桠口；刘家岭 1544m；毛家沟 1248m；打鼓丫 1384m。

（四）独蒜兰属 *Pleione* D. Don

1．独蒜兰 *P. bulbocodioides*（Franch.）Rolfe

（五）鹤顶兰属 *Phaius* Lour.

1．黄花鹤顶兰 *Ph. flavus*（Bl.）Lindl. 砖房组 1023m；油桐溪 680m；钻子沟 740m。

（六）角盘兰属 *Herminium* L.

1．叉唇角盘兰 *H. lanceum*（Thunb.）Vuijk 中洞 950～1300m 阔叶林下有分布。

（七）金佛山兰属 *Tangtsinia* S. C. Chen

1．金佛山兰 *T. nanchuanica* S. C. Chen 高坪后山 1322m；十八节 1338m；中心站 1150～1300m。

（八）开唇兰属 *Anoectochilus* Bl.

1．艳丽齿唇兰 *A. moulmeinensis*（Par. et Rchb. f.）Seidenf. 马蹄溪 778m；钻子沟 720m；苏家沟。

2．西南齿唇兰 *A. elwesii*（Clarke ex Hook. f.）King et Pantl. 元生坝 740m。

（九）兰属 *Cymbidium* Sw.

1．春兰 *C. goeringii*（Rchb. f.）Rchb. f. 沙湾 1350m；大门阡 938m；天生桥 1567m；大岩品 1240m；高坪后山 1322m；龙塘 1250m。

2．蕙兰 *C. faberi* Rolfe 刘家沟 1330m；大苦子塘湾 960m；大石板垭口 1240m；大湾坪上；元龙山 1166m；半坡 1052m；鸢都岩。

3．建兰 *C. ensifolium*（L.）Sw. 油桐溪 680m；马蹄溪 1039m。

4．兔耳兰 *C. lancifolium* Hook. 砖房组 1023m；油桐溪 680m。

5．线叶春兰 *C. goeringii*（Rchb. f.）Rchb. f. var. *serratum*（Schltr.）Y. S. Wu et S. C. Chen 桦槁坪 1400m。

（十）杓兰属 *Cypripedium* L.

1．绿花杓兰 *C. henryi* Rolfe 饭甑山 1250m。

2．扇脉杓兰 *C. japonicum* Thunb. 下嗣村坪上 1568m。

（十一）舌唇兰属 *Platenthera* L. C. Rich.

1．长小距兰 *P. minor*（Miq.）Rchb. f. 马蹄溪 1170m；中心站 1150～1350m。

2．舌唇兰 *P. japonica*（Thunb. ex A. Marray）Lindl. 林岩 1300m；元龙山 1166m；大石板。

（十二）石仙桃属 *Pholidota* Lindl. et Hook.

1．石仙桃 *Ph. chinensis* Lindl. 元生坝 1000～1400m。

2. 云南石仙桃 *Ph. yunnanensis* Rolfe 白石溪沟 680m；元生坝、中心站 700m。

3. 尖叶石仙桃 *Ph. missionariorum* Gagnep. 元生坝 750m。

（十三）绶草属 *Spiranthes* L. C. Rich.

1. 绶草 *S. sinensis*（Pers）Ames 区内农地周围可见。

（十四）天麻属 *Gastrodia* R. Br.

1. 天麻 *G. elata* Bl. 区内有分布；天生桥 1567m。

（十五）头蕊兰属 *Cephalanthera* L. C. Rich.

1. 金兰 *C. falcata*（Thunb.）Bl. 桦稿坪 1350m；瓦房王家 1280m；宽阔水水库 1410m；林岩 1300m；大山 1201m。

（十六）无柱兰属 *Amitostigma* Schltr.

1. 细葶无柱兰 *A. gracile*（Bl.）Schltr

2. 无柱兰 *A. gracile*（Bl.）Schltr. 元生坝 950～1300m。

（十七）虾脊兰属 *Calanthe* R. Br.

1. 钩距虾脊兰 *C. graciliflora* Hayata 大干沟 1099m；苏家沟；大屯。

2. 剑叶虾脊兰 *C. davidii* Franch. 砖房组 1023m；分水岭 1165m；马蹄溪 778m；飘水岩 1420m；钻子沟 740m；大苦子塘湾 960m；大岩品 900m；煤厂沟 1200m；大湾坪上 1378m；白哨 783m；袁家沟 1227m。

3. 三褶虾脊兰 *C. triplicata*（Willem.）Ames 沙湾 1250m。

4. 无距虾脊兰 *C. tsoongiana* T. Tang et F. T. Wang 烟灯垭口 1572m；烂泥涵 1500m；碑桠口；大石板；天生桥 1567 m。

5. 虾脊兰 *C. discolor* Lindl. 沙湾 1240m。

6. 泽泻虾脊兰 *C. alismaefolia* Lindl. 分水岭 1000m；油桐溪 680m；马蹄溪 1039m；白石溪沟 680m；钻子沟 720m。

7. 细花虾脊兰 *C. mannii* Hook. f. 大石板。

8. 三棱虾脊兰 *C. tricarinata* Lindl. 中心站 1500～1550m。

9. 疏花虾脊兰 *C. henryi* Rolfe 中心站 1250m。

（十八）羊耳蒜属 *Liparis* Rich.

1. 镰翅羊耳蒜 *L. bootanensis* Griff. 白石溪沟 680m。

2. 大花羊耳蒜 *L. distans* C. B. Clarke 砖房组 1023m；油桐溪 680m；马蹄溪 1039m；白石溪沟 700m；半河；苏家沟；元生坝、风水垭 700～1050m。

3. 小羊耳蒜 *L. fargesii* Finet 元生坝 750m。

4. 见血青 *L. nervosa*（Thunb. ex A. Murray）Lindl. 底水 1150m；大门阡 938m；马蹄溪 778m；钻子沟 740m。

5. 长茎羊耳蒜 *L. viridiflora*（Bl.）Lindl. 元生坝 700m。

（十九）玉凤花属 *Habenaria* Willd.

1. 裂瓣玉凤花 *H. petelotii* Gagnep. 分水岭 1100；马蹄溪 1039m；元生坝、风水垭 900～1200m。

2. 落地金钱 *H. aitchisonii* Rchb. f. 让水峰 1100m。

（二十）石豆兰属 *Bulbophyllum* Thou.

1. 藓叶卷瓣兰 *B. retusiusculum* Rchb. f. 风水垭 1023m。

（二十一）毛兰属 *Eria* Lindl.

1. 足茎毛兰 *E. coronaria*（Lindl.）Rchb. f. 风水垭 1023m。

附录 V　宽阔水国家级自然保护区鸟类名录

目 ORDERS 科 Familiesp	物种	居留型 a	分布型 b	数据来源 c	新纪录 d
I 鹛䴙目 PODICIPEDIFORMES					
1、䴙䴘科 Podicipedidae	1 小䴙䴘 *Podiceps ruficollis*	留	广	样线	
II 鹳形目 CICONIFORMES					
2、鹭科 Ardeidae	2 苍鹭 *Ardea cinerea*	留	广	样线	
	3 池鹭 *Ardeola bacchus*	夏候	广	样线	
	4 白鹭 *Egretta garzetta*	留	广	样线	是
	5 栗苇鳽 *Ixobrychus cinnamomeus*	留	广	样线	是
III 雁形目 ANSERIFORMES					
3、鸭科 Anatidae	6 赤麻鸭 *Tadorna ferruginea*	冬候	广	样线	
	7 针尾鸭 *Anas acuta*	冬候	广	样线	
	8 绿翅鸭 *Anas crecca*	冬候	广	样线	
	9 赤颈鸭 *Anas penelope*	冬候	广	样线	
	10 鸳鸯 *Aix galericulata*	留/冬候	广	样线	
	11 棉凫 *Nettapus coromandelianus*	夏候	广	样线	是
IV 隼形目 FALCONFORMES					
4、鹰科 Accipitridae	12 黑鸢 *Milvus migrans*	留	广	样线	
	13 蛇雕 *Spilornis cheela*	留	东	样线	
	14 雀鹰 *Accipiter nisus*	冬候	广	样线	
	15 松雀鹰 *Accipiter virgatus*	留	广	红	是
	16 凤头鹰 *Accipiter trivirgatus*	留	东	样线	
	17 鹊鹞 *Circus melanoleucos*	冬候	广	样线	
	18 普通鵟 *Buteo buteo*	冬候	广	样线	
5、隼科 Falconidae	19 红隼 *Falco tinnunculus*	留	广	样线	
V 鸡形目 GALLLIFORMES					
6、雉科 Phasianidae	20 灰胸竹鸡 *Bambusicola thoracica*	留	东	红 样线	
	21 环颈雉 *Phasianus colchicus*	留	广	红 样线	
	22 红腹角雉 *Tragopan temminckii*	留	东	红 样线	
	23 白冠长尾雉 *Syrmaticus reevesii*	留	广	样线	
	24 红腹锦鸡 *Chrysolophus pictus*	留	广	红 样线	
	25 白颈长尾雉 *Syrrmaticus ellioti*	留	东	红	是
VI 鹤形目 GRUIFORMS					
7、秧鸡科 Rallidae	26 红胸田鸡 *Porzana fusca*	夏候	广	样线	
VII 鸻形目 CHARADRIIFORMES					
8、鸻科 Charadriidae	27 金眶鸻 *Charadrius dubius*	夏候	广	样线	
9、鹬科 Scolopacidae	28 矶鹬 *Actitis hypoleucos*	冬候/旅	广	样线	
	29 白腰草鹬 *Tringa ochropus*	冬候	广	样线	

（续）

目 ORDERS 科 Familiesp	物种	居留型 a	分布型 b	数据来源 c	新纪录 d
	30 丘鹬 *Scolopax rusticola*	冬候	广	红 样线	
VIII 鸽形目 COLUMBIFORMES					
10、鸠鸽科 Columbidae	31 红翅绿鸠 *Treron sieboldii*	留	东	样线	
	32 山斑鸠 *Streptopelia oeientalis*	留	广	红 样线	
	33 珠颈斑鸠 *Streptopelia chinensis*	留	广	红 样线	
IX 鹃形目 CUCLIFORMES					
11、杜鹃科 Cuculidae	34 大鹰鹃 *Cuculus sparverioides*	夏候	广	样线	
	35 四声杜鹃 *Cuculus micropterus*	夏候	广	样线	
	36 八声杜鹃 *Cacomantis merulinus*	夏候	东	样线	
	37 大杜鹃 *Cuculus canorus*	夏候	广	样线	
	38 中杜鹃 *Cuculus Saturatus*	夏候	广	样线	
	39 小杜鹃 *Cuculus poliocephalus*	夏候	广	样线	是
	40 翠金鹃 *Chrysococcyx maculates*	夏候	东	样线	
	41 乌鹃 *Surniculus lugubris*	夏候	东	样线	
	42 噪鹃 *Endynamys scolopacea*	夏候	广	样线	
X 鸮形目 SFRIGIFORMES					
12、鸱鸮科 *Strigidae*	43 斑头鸺鹠 *Glaucidium cuculoides*	留	东	样线	
	44 短耳鸮 *Asio flammeus*	冬候	广	样线	
	45 红角鸮 *Otus sunia*	留	古北	样线	
XI 夜鹰目 CAPRIMULGIFORMES					
13、夜鹰科 Caprimulgidae	46 普通夜鹰 *Caprimulgus indicus*	夏候	广	样线	
XII 雨燕目 APODIFORMES					
14、雨燕科 Apodidiae	47 短嘴金丝燕 *Collocalia brevirostris*	夏候	东	样线	
	48 白腰雨燕 *Apus pacificus*	夏候	广	样线	
XIII 佛法僧目 CORACIIFORMES					
15、翠鸟科 Alcedinidae	49 普通翠鸟 *Alcedo atthis*	留	广	样线	
	50 蓝翡翠 *Halcyon pileata*	夏候	广	样线	
XIV 戴胜目 UPUPIFORMES					
16、戴胜科 Upupidae	51 戴胜 *Upupa epops*	留	广	样线	
XV 䴕形目 PICIFORMES					
17、拟䴕科 Capitonidae	52 大拟啄木鸟 *Megalaima virens*	留	东	样线	是
18、啄木鸟科 Picidae	53 斑姬啄木鸟 *Picumnus innominatus*	留	东	样线	
	54 黄嘴栗啄木鸟 *Blythipicus pyrrhotis*	留	东	样线	
	55 灰头绿啄木鸟 *Picus canus*	留	广	样线	
	56 栗啄木鸟 *Celeus brachyurus*	留	东	样线	
	57 大斑啄木鸟 *Dendrocopos major*	留	广	样线	

（续）

目 ORDERS 科 Familiesp	物种	居留型 a	分布型 b	数据来源 c	新纪录 d
	58 星头啄木鸟 *Dendrocopos canicapillus*	留	广	样线	
XVI 雀形目 PASSERIFORMES					
19、百灵科 Alaudidae	59 小云雀 *Alauda gulgula*	留	广	样线	
20、燕科 Hirundinidae	60 家燕 *Hirundo rustica*	夏候	广	样线	
	61 金腰燕 *Cecropis daurica*	夏候	广	样线	
	62 烟腹毛脚燕 *Delichon dasypus*	夏候	广	样线	是
21、鹡鸰科 Motacillidae	63 灰鹡鸰 *Motacilla cinerea*	留	广	样线	
	64 白鹡鸰 *Motacilla alba*	留	广	样线	
	65 黄鹡鸰 *Motacilla flava*	旅鸟	广	样线	
	66 粉红胸鹨 *Anthus roseatus*	留	广	样线	
	67 树鹨 *Anthus hodgsoni*	冬候	广	样线	
22、山椒鸟科 Campephagidae	68 长尾山椒鸟 *Pericrocotus ethologus*	夏候	广	样线	
	69 短嘴山椒鸟 *Pericrocotus brevirostris*	夏候	广	样线	是
23、鹎科 Pycnonotidae	70 领雀嘴鹎 *Spizixos semitorques*	留	东	样线	
	71 白头鹎 *Pycnonotus sinensis*	留	广	样线	是
	72 黄臀鹎 *Pycnonotus xanthorrhous*	留	广	样线	
	73 黑短脚鹎 *Hypsipetes leucocephalus*	留	东	样线	
	74 栗背短脚鹎 *Hemixos castanonotus*	留	东	样线	
	75 绿翅短脚鹎 *Hypsipetes mcclellandii*	留	东	样线	
24、河乌科 Cinclidae	76 褐河乌 *Cinclus pallasii*	留	广	样线	
25、鸫科 Turdidae	77 红喉歌鸲 *Luscinia calliope*	旅	广	红 样线	
	78 蓝歌鸲 *Luscinia cyane*	旅	广	红 样线	是
	79 红胁蓝尾鸲 *Tarsiger cyanurus*	冬候	广	红 样线	
	80 鹊鸲 *Copsychus saularis*	留	东	样线	
	81 蓝额红尾鸲 *Phoenicurus frontalis*	留	广	样线	
	82 北红尾鸲 *Phoenicurus auroreus*	留	广	红 样线	
	83 红尾水鸲 *Rhyacornis fuliginosus*	留	广	样线	
	84 白腹短翅鸲 *Hodgsonius phoenicuroides*	留	广	样线	是
	85 白尾地鸲 *Cinclidium leucurum*	留	东	样线	
	86 小燕尾 *Enicurus scouleri*	留	东	样线	
	87 灰背燕尾 *Enicurus schistaceus*	留	东	样线	
	88 黑背燕尾 *Enicurus immaculatus*	留	东	红 样线	
	89 灰林鵰 *Saxicola ferrea*	留	广	样线	
	90 黑喉石鵰 *Saxicola torquata*	留	广	样线	
	91 白顶溪鸲 *Chaimarrornis leucocephalus*	留	广	样线	
	92 褐头鹟 *Ficedula sapphira*	夏候	东	红 样线	

（续）

目 ORDERS 科 Familiesp	物种	居留型 a	分布型 b	数据来源 c	新纪录 d
	93 紫啸鸫 *Myophonus caeruleus*	留	广	红 样线	
	94 灰翅鸫 *Turdus boulboul*	冬候	东	红	是
	95 白腹鸫 *Turdus pallidus*	旅	广	样线	
	96 斑鸫 *Turdus naumanni*	冬候	广	红 样线	
	97 栗腹矶鸫 *Monticola rufiventris*	留	广	样线	
	98 虎斑地鸫 *Zoothera dauma*	冬候	广	红 样线	
	99 橙头地鸫 *Zoothera citrina*	留	广	红	是
26、扇尾莺科 Cisticolidae	100 山鹪莺 *Prinia superciliaris*	留	东	样线	
27、莺科 Sylviidae	101 强脚树莺 *Cettia fortipes*	留	东	红 样线	
	102 黄腹树莺 *Cettia acanthizoides*	留	东	样线	
	103 远东树莺 *Cettia canturians*	冬候	广	样线	
	104 斑胸短翅莺 *Bradypterus thoracicus*	夏候	广	样线	
	105 棕褐短翅莺 *Bradypterus luteoventris*	留	东	样线	
	106 白斑尾柳莺 *Phylloscopus davisoni*	夏候	东	样线	
	107 冠纹柳莺 *Phylloscopus reguloides*	夏候	东	样线	
	108 黄腹柳莺 *Phylloscopus affinis*	留	广	样线	是
	109 黄眉柳莺 *Phylloscopus inornatus*	冬候	广	样线	
	110 棕腹柳莺 *Phylloscopus subaffinis*	夏候	广	样线	
	110 暗绿柳莺 *Phylloscopus trochiloides*	冬候	广	样线	
	112 黄腰柳莺 *Phylloscopus proregulus*	冬候	广	样线	
	113 金眶鹟莺 *Ceicercus burkii*	留	东	样线	
	114 棕脸鹟莺 *Abroscopus albogularis*	留	东	样线	
	115 灰冠鹟莺 *Seicercus tephrocephalus*	留	东	样线	是
	116 栗头鹟莺 *Seicercus castaniceps*	夏候	东	样线	
28、鹟科 Muscicapidae	117 方尾鹟 *Culicicapa ceylonensis*	夏候	广	样线	
	118 铜蓝鹟 *Eumyias thalassina*	夏候	广	样线	
	119 棕腹大仙鹟 *Niltava davidi*	留	东	样线	
	120 棕尾褐鹟 *Muscicapa ferruginae*	旅	东	样线	
	121 橙胸姬鹟 *Ficedula strophiata*	夏候	东	样线	
	122 小斑姬鹟 *Ficedula westermanni*	夏候	东	样线	
	123 灰蓝姬鹟 *Ficedula tricolor*	夏候	广	样线	
	124 红喉姬鹟 *Ficedula parva*	夏候	广	样线	是
	125 白腹姬鹟 *Cyanoptila cyanomelana*	旅	广	样线	
	126 白喉林鹟 *Rhinomyias brunneata*	夏候	东	样线	
29、王鹟科 Monarchidae	127 寿带 *Terpsiphone paradisi*	夏候	广	红 样线	
30、画眉科 Timaliidae	128 矛纹草鹛 *Babax lanceolatus*	留	东	红 样线	

（续）

目 ORDERS 科 Familiesp	物种	居留型 a	分布型 b	数据来源 c	新纪录 d
	129 画眉 *Garrulax canorus*	留	东	红 样线	
	130 白颊噪鹛 *Garrulax sannio*	留	东	样线	
	131 红嘴相思鸟 *Leiothrix lutea lutea*	留	东	红 样线	
	132 白领凤鹛 *Yuhina diademata*	留	东	红 样线	
	133 斑胸钩嘴鹛 *Pomatorhinus erythrocnemis*	留	广	样线	是
	134 锈脸钩嘴鹛 *Pomatorhinus erythrogenys*	留	广	红 样线	
	135 棕颈钩嘴鹛 *Pomatorhinus ruficollis*	留	东	红 样线	
	136 小鳞胸鹪鹛 *Pnoepyga pusilla*	留	东	样线	
	137 红头穗鹛 *Stachyris ruficeps*	留	东	红 样线	
	138 黑脸噪鹛 *Garrulax perspicillatus*	留	广	样线	
	139 黑领噪鹛 *Garrulax pectoralis*	留	东	红 样线	
	140 灰翅噪鹛 *Garrulax cineraceus*	留	广	样线	
	141 褐胸噪鹛 *Garrulax maesi*	留	东	红	是
	142 棕噪鹛 *Garrulax poecilorhynchus*	留	东	红 样线	
	143 赤尾噪鹛 *Garrulax milnei*	留	东	红 样线	
	144 蓝翅希鹛 *Minla cyanouroptera*	留	东	样线	是
	145 火尾希鹛 *Minla ignotincta*	留	东	样线	
	146 灰眶雀鹛 *Alcippe morrisonia*	留	东	红 样线	
	147 金胸雀鹛 *Alcippe chrysotis*	留	东	样线	
	148 褐顶雀鹛 *Alcippe brunnea*	留	东	红 样线	
	149 褐头雀鹛 *Alcippe cinereiceps*	留	东	样线	
	150 褐胁雀鹛 *Alcippe dubia*	留	东	红 样线	
	151 栗耳凤鹛 *Yuhina castaniceps*	留	东	样线	是
	152 黑颏凤鹛 *Yuhina nigrimenta*	留	东	样线	
	153 白腹凤鹛 *Yuhina zantholeuca*	留	东	样线	是
	154 黑头奇鹛 *Heterophasia melanoleuca*	留	东	样线	
31、鸦雀科 Panuridae	155 点胸鸦雀 *Paradoxornis guttaticollis*	留	东	样线	
	156 黑喉鸦雀 *Paradoxornis nipalensis*	留	东	样线	
	157 灰喉鸦雀 *Paradoxornis alphonsianus*	留/旅	东	样线	是
	158 灰头鸦雀 *Paradoxornis gularis*	留	东	样线	
	159 金色鸦雀 *Paradoxornis verreauxi*	旅	东	样线	是
	160 棕头鸦雀 *Paradoxornis webbianus*	留	广	样线	
32、长尾山雀科 Aegithalidae	161 红头长尾山雀 *Aegithalos concinnus*	留	东	样线	
33、山雀科 Paridae	162 大山雀 *Parus major*	留	广	样线	
	163 绿背山雀 *Parus monticolus*	留	广	样线	
	164 黄腹山雀 *Parus venustulus*	留	广	样线	

（续）

目 ORDERS 科 Familiesp	物种	居留型 a	分布型 b	数据来源 c	新纪录 d
34、太阳鸟科 Nectariniidae	165 蓝喉太阳鸟 *Aethopyga gouldiae*	留	东	样线	
35、绣眼鸟科 Zosteropidae	166 暗绿绣眼鸟 *Zosterops japonicus*	夏候	广	样线	
36、黄鹂科 Oriolidae	167 黑枕黄鹂 *Oriolus chinensis*	夏候	广	样线	
37、伯劳科 Laniidae	168 红尾伯劳 *Lanius cristatus*	夏候	广	样线	
	169 虎纹伯劳 *Lanius tigrinus*	夏候	广	样线	是
	170 棕背伯劳 *Lanius schach*	留	广	样线	
38、卷尾科 Dicruridae	171 黑卷尾 *Dicrurus macrocercus*	夏候	广	样线	
	172 灰卷尾 *Dicrurus leucophaeus*	夏候	广	样线	
	173 发冠卷尾 *Dicrurus hottentottus*	夏候	广	样线	
39、椋鸟科 Sturnidae	174 八哥 *Acridotheres cristatellus*	留	东	样线	
40、鸦科 Covvidae	175 松鸦 *Garrulus glandarius*	留	广	红 样线	
	176 红嘴蓝鹊 *Urocissa erythrorhyncha*	留	广	红 样线	
	177 灰树鹊 *Dendrocitta formosae*	留	东	样线	
	178 喜鹊 *Pica pica*	留	广	样线	
	179 大嘴乌鸦 *Corvus macrorhynchos*	留	广	样线	
	180 白颈鸦 *Corvus torquatus*	留	广	样线	
	181 达乌里寒鸦 *Corvus dauuricus*	冬候	广	样线	
41、雀科 Frinfillidea	182 树麻雀 *Passer montanus*	留	广	样线	
	183 山麻雀 *Passer rutilans rutilans*	留	广	样线	
42、燕雀科 Fringillidae	184 燕雀 *Fringilla montifringilla*	冬候	广	红 样线	
	185 金翅雀 *Carduelis sinica*	留	广	样线	
	186 酒红朱雀 *Carpodacus vinaceus*	留	广	样线	
	187 普通朱雀 *Carpodacus erythrinus*	夏候	广	样线	
	188 黑尾蜡嘴雀 *Eophona migratoria*	冬候	广	样线	
43、岩鹨科 Prunellidea	189 棕胸岩鹨 *Prunella strophiata*	留	广	样线	是
44、鹀科 Emberizidae	190 黄喉鹀 *Emberiza elegans*	留	广	红 样线	
	191 灰头鹀 *Emberiza spodocephala*	留	广	样线	
	192 灰眉岩鹀 *Emberiza godlewskii*	留	广	样线	
	193 三道眉草鹀 *Emberiza cioides*	留	广	样线	
	194 小鹀 *Emberiza pusilla*	冬候	广	样线	
	195 白眉鹀 *Emberiza tristrami*	冬候	广	红 样线	
	196 蓝鹀 *Latoucheornis siemsseni*	冬候	广	样线	
	197 栗耳鹀 *Emberiza fucata*	留	广	样线	

a:留－留鸟;夏候－夏候鸟;冬候－冬候鸟;旅－旅鸟;b:广－广布种;东－东洋界;古北－古北界;c:样线－样线法调查数据;红－红外相机数据;d:与第 2 次科学考察结果进行比较。

附录Ⅵ 宽阔水国家级自然保护区兽类名录

物种/学名	区系	分布型	国家重点保护	IUCN等级	调查方法 实体	痕迹	照片	访问	文献资料
（一）劳亚食虫目 EULIPOTYPHLA									
1、猬科 Erinaceidae									
（1）中国鼩猬 *Neotetracus sinensis* Trouessart	Sd	东							√
2、鼹科 Talpidae									
（2）华南缺齿鼹 *Mogera insularis*	Sc	东							√
3、鼩鼱科 Soricidae									
（3）微尾鼩 *Anurosorex squamipes*	Hc	广							√
（4）大缺齿长尾鼩 *Chodsigoa salenskii* Kastschenko	Hc	东							√
（5）四川短尾鼩 *Anourosorex squamipes*	Sd	东							√
（二）翼手目 CHIROPTERA									
4、假吸血蝠科 Megadermatidae									
（6）印度假吸血蝠 *Megaderma lyra* Geoffroy	Wc	东							√
5、菊头蝠科 Rhinolophidae									
（7）小菊头蝠福建亚种 *Rhinolophus blythi calidus* Geoffroy	Sc	东							√
（8）绒毛（皮氏）菊头蝠 *Rhinolophus pearsoni* Horsfield	Wd	东							√
6、蹄蝠科 Hipposideridae									
（9）大蹄蝠 *Hipposideros armiger*	Wd	东							√
（10）黄大（普氏）蹄蝠 *Hipposideros pratti*	Wd	东							√
7、蝙蝠科 Vespertilionidae									
（11）印度伏翼海南亚种 *Pipistrellus coromandra portensis*	Wc	东							√
（三）灵长目 PRIMATES									
8、猴科 Cercopithecidae									
（12）猕猴 *Macaca mulatta* Zimmermann	We	广	Ⅱ			√		√	√
（13）黑叶猴 *Trachypithecus francoisi* Pousargues	Wc	东	Ⅱ	EN	√	√	√	√	√
（四）食肉目 CARNIVORA									
9、犬科 Canidae									
（14）赤狐 *Vulpes vulpes* Linnaeus	C	广							√
（15）貉西南亚种 *Nyctereutes procyonoides orestes*	Eg	广							√
（16）豺 *Cuon alpinus* Pallas	We	广	Ⅱ	EN					√
10、鼬科 Mustelidae									
（17）青鼬指名亚种 *Martes flavigula flavigula* Boddaert	We	广	Ⅱ						√
（18）黄腹鼬 *Mustela kathiah* Hodgson	Sd	东			√		√	√	√
（19）黄鼬 *Mustela sibirica* Pallas	Uh	广			√		√	√	√

（续）

物种/学名	区系	分布型	国家重点保护	IUCN等级	调查方法				
					实体	痕迹	照片	访问	文献资料
（20）猪獾南方亚种 *Arctonyx collaris albogularis*	We	广		NT			√	√	√
（21）狗獾 *Meles leucurus*	Uh	广							√
（22）水獭 *Lutra lutra* Linnaeus	Uh	广	II	NT				√	√
（23）鼬獾 *Melogale moschata*	Wd	东			√				
11、灵猫科 Viverridae									
（24）大灵猫 *Viverra zibetha* Linnaeus	Wd	东	II	NT					√
（25）小灵猫 *Viverricula indica* Desmarest	Wd	东	II				√		√
（26）果子狸西南亚种 *Paguma larvata intrudens*	Wc	东			√	√	√		√
12、獴科 Herpestidae									
（27）食蟹獴 *Herpestes urva* Hodgson	Wc	东							√
13、猫科 Felidae									
（28）豹猫 *Prionailurus bengalensis* Kerr	We	广			√	√	√	√	√
（29）云豹 *Neofelis nebulosa* Griffith	Wc	东	I	VU				√	√
（30）豹 *Panthera pardus* Linnaeus	O	广	I	EN				√	√
（五）鲸偶蹄目 CETARTIODACTYLA									
14、猪科 Suidae									
（31）野猪 *Sus scrofa* Linnaeus	Uh	广			√	√	√	√	√
15、麝科 Moschidae									
（32）林麝 *Moschus berezovskii* Flerov	Sd	东	I	EN					√
16、鹿科 Cervidae									
（33）赤麂 *Muntiacus vaginalis* Iindian	Wc	东				√	√		
（34）小麂 *Muntiacus reevesi* Ogilby	Sd	东			√		√	√	√
（35）毛冠鹿 *Elaphodus cephalophus* Tufted	Sv	东		NT	√		√	√	√
（六）啮齿目 RODENTIA									
17、松鼠科 Sciuridae									
（36）赤腹松鼠 *Callosciurus erythraeus* Pallas	Wc	东			√		√	√	√
（37）红颊长吻松鼠 *Dremomys rufigenis*	Wd	东						√	√
（38）珀氏长吻松鼠贵州亚种 *Dremomys pernyi modestus* Ellerman	Sd	东						√	

（续）

物种/学名	区系	分布型	国家重点保护	IUCN等级	实体	痕迹	照片	访问	文献资料
（39）红腿长吻松鼠 *Dremomys pyrrhomerus*	Sc	东					√		
18、鼠科 Muridae									
（40）小家鼠 *Mus musculus* Linnaeus	Uh	广			√				√
（41）巢鼠四川亚种 *Micromys minutus pygmeus* Pallas	Uh	广							√
（42）黑线姬鼠 *Apodemus agrarius* Pallas	Ub	广							√
（43）高山（齐氏）姬鼠 *Apodemus chevrieri*	Sb	广							√
（44）黄胸鼠 *Rattus tanezumi*	We	广							√
（45）大足鼠 *Rattus nitidus*	Wa	东							√
（46）拟家鼠 *Rattus pyctoris*	Sc	东							√
（47）褐家鼠 *Rattus norvegicus* Berkenhout	Ue	广							√
（48）社鼠 *Rattus niviventer*	We	广							√
（49）针毛鼠 *Rattus fulvescens*	Wb	东							√
（50）小泡巨鼠巨形亚种 *Leopoldamys edwardsi*	Wd	东							√
19、仓鼠科 Cricetidae									
（51）黑腹绒鼠 *Eothenomys melanogaster*	Sv	东							√
20、鼯鼠科 Petauristidae									
（52）霜背大鼯鼠西南亚种 *Petaurista philippensis miloni* Ellerman	Wc	东							√
（53）红白鼯鼠 *Petaurista alborufus*	Wd	东					√		√
21、刺山鼠科 Platacanthomyidae									
（54）猪尾鼠沙巴亚种 *Typhlomys cinereus chapensis* Ellerman	Sd	东							√
（七）兔形目 LAGOMORPHA									
22、兔科 Leporidae									
（55）草兔川西南亚种 *Lepus capensis cinnomomeus* Shamel	O	广				√	√		√

注：1. 区系：广—古北、东洋界广布种、东—东洋界物种。

2. 分布型：O—不易归类型及广泛分布型、Sd—南中国型（热带 – 北亚热带）、Wc—东洋型（热带 – 中亚热带）、Sv—南中国型（热带 – 中温带）、Uh—古北型（欧亚温带 – 亚热带）、Wd—东洋型（热带 – 北亚热带）、Ub—古北型（寒温带 – 中温带）、Sb—南中国型（热带 – 南亚热带）、We—东洋型（热带 – 温带）、Wa—东洋型（热带）、Ue—古北型（北方湿润 – 半湿润带）、Wb—东洋型（热带 – 南亚热带）、C—全北型、Eg—季风型（延伸至朝鲜）、Hc—横断山脉 – 喜拉雅型、Sc—南中国型（热带 – 中亚热带）。

3. IUCN 红色名录等级：EN：濒危；VU：易危；NT：近危。

附录Ⅶ　宽阔水国家级自然保护区两栖类物种名录

目 ORDERS	科 Families	物种 Species	分布型	区系	特有	IUCN
（一）有尾目 CAUDATA（URODELA）	1 小鲵科 Hynobiidae	1 黄斑拟小鲵 *Pseudohynobius flavomaculatus*		东		VU
		2 宽阔水拟小鲵 *Pseudohynobius kuankuoshuiensis*	W	东		DD
	2 隐鳃鲵科 Cryptobranchidae	3 大鲵 *Andrias davidianus*	E	广		CR
	3 蝾螈科 Salamandridae	4 细痣疣螈 *Yaotriton asperrimus*	Sc	东		NT
		5 文县疣螈 *Tylototriton wenxianensis*				VU
		6 瑶山肥螈 *Pachytriton labiatus*				NE
（二）无尾目 ANURA（SALIENTIA）	4 角蟾科 Megophryidae	7 峨山掌突蟾 *Leptolalax oshanensis*	Hc	东		LC
		8 红点齿蟾 *Orelalax rhodostigmatus*	Y	东 Swa		VU
		9 小角蟾 *Megophyrys minor*	Sd	东		LC
	5 锄足蟾科 Pelobatidae	10 棘指角蟾 *Megophyrys spinata*	Y	东 C		LC
	6 蟾蜍科 Bufonidae	11 中华蟾蜍指名亚种 *Bufo g. gargarizans*	Eg	广		LC
	7 雨蛙科 Hylidae	12 华西雨蛙武陵亚种 *Hyla gongshanensis wulingensis*	Wd	东		LC
	8 蛙科 Ranidae	13 峨眉林蛙 *Rana omeimontis*	Sh	东 Cb		LC
		14 黑斑侧褶蛙 *Pelophylax nigromaculatus*	Ea	广		NT
		15 仙琴蛙 *Nidirana duanchina*	Hc	东 Swa		LC
		16 沼水蛙 *Boulengerana guentheri*	Sc	东		LC
		17 泽陆蛙 *Fejervarya multistriata*	We	广 N		DD
		18 无指盘臭蛙 *Odorrana grahami*	Hc	东 Swa		NT
		19 绿臭蛙 *Odorrana margaratae*	Sh	东		
		20 花臭蛙 *Odorrana schmackeri*	Si	东		LC
		21 棘腹蛙 *Quasipaa boulengeri*	Ha	广		EN
		22 棘侧蛙 *Quasipaa shini*	Y	东 Cab		VU
		23 棘胸蛙 *Quasipaa spinosa*	Sc	东		VU
		24 华南湍蛙 *Amolops ricketti*	Sc	东		LC
		25 昭觉林蛙 *Rana chaochiaoensis*	Hc	东		LC
	9 树蛙科 Rhacophoridae	26 斑腿泛树蛙 *Polypedates megacephalus*	Wd	东		LC
		27 经甫树蛙 *Rhacophorus chenfui*	Si	东 Cab		LC
		28 峨眉树蛙 *Rhacophorus omeimenti*	Hc	东		LC
	10 姬蛙科 Microhylidae	29 粗皮姬蛙 *Microhyla butleri*	Wc	东		LC
		30 小弧斑姬蛙 *Microhyla heymonsi*	Wc	东		LC
		31 饰纹姬蛙 *Microhyla ornata*	Wc	东		LC

注：1. 区系：广—古北、东洋界广布种、东—东洋界物种。

2. 分布型：E—季风型；Ea—季风型（阿穆尔－延至俄罗斯）；Eg—季风型（乌苏里、朝鲜）；Ha—喜马拉雅－横断山区型；Hc—喜马拉雅－横断山区型（横断山区为主）；Sc—南中国型（热带－中亚热带）；Sd—南中国型（热带－北亚热带）、Sh—南中国型（中亚热带－北亚热带）；Sh—南中国型（中亚热带）；Wc—东洋型（热带－中亚热带）；Wd—东洋型（热带－北亚热带）；We—东洋型（热带－温带）；Y—云贵高原；

3. IUCN 红色名录等级：DD：数据缺乏；CR：极危；NT：近危；VU：易危；NE：未做评估；LC：无危；EN：濒危；以下类同。

附录Ⅷ 宽阔水国家级自然保护区爬行类物种名录

目 ORDERS	科 Families	物种 Species	分布型	区系	特有	IUCN
(一)龟鳖目 TESTUDINES	1 鳖科 Trionychidae	1 鳖 *Pelodiscus sinensis* Wiegmann	Ea	广		
(二)蜥蜴目 LACER-TIFORMES	2 壁虎科 Gekknnidae	2 多疣壁虎 *Gekko japonicus*	Sh	东		
	3 石龙子科 Scincidae	3 中国石龙子 *Eumeces chinensis*	Sm	东		
		4 铜蜓蜥 *Sphenomorphus indicus*	We	东		
	4 蜥蜴科 Lacertidae	5 北草蜥 *Takydromus septentrionalis* Guenther	E	广		
	5 蛇蜥科 Anguidae	6 脆蛇蜥 *Ophisaurus harti* Boulenger	Sb	东		
(三)蛇目 SERPENTI-FORMES	6 游蛇科 Colubridae	7 黑脊蛇 *Achalinus spinalis* Peters	Sd	东		
		8 赤链蛇 *Dinodon rufozonalum*	Ed	广		
		9 钝头蛇 *Pareas chinensis*	Se	东		
		10 平鳞钝头蛇 *Pareas boulengeri*	Sh	东		
		11 王锦蛇 *Elaphe carinata*	Sd	广		
		12 灰腹绿锦蛇 *Elaphe frenata*	Se	东		
		13 玉斑锦蛇 *Elaphe mandarina*	Sd	东		
		14 紫灰锦蛇 *Elaphe porphyracea*	We	东		
		15 黑眉锦蛇 *Elaphe taeniura* Cope	We	广		
		16 锈链腹链蛇 *Amphiesma craspedogaster*	Sh	东		
		17 棕黑腹链蛇 *Amphiesma sauteri*	Sd	东		
		18 华游蛇 *Sinonatrix percarinata*	Sd	东		
		19 颈槽颈槽蛇 *Rhabdophis nuchalis*	Sd	东		
		20 虎斑颈槽蛇 *Rhabdophis tigrinu*	Ea	广		
		21 中国小头蛇 *Oligodon chinensis*	Sc	东		
		22 翠青蛇 *Cyclophiops major*	Sv	东		
		23 崇安斜鳞蛇 *Pseudoxenodon karlschmidti*	Sc	东		
		24 斜鳞蛇 *Pseudoxenodom macrops*	We	东		
		25 花尾斜鳞蛇 *Pseudoxenodom macrops*	Sh	东		
		26 乌梢蛇 *Zaocys dhumnades*	Wc	东		
		27 绞花林蛇 *Boiga kraepelini* Stejneger	Sc	东		
	7 蝰科 Viperidae	28 白头蝰 *Azemiops feae* Boulenger	Sc	东		NT
	8 蝮科 Grotalidate	29 尖吻蝮 *Agkistrodon acutus*	Sc	东		
		30 竹叶青 *Trimeresurus stejnegeri* schmidt	We	广		
		31 山烙铁头 *Trimeresurus meresurusmonticola* Guenther	Wc	东		
		32 烙铁头 *Trimeresurus mucrosquamatus*	Sd	东		

注:1. 分布型:Sd—南中国型(热带－北亚热带)、Wc—东洋型(热带－中亚热带)、Sv—南中国型(热带－中温带)、E—季风区型、Ea—季风区型(包括阿穆尔或再延展至俄罗斯远东地区)、Ed—季风区型(包括至朝鲜与日本)、Sb—南中国型(热带－南亚热带)、We—东洋型(热带－温带)、Sc—南中国型(热带－中亚热带)、Se—南中国型(南亚热带－中亚热带)、Sh—南中国型(中亚热带－北亚热带)、Sm—南中国型(热带－暖温带)

2. IUCN 红色名录等级:NT—近危;空白—未予评估

附录 IX 宽阔水国家级自然保护区鱼类名录

目 ORDERS	科 Families	物种 Species
(一)鲤形目 Cypriniformes	1 鲤科 Cyprinidae	1 鲤鱼 *Cyprinus carpio haematopterus*
		2 松荷鲤 *Cyprinus carpio*Songhe
		3 鲫鱼 *Carassius auratus auratus*
		4 鲈鲤 *Percocyris pingi pingi*
	2 鳊亚科 Abramidinae	5 鳘条 *Hemicculter Leuciclus*
	3 雅罗鱼亚科 Leuciscinae	6 草鱼 *Ctenopharyngodon idellus**
		7 青鱼 *Mylopharyngodon piceus**
		8 鳙鱼 *Aristichthys nobilis*
		9 鲢鱼 *Hypophthalmichthys molitrix* *
	4 鮈亚科 Gobioninae	10 麦穗鱼 *pseudorasbora parva*
		11 唇鱛 *Hemibarbus labeo*
		12 花鮕 *Hemibarbus maculatus* Bleeker
		13 黑鳍鳈 *Sarcocheilichthys nigripinnis*
		14 嘉陵颌须鮈 *Gnathopogon herzensteini*
	5 野鲮亚科 Labeoninae	15 云南盘鮈 *Discogobio yunnanensis*
		16 华鲮 *Sinilabeo rendahli rendahli*
		17 泉水鱼 *Pseudogyrinocheilus prchilus*
	6 鳑鲏鱼亚科 Acheilognathinae	18 高体鳑鲏 *Rhodeus ocellatus*
		19 中华鳑鲏 *Rhodeus sinensis* Günther
		20 彩石鲋(鳑鲏)*Psendoperilampus lighti*
	7 鲃亚科 Barbinae	21 多斑金线鲃 *Sinocyclocheilus multipunctatus*
		22 中华倒刺鲃 *Spinibarbus sinensis*
		23 宽头四须鲃 *Barbodes laticeps*
		24 粗须铲颌鱼 *Varicorhinus barbatus*
		25 宽口光唇鱼 *Acrossocheilus monticola*
		26 云南光唇鱼 *Acrossocheilus Yunnanensis*
		27 白甲鱼 *Onychostoma sima*
	8 裂腹鱼亚科 Schizothoracinae	28 四川裂腹鱼 *Schizothorax kozlovi*
	9 花鳅亚科 Cobitinae	29 泥鳅 *Misgurnus anguillicadatus*
	10 条鳅亚科 Nemacheilinae	30 美丽条鳅 *Nemacheilus pulcher*
	11 爬岩鳅科(平鳍鳅科)Balitoridae	31 四川华吸鳅 *Sinogastromyzon szechuanensis*
(二)合鳃目 Symbranchiformes	12 合鳃鱼科 Symbranchidae	32 黄鳝 *Monopterus albus*
(三)鲶形目 Siluriformes	13 鲿科 Bagridae	33 大鳍鳠 *Mystus macropterus* Bleeker
		34 黄颡鱼 *Pelteobagrus fulvidraco*
		35 江黄颡鱼 *Pseudobagrus vachelli*
		36 白边拟鲿 *Pseudobagrus albomarginatus*
		37 钝吻鮠 *Leiocassis crassirostrils* Regan
	14 鮡科 Sisordiae	38 中华纹胸鮡 *Glyptothorax sinensis*
	15 鲶科 Siluridae	39 鲶 *Silurus asotus*
(四)鲈形目 Perciformes	16 鳢科 Channidae	40 乌鳢 *Channa argus*
(五)鲑形目 Salmoniformes	17 鲑科 Salmonidae	41 金鳟 *Salmo aguabonita*
		42 虹鳟 *Salmo gairdnerii**

注：*标记为外来物种;△标记为人工品种。

附录X 宽阔水国家级自然保护区无脊椎动物名录

一、软体动物门 Mollusca

腹足纲 Gastropoda

肺螺亚纲 Pulmonata

基眼目 Basommatophora

膀胱螺科 Physidae

1. 尖膀胱螺 *Physella acuta*（Draparnaud，1805）

椎实螺科 Lymnaeidae

2. 狭萝卜螺 *Radix lagotis*（Schrank，1803）

3. 小土蜗 *Galba pervia*（Martens，1867）

柄眼目 Stylommatophora

巴蜗牛科 Bradybaenidae

4. 同型巴蜗牛 *Bradybaen*（*Bradybaena*）*similaris similaris*（Ferussac，1821）

5. 短旋巴蜗牛 *Bradybaen*（*Bradybaena*）*brevispira*（H. Adams，1870）

6. 树巴蜗牛 *Bradybaen*（*Bradybaena*）*arbusticola*（Deshayes，1870）

7. 杂色巴蜗牛 *Bradybaen*（*Bradybaena*）*poecila*（Moellendorff，1899）

8. 谷皮巴蜗牛 *Bradybaen*（*Bradybaena*）*carphochroa*（Moellendorff，1899）

9. 假弯巴蜗牛 *Bradybaen*（*Bradybaena*）*pseudocampylaea*（Moellendorff，1899）

10. 单带巴蜗牛 *Bradybaen*（*Bradybaena*）*haplozona*（Moellendorff，1899）

前鳃亚纲 Prosobranchia

中腹足目 Mesogastropoda

田螺科 Viviparidae

11. 中国圆田螺 *Cipangopaludina chinensis*（Gray，1834）

12. 梨形环棱螺 *Bellamya purificata*（Heude，1890）

双壳纲 Bivalvia

古异齿亚纲 Palaeoheterodonta

蚌目 Unionoida

蚌科 Unionidae

13. 背角无齿蚌 *Anodonta woodiana*（Lea，1834）

蚬科 Corbiculidae

14. 河蚬 *Corbicula fluminea*（Müller，1774）

球蚬科 Sphaeriidae

15 湖球蚬 *Sphaerium lacustre*（Müller，1774）

二、环节动物门 Annelida

寡毛纲 Oligochaeta

单向蚓目 Haplotaxida

巨蚓科 Megascolecidae

1. 壮伟环毛蚓 *Pheretima robusta*（E. Perrier，1872）

2. 长管环毛蚓 *Pheretima longisiphona* Qiu，1988（宽阔水特有种）

3. 短基环毛蚓 *Pheretima brevipenialis* Qiu，1987（宽阔水特有种）

4. 短茎环毛蚓 *Pheretima brevipenis* Qiu et Wen，1988（宽阔水特有种）

5. 被管环毛蚓 *Pheretima tecta* Chen，1946

6. 连突环毛蚓 *Pheretima contingens* Zhong et Ma，1979

7. 环串环毛蚓 *Pheretima moniliata* Chen，1946

8. 云龙环毛蚓 *Pheretima yunlongensis* Chen et Hsu，1977

9. 指掌环毛蚓 *Pheretima palmosa* Chen，1946

10. 舒脉环毛蚓 *Pheretima schmardae*（Horst，1883）

11. 似蚁环毛蚓 *Pheretima fornicata* Gaes，1935

12. 具柄环毛蚓 *Pheretima pedunculata* Chen et Hsu，1977

13. 异毛环毛蚓 *Pheretima diffringens*（Baird，1869）

14. 三星环毛蚓 *Pheretima triastriata* Chen，1946

15. 白颈环毛蚓 *Pheretima californica* Kinberg，1867

16. 叠管腔蚓 *Metaphire ptychosiphona* Qiu et Zhong，1993（宽阔水特有种）

17. 聚腺腔蚓 *Metaphire coacervata* Qiu，1993（宽阔水特有种）

三、节肢动物门 Arthropoda

甲壳动物亚门 Crustacea

软甲纲 Malacostraca

十足目 Decapoda

匙指虾总科 Atyoidea

匙指虾科 Atyidae

1. 掌肢新米虾指名亚种 *Neocaridina palmata palmata*（Shen，1948）

溪蟹总科 Potamoidea

溪蟹科 Potamidae

2. 华溪蟹 *Sinopotamon* sp.

端足目 Amphipoda

钩虾亚目 Gammaridea

钩虾科 Gammaridae

3. 静水钩虾 *Gammarus tranquillus* Hou，Li et Li，2013（宽阔水特有种）

4. 透明钩虾 *Gammarus translucidus* Hou，Li et Li，2004（绥阳特有种）

多足亚门 Myriapoda

倍足纲 Diplopoda

山蛩目 Spirobolida

山蛩科 Spirobolidae

1. 格氏山蛩 *Spirobolus grahami* Keeton，1960

带马陆目 Polydesmida

带马陆科 Polydesmidae

2. 绥阳雕带马陆 *Epanerchodus suiyangensis* Chen *et al.*，2016（新种）

单带马陆科 Haplodesmidae

3. 绥阳真带马陆 *Eutrichodesmus suiyangensis* Chen *et al.*，2016（新种）

奇马陆科 Paradoxosomatidae

4. 喻氏章马陆 *Chamberlinius yui* Chen *et al*，2016（新种）

宽阔水国家级自然保护区科学考察人员信息汇总表

姓名	单位	专业	职务/职称/学历
喻理飞	贵州大学生命科学学院	生态学	院长/教授/博士
陈光平	贵州宽阔水自然保护区管理局/贵州省扎佐林场	保护区管理	局长/场长/高级工程师/
王利强	贵州宽阔水自然保护区管理局/贵州习水自然保护区管理局	自然保护	副局长/高级工程师
余登利	贵州宽阔水自然保护区管理局	自然保护	局长/高级工程师
李王刚	贵州省林业厅/贵州宽阔水自然保护区管理局	自然保护	副站长
罗慧宁	贵州省林业厅/贵州宽阔水自然保护区管理局	自然保护	高级工程师
岑显超	贵州省林业厅/贵州宽阔水自然保护区管理局	森林培育	局长助理
杨昌乾	贵州宽阔水自然保护区管理局	自然保护	副局长/工程师
熊源新	贵州大学生命科学学院	植物学	教授
苟光前	贵州大学生命科学学院	植物学	教授/博士
安明态	贵州大学林学院/贵州大学生物多样性自然与保护研究中心	生态学	副教授
杨 瑞	贵州大学林学院/贵州大学生物多样性自然与保护研究中心	林学	副教授/博士
何跃军	贵州大学林学院/贵州大学生物多样性自然与保护研究中心	生态学	教授/博士
粟海军	贵州大学林学院/贵州大学生物多样性自然与保护研究中心	动物学	副教授/博士
张明明	贵州大学林学院/贵州大学生物多样性自然与保护研究中心	动物学	副教授/博士
林 祁	中国科学院植物研究所	植物分类学	研究员/博士
林 云	湖南药品与食品工业学院	植物学	副教授
陈会明	贵州省生物研究所	动物学	研究员/博士
安 苗	贵州大学动物科学学院	动物水产	副教授/博士
姚小刚	贵州宽阔水自然保护区管理局	动物生态学	工程师
李继祥	贵州宽阔水自然保护区管理局	自然保护	工程师
高明浪	贵州宽阔水自然保护区管理局	自然保护	工程师
周长威	贵州大学生命科学学院	生态学	副教授/博士
胡灿实	贵州大学生命科学学院	动物学	副教授/博士
赵 财	贵州大学生命科学学院	植物学	副教授/博士
候双双	贵州大学生命科学学院	气象学	副教授/博士
严令斌	贵州大学生命科学学院	生态学	博士研究生
吴江华	贵州省师范学院	摄影与美术	讲师
王文芳	贵州宽阔水自然保护区管理局	自然保护	工程师
杨 雪	贵州宽阔水自然保护区管理局	自然保护	助理工程师
张冬山	贵州宽阔水自然保护区管理局	自然保护	技术员
蔡国俊	贵州大学生命科学学院/贵州省山地资源研究所	生态学	助理研究员
皮发剑	贵州大学生命科学学院/遵义林业科学研究所	生态学	助理研究员
周 晨	贵州大学林学院/江西省林业科学研究院	生态学	助理研究员

聂 跃	贵州大学林学院/贵州省扎佐林场	林学	助理工程师
毕 兴	贵州大学林学院/贵州大学生物多样性自然与保护研究中心	野生动植物保护与利用	硕士研究生
蔡延芳	贵州大学林学院/贵州大学生物多样性自然与保护研究中心	生态学	硕士研究生
陈 龙	贵州大学林学院/贵州大学生物多样性自然与保护研究中心	野生动植物保护与利用	硕士研究生
陈仕友	贵州大学生命科学学院/中国林业科学研究院	生态学	硕士研究生
崔兴勇	贵州大学林学院/贵州大学生物多样性自然与保护研究中心	野生动植物保护与利用	硕士研究生
方忠艳	贵州大学林学院/贵州大学生物多样性自然与保护研究中心	野生动植物保护与利用	硕士研究生
付 鑫	贵州大学林学院/贵州大学生物多样性自然与保护研究中心	生态学	硕士研究生
韩 勘	贵州大学林学院	生态学	硕士研究生
何敏红	贵州大学林学院	森林经理	硕士研究生
胡 艳	贵州大学林学院	野生动植物保护与利用	硕士研究生
黄 郎	贵州大学林学院/贵州大学生物多样性自然与保护研究中心	林业	硕士研究生
金 勇	贵州大学林学院/贵州大学生物多样性自然与保护研究中心	野生动植物保护与利用	硕士研究生
李光容	贵州大学林学院/贵州大学生物多样性自然与保护研究中心	野生动植物保护与利用	硕士研究生
李晓芳	贵州大学林学院/贵州省植物园	生态学	硕士研究生
刘 娜	贵州大学生命科学学院	林业	硕士研究生
刘 志	贵州大学林学院	园林植物与观赏园艺	硕士研究生
潘端云	贵州大学林学院/贵州大学生物多样性自然与保护研究中心	森林经理	硕士研究生
瞿 爽	贵州大学林学院	野生动植物保护与利用	硕士研究生
孙喜娇	贵州大学林学院/贵州大学生物多样性自然与保护研究中心	生态学	硕士研究生
涂生蕾	贵州大学生命科学学院/贵州师范大学生命科学学院	野生动植物保护与利用	硕士研究生
王 丞	贵州大学林学院/贵州大学生物多样性自然与保护研究中心	野生动植物保护与利用	硕士研究生
王加国	贵州大学林学院/贵州省山地资源研究所	野生动植物保护与利用	硕士研究生
王娇娇	贵州大学林学院/贵州大学生物多样性自然与保护研究中心	生态学	硕士研究生
吴丽情	贵州大学生命科学学院/中国科学院昆明植物研究所	野生动植物保护与利用	硕士研究生
武大伟	贵州大学林学院/贵州大学生物多样性自然与保护研究中心	生态学	硕士研究生
谢佩耘	贵州大学林学院	园林植物与观赏园艺	硕士研究生
徐 建	贵州大学林学院/贵州省植物园	野生动植物保护与利用	硕士研究生
杨朝辉	贵州大学林学院/贵州大学生物多样性自然与保护研究中心	野生动植物保护与利用	硕士研究生
杨焱冰	贵州大学林学院/贵州大学生物多样性自然与保护研究中心	林学	硕士研究生
杨 应	贵州大学林学院	野生动植物保护与利用	硕士研究生
叶 超	贵州大学林学院/贵州大学生物多样性自然与保护研究中心	野生动植物保护与利用	博士研究生
张海波	贵阳阿哈湖国家湿地公园/贵州大学生命科学学院	生态学	硕士研究生
赵 庆	贵州大学生命科学学院	生态学	硕士研究生
周礼华	贵州大学生命科学学院/重庆大学	生态学	硕士研究生
朱恕英	贵州大学生命科学学院	林学	实验师
李长进	贵州大学林学院	林学	讲师
曾继才	贵州大学林学院	生态学	工程师
舒利贤	贵州大学生命科学学院/六盘水市农业委员会		

王元顶	贵州大学林学院/石阡县林业局	自然保护	工程师
柏主徇	贵州大学生命科学学院/贵州省山地资源研究所	林学	本科
仇志浪	贵州大学生命科学学院	生态学	本科
邓　伟	贵州大学林学院/贵州大学生物多样性自然与保护研究中心	林学	本科
何贵勇	贵州大学林学院	生态学	本科
蒲屹芸	碧江区六龙山人民政府	森林资源保护与游憩	本科
阮晓龙	贵州大学生命科学学院	生态学	本科
汪　京	贵州大学林学院	林学	本科
魏　泽	贵州大学生命科学学院/中国科学院植物研究所	生态学	本科
夏正波	贵州大学生命科学学院	生态学	本科
徐世鹏	贵州大学林学院/毕节市七星关区林业局	林学	本科
杨宝勇	贵州大学林学院	林学	本科
钟灿辉	贵州大学生命科学学院/江西省安远县长沙乡人民政府	生态学	本科
陈贵兴	贵州宽阔水自然保护区管理局	自然保护	技术员
杜永康	贵州宽阔水自然保护区管理局	自然保护	技术员
刘国学	贵州宽阔水自然保护区管理局	自然保护	技术员
龙登禄	贵州宽阔水自然保护区管理局	自然保护	技术员
王章志	贵州宽阔水自然保护区管理局	自然保护	技术员
杨国民	贵州宽阔水自然保护区管理局	自然保护	技术员
余恩仲	贵州宽阔水自然保护区管理局	自然保护	技术员
周　刚	贵州宽阔水自然保护区管理局	自然保护	技术员

贵州宽阔水国家级自然保护区
生物多样性图册

宽阔水自然保护区地形地貌三维图

N

让水坝
风水岭垭口
大塘
下垱湾
里头湾
罗家梁子
李家
宽阔水库
大竹坝
太阳山
老岩溪
坟垱
廖家湾
厂河坝
元龙山
大石板
大湾
白腊塘
后边岩
枫香坝
蔡家坡
共裕村

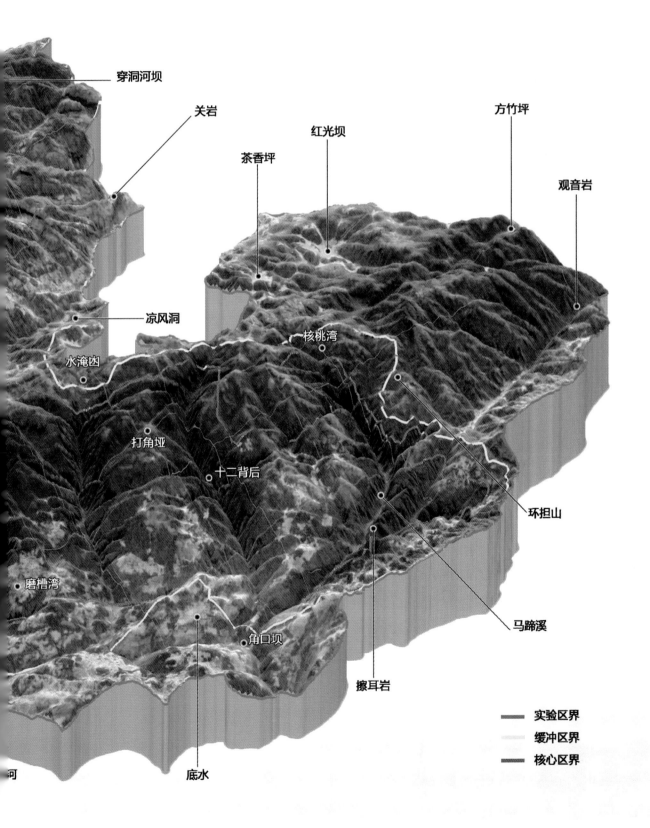

穿洞河坝

关岩

方竹坪

红光坝

观音岩

茶香坪

凉风洞

核桃湾

水淹凼

打角垭

十二背后

环担山

磨槽湾

马蹄溪

角口坝

擦耳岩

底水

▬	实验区界
▬	缓冲区界
▬	核心区界

植被部分

　　宽阔水自然保护区位于贵州省绥阳县西北部，东西长19千米，南北宽25千米。保护区涉及黄杨镇、青冈塘镇、茅娅镇、宽阔镇、旺草镇5个乡镇，总面积26 231公顷。保护区内地形切割较为强烈，落差也较大，多为喀斯特地貌，山地土壤主要由黄壤、黄棕壤组成，并且具有很好的地理环境和复杂多样的生境类型，适合林木的生存繁育。

（供图：严令斌；制作：黄郎）

参照《中国植被》、《贵州植被》、《贵州森林》的植被分类系统和各级分类单位的划分标准，宽阔水自然保护区的植被可划分为针叶林、阔叶林、针阔混交林、竹林、灌草丛5个植被型组，亚热带山地暖性针叶林、亚热带针阔混交林、中亚热带常绿阔叶林、中亚热带常绿落叶阔叶混交林、中亚热带落叶阔叶林、中山及亚高山竹林、灌丛、灌草坡8个植被型。

◎ 亮叶水青冈林景观　　　　　　　　　　　（供图：安明态，严令斌；制作：黄郎）

　　该保护区内具有我国原生性强、保护极完好、极具代表性、集中连片的亮叶水青冈林1300公顷。

种子植物

（供图：安明态；制作：黄郎）

◎ 显柱南蛇藤
Celastrus stylosus

◎ 南方荚蒾
Viburnum fordiae

◎ 大青 *Clerodendrum cyrtophyllum*

◎ 光叶海桐 *Pittosporum glabratum*

1 | 2

◎ 绒毛石楠 *Photinia schneideriana*
◎ 百两金 *Ardisia crispa*

通过野外调查，查阅文献资料以及对所采标本进行鉴定，得出宽阔水自然保护区内有种子植物159科625属1368种。

◎ 宜昌胡颓子
Elaeagnus henryi

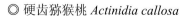

◎ 硬齿猕猴桃 *Actinidia callosa*

◎ 尖瓣瑞香 *Daphne acutiloba*　　　　◎ 白叶莓 *Rubus innominatus*

◎ 杂色榕 *Ficus variegata*　　　◎ 长茎沿阶草 *Ophiopogon chingii*　　　◎ 江南紫金牛 *Ardisia faberi*

◎ 毛堇菜
Viola thomsonii

◎ 黑果菝葜
Smilax glaucochina

◎ 西南栒子 *Cotoneaster franchetii*

◎ 汤饭子 *Viburnum setigerum*

◎ 齿叶吊钟花 *Enkianthus serrulatus*

◎ 柔毛秋海棠 *Begonia henryi*

◎ 云南蓍 *Achillea wilsoniana*

◎ 大叶金腰
Chrysosplenium
macrophyllum

◎ 大叶钓樟
Lindera reflexa

◎ 紫麻 *Oreocnide frutescens*

◎ 密脉木 *Myrioneuron faberi*

◎ 宽阔水碎米荠 *Cardamine kuankuoshuiense*——新种

◎ 果实

◎ 花

◎ 宜昌悬钩子
Rubus ichangensis

◎ 异叶榕
Ficus heteromorpha

◎ 茶条果 *Symplocos phyllocalyx*

◎ 血水草 *Eomecon chionantha*

◎ 开口箭 *Tupistra chinensis*

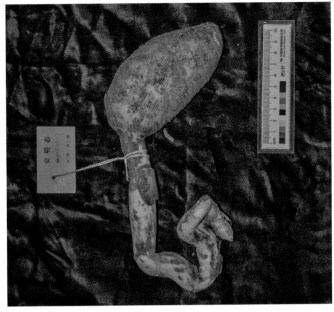

◎ 天麻 *Gastrodia elata*

◎ 青荚叶 *Helwingia japonica*

◎ 灰叶稠李 *Padus grayana*

野生观赏植物

（供图：安明态；制作：黄郎）

野生观赏植物是指自然状态下存在的具有一定观赏价值或生态功能，且具有潜在园林利用价值的植物的总称。

◎ 蝶花荚蒾
Viburnum hanceanum

◎ 绣毛铁线莲 *Clematis leschenaultiana*

◎ 云实 *Caesalpinia decapetala*

◎ 吊石苣苔 *Lysionotus pauciflorus*

◎ 杏叶沙参 *Adenophora hunanensis*

◎ 金丝桃 *Hypericum monogynum*

◎ 单花红丝线
Lycianthes lysimachioides

◎ 棣棠花
Kerria japonica

珍稀濒危和保护植物

（供图：安明态，杨焱冰；制作：黄郎）

◎ 鹅掌楸
Liriodendron chinense

◎ 楠木 *Phoebe zhennan*

◎ 南方红豆杉 *Taxus chinensis*

◎ 黄杉 *Pseudotsuga sinensis*

◎ 香果树 *Emmenopterys henryi*

（供图：严令斌，杨焱冰；制作：黄郎）

◎ 珙桐
Davidia involucrata

珍稀濒危植物是生物多样性的重要组成部分，保护珍稀濒危植物对生物多样性保护具有重大意义。

宽阔水自然保护区有珍稀濒危植物约58种，隶属18科，42属。

◎ 伯乐树
Bretschneidera sinensis

兰科植物

（供图：严令斌，杨焱冰；制作：黄郎）

　　兰科（Orchidaceae）是被子植物种类最丰富的四大科之一，全世界约有700属2万～3.5万种。所有的物种均被列入《野生动植物濒危物种国际贸易公约》（CITES）的保护范围，为植物保护中的"旗舰"类群。

　　兰科植物的多样性与植被原始性有密切关系，其多样性程度可反映当地生物多样性状况。

◎ 绿花杓兰 *Cypripedium henryi*

◎ 三棱虾脊兰 *Calanthe tricarinata*

◎ 疏花虾脊兰
Calanthe henryi

宽阔水自然保护区共有兰科植物21属44种，以地生型为主有32种，附生型9种，半附生型2种，腐生型1种。

◎ 细花虾脊兰
Calanthe mannii

观赏蕨类

◎ 毛轴蕨 *Pteridium revolutum*

保护区内有蕨类植物28科67属196种，分别占中国蕨类植物34科143属2600种（刘红梅等，2008）的82.35%、46.85%和7.46%，占贵州蕨类植物931种（李茂等，2009）的21.05%。

◎ 蜈蚣草
Pteris vittata

◎ 石松 *Lycopodium japonicum*

◎ 笔管草 *Hippochaete debilis*

1 | 2
3
4

◎ 阴地蕨 *Botrychium ternatum*

◎ 耳形瘤足蕨 *Plagiogyria stenoptera*

◎ 里白 *Diplopterygium glaucum*

◎ 东方荚果蕨 *Matteuccia orientalis*

蕨类植物素有"无花之美"的称誉。运用层次分析法对该保护区内的蕨类植物进行园林利用价值综合评价，得出综合评价得分较高的有29种，占保护区内蕨类植物总数的14.95%。

◎ 狗脊

Woodwardia japonica

◎ 江南星蕨 *Microsorium henryi*

◎ 方秆蕨 *Glaphyropteridopsis erubescens*

◎ 荚囊蕨 *Struthiopteris eburnea*

◎ 海金沙 *Lygodium japonicum*

◎ 铁线蕨
    Adiantum capillus-veneris
◎ 伏地卷柏
    Selaginella nipponica
◎ 凤尾蕨 *Pteris cretica*

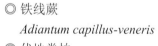

苔藓植物

（供图：曹威；制作：黄郎）

◎ 对叶藓 *Distichium capillaceum* . ——贵州稀见种类

苔藓植物分布较广，除海洋外均存在于所有生态系统中。其属于孢子植物，是植物界中一个重要的门类，是高等植物中唯一没有维管束的类群。它以孢子进行繁殖，其进化水平处于藻类和蕨类之间，与维管植物孢子体在生活史上占绝对优势截然不同。

◎ 四齿藓 *Tetraphis pellucida* .
——贵州稀见种类

◎ 立碗藓
Physcomitrium sphaericum.

◎ 稀枝钱苔
Riccia huebeneriana

　　宽阔水自然保护区内苔藓植物有70科159属420种，其中藓类植物有41科119属298种，苔类及角苔类植物有29科40属122种。

◎ 东亚短颈藓 *Diphyscium fulvifolium*——因蒴柄极短，故称为短颈藓

◎ 短月藓 *Brachymenium nepalense*

◎ 石地钱 *Reboulia hemisphaerica*

◎ 毛口大萼苔 *Cephalozia lacinulata*

◎ 二形凤尾藓
Fissidens geminiflorus

◎ 壶苞苔

动物多样性

（供图：栗海军；制作：黄郎）

◎ 毛冠鹿

Elaphodus cephalophus

宽阔水保护区内有兽类7目22科55种，鸟类16目44科197种，两栖类动物2目10科19属31种，爬行动物3目8科21属32种，鱼类5目17科42种。

◎ 黑叶猴

Trachypithecus francoisi

◎ 小麂 *Muntiacus reevesi*

◎ 花面狸 *Paguma larvata*

◎ 野猪 *Sus scrofa*

◎ 松雀鹰 *Accipiter virgatus*

◎ 豹猫 *Prionailurus bengalensis*

（供图：姚小刚；制作：黄郎）

◎ 赤尾噪鹛 *Garrulax milnei*

◎ 红腹锦鸡 *Chrysolophus pictus*

◎ 红尾水鸲

Rhyacornis fuliginosus

保护区共记录鸟类191种，隶属于16目44科197种，有14种为国家重点保护鸟类。

鸟类是自然生态系统的重要组成部分，可作为判断环境质量的一个重要指标。

◎ 白腹短翅鸲 *Hodgsonius phoenicuroides*

◎ 北红尾鸲 *Phoenicurus auroreus*

◎ 白领凤鹛 *Yuhina diademata*

◎ 小鳞胸鹪鹛
Pnoepyga pusilla

◎ 蓝喉太阳鸟
Aethopyga gouldiae

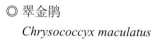

◎ 翠金鹃
Chrysococcyx maculatus

◎ 白颈长尾雉 *Syrmaticus ellioti*

◎ 棕噪鹛 *Garrulax poecilorhynchus*

工作照

◎ 中国科学院植物研究所林祁研究员到宽阔水保护区考察（左起：林云、王利强、林祁、陈光平、安明态、杨昌乾）

◎ 植被、景观调查组合影

◎ 贵州大学喻理飞教授到保护区考察（左起：李继祥、喻理飞）

◎ 珍稀植物组在保护区元生坝沟谷考察

◎ 采集伯乐树标本

◎ 拍照记录

◎ 对宽阔水碎米荠进行实地考察（左起：林祁、安明态）

◎ 植被、景观调查

◎ 保护区元生坝管理站调查队员

◎ 重点保护植物珙桐调查

◎ 研究组讨论

◎ 森林植被调查（前排左起：何跃军、
王利强、安明态、喻理飞）

◎ 太阳山森林植被调查

◎ 种子植物调查

◎ 孢子植物调查